방송×영화×공연을 위한

캐릭터 메이크업 디자인

구민사

방송×영화×공연을 위한

캐릭터 메이크업 디자인

Character Makeup Design

초판인쇄 | 2022년 6월 20일
초판발행 | 2022년 6월 30일

저자 | 오인영·임유경·김유경
발행인 | 조규백
발행처 | 도서출판 구민사
(07293) 서울시 영등포구 문래북로 116, 604호(문래동 3가 46, 트리플렉스)
기획편집 | 주은혜
디자인편집 | 최인경·최수아
전화 | (02) 701-7421~2
팩스 | (02) 3273-9642
홈페이지 | www.kuhminsa.co.kr
신고번호 | 제 2012-000055호(1980년 2월 4일)
ISBN | 979-11-6875-065-4 (13590)
정가 | 38,000원

Character Makeup Design

방송X영화 분장

구민사

Preface

최근 방송, 영화, 공연 등 문화 콘텐츠가 전 세계적으로 그 위상을 떨치고 있고 한류 문화의 파급력이 날로 커지고 있습니다.
일례로 최근 BTS의 미국 라스베이거스 공연이 대면 또는 비대면으로 62만 명이 관람하였고, 넷플릭스의 '오징어 게임' 또한 94 개국에서 전 세계 1억 4000만 가구가 시청하는 1위의 기록을 세우기도 하였습니다.
더불어 한류 미디어 콘텐츠의 인물 콘셉트를 기획, 디자인하고 가시화하는 뷰티 메이크업과 캐릭터 메이크업(성격 분장)의 중요성이 날로 커지고 있습니다.

그동안 각 전문 분야에서 현역으로 활동해 오고 계신 분들의 노력과 교육자들의 부단한 연구로 메이크업 디자인 관련 전공 서적이 다양하게 출판되어 있으나 방송과 공연 분장 실무를 위한 전문 교재의 필요성을 절감해 오다 이번에 뜻을 모을 수 있었습니다.
단순한 뷰티 메이크업이 아닌 방송, 영화, 공연 등 각 미디어 특성과 제작 환경, '배역 인물의 가시화'라는 '캐릭터 메이크업'의 개념과 역할을 먼저 살펴보고 작업과정과 방법, 사용재료 등을 좀 더 구체적으로 전달하고자 하였습니다.

본 서적은 크게 5개의 큰 틀로 구성되었습니다.
Part1에서는 분장의 개념과 유형, 디자인 요소 및 캐릭터 이미지 유형을 살펴 본 다음, 분장 디자인 시 반드시 알아야 할 인상학 이미지와 색채 이미지를 다루었습니다.

Part2에서는 TV영상 분장(기본 분장, 성격 분장)의 개념과 차이, 역할, 영상 제작 환경, 프로그램 유형별 분장, 특히 HDTV 영상 분장 기법 및 재료를 알아보았고, TV 드라마, 영화 영상 캐릭터 메이크업 디자인을 다루었습니다.

Part3에서는 영상 분장의 실제편으로 기본 분장과 성격 분장의 각 사례를 인물 이미지와 역할별로 제시하였고 '노역 분장', '상처분장', '캐릭터 분장', '시극 분장' 시 작업과정과 방법, 사용재료 등을 구체적이고 실제적인 사진 촬영 결과물 제시를 통해 쉽게 이해할 수 있도록 하였습니다.

Part4에서는 무대분장의 개념과 특징, 무대공연의 유형에 따른 분장의 차이점에 대해서 살펴보고, 분장과 밀접한 관계가 있는 무대조명과 무대의상에 대해서 다루었습니다.

Part5에서는 실제 현장에서 무대분장을 하기 위해 거쳐야 하는 디자인 단계와 무대에서의 기본 분장, 다양한 성격 분장의 작업과정과 구체적인 방법, 또한 기존의 서적에서는 잘 다루지 않았던 무대 헤어 과정과 방법 등을 제시하고, 이해를 돕기 위해 작품의 실제 사례를 들어 구체적으로 설명하였습니다.

모쪼록 한국 미디어 콘텐츠의 주역들을 또 다른 새로운 인물로 창조해 나갈 후배들에게 본 서적이 도움이 되기를 바라며 따뜻한 격려와 응원의 말을 전합니다.

마지막으로 본 서적의 기획 미팅 때부터 적극적으로 환영해 주신 도서출판 구민사 조규백 대표님, 늘 밝은 표정과 긍정적인 응답을 주신 나영균 전무님, 꼼꼼히 정리해 주신 편집부 주은혜 차장님께 감사의 말씀을 전해드립니다.

2022년 6월

저자 씀

Contents — 방송x영화 분장

PART 1 분장의 기초이론

PART 2 영상 분장

PART 3 영상 분장의 실제(실기편)

Contents — 무대분장

PART 1 무대분장의 이해

PART 2 무대분장의 실제

Contents — 분장재료 및 도구

PART 1 분장 재료 및 도구

PART 2 분장디자인 워크북

축사

방송과 공연 무대 현장에서 대본 속 인물들에게 살아있는 호흡을 불어넣고 각양각색의 색을 입힌지 사십여 년 세월 동안 참으로 유쾌하고 보람을 느껴왔습니다.
현장에서 이루어지는 "성격 분장"의 노하우를 실제 사례를 통해 전달하는 분장 전문 서적의 출간을 진심으로 축하드립니다.

한국분장 대표 강대영

방송국 스튜디오와 촬영 현장에서 미술 감독일을 여러 해 맡아오면서 연기자의 역할과 성격에 맞는 분장의 비중이 얼마나 큰지 늘 느껴왔습니다.

최근 한류의 붐으로 인해 "K Beauty"와 "K Drama"의 위상과 파급력이 더욱 커지고 있는 이때 의미 있는 결실을 거두심을 진심으로 축하드립니다.

앞으로 분장계와 후학들을 위한 전문도서로서의 역할을 기대합니다.

'불멸의 이순신', '대조영', '태종 이방원'
KBS 아트비전 미술 디자인부 정홍극 부장

〈캐릭터 메이크업 디자인〉 발간을 진심으로 축하드립니다.

캐릭터를 만드는 분장미술은 영상미술에 있어 가장 중요한 부분임은 많은 분들이 아실 것입니다. 이런 분장인들의 열망이 담긴 책이 발간된다는 소식에 반가운 마음이 앞섭니다.

캐릭터를 만드는 주 역할인 분장은 영상미술의 한 분야로 무대미술과 함께 스토리 전반을 이어가는 핵심 분야로 인물을 시나리오에 맞게 연출하는 전문분야라 할 수 있습니다.

현장에서 축적된 경험을 초심자의 눈높이에 맞게 서술한 본 저서는 영상미술과 무대미술을 전공하는 전공자 뿐만 아니라 비전공자에게도 더없이 유익한 책이라 생각됩니다.

또한 이번에 발간된 〈캐릭터 메이크업 디자인〉은 영상 및 무대미술이 캐릭터 표현에 한걸음 더 나아갈 수 있는 마중물 같은 실전 도서로 캐릭터 표현의 완성도를 높이는데 큰 역할을 할 것이라 기대됩니다.

저서 발간을 다시 한번 축하드리며 그동안 수많은 캐릭터 표현에 힘써 준 저자분들께 감사의 인사를 전합니다.

‘전원일기’, ‘주몽’, ‘해품달’ 미술감독
MBC 미술센터 (전)미술감독 국장 진병식

PART 1

분장의 기초이론

1. 메이크업의 개념과 유형
2. 분장(松裝)의 개념과 유형
3. 분장 디자인의 각 요소별 특징
4. 색과 색채 이미지
5. 캐릭터의 개념과 이미지 유형

1. 메이크업의 개념과 유형

1) 메이크업 개념

메이크업(Make-Up)의 사전적 의미는 '완성시키다, 보완하다'라는 것을 의미하는 것으로, 일반적으로는 '미화(美化)'의 목적으로 얼굴에 '화장(化粧)' 하는 것을 뜻하며, 영어의 메이크업(make-up), 페인팅(painting), 토일렛(toilet), 드레싱(dressing) 또는 프랑스어의 마키아쥬(maquillage) 등에 해당된다.

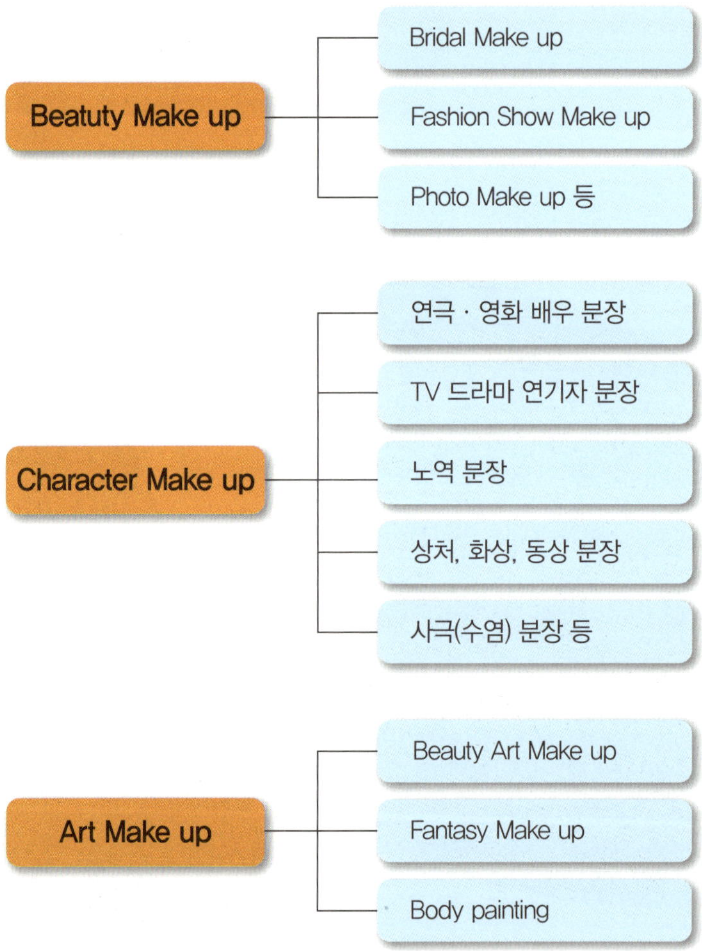

2) 메이크업 유형

메이크업을 하는 목적과 기대효과를 기준으로 크게 'Beauty Make up' 'Character Make up', 'Art Make-Up' 등으로 분류할 수 있으며, 캐릭터의 특성과 효과를 극대화하기 위한 'Special(Effects) Make- Up'이 있다.

'Beauty Make up'은 주로 본인의 원래 이미지나 얼굴 특징을 크게 변화를 주지 않고 단점과 결점을 일부 수정·보완하는 것임에 반해 'Character Make-Up'은 매체 속 역할과 이미지 및 상황에 맞게 본인의 원래 얼굴과 이미지를 변형시킴으로써 극 중 성격 전달을 하는 것이 목적이다.

또한 'Art Make-Up' 은 인체를 Canvas(캔버스)로 간주하여 디자인 요소(점, 선, 면)와 원리(비례, 균형, 변화, 통일, 율동 등)을 적용함으로써 작품 속에 작가의 주제와 메시지를 담아 전달하는 '예술성'과 '창의력'을 요하는 메이크업 분야이다.

2. 분장(扮裝)의 개념과 유형

1) 분장 개념

분장의 어휘는 '꾸미다', '매만져 차리다'의 '분(扮)'과 '수식하다', '차리다', '옷차림을 하다'라는 의미를 가진 '장(裝)'이라는 한자어로 이루어진 개념으로 얼굴의 아름다움을 목적으로 꾸미는 '화장(化粧)'이라는 개념과는 그 의미가 근본적으로 다르다.

'Make up' 과 '분장'은 외래어(영어)와 한자(우리말 표현) 용어일 뿐, 그 의미와 목적은 유사하나 흔히 주로 '미화'와 '개선'을 목적으로 하는 행위는 '메이크업'으로 '성격 창조'와 '역인물화'를 목적으로 하는 행위는 '분장'이라는 용어로 사용되고 있다. 또한 '메이크업'이 주로 '안면 메이크업'을 의미하는 것에 비해 '분장'은 안면 메이크업, 헤어 스타일링, 의상 등까지 전체적으로 아우르는 좀 더 포괄적인 의미로 받아들여지고 있다. 1) 강대영(2013)

분장의 본질적인 목적은 배우를 배역 인물로 표현하는 가장 외형적인 의사전달 수단이며 배우의 모습을 정확하게 '역인물화'시켜 관객들로 하여금 성격적 사실을 이해시키기 위한 '성격 창조'에 있다.

극 중 인물의 인상 형성에 영향을 주는 분장 요소는 다양한 요소가 결합됨으로써 사회·경제적 환경이나 문화적 조류 등에 따라 수시로 변해가며 무대와 영상매체 속에서 안면(顔面)분장, 헤어 스타일, 패션을 통해 그 영화나 드라마가 만들어진 시대의 문화적 환경과 패션 경향 등을 전달하거나 반영하며 새로운 트렌드에 영향을 미치기도 하는 등 상호작용을 해 나가게 된다.

또한, 배우를 배역 인물로 표현하는데 가장 외형적인 '의사전달 수단'으로서의 극중 분장 디자인은 여러 시각요소 중 극의 흐름을 알기 전에 배우의 외형적인 모습으로 많은 정보를 이미 가늠케 해줄 수 있으며, 대사 없이 직접적으로 작품의 성격을 미루어 짐작게 하는 정보를 주는 '상징적인 역할'을 한다. 2) 강대영(2013)

2) 국내 분장의 역사

분장은 영화의 발전을 이룬 서양에서 먼저 비롯되었으며 20세기의 필름 영화의 등장으로 분장의 역할이 확립되었다. 연극에서부터 비롯된 분장은 1920년대 미국 흑백영화에도 적용되었고 컬러가 보이지 않는 영상에서는 브라운 계열의 케이크 파운데이션을 사용하여 얼굴의 음영 표현만을 한 분장으로 영화 분장이 시작되었다. 1930년대의 헐리우드 영화배우가 스크린에서 인기를 얻으면서 영화의 분장은 인물을 표현하는 대표적인 표현법으로 화장과 분장의 중요성이 부각되었다.

1980년대부터는 SF 영화의 발달로 캐릭터 표현을 위한 특수분장이 발달하였고 SFX(special effects)라는 특수효과의 발달로 이어져 성격 분장의 한계를 넘어선 분장으로 발전하였다. 지금의 영화 및 TV 영상물에서 다양한 혼용으로 활용되고 있으며 각자의 역할과 협업을 통해 창조적인 캐릭터 표현에 큰 역할을 하고 있다.

우리나라에서의 본격적인 분장은 외국으로부터의 신극이 유입되던 근대 전환기에 시작되었는데 판소리나 마당이 아닌 천막을 친 가설극장이나 연극 전용 극장인 '원각사' 같은 실내에서 공연이 시초이며 '분장' 이란 용어는 1950~60년대 초 해외 영화가 수입되면서부터이고 70년대 초반 이후 TV의 발달과 대중화로 일반인에게 인식되기 시작했다.

1960년대 초기에 TV 방송이 개국되어 무대 공연 드라마를 카메라에 담아 수상기로 생중계를 하면서부터 시작되었다. 초창기 우리나라의 TV 드라마는 연극 무대를 거의 옮겨 놓은 듯한 세트와 단조로운 영상으로 마치 연극의 생중계와 같은 수준을 벗어나지 못하다가 TV 드라마가 영상예술로서 제 모습을 갖추기 시작한 것은 녹화방송 시대에 들어서면서부터였다.

TV 드라마 방송 초기에는 전문적인 분장인이 없던 실정이므로 연기자 자신이 직접 본인의 분장을 했으며 그 수준은 극히 초보적일 수밖에 없었다. 1970년 중반 TV 방송국이 생기면서 차츰 전문 분장인의 등장하게 되었고 TV 보급의 확대, 드라마의 대중적 인기에 힘입어 분장의 입지와 기틀이 확고해지기 시작하였다.

3) 분장 유형(장르)

분장 유형은 진행되는 매체의 특성에 따라 분야별로 나누어지는데 일정한 장소에서 진행되어 관객이 함께하는 '무대 분장'과 영상매체를 통한 '영상 분장'으로 나눌 수 있다.

분야별로 다르게 진행되는 분장은 배우의 연기를 돕는 것은 물론이며, 배우의 가장 중요한 역할인 정확한 캐릭터 표현 및 전달을 가능하게 한다. 무대와 영상매체에 맞는 캐릭터의 표현은 극 몰입도를 높이기 위해 고려되어야 할 부분으로 무대분장의 경우 관객과의 배우와의 거리에 따른 상관관계를 알고 그 거리감에 따라 분장의 농도 및 정도의 가감을 생각하면서 진행해야 한다.

관객과의 거리에 따라 선(線)의 굵기 및 농도의 차이를 보이는 '무대분장'과 달리 '영상매체' 분장은 영상물을 송출하는 매체의 해상도에 따라 분장의 선과 섬세함 그리고 질감의 차이를 선택하고 디자인 작업을 해야 하는 차이점이 있다.

분장의 유형에 따라 달라지는 분장 표현은 그 극에 어울리는 컨셉을 정하는 것부터 시작을 하며 극본과 시나리오 및 콘티라는 사전 작업에 대한 이해를 필요로 하고 있다. 이들의 숙지를 통해 분장 표현을 해야 하므로 극본 및 대본, 시놉시스 및 콘티에 대한 이해는 분장 전 선행되어야 할 중요한 과제이다. 3) 오인영, 임유경(2011)

2000년대 들어서면서 인터넷 무선망의 비약적인 발전으로 무대나 TV 및 영화 스크린의 일반적인 대중매체 외에 인터넷을 통해 영상 콘텐츠를 즐길 수 있는 TV 서비스가 생겨났다. 현재는 공인 인터넷망(Public Internet)으로 영상 컨텐츠를 제공하는 인터넷 플렛폼 OTT(Over-The-Top)가 대중화되어 영화 상영관에 가지 않아도 영화와 동시에 공급 및 보급되는 등 영상매체가 비약적으로 발전하고 있다.

OTT는 2000년대 중 · 후반부터 보급되기 시작하여 최근 들어 초고속 인터넷의 발달과 보급이 자리 잡으면서 인터넷 TV를 통해 영화나 TV프로그램을 바로 재생시켜 볼 수 있는 시대에 들어섰다. 현재에는 광대역 인터넷과 이동통신의 발달로 스트리밍 서비스가 가능해져 PC, 스마트폰 등의 다양한 기기로 OTT 서비스가 확장되었다.

대표적 서비스로 미국의 넷플릭스(Netflix)와 훌루(Hulu), 웨이브(Wavve), 디즈니 플러스(Disney plus), 애플 티비(Apple TV)등이 있고 국내 지상파 방송사의 푹(pooq), 티빙(tving) 등이 있다. [4]

- 무대 분장 : 연극, 뮤지컬, 오페라, 퍼포먼스, 마당놀이, 이벤트, 공연 등
- 영상 분장 : TV 드라마, 영화, OTT(Over The Top), CF 등

3. 분장 디자인의 각 요소별 특징

분장은 배우의 연기를 돕는 것은 물론이며 배우의 가장 중요한 역할인 '캐릭터 표현 및 전달'이 정확하게 되어야만 한다. 특히 무대와 영상매체 등장인물을 구현시키기 위한 '성격(character) 분장'은 관객과 시청자들이 스토리와 인물의 이해를 돕기 위한 매우 중요한 표현 수단의 하나이다.

분장 디자이너 (Make-up Designer)는 매체의 특징을 잘 이해한 후, 극본과 대본의 내용에서 벗어나지 않는 범위 안에서 캐릭터에 적합하면서도 개성을 부각시키는 성격 분장 작업을 수행하여야 한다. 그러므로 등장인물의 성격과 이미지를 관객이 쉽게 파악할 수 있도록 하는 '상징성'과 관객에게 시각적으로 만족감을 주는 '심미성' 그리고 배우가 연기하는데 불편하지 않고 연기에 더 몰입할 수 있도록 외적 이미지를 바꾸어주며 심리적 안정을 갖게 해주는 '기능성'을 고려하는 분장 디자인이 필요하다.

분장 디자인을 위한 분장 요소는 '메이크업', '헤어 스타일', '의상'으로 각 요소별 역할과 특징은 다음과 같다.

1) 메이크업(Make-up)

메이크업은 등장인물의 시대, 민족, 환경, 연령, 성격, 건강 등을 시각적으로 표현하고 캐릭터 이미지와 연결되어 배우의 연기 대사는 물론이고 그 이상의 중요한 커뮤니케이션으로 작용하며 배역의 성격 표현 및 상황 묘사를 위한 시각적인 의사전달 수단으로 역할을 수행한다.

* 피부색과 피부결의 상태에 따라 환경이나 직업, 건강 상태를 표현
* 눈과 눈썹의 모양에 의해 성격, 심리 상태 등을 표현
* '어두운 스킨 톤'은 활동적이고 건강한 직업 활동을 하는 캐릭터의 생활적 특징을 반영
* '밝고 깨끗한 피부 톤'은 신분의 고귀함과 유약한 성격적 특징 등을 표현
* '이목구비의 형태적 특징과 색조 메이크업의 색상 및 형태'는 캐릭터의 성격을 효과적으로 표현

Tip!

메이크업 디자인 요소

· 색(피부, 색조)
· 선과 형태(이목구비, 얼굴형)
· 질감(피부)

2) 헤어 스타일(Hair Style)

헤어 스타일(Hair Style)의 사전적 의미는 '머리형' 또는 '헤어 두(hair do)' 라고도 하며, 프랑스어의 '꾸아퓌르(Coiffure)'에 해당한다. 헤어 스타일은 시대, 민족, 개인에 따라서 다양하지만 모두 의복과 관련되어 발전하고, 어느 시기에는 의복과 더불어 패션의 중심이 되기도 하였다.
모발을 가다듬는다는 것은 신체 보호의 기능 이외에 주술적이며 심미적인 기능을 지닌 인간의 종합적 표현 수단이다. 의복과 함께 모발을 가꾼 모양만 보아도 그 사람의 성별, 지위, 신분 혹은 성격까지도 짐작할 수 있으며, 그 시대의 사회적 현상을 나타내기도 한다.

비달 사순(Vidal Sassoon)은 헤어가 모든 신체 부위 중 가장 능동적인 변화의 주체하고 말하면서 인간의 신체에서 마음대로 그 길이와 형태를 바꿀 수 있는 부위는 헤어와 손톱, 발톱뿐이며, 자신의 이미지를 바꾸고자 할 때 헤어는 가장 확실한 효과를 내는 '최고의 전략무기' 라고 하였다. 5) (화장품 신문 2001, 이혜진 2006 재인용)
따라서 드라마에서 의상, 분장과 함께 헤어 스타일은 주인공의 개성과 성격을 나타내며 연기자에게 화면상의 생명력을 부여하고 관객들을 향해 아름다움을 선사한다.

Tip!

헤어 스타일 디자인 요소

· 색상 (컬러)
· 선과 형태 (머리 실루엣, 앞머리, 가르마, 웨이브, 질감)

* 인물이 처한 상황, 시대적 배경, 자연환경 등 자기표현과 커뮤니케이션의 표현 수단
* 등장인물의 정신적, 정서적 상황, 사회적 위치, 직업이나 경제적 상황 표현
* 극의 전개와 관객의 이해를 돕고, 인물의 성격이나 극의 이미지를 효과적으로 전달
* 캐릭터의 개성을 표현하는 중요한 요소
* 사회 · 문화적인 배경과 내면적 심리 상태를 반영. '무언의 언어' 또는 '시각적 언어'
  – 앞머리를 내린 미디움 길이의 웨이브 스타일 : 친근감과 소탈한 면을 표현
  – 짧은 길이의 올백 스타일 : 신뢰감과 논리적인 성격, 카리스마를 표현

3) 의상(Costume)

의상은 자연적 환경과 더불어 각 시대의 정치, 경제, 사회, 문화, 예술, 종교 등과 관련하여 인류가 살아온 모습이 담겨있는 중요한 문화사적 요소 중 하나이다.
영화나 드라마의 의상 역시 제작 시기의 사회와 문화를 반영하여 배우의 신분과 직업 및 심리와 성격을 표현해 내고, 나아가 이를 통해 드라마가 대중들에게 쉽게 다가갈 수 있도록 해 준다. 영상매체에서의 의상은 개념적으로 드라마의 극적 효과를 높이기 위해 사용되는 모든 종류의 복식(服飾)을 뜻하며, 연기에 현실감을 부여하는 중요한 요소가 된다.

즉, 의상은 시각적으로 배우와 하나가 되어 극중 인물 '캐릭터의 상징적 역할'을 한다. 성별, 나이, 직업 등에서부터 드라마 속에 나타나는 사회·문화적 배경과 극중 인물의 성격, 심리, 취향, 신분 등 극 중에서 인물이 차지하는 총체적 성격을 시각적으로 표현해 내는 역할을 한다.

---

* 신분 · 직업 · 경제적 위치 등의 역할에 대한 상징적 의미 전달
  파스텔 톤의 드레스 : 유약하고 섬세하며 부드러운 여성 캐릭터를 표현
  원색적인 드레스 : 자기주장이 강하거나 진취적인 여성 캐릭터를 표현
* 등장인물의 성격적 특징을 전달, 묘사
* 극의 이해와 주제 전달의 시각적 정보 요소
* 커뮤니케이션 기능을 수행하는 효과적인 '시각적 언어'
* 시대극인 경우에는 시대적 배경(년도, 시기)과 공간적 배경(국가)이 반영

Tip!

의상 디자인 요소

· 색
· 실루엣
· 질감
· 패턴 등

4. 색과 색채 이미지

1) 색의 개념

(1) 색의 분류 및 삼속성

색의 개념은 사전적 용어로 '눈에 보여지는 모습과 관련된 빛 파장의 조합' 이라고 정의한다. 즉, 색(色)이란, 물체에 빛을 비추었을 때 생기는 반사, 굴절, 흡수와 분해, 투과 등에 의한 과정을 통해 인간의 눈을 자극함으로써 생기는 물리적 지각 현상을 말한다.

일반적으로 색과 색채는 거의 동일한 의미로 사용되고 있으나 정확히 구분하면 '색은 빛에 의해 생기는 물리적 지각 현상'이며 '색채는 물리적 현상과 더불어 생리적, 심리적 현상에 의해 성립되는 시감각'이라고 말할 수 있다. 즉 색채란, '색이 눈의 망막에 의해 지각되면서 발생하는 생각과 느낌, 감정, 연상, 상징' 등을 말하는 것으로 디자인을 할 때 고려하는 의미, 상징성 대비 등을 말한다.

색의 분류는 크게 '무채색'(無彩色)과 '유채색'(有彩色)으로 나뉘는데 무채색은 색상이 없고 밝고 어두움만을 갖는 색으로서 색감이 없는 '흰색', '검정색', '회색'을 말한다.

유채색은 무채색을 제외한 모든 색, 물체의 색에서 색상이 있는 모든 색을 말하는 것으로 '색상', '명도', '채도' 요소를 기준으로 분류된다. 색상 중에서 가장 채도가 높고 순도가 높은 색을 '순색(純色)'이라 하고 수많은 유채색 중에서 실제 육안으로 식별이 가능한 색은 약 300여 종으로 일상생활에서는 약 50여 종이 사용되고 있다.

색의 삼속성은 색상, 명도, 채도를 말한다. 색을 보고 느끼고 구별하는 기준이자 요소로서 빛의 파장 자체를 나타내는 '색상(hue)', 명암과 밝고 어두운 정도를 나타내는 '명도(value)', 색 파장의 순수한 정도와 강약을 나타내는 '채도(chroma)'를 말한다.

① 색상(Hue)

색 이름으로 구별 가능한 모든 색들은 감각으로 느낄 수 있고 색상을 바퀴 모양으로 둥글게 나열한 것을 '색상환' 이라고 한다. 색상은 색 파장에 따라 빨강, 주황, 노랑, 초록, 파랑, 남보라, 보라, 붉은 보라에서 다시 빨강색으로 돌아간다. 색상은 기호로 표시하며 색상환 중 서로 가까운 거리에 있는 색들을 유사색, 반대의 위치에 있는 색을 '보색(補色)'이라고 한다.

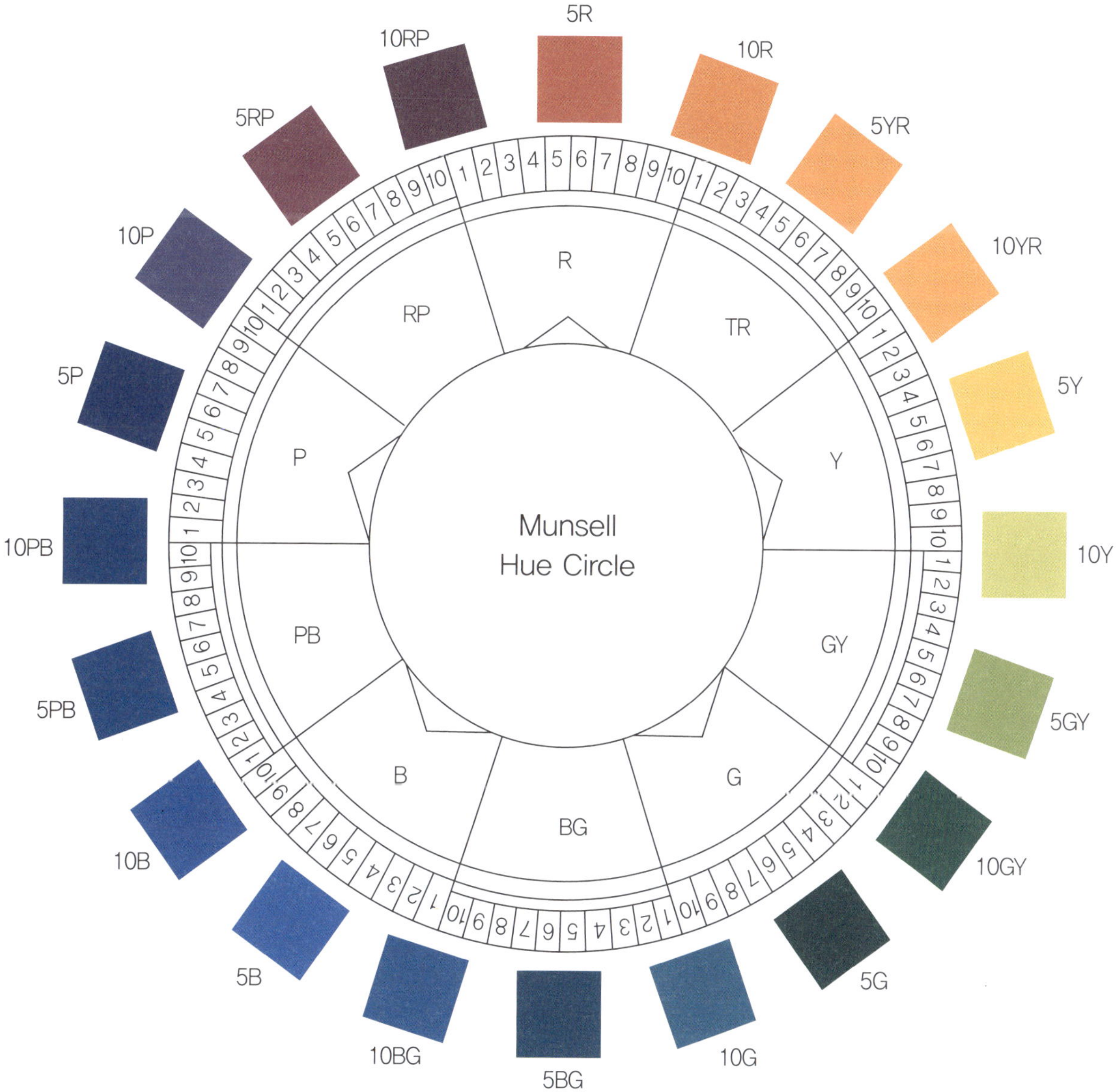
5R
10R
5YR
10YR
5Y
10Y
5GY
10GY
5G
10G
5BG
10BG
5B
10B
5PB
10PB
5P
10P
5RP
10RP
R
TR
Y
GY
G
BG
B
PB
P
RP
Munsell
Hue Circle

· 먼셀 색상환 ·

② 명도(Value)

색의 밝고 어두운 정도를 말하는 것으로 흰색과 검정색 사이에 명도가 다른색을 배치하고 그 것을 균등하게 변하도록 한 것이 명도 단계, 즉 '그레이 스케일(gray scale)'이다. 명도 단계는 무채색을 11단계로 나누었을 때 흰색을 10, 검정색을 0으로 하여 그 사이의 회색 단계를 다시 10 등분하여 순서대로 번호를 정한다.
명도는 'V'로 표시하고 유채색과 무채색에 모두 존재하며 밝은 영역은 고명도, 중간 영역은 중명도, 어두운 영역은 저명도로 크게 3단계로 나눌 수가 있다.

③ 채도(Chroma)

색의 강도나 선명함의 정도를 말하는 것으로 색의 순수한 정도를 포화도라고도 하며. 포화도가 최대인 색을 '순색'이라고 말한다.
채도는 'C'로 표시하고 채도 1에서 14단계로 구분되며 색 입체의 중심축이 무채색으로 이 층에서 멀어질수록 채도의 단계는 높아지고 중심축에서 가까워질수록 채도는 낮아진다. 색의 강한 영역을 고채도, 중간 정도를 중채도, 약한 정도를 저채도로 크게 3개의 영역으로 분류한다.

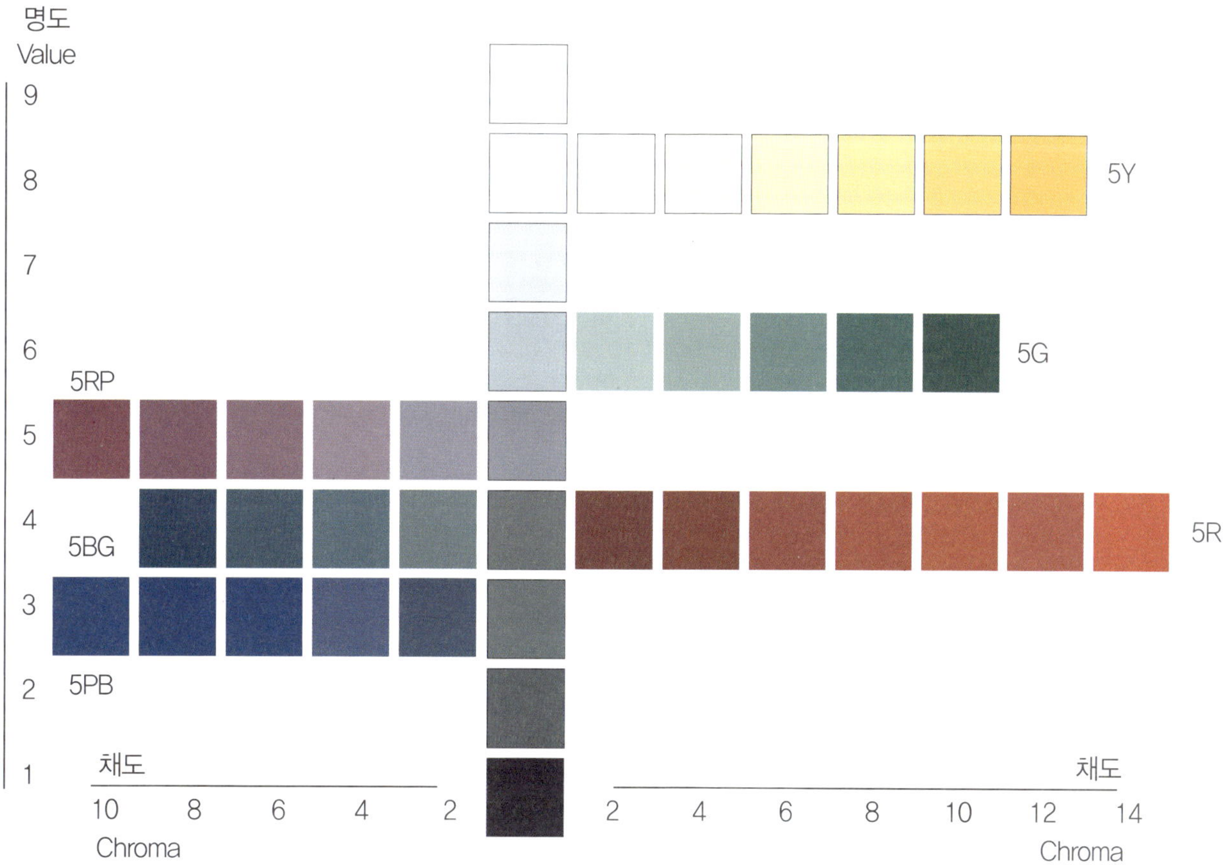
명도
Value
9
8
7
6
5
4
3
2
1
5Y
5G
5RP
5R
5BG
5PB
채도
10
8
6
4
2
Chroma
채도
2
4
6
8
10
12
14
Chroma

· 명도와 채도 ·

(2) 톤(Tone)의 개념

톤이란 색의 명암이나 농담, 강약 등의 차이를 말하는 것으로 '명도'와 '채도' 개념을 혼합한 것이라 말할 수 있다. 특정 순색에 흰색을 섞으면 명도는 높아지고 검정색을 섞으면 명도는 낮아지며 두색 모두 채도는 낮아진다.

부드러운 느낌을 주고자 할 때는 소프트나 브라이트 톤을 차분하고 조용한 느낌을 주고 싶으면 다크 톤을 사용할 수 있다. 또한 색상이 달라도 톤이 같을 경우 색으로부터 느껴지는 감정이나 느낌은 유사할 경우가 있으므로 배색을 고려하거나 작품의 전체적인 분위기를 결정지을 때 이 점을 생각하면 된다.
이상과 같은 색채에 대한 기본적인 개념과 이론 이외에도 색이름 체계와 색의 혼색과 배색, 색으로부터 느껴지는 온도감, 경연감, 중량감, 강약감 등의 감정 효과나 색채 이미지를 잘 이해하고 캐릭터 메이크업 디자인 작업시 주제를 명확히 전달할 수 있고 컨셉의 표현력과 공감도가 높아질 수 있다.

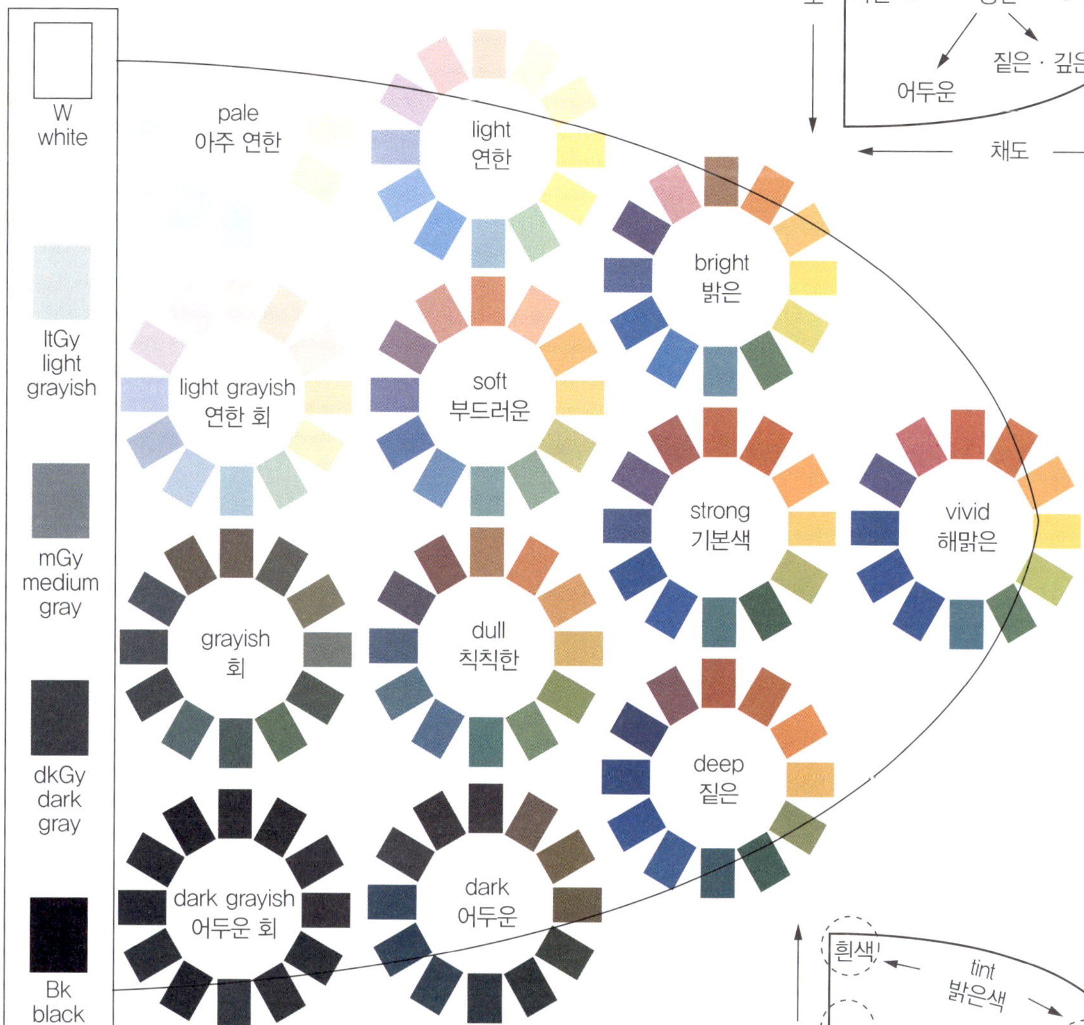
W
white
ltGy
light
grayish
mGy
medium
gray
dkGy
dark
gray
Bk
black
pale
아주 연한
light
연한
bright
밝은
light grayish
연한 회
soft
부드러운
strong
기본색
vivid
해맑은
grayish
회
dull
칙칙한
deep
짙은
dark grayish
어두운 회
dark
어두운

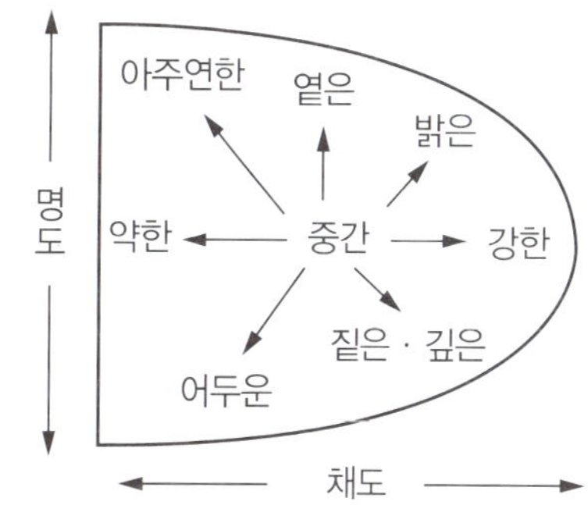
명도
아주연한
옅은
밝은
약한
중간
강한
짙은 · 깊은
어두운
채도

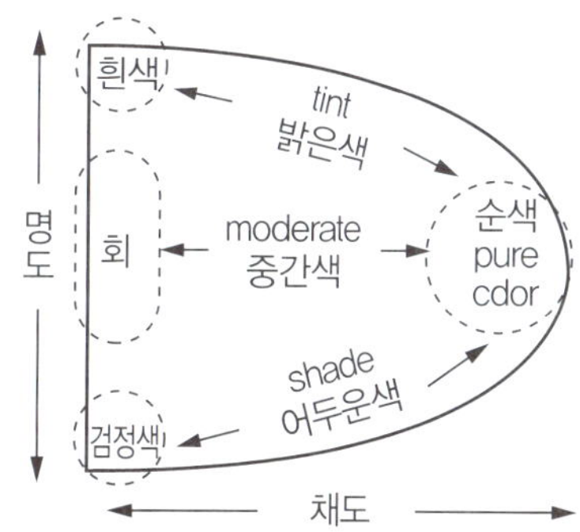
명도
흰색
tint
밝은색
회
moderate
중간색
순색
pure
cdor
shade
어두운색
검정색
채도

· 톤의 개념 ·

① 그라데이션(Gradation)

점진적인 색의 단계로 자연스럽게 변화하는 색의 배열을 말하는 것으로 색생순, 명도순, 채도와 톤 순서대로 변화를 줌으로써 리듬감과 자연스러운 조화감을 줄 수 있다.

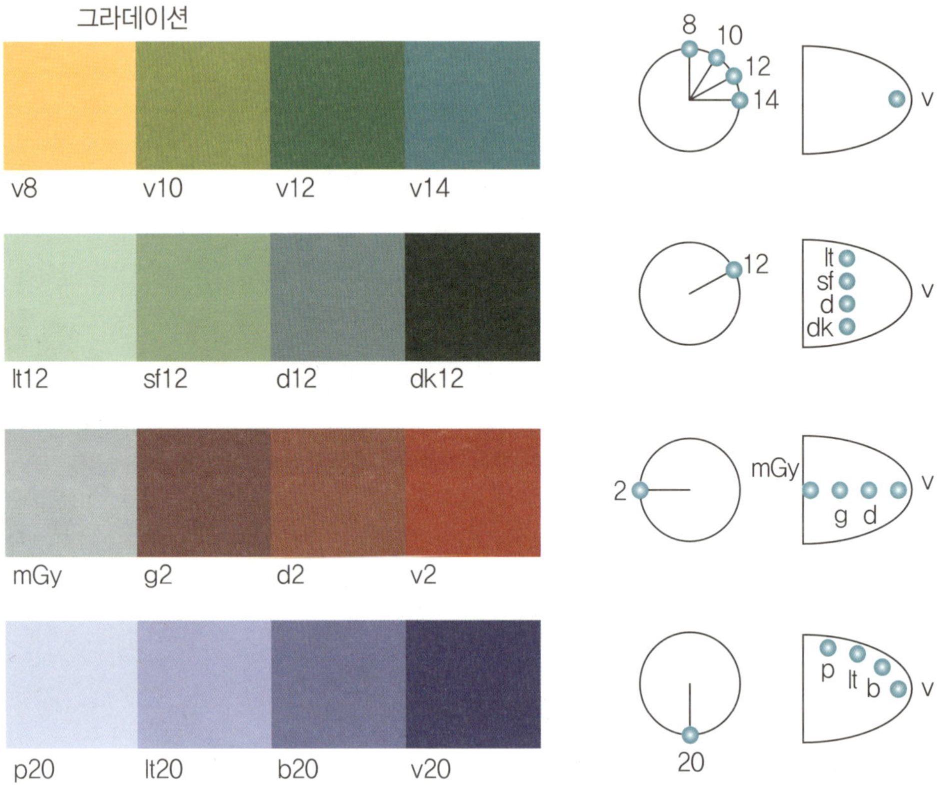

· 그라데이션 배색 ·

색표	계통색명 (일반색 이름)	먼셀기호	색표	계통색명 (일반색 이름)	먼셀기호	색표	계통색명 (일반색 이름)	먼셀기호
	아주 연한 빨강	5R8/4		아주 연한 녹색	5G8.5/4		아주 연한 보라	5P8/4
	밝은 회빨강	5R7/2		밝은 회녹색	5G7.5/2		밝은 회보라	5P7.5/2
	회빨강	5R5/2		회녹색	5G5.5/2		회보라	5P5/3
	어두운 회빨강	5R2.5/2		어두운 회녹색	5G3/2		어두운 회보라	5P2/2
	연한 빨강	5R6.5/8		연한 녹색	5G7/6		연한 보라	5P6.5/5
	칙칙한 빨강	5R5/6		칙칙한 녹색	5G5/5		칙칙한 보라	5P4/6
	어두운 빨강	5R3/5		어두운 녹색	5G3.5/5		어두운 보라	5P3/6
	밝은 빨강	5R6/10		밝은 녹색	5G6.5/9		밝은 보라	5P5.5/10
	빨강	5R4/14		녹색	5G5/10		보라	5P4/10
	짙은 빨강	5R3.5/10		짙은 녹색	5G4/8		짙은 보라	5P3/10
	해맑은 빨강	5R5/14		해맑은 녹색	5G5/11		해맑은 보라	5P3.5/10
	아주 연한 주황	5YR8.5/3		아주 연한 청록	5BG8.5/3		아주 연한 자주	5RP8.5/4
	밝은 회주황	5YR7.5/2		밝은 회청록	5BG7.5/2		밝은 회자주	5RP7.5/2
	회주황	5YR5.2/2		회청록	5BG5.5/2		회자주	5RP5/2
	어두운 회주황	5YR2/2		어두운 회청록	5BG3/2		어두운 회자주	5RP2.5/2
	연한 주황	5YR7.5/6		연한 청록	5BG6.5/6		연한 자주	5RP6.5/8
	칙칙한 주황	5YR5.5/7		칙칙한 청록	5BG4.5/6		칙칙한 자주	5RP4.5/5
	어두운 주황	5YR3.5/4		어두운 청록	5BG3.5/5		어두운 자주	5RP3/4
	밝은 주황	5YR7.5/9		밝은 청록	5BG6/8		밝은 자주	5RP6/11
	주황	5YR6/12		청록	5BG5/10		자주	5RP4/12
	짙은 주황	5YR4.5/8		짙은 청록	5BG4/8		짙은 자주	5RP3.5/10
	해맑은 주황	5YR7/12		해맑은 청록	5BG5/10		해맑은 자주	5RP4.5/13
	아주 연한 노랑	5Y9/4		아주 연한 파랑	5B8.5/3		흰색	N-9.5
	밝은 회노랑	5Y8/2		밝은 회파랑	5B7.8/2		흰색	N-9
	회노랑	5Y5.5/2		회파랑	5B5.5/2		밝은 회색	N-8
	어두운 회노랑	5Y3/2		어두운 회파랑	5B2.5/2		밝은 회색	N-7.5
	연한 노랑	5Y7.5/6		연한 파랑	5B6.5/6		밝은 회색	N-7
	칙칙한 노랑	5Y6/7		칙칙한 파랑	5B5/5		중간 회색	N-6
	어두운 노랑	5Y4/6		어두운 파랑	7.5B3.5/5		중간 회색	N-5
	밝은 노랑	5Y8.5/11		밝은 파랑	5B5.5/8		어두운 회색	N-4
	노랑	5Y8/11		파랑	5B5/10		어두운 회색	N-3
	짙은 노랑	5Y5/8		짙은 파랑	7.5B5/8		검정	N-1.5
	해맑은 노랑	5Y8.5/11		해맑은 파랑	5B4.5/10			
	아주 연한 연두	5Y9/4		아주 연한 남색	5PB8/3			
	밝은 회연두	5GY7.5/2		밝은 회남색	5PB7.5/2			
	회연두	5GY5.5/2		회남색	5PB5.5/2			
	어두운 회연두	5GY3/2		어두운 회남색	5PB2.5/2			
	연한 연두	5GY7/5		연한 남색	5PB7/5			
	칙칙한 연두	5GY5.5/6		칙칙한 남색	5PB4.5/6			
	어두운 연두	5GY3.5/5		어두운 남색	5PB2.5/7			
	밝은 연두	5GY7.5/10		밝은 남색	5PB5.5/10			
	연두	5GY7/10		남색	5PB4/12			
	짙은 연두	5GY4.5/7		짙은 남색	5PB3.5/11			
	해맑은 연두	5GY7.5/11		해맑은 남색	5PB4/12			

· 계통색명(일반색 이름) ·

2) 색채 이미지와 감정효과

색채 이미지는 각각의 색상에 따라 느껴지는 구체적인 연상과 추상적인 연상에 대한 인간의 시각을 통해 느낄 수 있는 감각적인 부분으로 개개인에 따라 자라온 환경이나 성별, 국가에 따라 연상 이미지의 차이가 있으나 객관적으로 인간이 느끼는 감성적인 이미지를 시각화하는 효과로 분장 디자인 작업 시에 고려되어야 하는 필수 요소라 할 수 있다. 이는 분장의 조형이 좋다 하더라도 색감의 차이로 인해 인위적이거나 어색해 보이는 경우가 발생할 수 있으므로 신중한 색 선택과 작업환경 즉, 무대나 혹은 영상매체 등의 분장 유형에 맞는 감정 효과를 이끌어내는데 중요한 역할을 한다.

- 상처분장을 할 때 상처가 생긴 시점과 시간 경과에 따른 상처 색의 변화로 진짜 상처와 같은 실감나는 분장이 가능하다.
- 드라마 여자 캐릭터의 이미지가 귀엽고 발랄한 이미지를 표현하고 싶을 때, 안면 분장 및 헤어 컬러 등 귀여운 이미지를 표현할 수 있는 배색의 학습이 선행된다면 오류없이 분장 및 수정이 가능하다.

---

(1) 색채 이미지

색은 조형디자인의 한 요소로 분장디자인 또한 색으로 그 이미지를 표현하는 역할 수행 해야한다. 순색이 주는 연상 이미지는 분장 디자인을 위한 요소 중의 하나로 색이 가지는 의미를 알고 성격 분장에 활용하는데 중요하다. 예를 들어 상처분장은 '상처의 색과 형태' 그리고 '질감'으로 표현하는 것으로 분장 전 어떤 색으로 분장을 할지는 이미지 표현에 중요한 역할을 하여 그 색이 갖고있는 이미지를 알고 적용한다면 완성도 높은 분장을 할 수 있다.

다음은 알아두어야 할 형용사 연상 이미지 언어들이다.

색	구체적 연상	추상적 연상
빨강(Red)	사과, 불, 딸기, 피, 태양	기쁨, 위험, 정열, 사랑, 용기, 혁명
주황(Orange)	오렌지, 감, 호박, 당근	식욕, 따뜻함, 쾌활, 화려함, 건강, 쾌락
노랑(Yellow)	바나나, 병아리, 금, 개나리	비옥, 희망, 도전, 질투, 환희
초록(Green)	자연, 살림욕, 숲, 수박	안정, 평화, 지성, 희망, 안전
파랑(Blue)	하늘, 바다, 물	냉정, 영원, 명상, 정직함, 평화
보라(Purple)	포도, 라일락, 나팔꽃, 가지	여성성, 창조, 신비, 고독, 불안
흰(White)	눈, 솜, 눈사람, 의사, 간호사	유령, 영적인, 추운, 텅빈, 결백
검(Black)	까마귀, 눈동자, 밤, 연탄	죄, 죽음, 어두움, 세련된, 시체

〈컬러리스트 종합이론(윤혜림), 도서출판 국제, 2006〉

색	긍정적 연상	부정적 연상
빨강(Red)	기쁨, 강렬함, 정열, 활동, 흥분, 용기, 에너지	위험, 유혈, 피, 충동적, 전쟁, 불, 공포
주황(Orange)	화려함, 생기, 식욕, 건강, 따뜻함, 쾌활, 애정	야심, 악동, 무질서, 나태, 거만
노랑(Yellow)	활발, 황제, 환희, 발전, 도전, 신비, 풍요	경박, 노폐,미숙
초록(Green)	양기, 온기, 명량, 기쁨, 평화, 희망, 건강, 안정, 상쾌, 산뜻	시기, 탐욕, 자기억제
파랑(Blue)	젊음, 하늘, 신, 조용함, 상상, 평화, 희망	냉정, 어둠, 금심, 쓸쓸함, 고독
보라(Purple)	귀인, 고풍, 고귀, 우아, 부드러움, 근엄, 섬세	퇴폐, 실망, 슬픔, 우울

〈컬러리스트 종합이론(윤혜림), 도서출판 국제, 2006〉

(2) 배색 이미지

배색(color combination)이란 '두 가지 이상의 색의 조합'으로 색상, 명도, 채도의 삼속성에 입각한 색 입체안에서의 배색을 기본으로 발전하였는데 조화배색이 주는 안정된 색 심리를 반영하여 색에서 느껴지는 심리적인 효과를 이미지화하는데 기본적인 디자인 요소로 작용한다.

분장에 있어서 캐릭터에 맞는 이미지를 도출하고 형상화하기 위한 컬러 배색을 위해 조색 및 배색의 연습은 선행되어야 한다. 색은 많이 보고 실습을 통해 익숙해지면서 주조색이 어떤 보조색 및 강조색과 함께 해야 조화로운지에 대한 기본 지식과 감각을 필요로 한다.

배색을 고려할 때는 색채를 쓸데없이 많이 사용하는 것보다 적게 사용하는 것이 호소력이 있다. 배색이 좋다는 것은 색채 간에 경쾌한 질서가 있는 통일과 변화의 미적관계가 좋다는 뜻이다.

시각적인 효과가 영상에서 재현될 때 분장의 효과도 더 커지는 만큼 조화로운 배색은 사용되는 장면이나 상황에 잘 부합될 수 있도록 하는 것이 중요하다.

아래의 그림은 IRI(Image Reserch Institute)에서 개발한 〈IRI 배색 형용사 이미지 공간〉으로 1997년 한국인들의 감성 구조를 고려한 감성 구조를 추출하려 두 축이 직교된 2차원 감성 척도를 개발하였다. 아울러 동일 평면에 형용사 어휘를 배치한 I.R.I 형용사 이미지 스케일을 개발하여 현재 이 두 이미지 스케일은 국내 학계와 산업체에서 색채 디자인 도구로 적극 활용되고 있다. 6) 백창원 외 2인(2011)

형용사로 표현된 이미지를 가로축은 동적인(Dynamic)과 정적인(Static) 그리고 세로축은 부드러움(Soft)과 딱딱한(Hard)으로 나누어 그 공간안에 형용사 이미지에 맞는 배색을 띠로 만들어놓은 것이다. IRI 배색이미지 공간은 공신력이 있는 색채연구소의 결과물로서 디자인 시 '색채 감성 배색의 기본'으로 다양한 디자인 분야에서 그 활용도가 높다.

(3) 배색의 감정효과

배색의 감정효과는 여러 가지의 색의 조합이 주는 감정의 효과로 색은 하나로 표현되기 보단 여러 가지 색으로 이루어진 색상의 배색으로 그 이미지가 완성된다. 잘된 색상의 배색은 시각적으로 감정에 호소하는 이미지 형상화에 효과를 배가시킨다. 배색띠 작업은 이러한 색의 이미지를 시각적으로 표현하기 위해 주조색 및 보조색을 띠로 연결한 것으로 분장 시 적절한 색의 배합 및 배색에 선행 작업으로서 중요하다.
로맨틱/큐트 이미지, 모던/시크 이미지, 고져스/엘레강스 이미지는 각각의 이미지로 분류할 수 있으나 영상 분장에서 이 둘은 혼용되어 비슷한 뉘앙스로 표현되므로 묶어서 정리하였고 성격 분장에 필요한 독특한 이미지를 '그로테스크 이미지'와 '호러 이미지'로 분류하여 정리하였다.

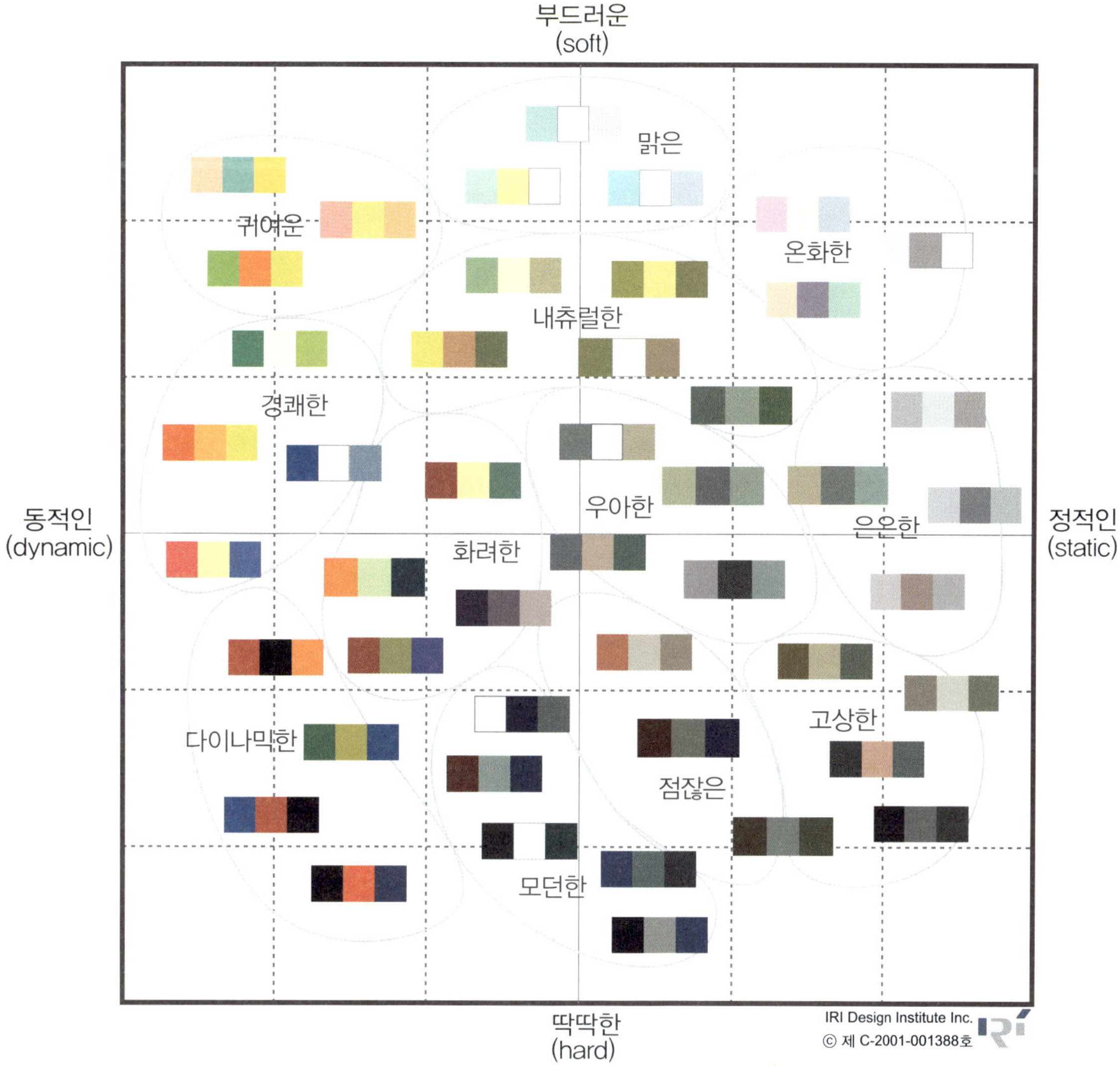

· IRI Image Scale ·

① 로맨틱/큐트 이미지(Romantic/Cute Image)

로맨틱은 '공상적인 비현실적인'의 이미지로 꿈꾸는 듯한 소녀적인 부위기를 연상시키며 동화 속 공주의 이미지에 대한 형상화이다. 꽃이나 봄의 자연을 연상할 수 있으며 순백의 신부 이미지를 표현한다. '웨딩 이미지'는 페일(Pale), 라이트(Light), 브라이트(Bright) 톤의 조합으로 이루어져 있다. 귀여운 이미지의 큐트는 밝고 맑은 명랑한 느낌으로 로맨틱 이미지의 포인트 컬러로 사용하면 분리감을 주며, 시선을 집중 시킬 수 있는 역할을 한다. 로맨틱과 큐트 이미지는 인물의 분장 표현에서도 많이 쓰이는 조합으로 맑고 순수한, 정직한 이미지의 캐릭터 인물 표현 시 메이크업의 배색으로 활용할 수 있다.

연상 이미지

배색띠

Pale tone/Light tone/Bright Whitish

메이크업 및 분장 이미지

[www.pinterest.co.kr]

② 모던/시크 이미지(Mordern/Chic Image)

모던/시크 이미지는 1980년대 이후 커리어 우먼이 많은 뉴욕에서 패션으로 정착되었다. 현대적이고 지적인 이미지로 여성의 슈트에 마와 면같은 천연소재를 중심으로 모던풍의 기하학적인 무늬, 스트레이트 라인을 많이 써서 도시 감각을 가미시킨 이미지이다.

영상 분장에서 모던/시크는 독립적인 여성상의 표현으로 표현되는데 커리어 우먼, 중년의 전문직 여성 이미지나 예술가 이미지에 활용되며 메이크업은 뉴트럴(Neutral) 이나 그레이 톤(Gray Tone)의 중명도 중채도의 톤으로 표현된다.

연상 이미지

배색띠

Graish / Dull / Light graish / Soft / Deep

메이크업 및 분장 이미지

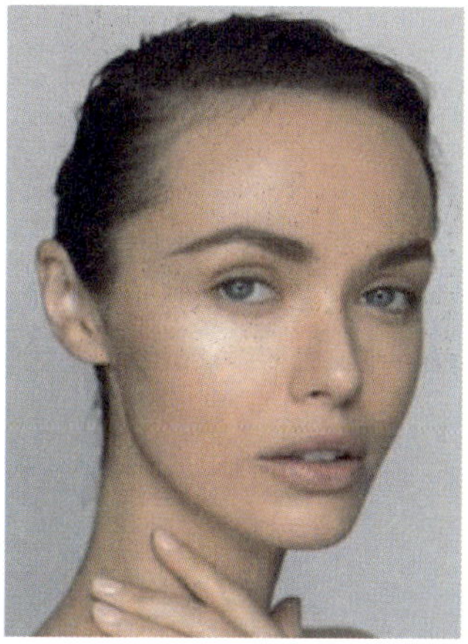

[www.pinterest.co.kr]

③ 고져스/엘레강스 이미지(Gorgeous/Elegance Image)

고져스와 엘레강스 이미지는 사치스러우며 호화로운 눈에 띄는 화려한 분위기의 연출을 말하는데 선명하고 깊이있는 톤을 사용하고 장식적인 느낌으로 연출된다. 엘레강스 이미지는 기품과 고상함, 우아함, 클래식함을 동시에 추구하며 이 둘은 모두 상류층의 이미지로 고급스러우면서 장식적인 느낌을 주는 저채도 계열을 중심으로 금색, 베이지, 빨강, 노랑, 딥 퍼플 등의 컬러가 사용되며 덜톤(Dull tone), 스트롱 톤(Strong tone), 딥톤(Deep tone) 등이 주류를 이룬다.

영상 분장 표현은 상류층 여성의 표현에 주로 표현되는데 우아하면서 때론 화려한 이미지의 인물 표현 요소로 섀도우나 립 컬러 및 네일 컬러의 주조색 및 보조색으로 표현한다.

연상 이미지

배색띠

Vivid / Dark / Light graish / Strong

메이크업 및 분장 이미지

[www.pinterest.co.kr]

④ 그로테스크 이미지(Grotesque Image)

그로테스크 이미지는 '괴기한 것, 극도로 부자연스러운 것, 흉측하고 우수꽝스러운 것' 등을 형용하는 이탈리아어로 보통의 그림에는 어울리지 않는 장식하기 위한 것을 일컫는 용어이다. '괴상한 인간의 상, 덩굴식물인 아라베스크, 공상의 생물' 등 그 괴이함이 사람들의 흥미를 끌어 그로테스크라는 일종의 괴기 취미의 유행을 낳았다. 패션에서의 독특함은 물론 영상 분장에서는 괴물이나 괴수, 난쟁이, 반인반수(伴人伴獸)의 표현 등 일반적이지 않은 독특한 분위기의 캐릭터 표현에 적용된다.

연상 이미지

배색띠

Strong / Dull / Deep / Dark / Neutral

메이크업 및 분장 이미지

〈 판의 미로, 2006 〉, 〈 이상한 나라의 앨리스, 2010 〉, 〈 그것, 2017 〉, 〈 잔혹한 이발사, 2007 〉

[www.naver.com]

⑤ 호러 이미지(Horror Image)

호러 이미지는 공포를 불러일으키는 이미지로 영화, 연극, 책, 게임 등의 장르 특성 중 하나로 공포를 유발하는 내용으로 구성된다. 인간의 공포를 일으키는 요소는 초현실적인 생명체의 등장이나, 괴수 등의 동물 및 초 자연적인 현상으로 인간의 외형이 일그러지거나 파괴되는 형태에서 비롯된다.

영상 분장의 호러 이미지는 공포물이나 스릴러 장르에서의 성격 분장의 정도에 따라 특수분장까지도 하게 되는 부분으로 극의 몰입도를 높일 수 있는데 핵심이 되는 분장으로 상처 표현 및 좀비(jombi) 표현 등이 있다. OTT 제작으로 만들어진 영화 중에 좀비 영화가 큰 인기를 끌면서 호러 분장의 중요성이 커지고 있다.

연상 이미지

배색띠

Dull / Deep / Dark / Light / Dark grayish

메이크업 및 분장 이미지

〈 The Nune, 2018 〉, 〈 The Hills Run Red, 2014 〉, 〈 Carrie, 2013 〉

[www.naver.com]

5. 캐릭터의 개념과 이미지 유형

'캐릭터 (Character)' 란 소설이나 연극 따위에 등장하는 인물, 또는 작품 내용에 의하여 독특한 개성과 이미지가 부여된 존재로서 무대 공연, TV 드라마, 영화 속의 '작중인물', '등장인물'을 뜻한다.

1) 캐릭터 개념

캐릭터의 개념은 사용 범위나 용도에 따라 조금씩 해석이 다르지만, 캐릭터의 사전적 정의를 살펴보면, '사람이나 사물의 성격, 특징, 그래픽적 마크나 알파벳 등의 기호, 활자, 소설이나 연극 등 극 중의 인물, 평판이나 명성, 신분, 자격' 등의 의미가 내포되어 있다.

캐릭터의 사전적 정의는 다음과 같다.

소설, 연극 따위에 등장하는 인물 또는 작품 내용에 의하여 독특한 개성과 이미지가 부여된 존재
소설, 만화, 극 따위에 등장하는 독특한 인물이나 동물의 모습을 디자인에 도입한 것

매체 중심으로 사전적 캐릭터 의미를 기술하면, '드라마, 만화, 만화 영화, 소설, 연극, 영화, 인터넷, 애니메이션 등에 등장하는 인물이나 동물, 무생물 또는 상상의 대상에 외형적 성격, 이야기 등이 주어지거나 디자인된 존재'로 정의할 수 있다.

캐릭터는 '의인화된 행동을 부여받은 존재물, 연기자'라고 정의하거나 어떤 작품 안에서의 누구라는 의미를 말한다. 7) Gerald Prince(2003)
연극, 소설 등에서 작가가 설정한 하나의 개별적 인물, 즉 타인과 구별되는 특성을 지닌 인물로 성격과 연결되는 개념이다. 8) 황보선진(2001)

각 매체별 작품 속에서 '등장인물'의 특성, 성격, 특질, 성질, 기질, 품성, 인격 등과 극 중 배역의 사회적인 지위와 자격을 포함한 인격을 갖춘 '각본 속의 인물'을 말한다.

2) 등장인물로서의 '캐릭터'

캐릭터는 영화 속의 '작중인물이며 등장인물' 을 뜻한다. '작중인물'은 '가면(Mask)'이라는 뜻을 가지고 있는 라틴어 'Persona'에서 파생된 것으로 고대 극장에서 배우들이 연극이 가지고 있는 극적인 성격을 가면으로 표시하기 위해 사용했던 것에서 유래한다.

극에 등장하는 인물, 영화의 주제를 이끌어 나아가는 플롯의 핵심적 요소로서 등장인물의 캐릭터는 리얼리티(reality)가 있어야 하고 독특한 개성과 매력이 요구되며 보는 사람이 자연스럽게 느낄 수 있도록 묘사되어야 한다.

하나의 캐릭터를 형성하기 위한 다양한 분장 및 스타일링 요소는 중요한 역할을 하게 되며, 연극 및 영화는 시각적 요소를 바탕으로 하여 스토리에 신선한 생명력을 부여함으로써 작품 속의 캐릭터가 현실적인 개체처럼 살아 움직이도록 한다.

작품 속에서 배우의 역할은 극중 인물의 리얼리티를 완전히 믿게 만드는 것이지만 이러한 배우의 의도는 그의 대사나 동작뿐만 아니라 메이크업과 헤어 스타일 및 의상 등 시각적 요소를 통하여 최대한의 효과를 얻게 된다. 9) 이혜진(2006)

3) 캐릭터 이미지 유형

이미지(image)란, '상(想), 표상(表象)' 등의 다양한 뜻을 지니는 말로 가시적 형태나 율동 등의 대상으로부터 느끼는 분위기, 감각, 연상' 등의 총체적인 개념으로 표현될 수 있으며 인간의 지각 활동에 의해 형성된다.
캐릭터의 이미지는 시각적인 특성에 의한 커뮤니케이션을 목적으로 하는 시각전달 디자인(visual communication design)이다. 주로 상업적인 목적을 위해 사용되고 있지만, 그 기본 개념은 강한 이미지를 통하여 감정적 정서를 제공하는 '효과적인 시각전달 매체'라 할 수 있다.

캐릭터의 성격적인 유형을 크게 분류해 보면 '내향성 캐릭터'와 '외향성 캐릭터'로 나눌 수 있다.

'내향성' 캐릭터가 자기 내부에 주의를 집중하고, 조용하고 신중하며, 인내력이 강한 반면, '외향성' 캐릭터는 대인관계가 원만하고 주위 환경에 적극적인 반응을 보이고 객체를 대하는 태도가 적극적이며 주체보다는 객관적 상황을 더 중시한다. 10) 조미영92008)

등장 캐릭터들과의 상호 관계에서 보여주는 대상 캐릭터들의 행위 및 특성을 통해 캐릭터 이미지 유형을 4가지로 분류할 수 있다. (전인미(2006), 조미영(2008) 김현정(2008), 이순영(2008), 보그스 조셉(1998)의 연구를 토대로 재정리)

(1) 내향적 vs 외향적

내향적 성격 인물의 특징은 주위 환경, 사람과 일에 대해 소극적으로 반응하여 겁이 많고 오직 주체의 입장에서 생각하고 행동한다. 내성적, 감수성이 풍부하고 자신의 감정 조절을 할 수 있고 인내력이 강하고 일을 차근차근해 나가는 스타일이다.
외향적 성격 인물의 특징은 개방적, 대인관계가 원만하고 주위 환경에 적극적인 반응을 보인다. 객체를 대하는 태도가 적극적이고 밝으며 감정 표현이 풍부한 반면, 기분 변동이 심하고 행동력은 있으나 지속력이 짧다.

(2) 포용적 vs 배타적

'포용적'이라는 단어는 '도량이 넓어서 남의 잘못을 싸 덮어 주다'라는 사전적 의미를 가지고 있고, '배타적'은 '남을 배척하는 경향이 있다'라는 의미로 '포용적'의 반의어라고 할 수 있다.
극 속에 다른 캐릭터들이 실의에 빠지거나 곤란을 겪을 때 친구를 진심으로 위로하고, 자신을 미워하는 대상의 캐릭터까지도 사랑으로 대하는 캐릭터가 '포용적' 캐릭터의 특징을 가졌다고 할 수 있다.
반면 '배타적' 캐릭터는 자신의 영악한 성격 탓에 늘 상대방을 배척하며 대립 구도를 형성하며, 이들에게는 많은 친구가 없으며 모두 다 적에 해당한다.

(3) 선 vs 악

캐릭터의 성격을 분석하면서 '선'과 '악'의 캐릭터는 필수적이다. 영화에 나타난 악인 캐릭터들은 이기적, 냉소적, 실리적, 회의적, 파괴적인 성향을 공유하며 인간을 불신하고 경멸한다. 성격적 특징으로는 야심, 질투, 위선, 배신, 교활성, 잔인성 등을 들 수 있다.

(4) 인간 vs 비인간

인간의 전형적인 성격들을 보여주며 '인간적인 내러티브'를 생산해 내던 시대를 넘어서 이제는 '비인간' 도 내러티브의 주인공으로 역할을 할 수 있는 시대가 왔다. 괴물, 귀신 등의 캐릭터들이 내러티브상에서 의 인화되어 모두 인간과 다르지 않다는 것을 말하며, 이들은 외형적인 형태상의 문제일 뿐 결국 '인간적'인 캐릭터라고 볼 수 있다.
영상매체에서 비인간의 캐릭터는 특수분장을 통해 배우의 얼굴과 신체의 인위적인 변형 또는 보강을 통해 창조되고 있으며 기계 및 컴퓨터 기술과의 합성을 통해 영화적 상상력을 표현하여 환상적인 화면을 제공하고 있다.

4) 관상학(골상학)과 인상학

관상학(觀相學)과 인상학(人相學)은 영어사전에서 찾아보면 'Physiognomy'로 같은 맥락에서 사용되고 있지만 의미면에서는 약간의 차이를 갖고 있다.
'관상학(physiognomy)'의 어원은 그리스어 자연(physics), 법칙(homos), 그리고 판단 또는 해석(gnomon)의 조합에서 나온 것으로, 자연의 법칙 또는 자연 본질의 해석이라고 정의한다. 11) 소경미(2004)

관상학에서는 운명론적인 면으로 해석을 하지만 '인상학'은 의지에 따른 미래 지향성 가능성을 중점으로 해석을 하는 점에서 차이가 있다고 볼 수 있다. 흔히 관상학을 미신적인 것으로 생각하지만 관상학은 오랜 세월을 거쳐 엄연한 학문으로 구성되어 왔고 현재에도 우리 생활에 영향을 주고 있다. 관상학의 개념은 동, 서양이 서로 다르지만 오늘날의 관상학은 동양의 것을 토대로 하고 서양의 골상학을 가미해서 고도로 발전해 왔다.
Berry와 Were(1991)는 외모에 근거한 인상은 부분적으로는 정확하므로 외모에 근거한 성격 판단에 동의한다고 하였으며 사람들의 성격에 대한 판단과 얼굴과는 매우 관계가 깊다고 하였다. 12) 설해심(2002)

(1) 관상학(觀相學)

'관상학' 이란, 외형적 생김새를 통해 한 사람의 성격, 체질, 나아가 운명을 추론하는 학문으로서 자연(physics), 법칙(homos), 그리고 판단 또는 해석(gnomon)의 조합에서 나온 것으로 얼굴의 성격을 분석하는 기능만이 아닌 인류가 몇 천년동안 경험에 의해 축적된 '일종의 통계적 데이터'라고 말할 수 있을 것이다. 글자 그대로 "보고 또 본다."는 뜻이며 머리끝에서 발끝까지를 살펴보는 것으로 관(觀)은 "보다"는 뜻이고 상(相)또한 "보다, 자세히 살피다, 서로 보다"라는 뜻에 해당한다.

관상학이 우리나라에 들어온 것은 신라시대이며 고려시대와 조선시대에 거쳐 발달하였으며 특히 불교계의 상법이 주류를 이루었고 고려시대에 유명한 관상가로는 도선국사(道洗國師)와 혜징(惠燈), 무학대사(無學大師) 등을 들 수 있는데 이들은 대개 승려들이었다.
조선 시대에 와서는 승려들뿐만 아니라 서경덕과 이율곡 같은 학자들도 관상에 조예가 깊었다고 하며 특히, 허준이 쓴『동의보감』과 같은 의학 서적에도 관상학적인 요소가 환자의 상태를 평가하는데 활용되고 있을 정도로 조선시대부터 끊임없이 유행하여 오늘날에 이르게 되었다.
13) 신수현(2002)

(2) 인상학(人相學)

TV 드라마나 영화에 출연하는 연기자들을 보면 특정 배역이 단골로 캐스팅되는 경우를 흔히 볼 수 있다 이는 연출자가 출연자의 배역을 정할 때 배우의 안면 골상학적 특징에 따른 인상학적 이미지와 분위기를 고려하면서 그 느낌에 따라 왕, 사장, 사기꾼, 도둑, 폭력배, 수다스런 이웃집 아줌마 등 개성 강한 배역들을 정한다는 것을 짐작할 수 있다.
캐스팅에서뿐만 아니라 드라마, 연극, 영화에 출연하는 등장인물(연기자, 배우)의 분장 디자인 시에도 인상학적 골격과 이목구비의 특성을 유념해두고 분장 디자인을 해야 효과적이므로 인상학은 반드시 알아야 할 개념이다.
사람은 얼굴을 볼 때, 얼굴 전체를 보지 않고 눈 · 코 · 입 · 귀 등을 따로 보고 이것들을 다시 조합하여 뇌 속에서 얼굴상을 만든다. 즉, 상대방의 인상을 판단 시 영향을 미치는 요소는 고정관념과 경험이라고 볼 수 있다.
예를 들어 희고 부드러운 피부를 가진 얼굴에 대한 친근함과 관대함, 검고 칙칙하며 주름이 많은 얼굴에 대한 거부감 등은 사람들이 살아가며 자연적으로 습득되는 경험에 의해 생기는 고정관념으로 의도하지 않더라도 뇌 속에서 이미 경험과 고정관념을 바탕으로 인상은 판단된다.

사람의 웃는 얼굴, 우는 얼굴, 찡그린 얼굴, 잘 생긴 얼굴, 못생긴 얼굴, 천진난만한 얼굴 등의 갖가지 모습은 감정의 희(書), 노(怒), 애(哀), 락(樂)에 따라 무한한 표현이 가능하며, 사람의 표정은 상대방의 감정과 성격을 판단하는 단서가 된다.

동시에 목소리의 어투, 억양 등의 음성적 요소를 듣고 작용하는 정보와 표정을 통하여 시각적인 작용에 의한 정보가 하나로 합쳐져 전반적인 인상으로 형성된다. 즉, 얼굴을 구성하고 있는 구성체인 눈 · 코 · 입 · 턱의 특성에 따라 그 사람의 품성을 확인할 수 있으며 얼굴의 표현 즉, 면상(面相)을 보거나 몸 동작을 보고 내적 마음 상태의 희로애락과 같은 개인적인 분위기도 읽어 낼 수 있다.

일반적으로 사람들은 상대방의 얼굴, 의복, 비언어적인 행동 단서(제스처, 자세, 타인과의 거리) 등과 같은 외모에 근거하여 인상 형성을 한다. 상대방이 표출하는 외적 단서에 근거하여 상대방의 사회적 지위나 직업 등을 알 수 있지만, 더 나아가 상대방의 성격, 능력, 감정 상태, 사상, 취미 등을 추측할 수 있다.

인상학은 아시아에서는 중국과 인도, 유럽에서는 그리스에서 비롯되었으며 중국에서는 기원전 2,300년경에 생겨났고, 공자의 일문(一門)에도 인상학에 조예가 깊었던 사람이 있었다고 하며 수학자 피타고라스(Pythagoras) · 철학자 아리스토텔레스(Aristoteles)도 인상 연구가였다고 한다.
중국의 인상학은 달마대사(達磨大師)가 불교의 전파를 위해 인도에서 건너와 숭산소림굴에서 9년 동안 면벽 정진한 뒤, 제자들에게 구전으로 전수한 것이 지금까지 전해오는 달마상법'(達磨相法)'이고 중국의 동주(東周) 때 숙복(政服)이 최초로 공상학을 연구하였다는 기록대 또한 찾아볼 수 있다. 14) 소경미(2004)

(3) 안면 골상학(顔面 骨相學)

두부의 근육(Muscle of Head)은 얼굴의 근육인 '안면근'과 음식을 먹을 때 사용하는 '저작근'으로 분류되고 안면근은 얼굴의 피부와 연결되어 표정의 변화를 일으키기 때문에 '표정근'이라고도 말한다.

① 안면근(Facial muscle)

안면근은 얼굴에 있는 근육으로 두개골과 피부에 있는 근육으로 얼굴 피부의 움직임을 조절, 표정을 만들고 피부에 얇게 존재하며 가느다란 근육들의 조합으로 인간의 다양한 표정을 만들게 하며 눈 주위의 '안부근' 과 입 주위의 '구부근', 코 주위의 비부근'으로 나뉘어진다.

② 안부의 근(Muscle of eye)

눈 주위를 공 모양으로 감싸고 있는 근육으로 괄약근이자 눈을 깜빡거릴 때 사용하는 것을 안륜근(眼輪筋)이라 하고, 눈썹 피부에 있어 눈썹을 밑으로 잡아당겨 이 마를 주름지게 하는 눈썹 주름근을 추미근이라고 한다.

③ 구부의 근(Muscle of mouth)

입술에 있어 입술 주위에 있는 공 모양의 근으로 입술을 열고 닫는데 사용하는 '구륜근(九輪勤)'과 볼 근육으로 입안에 압력 유지, 화난 표정을 짓게 하는 '협근' 구각을 당겨 웃는 표정을 만들게 하는 웃음근인 '대관골근', 윗입술의 위쪽에 있어 윗입술을 당겨 부정적인 표정을 짓게 만드는 '소관골근' 입꼬리를 당겨 볼에 보조개를 만드는 '소근' 등이 있다.

④ 비부의 근(Muscle of nose)

상악골에서 콧등의 횡부와 비익에 있는 근으로 콧구멍을 넓힐 때 사용한다.

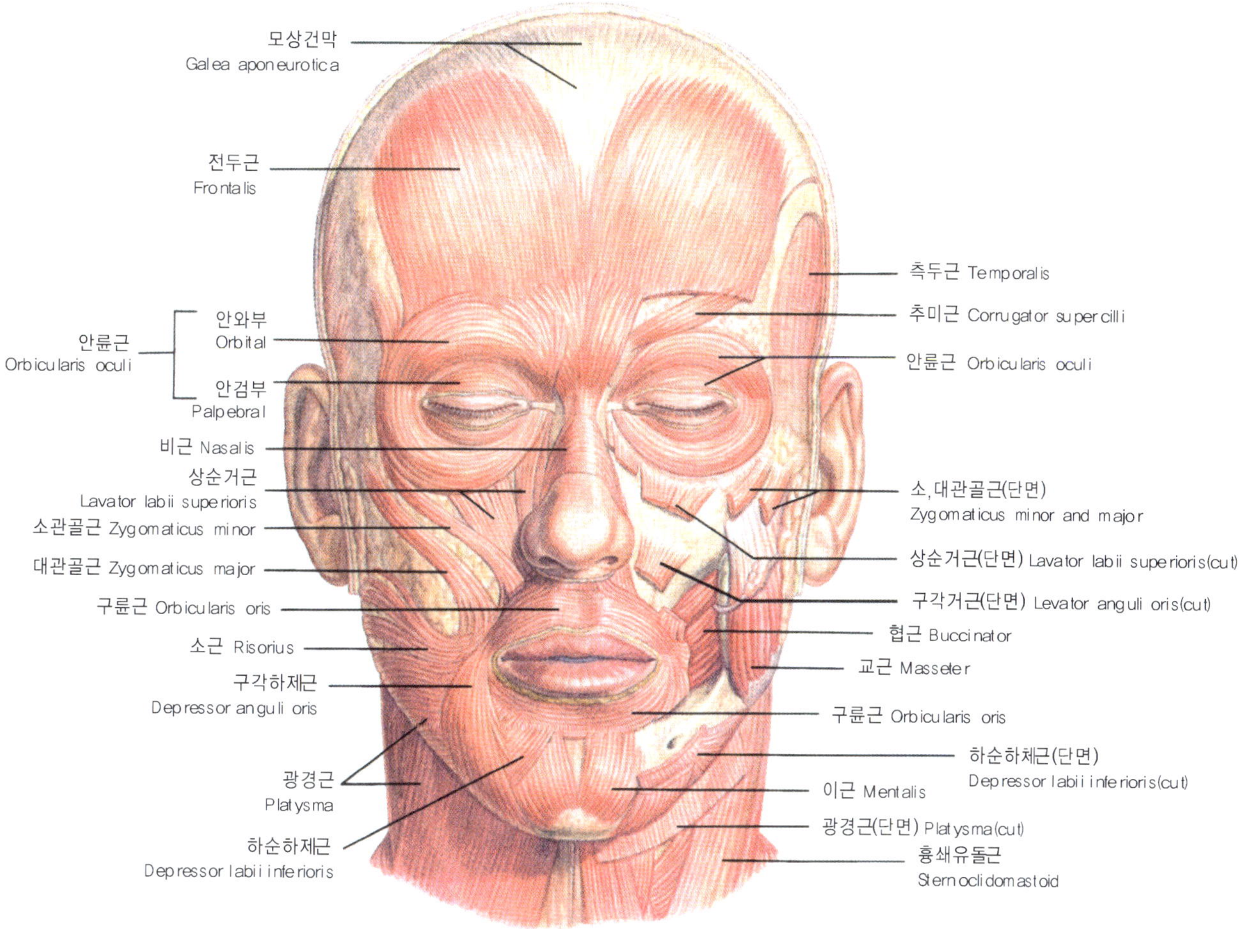

· 안면근(Facial muscle) ·

(4) 골상학적 특징별 성격

동양 관상에서는 안면 골격의 특징과 차이를 기준으로 얼굴을 크게 '근골형(筋骨型)', '영양형(榮養型)', '신경형(神經型)' 세 가지 기본형으로 나누고 각 기본형에 대한 특징은 신체, 얼굴, 손, 음성, 성격 등으로 구분할 수 있다.

각 얼굴형에 따른 성격의 특징은 다음과 같다. [조용진(1999), 이시모토 유후(2007), 송은화(2003)의 선행 연구 자료를 토대로 재정리]

① 근골형(筋骨型)

얼굴 특징은 뼈가 튀어나온 얼굴로 하관이 튀어나왔으며(사각형) 광대뼈가 나와 앙상하고, 살이 없어 대체로 울퉁불퉁한 편으로 억세게 보이는 형이다.

광대뼈가 튀어나와 눈에 띄며, 턱 밑 부분은 'U' 자로 넓게 퍼져 있다. 코는 높고 눈은 찢어진 편이며 입은 크고 '한 일(一)' 자형이 대부분이며 눈썹은 진하고 거칠다.

근골형의 성격적 특질은 주위 사람들의 속마음은 상관하지 않는 실행가이며 일을 좋아하는 근면성이 있다. 경쟁심이 강하여 언제나 다른 사람보다 앞서야 시원해하는 그런 유형이며 명예심과 자존심이 매우 강해 어떠한 역경에 부딪쳐도 꿋꿋이 일어나 전진하는 강한 의지와 목적에 대한 흔들리지 않는 신념을 갖고 있고 스포츠나 하이킹, 등산을 좋아해 모험을 시도한다.

② 영양형(榮養型)

얼굴 특징은 얼굴, 턱과 귀, 눈이 둥근 편으로, 눈꺼풀에 살이 많고 코와 입술도 두툼하며, 턱에는 이중 턱처럼 살이 많다. 눈썹도 진하고 부드러우며, 귀는 둥근형이고, 귓불은 큰 편이다.

영양형의 성격적 특질은 항상 주위 사람과 사이가 좋고 교제가 넓으며, 친구나 주위 사람과 하루라도 이야기하지 않으면 견디지 못한다. 그리고 형식보다 내용을 중요시하며 실질적인 생활을 위해 항상 노력하고 자신도 타인을 사랑하지만 타인으로부터 사랑받기를 원한다. 사교에 능하고 정(情)을 중요시하는 성격을 가지고 있다.

③ 신경형(神經型)

얼굴 특징은 머리가 약간 큰데 비해서 몸은 약간 작은 편이며 얼굴 윗부분은 넓으나 턱으로 갈수록 좁아지고, 이마는 비교적 넓어 코에서부터 턱으로 내려감에 따라 좁아지는 것이 특징이다.
신경형의 성격적 특질은 눈썹은 가지런하여 예쁘고, 입술은 얇은 편이며 꼼꼼하고 착실하며 정직하다. 무슨 일이든 번잡한 것은 싫어하고 혼자서 조용히 독서를 하거나, 자기 취미를 즐기는 것을 좋아한다. 타인의 행동이나 태도가 혼란하면 기분 나빠하고, 사람들 속에 들어가 이야기하거나 다른 사람의 집에 방문하는 것을 좋아하지 않으며 틀에 박힌 형식이나 규칙, 순서를 존중하며, 체계적으로 일을 처리하는 것을 좋아하고, 예의범절을 중요시하여 매사에 용의주도하고 면밀하다.

인상학에서는 얼굴의 상을 가장 중요한 판단 기준으로 여기며 얼굴을 보고 판단하는 인상의 기본 원리는 음양오행에 두고 '십이궁(十그宮)'15)과 '삼정(三 停)'으로 얼굴의 세부적인 상을 나누고 있다.

삼정 이란, 얼굴의 세로 길이를 상정(上停)', '중정(中停)', '하정(下停)'의 3등분으로 나눈 것으로 '상정'은 이마의 헤어라인의 시작점부터 눈썹까지의 거리로 이마와 눈썹의 형태를 살펴보았으며 '중정'은 눈썹부터 코끝까지의 거리로 눈, 광대, 코, 귀의 형태와 특징을 인상학적 측면에서 살펴보았다. 마지막으로 '하정'은 코끝의 인중이 시작하는 부분부터 턱 끝까지의 거리로 인중과 입, 턱 등이 하안에 해당된다. 상정(상안, 上顏) : 중정(중안, 中顏) : 하정(하안, 下顏)의 평균적인 비율이 1:1:1이다.

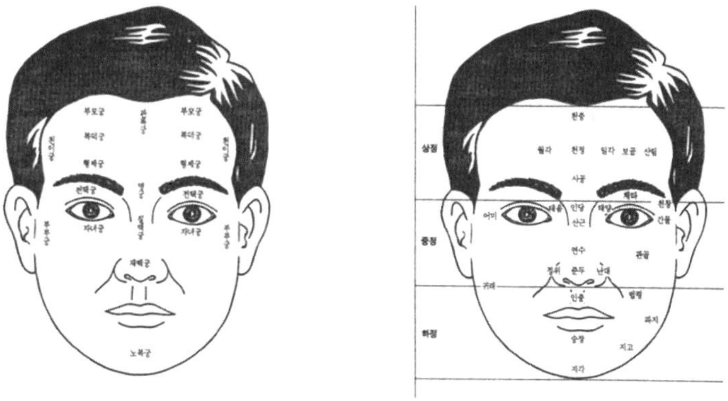

· 십이궁(十그宮)과 삼정(三停) ·

[국립 민속박물관 (1994) 한국인의 얼굴, p.147]

(5) 얼굴형 분류에 따른 인상학적 이미지

Davis는 얼굴형을 계란형(oval), 정사각형(square), 등근형(round), 삼각형(triangular), 역삼각형(inverted triangle), 마름모형(dUmond), 직사각형(rectangular)의 7가지로 분류하여 각 유형에 대한 시각적 특징을 설명하였다.

이미애(2003)의 '성격 분장의 유형별 연구'에서 남자의 얼굴형을 유자형(由字形), 갑자형(甲字形), 신자형(神字形), 전자형(H字形), 동자형(洞字形), 원자형(圓字形), 목자형(B子形), 용자형(用字形), 왕자형(王字形), 풍자형(風字形)의 10가지 형태로 분류하였고, 여자의 얼굴형은 역삼각형, 둥근형, 네모형, 계란형, 직사각형, 삼각형, 사다리꼴형, 마름모형으로 8가지로 분류하였다.

김경순(1996)의 '얼굴형 수정을 위한 메이크업 방법'에 따르면 사람의 얼굴형을 계란형, 장방형, 둥근형, 역삼각형, 삼각형, 사각형, 마름모형의 7유형으로 분류하였으며, 황의순(1996)의 '얼굴형 에 따른 화장법 에 관한 연구'에서는 얼굴형을 7가지 즉, 계란형, 원형, 사각형, 긴형, 삼각형, 역삼각형, 마름모형으로 분류하였다.

각 문헌 및 선행 연구 내용을 바탕으로 얼굴의 근육과 형태에 따른 인상학적 이미지 특징을 6가지 얼굴형으로 나누어 살펴보면 다음의 표와 같다.

① 얼굴형에 따른 인상학적 이미지

인상학적 이미지에 있어서 이마는 젊음 · 지혜 · 이상을 상징하고, 코는 성숙 · 권위 · 남성스러움을 상징하며, 입은 적극성 · 정신력 · 집중력 · 여성스러움을 상징한다. 15) 김문기(1999)

얼굴형 분류	얼굴형 이미지	인상학적 이미지
계란형		• 대인관계에 안정감을 줌, 통찰력과 기억력이 좋음 • 성격이 원만하고 온화하며 사교적임
원형		• 낙천적, 현실적, 성실하여 활동력이 뛰어남 • 성격이 원만하고 쾌활한 성격으로 대인관계가 좋음
사각형		• 남에게 지기 싫어하는 성격, 끈기 있음 • 고집이 세고 기질이 억센 사람
장방형		• 감정이 예민함, 대치 풍부, 환상과 공상이 많음 • 총명함, 감수성이 풍부함
역삼각형		• 섬세하고 지적이고 세련된 인상, 자존심과 독립심이 강함 • 이성적, 지구력이 강하고 신경이 예민함, 두뇌 회전이 좋고 감각이 뛰어남
마름모형		• 예리하고 강함, 신경질적이고 날카로움 • 인내력이강하고 실천력이 뛰어남

[김희정(2005), 권경애(2000), 송은화(2003), 박일국(1994), 주선희(2004)의 선행연구 자료를 바탕으로 재정리]

[강은미(2010). 영화배우의 인상학적 이미지 분석에 따른 캐릭터 이미지와 스타일 연구. p.17]

선행연구[16] 조용진(1999)의 결과를 바탕으로 얼굴의 각 부분별 형태에 따른 인상학적 이미지는 다음의 표와 같다.

② 눈썹의 형태에 따른 인상학적 이미지

눈썹의 형태	인상학적 이미지
두꺼운 눈썹	뚜렷한 개성, 의지가 강함, 화통하고 적극적
가는 눈썹	소극적이고 우유부단함, 감정이 풍부하고 섬세함
흐린 눈썹	우아함, 조직력, 우둔함, 암전함
짙은 눈썹	실행 능력 뛰어남, 적극적
일자 눈썹	실질적, 실천적인 개성, 현명함, 대담함
짧은 눈썹	불안정, 활발한 성격, 동적, 위선적
미간이 넓은 눈썹	여유 있어 보이며, 온화함, 도량이 넓은
미간이 좁은 눈썹	속이 좁아 보이며 급하고 고집이 있어 보임, 소심함
눈썹과 눈 사이가 먼 경우	강한 의지가 있고 인내심이 있어 보임, 온화하고 태평함
눈썹과 눈 사이가 좁은 경우	긴장감이 있고 인색하며 날카로움, 질투심이 강함
초승달 눈썹	순하고 지혜로움, 애교 있음

③ 눈의 형태에 따른 인상학적 이미지

눈의 형태	인상학적 이미지
큰 눈	뛰어난 관찰력, 겁이 많음, 감수성이 풍부
작은 눈	둔감함, 보수적, 관찰력이 예리함, 통찰력, 답답함, 인내심
가느다란 눈	포용력, 인내력, 날카롭고 예리함, 생각이 깊고 의심이 많음
눈꼬리가 처진 눈	온순, 순진, 부드러움, 소극적, 내성적
눈꼬리가 올라간 눈	주관이 있고 날카로우며 고집스러움, 냉정함, 호탕하고 진취성 있음
눈 사이가 넓은 눈	낙천적, 적극적, 착실함, 온화함
눈 사이가 좁은 눈	섬세함, 질투심이 강하고 신경질적임, 소극적
쌍꺼풀인 눈	감수성이 풍부함, 서구적, 현대적
홑꺼풀인 눈	냉정, 집중력, 의지가 강함, 끈기, 세심함

④ 코의 형태에 따른 인상학적 이미지

코의 형태	인상학적 이미지
높은 코	자존심 강함, 독단적인 자신감, 적극적이고 공격적
낮은 코	주관이 없으며 의존적임, 감수성이 둔하고 수동적이며 소심함
짧은 코	명랑하고 낙천적인 기질, 성격이 급함
긴 코	책임감, 인내심, 성실함고 신념이 깊음, 인정이 많음, 사려 깊음
들창고	통찰력과 유머 감각이 있어 보임
코 끝이 처진 코	냉정하면서 사려가 깊음, 우울함
넓은 코	활동적이며 생동적
매부리 코	점잖고 욕심이 많음

⑤ 입의 형태에 따른 인상학적 이미지

입의 형태	인상학적 이미지
곧은 입술	단호하며 확고함
곧은 곡선의 입술	성격이 따뜻하고 사교적이 며 여유가 있음
얇은 입술	겸손하며 정확하고 냉정함
두꺼운 입술	온화, 풍부한 정서, 섹시하며 애교가 있음, 질투심이 강하고 솔직함
입술 끝이 올라간 입술	명랑, 쾌활함, 사교성이 풍부, 유머 감각이뛰어남
입술 끝이 쳐진 입술	비관적, 고집이 있음
큰입	생활력, 지도력, 통솔력, 활동력, 개방적
작은 입	보수적이고 소심, 도량이 작음, 용기와 경쟁심이 약함, 의지가 약하고 실행능력이 결여

⑥ 턱의 형태에 따른 인상학적 이미지

턱의 형태	인상학적 이미지
뾰족한 턱	엄격함, 사교성 부족, 신경질적이고 까다로움
넓은 턱	강한 행동력, 의리 있음, 넓은 애정을 지님
전체적으로 둥근 턱	성실함, 다혈질
이중 턱	애정, 관대함, 포용력, 인덕, 사교성
긴 턱	원만함, 온화함, 성실함, 인내력
네모진 턱	행동력, 과감성, 감각풍부

[김희정(2005), 권경애(2000), 송은화(2003), 박일주(1994), 주선희(2004), 강은미(2010)]

미주

1) 강대영(2013). 한국분장예술, 한국분장 프로덕션

2) 강대영(2013). 앞의 책

3) 오인영, 임유경(2011),무대와 영상을 위한 캐릭터 메이크업 디자인, 훈민사

4) Naver 지식백과 검색. OTT

5) 화장품 신문(2001), 이혜진(2006), 영화 장르에 따른 배우 캐릭터 이미지 분석, 서경대학교 미용예술대학원 석사학위 논문

6) 백창원 외 2인(2011). Kobayashi 스케일과 I.R.I 를 사용한 LED 광색의 형용사 이미지 분석, 조명, 전기 설비 학회지 25(10).

7) Gerald Prince(2003), "Dictionary og Narrato;ogy" 외국어대학교 출판부, P.5

8) 황보선진(2001), 왕가위 작가 연구, 한양대학교 석사학위 논문

9) 이혜진(2006). 영화 장르에 따른 배우 캐릭터 이미지 분석, 서경대학교 미용예술대학원 석사학위 논문, P.11~24

10) 조미영(2008). 춘향전 등장인물의 성격 분석을 통한 분장 적용에 관한 연구, 한성대학교 예술대학원 석사학위 논문

11) 소경미(2004). 인상학적 측면에서 본 얼굴 형태적 특성에 따른 메이크업 기법 연구, 한성대학교 예술대학원 석사학위 논문, P.5

12) 설해심(2002). 서양 관상학, 그 긴 그림자, 서울, 한길사, P.29

13) 신수현(2002). 얼굴형과 메이크업 컬러에 관한 연구, 동·서양의 관상학을 중심으로, 조선대학교 산업대학원 석사학위 논문

14) 소경미(2004), 앞의 논문

15) 김문기(1999), 얼굴로 보는 평생 운명학, 서울; 가교 P. 27

16) 조용진(1999), 얼굴, 한국인의 낯, 서울 사계절, p.49

PART

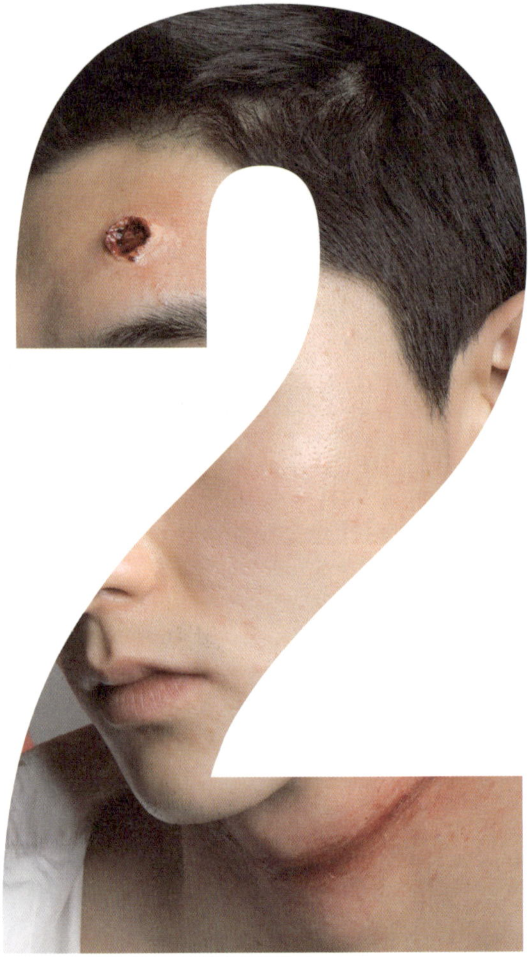

영상 분장

1. 영상 분장

우리가 일상생활에서 접하는 대표적인 영상 미디어는 '영화와 텔레비전' 등이 있다. 이 두 매체의 특징은 오락적이고 쾌락적 특성을 지니며, 실제 세계의 삶 또는 허구적 삶이 반영되는 시각적 문화 코드로 대중에게서 감성을 이끌어내는 대표적인 기능을 수행하고 있다.
TV는 현대인들의 일상생활에서 가장 밀접한 커뮤니케이션 수단으로서 1927년 탄생되어 흑백 TV에서 컬러 TV로 발전되어 왔으며 매우 빠른 변화를 거듭해 오면서 실물에 가깝고 보다 선명한 화면으로 보고자 하는 요구에 부응하기 위해 HD(High Definition) TV 영상 시스템이 개발 보급되고 있다.

TV 드라마나 영화에 출연하는 연기자의 이미지는 그 자신이 연기한 '캐릭터'에 의존해 있으나, 시청자와 관객들은 허구적 영상물 속의 인물과 실제 배우 이미지를 동일시하려는 경향이 있다. 즉, 연기자는 작품의 캐릭터를 통해 스토리 전개, 작품의 주제 전달, 심리적 충돌 등으로 대중과 소통을 하게 되며, 캐릭터의 이미지를 시각화해주는 여러 가지 분장 요소와 스타일 요소들은 작품의 이해를 돕고 시청자와 관객이 '작품에 몰입'을 할 수 있게 해주는 중요한 요소라고 볼 수 있다.
다시 말해, TV 드라마와 영화에서의 등장인물은 '스토리'를 이끌어가고 영화 전체 분위기를 형성하는 중요한 역할을 하며 그들의 메이크업, 헤어 스타일, 의상 등을 통해 특정 시대의 사회, 문화적 배경, 패션 경향까지도 알 수 있을 뿐 만 아니라, TV 드라마와 영화에 등장하는 연기자의 메이크업, 헤어, 의상은 작품 속 캐릭터의 '직업', '경제적 여건', '시대', '연령' 등까지도 짐작하게 할 수 있는 중요한 요소인 것이다.

1) 영상 분장의 개념과 특징

한 인물의 머리끝부터 발끝까지의 안면, 의상, 소품, 장신구 등 인물의 이미지 전반에 걸친 작업을 '넓은 의미의 분장'이라 말하고 좁은 의미로는 주로 '헤어 스타일'과 '안면 분장'만을 말한다. 분장은 사실 '색의 변화와 '형의 변화' 두 가지로 집약되는데, 명암에 의해 불확실한 윤곽을 바로잡거나 선, 색, 점에 따른 분장 기법은 이러한 변화의 특성을 이용하는 것이다.
분장은 얼굴과 머리를 위주로 해서 인물의 성격 표현을 도와야 하며 의상, 장신구, 배경 세트, 소도구, 대도구 등과 조화를 이루도록 색채와 형태에 주의를 기울여야 한다. 1) 오인영(2004)

메이크업을 하는 세 가지 기본적인 요인을 들자면, 외관의 개선(to improve), 외관의 수정(to correct), 외관의 변화(to change) 등이 될 것이다.

일반적인 여성의 메이크업은 외관의 특징을 부각시키거나 단점을 개선하기 위해 행해지나, 영화배우나 TV 출연자를 위한 메이크업의 목적이나 방법은 일반적인 미화 목적의 메이크업과는 적지않은 차이점이 있다. 이들 차이점과 목적을 알고 이해해야 비로소 영화와 TV 영상을 위한 메이크업을 할 수 있는 것이다.

영상물에서는 출연자나 연기자의 분장한 얼굴이 카메라를 거쳐 화면에 나타나게 되며, 이러한 사실로 인해 영상 분장의 범주는 영화나 TV 매체를 통해 보여지는 인물에 의해 표현된 일련의 모든 분장을 '영상 분장'이라한다.

영상 분장은 크게 '일반 분장(Straight Make-up)'과 '성격 분장(Character Make-up)'으로 분류되는데 '일반 분장'은 출연자의 성격이나 개성을 표현하지 않고 피부색의 보완, 결점 보완, 조명 반사의 방지 등 기본적인 역할을 하는 것을 말하는 반면, '성격 분장'은 극본이 요구하는 극 중 캐릭터에 맞게 배우에게 외향적인 변화를 부여함으로써 관객(시청자)에게 이미지와 개성 등을 전달하는 작업을 말한다.
예를 들어 상처 분장, 노화 분장, 수염 분장 등은 극 중 인물의 캐릭터를 표현하는 매우 중요한 수단이며 특히 남자 연기자의 경우 수염 분장은 그 인물의 시대, 연령과 직업, 성격, 심리상태를 대변해 주는 중요한 매개체가 되는 것이다.

영상 분장은 무대분장과 같이 무대에서 멀리 떨어져 있는 관객을 상대를 하지 않고 색에 민감한 카메라의 렌즈를 상대하는 분장이 되어야 하므로 훨씬 사실적이고 섬세하게 이루어져야 하며, 연기자의 모습이 화면에 자연스레 보여져야 하고 시청자들이 그 분장에 공감할 수 있어야 한다.

영상매체 중 TV와 영화는 차이점이 있다. TV 화면은 영화의 스크린에 비해 상대적으로 작은 사이즈이므로 화면상 너무 난잡한 색상의 혼용이나 복잡한 소품, 난잡한 분장 등은 기피해야 하는 경우가 있다.
영상 분장은 배우의 가장 필수적 의사 전달 수단으로서 관객들로 하여금 필요한 성격적 사실을 이해시키기 위한 배역의 '성격 창조'에 목표가 있으며 대본에 나타난 인물의 여러 상황을 분석하여 배우의 외모를 바꾸어 내는 작업이다.

TV 드라마는 인물 중심의 스토리 라인으로 인물 자체에 대한 '매력과 친근감'을 표현하기 위해 현재의 트렌드를 반영하여 시청자에게 호감을 줄 수 있는 분장 표현이 무엇보다 중요하다.

영화에서의 캐릭터 메이크업(character make-up)은 영화에서 표현된 다양한 인물 창조로 인해 영화 이미지를 효과적으로 전달하는 필수적인 요소이며 시각적 효과를 높이는 역할을 한다. 2) 이미애(2003)

또한, 분장 요소를 표현함으로 인해 시각적 요소가 충족됨으로 영화 속 캐릭터가 현실적인 개체처럼 보이도록 하며, 영화 속에서 배우의 역할은 연기를 통해 극 중 인물의 리얼리티를 완전히 믿게 만드는 것이지만 대사나 동작뿐만 아니라 메이크업, 헤어 스타일, 패션 등 미용 요소를 통해 리얼리티의 효과를 배가 시킨다. 3) 이혜진(2006)

이처럼 TV 드라마나 영화 속 캐릭터 이미지를 성공적으로 시각화하기 위해서는 헤어, 메이크업, 의상 등의 이미지 요소들을 배우의 기본적인 인상학에 근거한 작업을 계획하여야 하며 캐스팅 작업에서부터 인상학에 근거한 배우를 캐스팅하고, 캐스팅된 배우의 인상학적 특징과 역할에 맞는 분장을 통해 시각적 요소를 갖춘 캐릭터로써 완성도를 높이는 것이 중요하다.

특히, 사극은 과거사 속의 극 중 스토리의 이해를 돕기 위한 분장의 역할이 더욱 중요한데, 사극 캐릭터의 특징을 이끌어내기 위한 고증 및 고찰을 통해 그 시대를 대표할 수 있는 상징적인 분장 요소를 표현함으로써 사극 속 인물의 리얼리티를 구축해야 한다.

2) TV 영상 분장

(1) TV 영상 분장의 특징

TV 영상 출연자를 위한 메이크업을 하기 위해서는 먼저 텔레비전 시스템과 특성, 다양한 제작 관련 요소에 대한 사전 인식과 이해를 필요로 한다.

TV 영상 메이크업의 근본적인 목적은 맨 얼굴 자체에서 나오는 땀과 기름 등 분비물로 인해 조명과의 반사를 일으켜 얼굴 윤곽이 시청자의 눈에 들어오지 못하는 것을 방지하고, TV가 요구하는 '피부색을 표현'하기 위함이다. 시청자와의 거리가 가깝고 얼굴만 크게 부각되는 클로즈업 샷에서 출연자 및 연기자의 얼굴이 '자연스레' 표현되어야 하므로 '섬세한' 메이크업이 요구된다.[4)]

(2) TV 영상 분장시 고려사항

① 피부색

이상적인 영상 메이크업은 클로즈업의 경우에도 잘 표시 나지 않아야 하고 출연자의 피부는 보통 정도의 윤기를 가져 너무 번질거리거나 너무 윤기가 없어 생기가 없어도 안된다. 즉 10단계의 명도 중 거의 3단계에 해당하는 35%의 반사율을 갖는 피부색이 적절하다.

피부색을 결정할 때는 조명, 배경, 의상색과 카메라의 위치, 영상의 재현색까지 계산해 결정해야 하고 자연색에 가깝게 눈으로 본 기억색 이 수상기에 재현되었을 때에도 본래의 색으로 나타나야 한다. 동양인의 얼굴 반사율은 약 30%인데 이보다 배 이상 높은 반사율의 백색 의상을 입었을 경우, 반사율이 90%에 달해 얼굴이 검어 보인다(노출 과다 현상).

여드름은 붉은색을 띄고 있기 때문에 육안보다 TV 화면을 통하면 더 크게 보이고 수염 깎은 자국은 푸르스름하게 보여서 얼굴 전체를 얼룩지게 한다. 이때는 부분적인 피부톤 조절을 위해 '메이크업 베이스'와 '컨실러' 등을 효과적으로 사용할 수 있어야 한다. 일례로 손을 클로즈업 샷으로 포착하는 장면이 있다면 손과 팔에도 분장을 해야 하고 출연자가 어떤 물건을 가지고 시범을 보이는 경우, 고르지 않게 햇볕에 탄 부분이 노출되는 경우나 머리숱이 적거나 대머리 남성 출연자의 경우, 이마와 머리에도 파운데이션과 파우더 사용으로 톤 조절을 하여 조명 반사를 경감시키고 얼굴 피부와의 톤 차이를 줄여야 한다.

② 조명

메이크업 시 가장 고려되어야 할 조건으로는 '작업대의 실제 조명 조건'인데, 각 조명 설비의 고유한 색온도를 어느 정도 고려해야 한다. 붉은 계통의 조명에선 약간 차가운(더 푸른빛)의 메이크업이 요구되고, 높은 색온도 (더 푸른 빛)의 조명에서는 약간 따뜻한(더 붉은빛)의 분장이 요구된다.

TV의 기본 컬러 조명의 색온도는 3,200°C의 조명기구를 사용하고 있으며 사람의 피부색은 조명색과 기타 요소에 따라 민감하게 좌우된다.

③ 메이크업, 의상, 세트 색과의 관계

영상 속의 주색은 인물의 얼굴색이나 얼굴 분장만으로 끝나는 것이 아니라, 배경색의 영향을 받게 되는 경우, 주변색과 배경색은 늘 얼굴색과 대비를 이루게 되며 색상의 명도 및 채도차에 따른 메이크업 색상 변화도 고려해야 한다.

일반적으로 의상색이 밝거나 배경이 의해 형성되는 주위색이 밝을 경우, 출연자는 다소 밝은 색조의 분장으로 톤을 조금 밝게 표현해야 하는 반면, 주위 색이 어둡다면 평소보다 한 톤 정도 낮추어 분장해야 피부색과 배경과의 차이가 적어져 너무 밝게 보이지 않는다.

주변색에 의해 얼굴에 반사광이 나타나는 경우가 있는데 그 반사광은 카메라에 의해 크게 과장되어 화면상에 보여지기도 한다. 예를 들어 뉴스나 보도관련 프로그램의 진행시 상의의 큰 칼라나 화려한 단추, 애교머리나 과감하고 빛 반사가 심한 액세서리 등은 화면상에서 출연자 서로의 얼굴에 빛 반사를 줄 수 있으므로 피해야 하고 남녀 공동 진행시 남녀 진행자들은 상호 의상색 조화와 패턴, 소재 등을 충분히 고려해 선택해야 한다.

바스트 샷(bust shot)의 경우, 출연자의 의상색은 연기자의 피부색에 큰 영향을 끼친다. 남녀 진행자를 동시에 한 앵글에 잡을 경우에는 피부톤의 차이로 인해 노출의 차이가 생기므로 남녀 진행자의 피부톤 차이를 고려하여 남자의 톤을 약간 높이거나 여자의 톤을 약간만 낮추어 기본 피부톤을 설정한다.

'세트(배경)의 색'과 출연자의 '의상색'은 서로 영향을 끼치므로 의상 선택에 신중을 기해야 한다. 예를 들어, 흰 배경 앞의 붉은 옷을 입은 출연자가 있다면, 의상의 붉은기가 배경에 번져 보일 우려가 있고, 의상색과 배경색이 유사한 근접색의 경우에는 인물이 세트의 색상에 묻혀 버려 인물이 부각되지 않을 수 있다. 그러므로 교양 프로, 토크쇼, 시사 프로그램의 출연자 의상을 선택하기 전에는 반드시 사전에 세트의 주색을 미리 파악해야 하고, 배경색이 얼굴에 영향을 주지 않게 하려면 2m 이상 거리를 두어야 한다.

뉴스나 보도 프로그램 출연자의 이미지는 무엇보다 지적이고 신뢰감을 주는 것이 관건이므로 되도록 소량의 파운데이션과 파우더를 사용하고 여자 진행자는 색조 화장시 선이나 색이 강해지거나 화려해지지 않도록 특히 주의한다.

의상은 프로그램의 성격에 어울리는 색상과 톤을 고르는데, 밝고 가벼운 토크 프로그램의 경우에는 세트의 색과 보색이 되는 의상이 활기와 생기를 부여하고 심각하고 진지한 시사 프로그램의 경우에는 세트색과 너무 톤 차가 심해 튀지 않는 유사색과 근접색 상의를 선택한 후,

넥타이 색으로 포인트를 주는 것이 효과적이다. 반대로 의상의 색이 블랙일 경우, 얼굴에 노출을 맞추면 옷의 섬세함이 나타나지 않는다. 노랑색이 강한 의상의 경우는 반사율이 높아 흑백 영상에서는 황인종이 피해야 하는 색이고 붉은색 의상은 브라운관 색 재현 특성으로 인해 번지는 현상으로 윤곽이 살지 않으므로 가급적 피해야 한다. 5) 오인영, 임유경(2011)

(3) TV 영상 '기본 분장'과 '성격 분장'

모든 공연물, 즉 무대, 영화, TV 등에 출연하는 연기자 및 출연자들이 극본이나 대본이 요구하는 성격을 관객이나 시청자들에게 구체적으로 표현하고 전달하는 것을 '성격 분장(Character Make-up)'이라고 하며 일반인이나 아나운서들이 피부톤 보정, 조명 반사 방지, 결점 보완 등을 목적으로 하는 분장을 '기본 분장(Straight Make-up)'이라고 말한다.

성격 분장을 위해서는 낡은 사진이나 오래된 초상화, 신문에 실린 범인이나 깡패, 정치가나 노학자, 유 · 무명인을 막론하고 스크립 한다. 프로그램 중 드라마나 재현 프로그램의 경우에는 대본의 숙독 후, 역 인물화를 위한 새로운 인물 창조 작업이 바로 메이크업이 되는 반면, 특별히 외관의 변화나 성격 설정이 불필요한, 교양과 보도 프로그램 등 출연자의 경우에는 너무 두껍지 않고 자연스러우면서도 최대한의 장점을 살리는 수정 메이크업을 필요로 한다.

① 기본 분장[일반 분장, 보통 분장, 스트레이트 메이크업(straight make up)]

'스트레이트(straight)' 메이크업은 가장 기본이 되는 메이크업 기법으로 피부톤을 고르게 하고 피부의 결점과 잡티를 메이크업 테크닉으로 케어하여 깨끗한 이미지를 표현함으로써 인물의 이미지를 있는 그대로 반영하는 역할을 해야 한다. 본인의 이미지를 순수하게 표현해야 하는 만큼 메이크업을 하지 않은 듯한 테크닉이 요구되므로 기본에 충실한 메이크업이기는 하나 가장 섬세하게 접근해야 하는 메이크업이라 할 수 있다. 이러한 이유로 '스트레이트 메이크업'이야말로 충분한 경험과 노하우를 필요로 한다.

피부색을 결정할 때에는 의상색이나 카메라의 위치, 영상의 재현색까지를 염두에 두어야 하며 여드름, 면도, 수염자국, 피부 얼룩 등 피부의 여러 결점 등을 화면상에 보이지 않게 커버해주어야 한다. 주로 정치인, 아나운서, 앵커 맨, 좌담 프로그램에 출연하는 유명 인사와 같은 패널들이 출연하는 방송 프로그램에서 실행되는 테크닉이 바로 '스트레이트 메이크업'이다.

스트레이트 메이크업에 있어서 파운데이션의 색은 본인의 피부색에 따라 결정되나 조명의 영향으로 피부의 색이 달라 보일 수 있으므로 얼굴에 표현된 화장품의 색은 자연색에 가깝게 해야 하며 본색이나 기억색이 TV 화면에 재현되었을 시 반드시 본래의 색으로 나타나도록 모니터를 보면서 조절해야 한다.

② 성격 분장[역할 분장, 캐릭터 메이크업(Character Make up)]

'성격 분장'은 배우의 가장 필수적 의사전달 수단으로서 그 목적은 배우의 모습을 정확하게 배역에 맞게 인물화하여 관객들로 하여금 필요한 성격적 사실을 이해시키기 위한 배역의 '성격 창조'에 목표가 있다.
자연인으로서의 배우를 극 중 인물의 민족, 시대, 연도, 성격, 건강 상태, 사회적 환경 등에 맞게 시각적으로 표출함으로써 배우가 창출하려는 '극 중 인물화'의 외적인 면을 관객에게 전달시키는 중요한 극적 요소이다.

대본에 나타난 인물의 여러 상황을 면밀히 검토하고 분석해, 배우의 얼굴 위에 분장술로 그 외모를 바꾸어 내는 작업이다. 배역 인물이 지닌 시대적 배경, 환경, 연령, 외양의 특징, 작품 속에서 다른 인물 등과의 관계 등을 면밀히 조사해 외양에 따른 용모 변화의 폭을 결정하게 된다. 인물을 분석하기 위해서는 육체적 외양의 결정 요소를 유전, 종족, 환경, 기질, 건강, 연령에 따라 결정하고 영양상태와 병의 유무 등으로 배역의 건강을 표현하기 위한 수단이다.

TV 드라마의 '성격 분장(character make up)'은 등장인물의 주어진 성격을 표현하는 작업으로서 연기력만으로는 한계를 드러내는 시대 상황이나 인물의 개성을 시각적 이미지로 드러낼 수 있게 하며 단순한 안면 표현에 국한되지 않고 전신에 이르는 이미지 변신 작업이라 할 수 있으며 내면의 연기까지도 가능케 하는 '심리적 분장'을 뜻한다.
영상 분장 중, 연기자의 캐릭터, 예를 들어 노인, 군인, 실업자, 범죄인, 환자 등 각 인물의 외형적, 내면적 특성에 적합한 새로운 인물을 창조하는데 일조하는 것이 바로 '드라마 성격 분장'이라 할 수 있다.

사극의 경우, 역사적 배경과 등장하는 인물, 사건, 분장 등이 사실 고증에 충실하면 할수록, 시청자들로 하여금 설득력 있는 상상을 가능케 하고 감성까지도 움직일 수 있는 힘을 이끌어 낼 수 있게 된다. 즉, 사극 분장을 통해 전문적 지식의 전달뿐만 아니라 감동까지 줄 수가 있게 되는 것이다.

'수염 분장'은 시대물과 현대물에서도 중요하나 특히, 사극 드라마에서는 가장 큰 이미지 변화 요인으로 작용하며 시청자들에게 극중 인물에 대한 이해를 돕는 역할을 한다. 이러한 이유로 역사상 실존 인물일 경우에는 그 인물의 초상화나 당시 시대적 특성을 고려해 수염의 형태를 디자인함으로써 시청자들에게 그 인물에 대한 현실감을 더욱 부여해 줄 수 있다.[5)]

2. HDTV 영상 분장

1) HD TV 해상도와 DI(Digital Intermediate)

HD TV는 기존의 TV보다 5~6배 이상의 해상도를 가지고 있으므로, 고화질 영상을 감상할 수 있는 TV 시스템이다. 1980년 12월 컬러 TV의 등장 이후로 약 20년 만에 아날로그 방식에서 디지털 방식으로의 전환이 진행되면서 HD TV가 등장하였다. 2001년 10월부터 디지털 지상파 본 방송이 수도권을 중심으로 시작되었으며, 2002년 3월부터는 위성 디지털 방송이 시작되는 등 우리나라도 본격적인 디지털 방송 시대로 접어들었다.

HD TV는 주사선이 기존 TV(SDTV : Standard Definition television)에 비해 2배 이상 되고, 화면비(가로와 세로의 비 : Aspect Ratio)는 SD TV의 4:3에 비해서 16:9로 영상의 현장감이 좋아지고, 화면의 정밀도가 SD TV보다 약 5배 정도 향상되었다. 따라서 출연자의 땀 구멍과 분장 상태가 고스란히 드러날 정도로 선명한 화질과 돌비 디지털 서라운드로 일반 음악 CD보다도 좋은 음질을 시청자들에게 제공한다는 것이 가장 큰 장점이자 특징이라고 할 수 있다.[7)]

DI(Digital Intermediate)는 영상물 제작 단계에서 촬영된 영상에 대하여, 편집 및 보정을 거쳐 최종 상영될 영상을 제작하는 작업을 수행하는 후반작업을 말한다. 촬영된 필름을 디지털로 스캐닝 한 영상에 대하여 전반적인 색감이나 특정 장면에 대한 톤을 감독이 원하는 방향으로 수정하거나 촬영 여건상 부득이하게 낮에 촬영한 영상을 밤에 촬영한 것처럼 보이도록 조정하는 등 화면조정에 관한 일련의 과정을 말한다.[8)]

인물의 분장과 관련해서는 인물의 타이트 샷(tight shot)에서 카메라 앵글이 인물의 얼굴을 크게 잡아 피부의 요철이나 주름이 너무 선명하고 과장되게 보이는 경우가 있으며 이러한 단점을 보완하기 위해 색 보정 작업의 과정(DI)을 거치는데 이러한 작업 또한 HD 화면의 고해상도로 인해 분장으로도 가려지지 않은 결점을 보완하기 위한 작업이라 하겠다.

· 영화〈내부자〉에서의 DI작업 전과 후 한장면 ·

[post.naver.com/viewer/– HD TV DI작업 –"영화같은 드라마를 만드는 황금손"]

2) TV 분장 기법의 변화

2010년 이후 HD TV라는 고해상도의 TV 제품이 출시되고부터 그 해상도에 맞춘 분장기법은 다양한 변화를 거듭하고 있다. 화질의 색 선명도가 높아지는 해상도가 높은 화면인 HD(High Definition), UHD(Ultra High Definition), QLED(Quantum dot Light-Emitting Diode) 등의 화면의 대중화는 인물의 모공과 잡티는 물론 피부의 각질까지도 보여주는 해상도로 더 섬세한 분장의 정밀함이 요구되고 있으며 동시에 출연자나 패널들의 피부표현이 거칠게 표현되었거나 얼굴의 단점이 드러날 경우에는 보정 작업이 필요한 경우도 생기고 있다.

피부 표현을 위한 파운데이션의 선택에 있어서 가볍고 고른 밀착력이 최우선의 과제가 되고 있으며 색과 질감 또한 '섬세한 피부 표현'을 위해 진화하고 있다. 파운데이션 뿐만 아니라 색조화장의 모든 제품이 인위적이지 않으면서 밀착이 부드러운 텍스쳐와 일정하게 발색이 되는 제품에 집중되고 있으며 이를 표현하기 위한 도구 및 기법 또한 섬세해지고 있다.

앞서 말한 것처럼 해상도가 높은 화면에서는 밝고 선명한 화질로 인해 피부의 잡티와 주름이 더 깊어 보이는 단점을 고려하여 섬세함이 필요로 하는 만큼 피부 표현의 단계에 있어서 시간을 들여 피부의 결점이 드러나지 않게 케어(care) 해야 한다.

기존의 경우, 스킨(skin)과 에멀젼(emulsion) 그리고 메이크업 베이스의 단계를 거쳐 파운데이션의 표현을 했다면, 고화질에서의 기본 분장은 스켄케어에서부터 각질의 유무를 파악하고 기초 단계 전에 미스트를 사용하여 각질은 진정시키고 스킨 솜을 사용하여 다시 한번 피부 결을 정리한다. 섬세한 각질 케어가 된 후 에멀젼을 손가락으로 꼼꼼하게 펴 발라 흡수시키고 포어 프라이머(pore primer)를 모공이 큰 부위에 부분적으로 사용하여 피부의 요철을 줄이는 과정이 선행되고 있다.

섬세한 피부 표현을 위한 파운데이션의 제형 또한 화장품 제형의 변화를 주도하고 있는데 그 대표적인 변화가 '쿠션 팩트(Cushion Pact)' 타입이다. 휴대가 간편하다는 장점과 더불어 밀착력에서 많은 진화를 거쳐 모공까지 메워주는 장점으로 인해 영상 분장에서도 주로 사용되고 있다. 기존 케익 타입의 유분감이 많은 파운데이션의 커버력이 좋은 장점을 살려 제형의 변화를 준 스틱 파운데이션(stick foundation)은 쿠션을 사용한 후, 점이나 잡티를 가볍게 밀착시키면서 가려주는 역할을 한다. 이 둘을 동시에 사용하면 잡티 커버와 고른 밀착력으로 시너지 효과(synergy)를 볼 수 있다.

<table>
<tr><td>
〈정샘물〉
스킨누더 쿠션</td><td>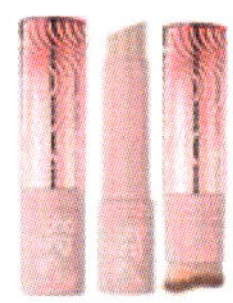
〈조성아〉
슈피 핏필업 스틱파운데이션</td></tr>
<tr><td>
〈입생로랑〉
엉크르 드 뽀 쿠션</td><td>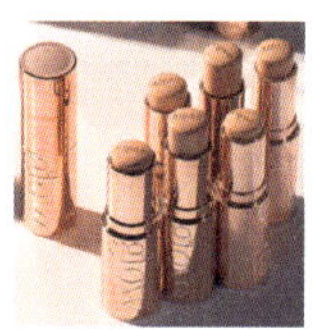
〈바닐라코〉
클로우 스틱 파운데이션</td></tr>
<tr><td>
〈바닐라코〉
커버리셔스 파워핏 쿠션</td><td>
〈엘로엘〉
블랑 커버크림 스틱 파운데이션</td></tr>
<tr><td>쿠션팩트</td><td>스틱파운데이션</td></tr>
</table>

3) TV 캐릭터 인물 분장 요소의 변화

(1) 아이브로우(Eyebrow) 형태와 색

눈썹은 인물의 이미지의 변화에 큰 영향을 주는 것을 익히 알고 있다. TV 드라마 연기자의 눈썹은 그 모양과 크기, 색, 질감에 따라 다양한 이미지를 주는데 영상물에서 자연스러운 눈썹의 형태는 브라운 계열의 직선형에 가까운 사선형이다. 눈썹의 산에서 조금 진하게 표현하고 눈썹의 앞머리는 자연스럽게 표현하여 캐릭터에 맞는 아름다움을 표현하는 것이 중요하다.

아이브로우의 형태와 색에 따른 분장이미지 상관관계

현대물 여자 기본 분장의 눈썹 형태

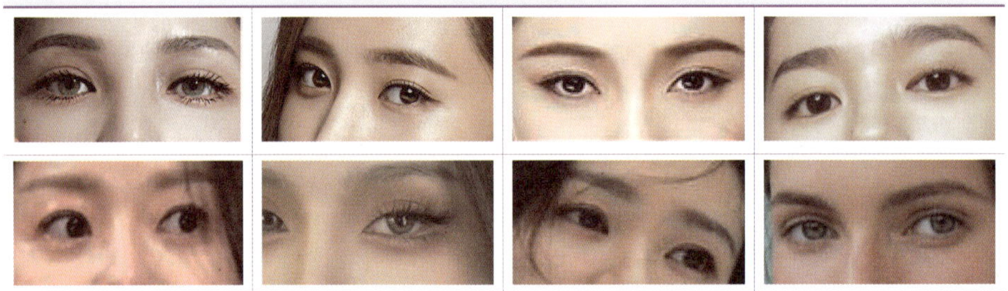

- 직선형의 자연스러운 눈썹으로 성격 표현보다는 본인의 눈썹에서 균형감 있게 표현
- 브라운(brown) 컬러로 눈썹산을 자연스럽게 표현

현대물 여자 성격 분장의 눈썹 및 아이라인의 형태

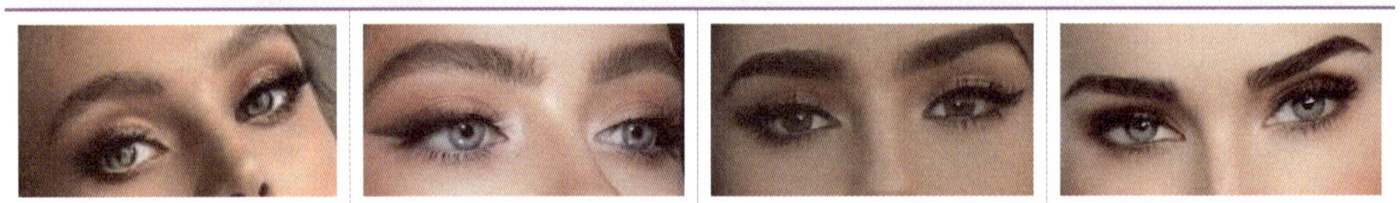

- 상승형으로 눈매가 강하게 보이도록 눈썹산을 살려서 표현
- 다크 브라운(dark brown) 컬러로 눈썹산을 강조하거나 눈썹의 결을 살려서 표현

현대물 남자 기본 분장의 눈썹 형태

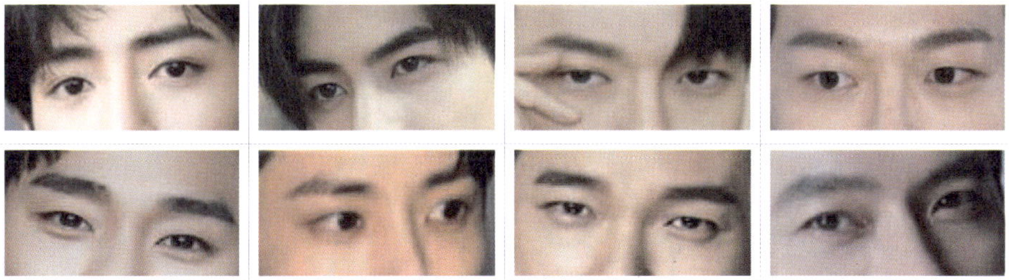

- 남성미를 표현하기 위해 눈썹산을 자연스럽게 돋보이게 살려서 표현
- 그레이 브라운(gray brown) 컬러 및 블랙(black)으로 눈썹의 결을 살려서 표현

현대물 남자 성격 분장 눈썹 및 아이섀도의 음영형태

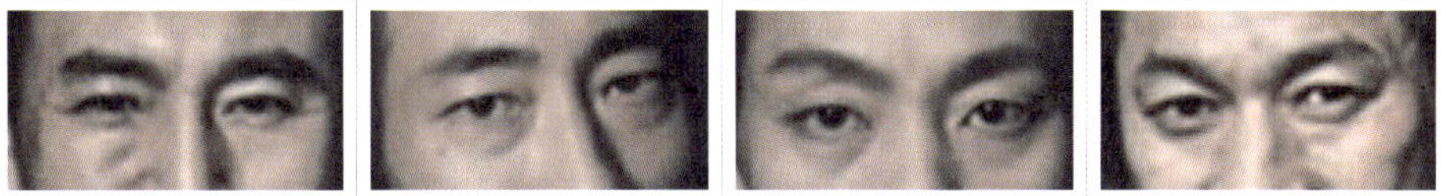

- 눈썹의 결을 강하게 살려서 성격을 표현하거나 눈썹산을 높여 강한 인상을 표현
- 결을 강하게 살릴 경우에는 눈썹의 틈을 메워주기보다는 다크 브라운(dark brown)으로 결을 강하게 살려서 표현

[김유경, 2022]

아이브로우 컬러 또한 성격 표현에서 주요한 역할을 하는데 악역의 경우는 눈썹의 결을 살리고 브라운 계열의 부드러움보다는 블랙 계열로 강한 인상을 표현한다. 아래의 표는 바비 브라운과 베네피트의 아이브로우 컬러 분석 표로서 다양한 아이브로우 컬러를 분석하여 놓은 것으로 동서양의 피부에 맞는 아이브로우 컬러를 제시하였고, 눈썹의 색 뿐만 아니라 쉐이딩 컬러의 기준으로도 활용이 가능하다.

선행 논문에서 살펴본 바비브라운과 베네피트 아이브로우 컬러의 발색을 표로 정리한 것은 아래와 같다. [9)]

바비브라운과 베네피트의 아이브로우 컬러

	바비브라운(BOBBI BROWN)				베네피트(Benefit)			
아이브로우 컬러 먼셀 기호	7.5YR7/5	1.5Y6/2	7.5YR4/4	5YR4/3	2.5Y8.5/1.5	10YR6.5/2	7.5YR4/4	5YR4/3
	2.5YR2/6	5R2/3	4YR3/2	N2	2.5YR2/6	5R2/3	4YR3/2	N2

[김도은, 2020]

(2) 아이섀도우(Eyeshadow)기법과 아이라인(Eyeline)

아이섀도우의 기법은 가로 및 세로, 사선 등의 기법이 있다. 일반적으로 가장 자연스러운 기법은 '가로 프레임'으로 눈꺼풀의 아래에서 점차 위까지 자연스럽게 그라데이션하는 방법이다. 성격 표현에 있어서 강한 성향의 캐릭터 표현은 눈꼬리를 올려 '사선 프레임'의 기법으로 표현하지만 대부분의 영상물의 자연스러운 이미지의 표현에는 '가로 프레임'의 그라데이션으로 표현한다.

눈가의 홀을 표현할 경우는 성격이 강함을 표현하거나 눈을 강조하고자 할 때 표현되는 기법이다. 아이라인은 점막을 펜슬 타입으로 채워 눈 모양과 거의 비슷하게 음영을 주듯이 표현하는데 아이라인이 단독으로 드러나지 않고 속눈썹을 메워주듯이 자연스럽게 표현한다. 펜슬 타입은 젤 타입과 펜슬의 중간단계의 질감으로 잘 펴지게 표현하고 번지지 않게 '아이 프라이머'를 사전에 발라주거나 브라운 아이섀도우로 점막의 아이라인이 메워지게 표현하여 지속력을 높인다.

아이섀도우 기법과 아이라인의 표현

가로 프레임 아이섀도우 - 일반형 아이라인

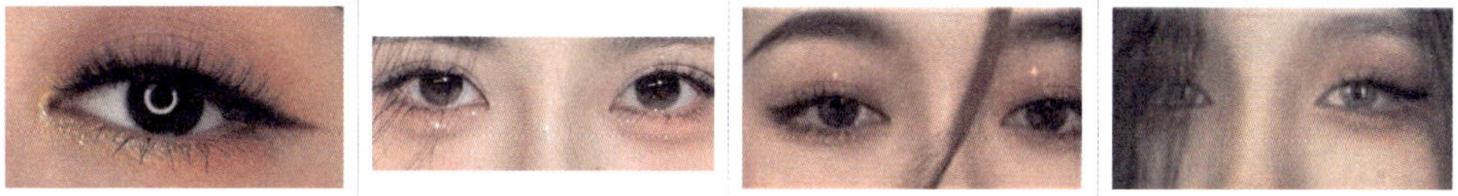

세로 프레임 아이섀도우 - 사선형 아이라인

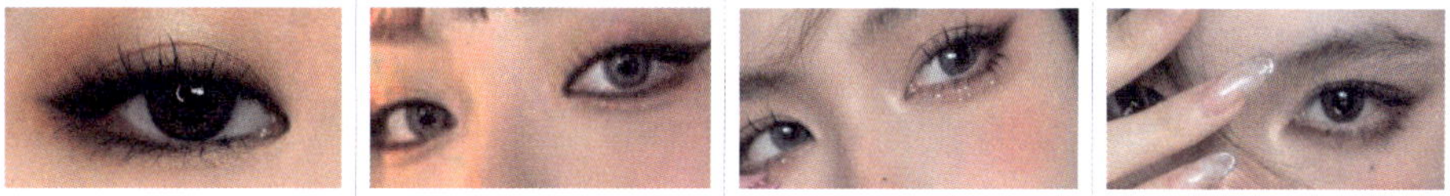

[김유경, 2022]

(3) 립 메이크업의 색과 질감의 다양화

입술의 형태도 중요하지만 입술색과 질감의 표현이 캐릭터의 성격 표현에 더 중요한 역할을 한다. 매트한 질감은 일상적인 여성 캐릭터의 일반적인 표현에 적당하고 글로시한 표현은 일상에서 벗어난 느낌이나 독특한 개성을 표현할 때 반짝임을 주어 표현한다. 벨벳 텍스쳐의 립은 이러한 일상적인 캐릭터 표현에 적당하며 유분이 거의 없어 본인의 입술에 색감을 주어 표현한다.

소프트 매트 질감의 웜톤과 쿨톤

소프트 매트(soft matt) 질감

웜톤

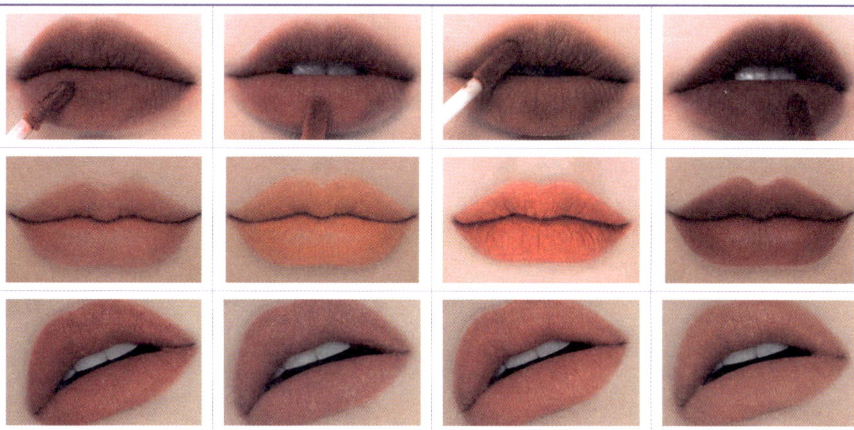

	소프트 매트(soft matt) 질감
쿨톤	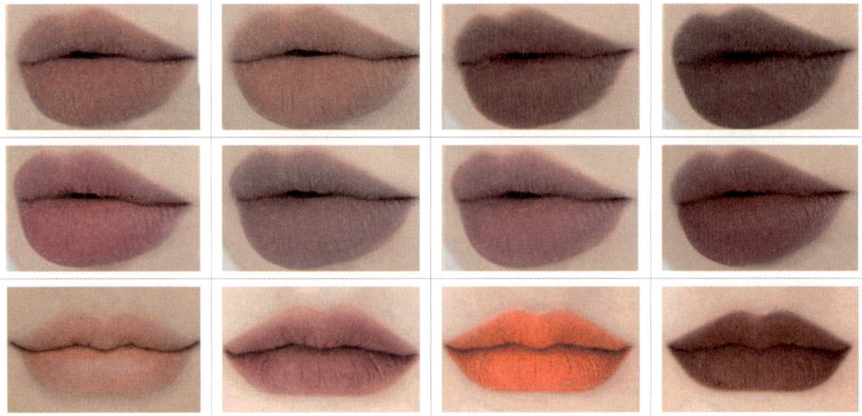

[김유경, 2022] (롬앤 립컬러 샘플정리)

글로시 & 오일리 질감의 웜톤과 쿨톤

	글로시 & 오일리(Glossy & Oilly) 질감
웜톤 쿨톤	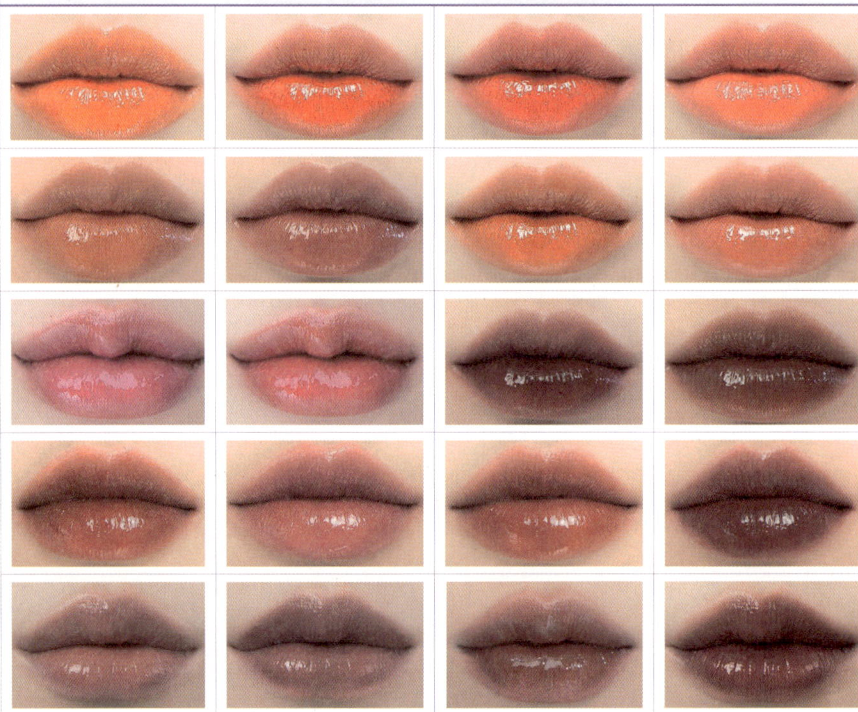

[김유경, 2022] (롬앤 립컬러 샘플정리)

4) 전문 재료의 다양화

TV의 해상도가 높아졌다는 것은 인물의 표현에서 더 섬세하게 보여지는 것을 말한다. 현재의 TV는 고해상도이면서도 화면이 대각선이 2미터가 넘는 화면이 일반화되면서 인물의 크기가 더 커 보이며 그들이 가지고 있는 특성이 더 잘 반영되어 근육의 움직임 하나하나까지 보여진다. 그러므로 영상물의 분장에 있어서도 섬세함이 가장 큰 문제이자 해결해야 할 과제가 된 것이다.

재료에 있어서도 많은 변화가 생기고 있는데 더 섬세한 부분을 표현하는 제품이 개발되고 있다. 이러한 환경으로 인해 기존의 메이크업 기법에서 발전된 재료의 특성에 맞는 텍스쳐를 다루는 테크닉이 요구되고 있다.

기존의 기법으로는 섬세한 재료의 테크닉과 맞지 않아 모공이 드러나거나 피부의 요철이 심하게 도드라져 보이는 등 재료의 텍스쳐가 다 느껴지므로 섬세한 재료를 다루는 도구의 시용과 더불어 메이크업 아티스트 또한 그에 맞는 섬세한 스킬이 요구된다.

파운데이션의 경우 패팅(Patting) 기법으로 라텍스 스펀지로만 하면 파운데이션이 라텍스 안으로 들어가고 피부에 안착하지 않는다. 파운데이션 전용 브러시를 사용하여 고르게 밀착시키고 결이 진 부분에 라텍스 스펀지로 패팅한 후, 다시 파운데이션 브러시로 가볍게 스치듯이 밀착시키면 파운데이션의 흐트러짐을 최소화 할 수 있다.

---

(1) 섬세해진 메이크업 브러시

모공까지 보이는 고화질 화면에서의 메이크업은 모공과 주름을 감추어 부드러운 피부 표현을 위한 메이크업 기법에 집중되고 있다. 기법을 말하기 전에 섬세해진 파운데이션 브러시는 모공을 적절한 제품으로 감싸고 요철을 줄여주는 효과를 주는 도구로 발전하고 있다.

동물 털의 부드러움은 파우더를 바를 때 유용하나 섬세한 모공 케어와 그라데이션에는 취약하다. 이러한 단점을 보완하기 위해 발달된 인조 합성 털의 제조기술로 개발된 브러시로 각각의 메이크업 요소에 맞는 사용되고 있으며 이러한 결과로 얼굴의 세심한 부분까지 케어할 수 있게 되어 더 섬세한 메이크업이 가능해지고 있다.

예를 들어 예전의 코벽을 세우는데에 집중한 쉐이딩 기법을 좀 더 세분화시켜 콧대와 코끝 및 콧망울이 모양에 맞는 쉐이딩 브러시가 시판되면서 조각 같은 콧대를 만드는 것이 가능해졌다.

아래의 브러시들은 현재의 섬세한 메이크업을 위한 브러시로 파운데이션을 모공 안까지 메울 수 있도록 컷팅이 섬세하거나 브러시의 탄력도를 높인 도구들이다. 이들 브러시는 그 모양에 따라 기울기를 다양하게 사용하고 가로와 세로방향 그리고 사선 방향으로 터치하여 모공과 피부 표면의 요철을 메우면서 그라데이션하는 역할을 한다.

섬세해진 브러시와 사용부위

	콧대, 코끝, 콧망울의 자연스러운 음영표현을 위한 감각적인 컷팅 브러시 〈스몰 총알브러쉬〉		턱, 광대, 관자놀이의 쉐이딩용으로 얼굴의 굴곡에 맞는 쉐입으로 세이딩이 자연스럽게 만들 라운드 컷팅 브러시 〈페이스 브러쉬〉
	눈가, 삼각존, 눈썹브러시용의 결합 〈컨실러 브러쉬〉		선명한 컬러 그라데이션을위한 핑거팁 컷팅 립 브러시 〈필리밀리 – 핑거팁 브러쉬〉
	얼굴 굴곡의 밀착감을 높이고 모공 을 꼼꼼하게 메워주기 위한 양면V컷팅 파운데이션 브러시 〈필리밀리 – 파운데이션 브러쉬〉		애교살 브러시 눈밑의 애교살을 도드러지게 보이게 해주는 전용 브러시 〈필리밀리 – 애교살 브러쉬〉
	아이라인 브렌딩 브러시 아이라이너 및 쌍꺼풀라인연장 및 글리터를 브랜딩하여 붙이는 용도 〈쿠모 – 아이라이너 브러쉬〉		아이홀을 만들거나 노우즈섀도우 및 립아웃라인 브랜딩 용 〈쿠모 – 핑거 브러쉬〉

[김유경, 2022]

(2) 벨벳(Velvet)과 틴트(Tint) 텍스쳐 립

벨벳이라는 텍스쳐는 벨벳과 같은 부드러움과 틴트처럼 입술에 스며들게 만든 립 텍스쳐로 잘 번지지 않고 지워지지 않는 장점으로 꾸준히 인기를 얻고 있다. 특히 MLBB(My Lips But Better) "내 입술같이 자연스러우면서도 본래의 입술보다 더 좋아 보인다"는 용어처럼 입술 본연의 색과 비슷하여 자연스러우면서도 발색력이 뛰어나 그라데이션해서 바르면 자연스러운 입술이 표현된다. 반면, 입술에 꽉 채워서 바르면 (Full Lip) 선명한 입술색으로 발색 되어 오래 지속되는 장점이 있다.

HD 화면에서의 립 컬러는 자연스러우면서 선명하게 표현되어야 하는데 이러한 조건에 맞는 것이 벨벳 텍스처를 가진 MLBB 컬러들이다. 이들은 또한 틴트의 효과까지 겸비하고 있어 자연스럽게 오래 유지되는 장점이 있다. 다만, 벨벳 텍스쳐의 지속시간이 길어지면 입술이 건조해진다는 단점으로 인해 틴트 성분이 함유된 벨벳 텍스쳐의 립을 선택하도록 한다.

틴트는 입술의 질감은 그대로 두고 입술이 자연스럽게 색이 물든 것처럼 보이게 하는 장점을 지녀 자연스러운 입술 표현에 가장 적합하며 틴트처럼 착색되면서 벨벳의 텍스처를 동시에 갖고 있으나, 입술의 색이 오래 유지되는데 한계가 있으며 계속적으로 덧발라 발색을 진하게 할 수 있다.

〈롬앤〉

〈3CE〉

〈웨이크메이크〉

벨벳 틴티드 립

(3) HD 파우더 (High Definition Powder)

HD 파우더는 마이크로 피니싱 프레스트 파우더(Micro Finishing Pressed Powder)로써 '공기 반 파우더 반'이라는 수식어가 붙을 만큼 가볍고 뽀얗게 필터를 넣은 것처럼 피지를 잡아주는 역할을 한다. 파우더 타입과 팩트 타입으로 나오며 팩트는 현장에서 수시로 연기자의 피부에 발라 피부의 번들거림을 잡아주고 지속력을 높여주는 역할을 한다.

미세한 모공과 솜털이 드러나는 HD 화면에서는 실제보다 피부가 더 적나라하게 보이기 때문에 메이크업은 투명하면서도 정교하고 완벽한 커버를 갖춘 베이스 메이크업이 중요하다. 베이스 단계에서 모공 케어와 얼굴의 투명도를 높이는 단계까지 꼼꼼하게 하지 않으면 피부의 거친 부분이나 각질 및 요철이 드러나게 되므로 수분 공급을 통한 피부의 투명도를 높이고 얇고 꼼꼼하게 베이스 표현을 하는 것이 중요하다.

특히, 모공 케어의 파운데이션 단계가 끝나면 피지가 나오지 않게 하고 요철을 매끈하게 만들어주는 파우더를 써야 하는데 예전의 루스 파우더(loose powder)보다 더 얇고 가벼운 'HD 파우더'를 사용하여 피부의 미세한 모공을 매끄럽게 표현해 주는 것이 중요하다.

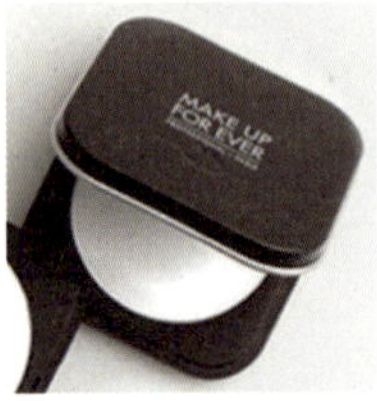

〈메이크업 포에버〉
HD프레스트
파우더 팩트

〈헤라〉
HD 퍼펙트
파우더 팩트

〈겔랑〉
레이디 일루미네이팅
파우더 팩트

HD 파우더 팩트

(4) 피부톤별 세분화된 컨실러

섬세해진 파운데이션 기법만큼 피부의 잡티나 점을 가려주기 위해서는 파운데이션을 덧바르는 것보다 컨실러(Concealer)를 사용하여 커버해 주는 것이 효과적이다. 다양한 타입이 나오고 있으며 파운데이션의 단계에서 섞어서 잡티를 가려주거나 크림 타입을 사용하여 브러시로 가볍게 피부의 결점을 가려준다.

또한 촬영이 길어지는 경우, 피부의 파운데이션이 벗겨지거나 지워질 때에도 컨실러를 퍼프에 적당히 블렌딩하여 가볍게 두드려주면 파운데이션을 사용할 때보다 가벼우면서 지속력을 높일 수 있다. 컨실러를 사용하여 점을 커버할 경우에는 한 톤 낮은 색을 사용하여 점을 커버하고 그라데이션해준 후 파우더로 눌러준 다음 피부색과 비슷한 색의 컨실러를 선택하여 커버해 준다.

기미나 잡티가 많은 부위의 피부 표현을 할 때에는 파운데이션으로 메우는 것보다 지워진 부분에만 컬실러를 살짝 얹어 리퀴드 파운데이션 브러시나 라텍스 퍼프를 이용하여 펴 발라 기존의 파운데이션과 잘 어우러질 수 있게 블렌딩해준다.

 〈마루빌츠 컨실러 팟〉	 〈클리오 팁 컨실러〉	 〈빈센트 콜〉
컨실러 팟	**스틱 컨실러**	**컨실러 펜슬**

3. TV 영상 제작 시스템

1) TV 방송 원리와 시스템

안구의 잔상 현상을 이용하여 연속된 청사진을 일정 속도로 영사함으로써 시신경에 일종의 착각을 일으키게 하는 것이 텔레비전 화면의 기본 원리이다. 수상기가 색상(Hue), 명도(Brightness), 채도(Chroma)를 독립적으로 인식하여 색의 분해(송신)와 색의 혼합(수신)을 계속하는 것이 컬러텔레비전의 기본 원리이다.

텔레비전 시스템은 장비와 특정 프로그램 제작을 위한 장비를 조작하는 사람들로 이루어지며, 텔레비전 카메라는 단순히 '보는 모든 것(광학적 이미지)을 일시적으로 저장할 수 있거나 직접 텔레비전 세트상의 스크린 이미지로 전환할 수 있는 '전기 신호로 변환시킨다. 즉, 어떤 상태의 에너지(광학적 이미지, 실제 음향)를 다른 상태(전기적 에너지)로 변환시키는 것을 말하는 것이다.

2) TV 카메라

텔레비전 카메라는 중요 제작 장비 가운데 하나로서 다른 제작 장비나 제작 기법은 카메라의 기술적 특성과 성능의 영향을 크게 받는다. 카메라는 크게 고화질(HDTV)을 포함한 스튜디오 카메라, ENG/EFP 카메라, 캠코더, 소형 캠코더로 분류할 수 있다. 이 중, 스튜디오 카메라(studio camera)는 뉴스, 인터뷰, 퀴즈 프로그램이나 일일 연속극 같은 여러 가지 스튜디오 제작물이나 연주회, 회의 장소, 야구장 등의 야외에서 사용한다.

고화질 텔레비전(HDTV : High-Definition Television)은 해상도가 뛰어나고 색상 재현이 충실할 뿐 아니라, 명암도 선명하게 대비되도록 해주어야 하므로 특수 카메라(4K 카메라)로 촬영되며 스튜디오 카메라보다도 주사선이 많아 화면의 해상도를 높여준다. 즉, 주사선이 많아질수록 화면에서 더 세세한 것까지 볼 수 있는데, 고선명 텔레비전은 주사선이 NTSC 방식(525개)의 두 배(1,123개) 이상이나 된다. 10) 영상포럼

미세한실물에 가까우며 보다 선명한 화면으로 보고자 하는 뉴미디어의 요구에 부응하는 영상 시스템, HD TV 보급은 방송 프로그램 제작에 영향을 미쳐 카메라, 조명, 분장, 적인 제작과 디자인 방안을 제시하였다. 11) 고창균(2000)

HD TV 분장은 보다 섬세하고 정밀한 입자의 표현을 필요로 함에 따라 화장품의 개발과 연구 및 자연스러운 분장기술 또한 연구 개발이 필요하다. 12) 박영옥(2003) 13) 황순주(2006)
(박경옥, 2003, 황순주, 2006)재인용.

3) TV 조명

조명(照明)이란, 빛으로 그림을 그리는 것으로 크게 '일반 조명'과 '연출 조명'으로 분류되는데, 무대 조명, 영화 조명, 텔레비전 조명 등이 연출 조명에 해당된다.
텔레비전 스튜디오 내 조명이 눈으로 보아 아무리 아름답게 느껴져도 텔레비전 카메라로 촬영하여 각 가정의 수상기에 재현되었을 때 육안으로 본 경우와 똑같이 아름답게 재현되고 있는가가 관건이다. 텔레비 전 조명의 목적은 텔레비 전 카메라로 좋은 영상을 얻는 데 있으며 "잘 볼 수 있다."라고 하는 것에는 '조도(照度), 그림자(陰影), 빛의 방향, 빛의 배분(配分), 색채' 등 5가지 조건을 들 수 있다.

텔레비전 조명의 특질 중 하나로는 텔레비전 카메라 촬상관의 특성에 의한 제약이 따른다는 점으로, 촬상간의 장점과 결점을 충분히 이해히어야만 텔레비전 조명 상태를 이해할 수 있는 것이다. 우선 가장 문제가 되는 점은 명암의 '콘트라스트'로 밝은 것과 어두운 것이 같은 시야에 들어오는 경우, 육안과 텔레비 전 한계를 비교시 텔레비전 쪽이 명암 콘트라스트 범위가 육안에 비해 대단히 좁다.

TV 카메라는 3~60% 사이의 명암만을 재생해 낼 수 있기 때문에 이것을 '텔레비전 화이트(white)', '텔레비전 블랙(black)' 이라 부르며 조명이나, 의상, 메이크업 등의 요소들 또한 바로 이 범위 이내의 반사율에서 작업하는 것이 가장 이상적이다.
이 두 숫자 사이를 7단계 혹은 10단계로 구분해놓은 것을 '그레이 스케일(greyscale)'이라 부른다. 만약 3~60% 이내의 반사율에서 작업하지 못할 경우, 영상 담당자는 밝은 부분이나 어두운 부분 중 어느 한 부분을 기계적으로 확대할 수밖에 없으며 결과는 반대쪽(밝은 부분의 확대시 어두운 쪽)의 섬세한 묘사를 포기할 수밖에 없게 된다.

스튜디오 내에서 육안으로 보아 아름다운 피 사체가 카메라를 통했을 경우에 예상했던 영상과 달라지는 경우가 있다. 예를 들어 출연자들에게 무채색 톤의 의상을 톤 단계별로 입히려고 하거나 아이홀에 흑백 사진 촬영 시의 메이크업처럼 회색과 검정의 모노톤 새도를 발라 그라데이션 느낌을 주려고 하는 경우, 이는 TV 영상에서는 제대로 표현되지 못한다는 것이다.

다양한 촬영현장

방송 영상 촬영현장

〈스튜디오 촬영현장〉

〈야외 촬영 현장〉

〈방송국 스튜디오 내부조정실〉

4. TV 프로그램의 분류

프로그램의 제작 과정은 프로그램의 목적, 형식 등에 따라 반드시 통일되지는 않고 각각의 특징이 있는데, 기획, 준비, 리허설, 본방, 편집 등 5단계이고 각 단계에 따라 시간과 내용이 달라지게 된다. 예를 들어 생방송에서는'편집'이라는 과정이 생략되고 다큐멘터리나 취재 등에서는 '리허설'을 빼고 제작하는 경우가 많다. 제작수법상으로 분류하자면 스튜디오 제작 프로그램, 중계 프로그램, 비디오 로케이션 프로그램, ENG(필름) 취재 프로그램으로 구분이 가능하다.

TV 프로그램의 종류는 대단히 많지만 프로그램의 목적과 제작 기법을 기준으로 크게 분류가 가능하다.
먼저 프로그램의 방송 목적에 따라 분류하자면 '보도와 교양, 드라마, 연예, 오락 프로그램으로 나눌 수 있다. 먼저 보도 프로그램은 뉴스나 다큐멘터리, 스포츠 중계 등 즉시성이 강한 것이나 뉴스에 관한 기록물을 말하고 교양 프로그램은 지적 교양을 높이고 생활을 풍부하게 할 목적으로 만들어진 것, 연예 오락 프로그램은 음악과 예능 등 가정에 오락을 제공할 목적으로 만들어진 것을 말한다.

1) 보도 프로그램

뉴스, 다큐멘터리, 스포츠 중계 등 즉시성이 강한 것이나 뉴스에 관한 기록물

2) 교양 프로그램

지적 교양을 높이고 생활을 풍부하게 할 목적으로 만들어진 것

3) 교육 프로그램

학교 교육의 일환으로 혹은 독학으로 공부하는 사람을 위해 커리큘럼을 만들고 방송하는 것

4) 연예, 오락 프로그램

전통 예능의 드라마, 음악 등 가정에 오락을 제공할 목적으로 만들어지는 것

5) TV 드라마

드라마는 인간의 다채로운 삶의 방식을 극적 갈등으로 표현한 극본에 따라 연기자들의 말과 행동에 의해 표출되는 극예술이며 극적인 생명력은 바로 연기자의 개성 있고 실감나는 연기를 통해 실현 되어진다.

TV 드라마는 연기자의 연기력만으로는 최상의 효과를 얻기가 힘들므로 드라마의 구성 요소인 무대, 사건, 인물, 배경 등과 세트, 의상, 분장 등의 적극적인 도움을 받음으로써 그 효과를 배가시킬 수 있게 된다.

- 방송 형태에 따른 분류 : 일일 연속극, 주간 연속극, 주말 연속극, 시추에이션 드라마, 단막극, 특집 드라마, 미니시리즈, 대하드라마 등
- 드라마의 성격에 의한 분류 : 홈 드라마, 사회극, 멜로드라마, 역사극 등
- 내용의 시대적 배경에 따른 분류 : 사극, 시대극, 현대극, 미래극 등 사극(고전극)은 단군시대부터 1910년 한일합방 이전까지를 말하며 시대극은 일제강점기부터 제3공화국까지, 현대극은 제5공화국 탄생부터 현대까지의 시대상을 각각 담은 것이다.

5. TV 출연자 유형별 분장

TV 화면에 얼굴을 내비치는 사람들은 매우 다양하지만 출연하는 모든 사람들은 두 그룹으로 분류할 수 있다.
'출연자들'이라 부르는 '아나운서', '사회자', '진행자', '리포터', '해설자', 진행자와 드라마나 예능을 하는 전문 배우 혹은 '연기자'라고 불리는 부류로 나눌 수 있다. 출연자와 배우는 텔레비전 화면에 등장한다는 공통점이 있지만 이들을 구분하는 경계는 그들의 '역할'과 기능이다.
출연자들은 비드라마 프로그램에 등장해 자신 그대로의 모습과 개성으로 프로그램을 이끌고 시청자들을 대하는 반면, 배우들은 '드라마 작품 속의 등장인물을 연기'하기 때문에 자신의 모습과 개성은 극중 인물의 성격과 개성을 파악하고 융합해 만든, 또 다른 인물로 시청자들과 만난다.

1) 출연자

출연자는 진행자라 부르며 '비드라마 부문에 등장하는 모든 사람들'을 가리키는 말이다. 아나운서, 사회자, 진행자, 리포터, 해설자 등을 들 수 있다.
'스트레이트 메이크업'으로 진행해야하며 분장을 한 듯 안 한듯한 자연스러움, 즉 클로즈업에 대비해 얼굴선과 목과의 '자연스러운 표현'이야말로 이들 출연자의 메이크업 시 가장 주의사항이다.

2) 앵커맨, 뉴스 캐스터

시청자들에게 역할의 신뢰감을 전달하는 것이 가장 최우선시 되어야 하므로, 우선 자연스러워야한다. 두꺼운 분장은 시청자들로 하여금 신뢰감과 진실성을 왜곡시킬 수 있으므로, 진한 색조 화장이나, 결점 수정에 주력한 메이크업보다 자신의 얼굴 중 최대 장점 하나를 포인트로 살리는 기법을 활용하는 편이 좋다.
푸른색, 초록색 아이섀도나 너무 흐리거나 밝은색 립스틱, 진하고 탁한 자주색 립메이크업은 가급적 피한다. 인조 속눈썹과 두꺼운 아이라이너는 스튜디오 조명기로 인해 눈 주위에 그림자를 만들 수 있고 오히려 눈의 크기를 작아 보이게 할 수 있으므로 주의한다. 아이섀도 색조는 최대한 자연스런 오렌지 갈색 계 열, 펄이 없는 제품을 사용하고 립스틱 색상은 상의와 계열을 맞춰 세련되고 차분하게 표현하는데 펄이나 글로시 타입의 립스틱 사용을 자제한다.

남자 앵커맨의 경우 너무 많은 파운데이션을 발랐을 때는 스펀지를 티슈에 감싸 살짝 한번 닦아낸다. 연륜이 많은 출연자의 경우, 즉 눈가나 이마에 주름이 깊은 출연자는 절대 소량의 파운데이션을 사용해야 하는데, 진한 메이크업은 시간이 경과함에 따라 오히려 주름의 굴곡을 부각시키므로 역효과를 일으킨다.
피부가 창백한 사람은 핑크톤의 파운데이션, 피부톤이 낮은 사람은 약간의 붉은(오렌지) 톤의 파운데이션으로 수정하고 눈 아래에 아이라인과 점막 부위의 흰색 아이라인으로 피곤함을 상쇄시킬 수도 있다 모발의 숱이 빈약한 남성 출연자의 경우에는 헤어라인 부분까지 파운데이션과 파우더를 바른 후, 블랙 모어(black more)를 사용해 숱을 많아 보이게 해야 조명의 반사를 막을 수 있다.

유채색 중 반사가 가장 적고 사람의 피부색과 보색인 푸른색을 배경으로 방송하는 일기예보 진행자 경우에는 조명과 의상의 선택이 아주 중요하다. 자칫 크로마키 배경용 조명에 의해 출연자에게 그림자가 생길 경우, 인물의 얼굴에 여러 색이 섞여 보여 윤곽이 흐려 보이거나 메이크업이 얼룩져 보일 우려가 있다.
만일 출연자가 가발을 쓸 경우에는 특히 이마에 가발의 그림자가 생겨 얼굴 전체가 얼룩져 보이지 않도록 주의해야 한다.
인물이 푸른색 배경으로부터 구분되게 하기 위해서는 '블랙 라이트(black light)'를 잘 비춰 인물의 윤곽을 살리고 인물의 조명보다 색온도가 낮은 조명을 뒷 조명으로 사용해 배경의 푸른색 이 인물에 미치는 영향을 줄일 수가 있다.

3) 연기자

TV 드라마에 출연하는 '배우(탤런트)'를 말하는 것으로 대본상에 나타난 성격적 특징과 배우 본인이 가지고 있는 생물학적 특징에 맞추어 '분장(캐릭터 메이크업)'을 한다.
앞서 살펴본 바와 같이 방송 형태와 드라마의 주제, 시대적 배경 등에 따라 등장인물의 구도와 성격 특성 등이 약간씩 달라질 수 있으므로 이 점을 고려해 분장 작업을 구상해야 한다.
예를 들어 현대물 멜로드라마'의 경우, 남녀 간의 애정과 갈등이 주제가 되므로 각각 인물의 직업, 가정 환경, 성격 특성에 맞는 피부색, 색조 메이크업의 톤, 헤어 스타일, 의상 컬러와 소재가 달라진다.

반면 '미니시리즈' 드라마의 경우, 작품 내용 및 주제가 다소 무겁고 강하며 인물 구도 간의 갈등과 대립이 일일 드라마, 주말 드라마에 비해 심화될 수 있기 때문에 등장인물의 상황설정과 캐릭터 또한 다소 상징적이고 정형화될 가능성이 있으므로 캐릭터 별 인상학적 특징과 인상 형성 등을 고려한 분장 디자인이 시청자들의 공감을 불러일으킬 수 있을 것이다.

특히, 시대적인 상황이나 특정 시대를 배경으로 하는 과거 시점을 배경으로 할 경우, 당시 시대적 사건과 트랜드, 유행 패션 등 관련 자료를 찾아 스크랩하거나 영상 실록 등을 보면서 인물 분장 디자인을 해야 하며 시간의 흐름에 따른 각 인물 간의 분장 디자인 변화 또한 구상하여야 한다. 또한 '메디컬 드라마'와 '역사극' 등에 출연하는 연기자의 분장시에는 각종 질환이나 응급상황, 수술, 수염 분장과 사극 가발(민상투, 상투 등)과 관련된 이론과 테크닉을 갖추고 있어야 한다. 14)오인영, 임유경(2011)

6. TV 드라마 캐릭터(성격) 분장 디자인

분장은 배우를 극본이 요구하는 인물로 만들기 위한 민족, 시대, 연령, 건강 상태와 사회적 환경들을 시각적으로 표출하는 외적인 표현 방법이다.
특히 등장인물의 성격적 특징과 상황 및 심리적 상태를 표현하고 전달하기 위한 '캐릭터 메이크업(성격 분장)'은 미화, 수정을 위한 'Beauty Make-Up'이나 'Straight Make-Up'과는 다르다.
영상 작품 속 등장인물의 외적 이미지를 구성하고 있는 메이크업, 헤어 및 의상 등의 요소를 디자인하기 위해서는 먼저 극본이나 시나리오, 대본에 나타난 캐릭터 특징을 분석하고 구축한 이후, 비로소 스크린과 브라운관을 통해 보여지는 내 · 외적 이미지상을 설정할 수 있다.

또한 연출자가 인물을 바라보는 시각과 인물로의 접근 태도에 따라서도 연기자의 외적 이미지와 스타일이 달리 가시화될 수 있을 것이다. 특히 원작 소설을 근간으로 제작되는 '영상 인물의 캐릭터 구축에 따른 이미지 가시화' 작업을 위해서는 반드시 원작 소설의 탐독과 내용 분석 등을 통한 캐릭터의 이해가 선행되어야 한다.

1) 성격 분장의 개념 및 역할

성격 분장은 '조명을 받으며 곧 무대에 오를 배우의 얼굴을 돋보이게 하는 준비 과정으로 소요되는 일체의 조작 및 절차'로 정의되는데 이러한 '분장의 개념'은 얼굴뿐만 아니라 신체의 다른 부분이나 전체 부위를 의미하며, 관객은 등장인물의 분장 모습을 통해서 인물의 성격을 파악하고 극 전체의 흐름을 이해하게 된다. 즉, 인물의 창조나 재창조를 위한 '변장'이나 '화장술', '두발' 등을 총괄한다고 볼 수 있다.

등장인물 캐릭터의 신분과 생리적·환경적 배경, 인물의 처한 상황과 성격을 알 수 있게 하는 단서임과 동시에 작품을 통해 전달하고자 하는 주제의 식을 함축적으로 내포하고 있음을 알 수 있다.
성격 분장은 '수염 분장, 상처 분장, 노역 분장, 환자 분장, 바보 분장, 마녀 분장' 등의 유형으로 분류할 수 있다.

2) 성격 분장 디자인(Character Make-up Design)

(1) 디자인 개념과 요소

디자인이라는 개념은 1919년 '발터 그로피우스' 에 의해 바우하우스(Bauhaus)를 창설하여 생겨났으며, 라틴어의 '데시그나레(Desigmre)' 에서 유래된 것으로 '계획을 기호로 표시하다'의 의미를 가진다.
디자인은 어떤 시각적 형상을 만들어 내기 위해 여러 가지 구성 요소들을 계획적으로 배치하는 것으로, '이미지의 실체화'라 할 수 있다.
디자인 작업의 초기 단계로 대상에 대한 테마(theme)와 컨셉트(concept)에 의한 상(像)이나 형(形)을 구체화하는 작업이 이루어지는데 이 과정을 '디자인 발상'이라고 한다. 발상(發想)이란 순수 예술 분야에서는 '구상, 디자인에서는 발상이라고 하는 내부의 생각을 외부로 드러내는 심리적 활동이라고 할 수 있으며, 예술적 표현 활동으로 창의적인 아이디어를 생각해내는 착상(着想), 고안(考案)을 의미한다.
디자인 요소는 '선, 형태, 색채, 질감'을 들 수 있고, 선행 연구를 토대로 각 요소별로 재정리하면 다음과 같다. 15) 정영희(2008) 16) 도주연(1990) 17) 지상기(2000)

첫째, '선(line)'은 무수히 많은 점들의 집합체로 중요한 시각적 요소를 지니고 있다. 이러한 선은 모든 시각적 예술에서 외곽선을 나타내고 형을 연결시키며, 공간을 형성하고 모양을 결정짓는다. 인체는 굴곡이 있는 3차원의 입체로 선을 표현하는 것이 결코 쉽지 않다.
메이크업에 있어 '선'은 눈썹, 아이라인, 입술 외곽선 등이 있으며, 성격 분장 디자인에 있어 선은 형태를 표현하고 강약 조절에 의한 입체감을 나타내는데 필수적인 요소이다. 선(線)은 길이, 두께, 방향, 굴곡 등 여러 가지 성질을 가지고 있어 그 느낌 또한 다양하며, 선은 그 자체가 감정을 가지고 있기 때문에 분장 디자이너는 자유로운 선을 표현할 수 있다.

둘째, '형태(form)'는 사물의 생김새나 어떤 대상의 모양을 나타내는 말로, 선들이 모여 일정한 형태를 만들어 낼 수 있다. 메이크업에서의 형태는 이목구비 이외의 얼굴 윤곽 형태에 따른 이미지로 구분할 수 있으며, 캐릭터 메이크업에 있어 형태는 디자이너가 추구하는 의도와 생각을 함축적으로 관객에게 전달하는 역할을 수행할 수 있는데 이때 배우의 골격과 이목구비 형 태적 특성에 따른 인상학 이미지와 성격 특성 등을 고려할 필요가 있다.

셋째, '색채(color)'는 색의 3속성(색상, 명도, 채도)을 중심으로 한색과 난색, 유채색과 무채색으로 나눌 수 있다. 메이크업에 있어 색상은 색의 조화, 밝고 어두운 농담, 한색과 난색 계열의 특성에 따라 피부색뿐만 아니라 아이섀도, 치크, 립스틱 등 다양한 컬러에 의한 이미지가 가능하다. 특히 캐릭터 메이크업을 표현하는데 있어서 의상 색채에 의한 톤의 변화, 색채의 감성, 배색에 의한 조화에 의해 등장인물의 다양한 이 미지 연출이 가능하다.

넷째, '질감(texture)'은 사물의 표면적인 특성에서 느껴지는 재료에 따른 재질감을 말하며 캐릭터 메이크업에서의 질감은 피부와 색조 화장의 건조함, 윤기감, 광택감을 말한다.

(2) 성격 분장의 디자인 과정과 방법

영상(TV, Film) 미디어에 등장하는 인물의 성격 분장 디자인을 하기 위해서는 가장 먼저 드라마 대본과 영화 시나리오를 읽고 분석해야 한다.

첫 번째 읽을 때는 작품의 장르와 연출 의도 및 대본과 시나리오에 나오는 '등장인물', 이야기의 전반적인 '흐름과 맥락, 스토리를 파악'한다. 등장인물의 시대적 배경, 공간적 배경, 연령, 국적, 건강 상태, 경제적 상황, 직업, 성격 등을 파악하면서 분장 디자인 표를 구상한다.

두 번째 읽을 때는 전체적인 이야기와 인물뿐만 아니라 '인물 간의 구도'와 구체적인 장면에 나타난 '인물의 특징(메이크업, 헤어 스타일 등)'을 그리면서 읽어보는데, 이때 인물의 표면적 특징과 심경적 상황 등까지도 유추하면서 읽는 것이 분장 디자인에 효과적이다. 구상하고 메모한 '분장 디자인 요소(선과 형태, 색채, 질감)'를 적용한 '일러스트레이션'을 그려보고 특정 시대를 배경으로 하는 경우에는 가발, 민상투, 상투, 수염 디자인까지도 할 필요성이 있다.

특정 시대에 있었던 실화, 실존 인물을 구현하는 작품 인물 일 경우에는 다큐멘터리, 영상실록, 신문 기사 스크랩 등을 살펴보면서 인물의 구체화에 다가가는 작업도 필요하다.
인물 분장에 필요한 기본 재료와 특수한 재료, 도구 등의 목록도 미리 정리하고 각 장면마다 주요 인물표와 분장 디자인표를 작성해 둔다. 캐스팅된 배우를 확인했을 경우, 디자인 한 일러스트레이션과의 근접성(일치도) 등을 점검하면서 수정 보완할 경우도 있다. 18)오인영, 임유경 (2011)

에드가 모랭(Edgar Morin)은 영화에 있어서 배우의 분장에 대해 "여배우의 자연 그대로의 아름다움과 분장의 인공적인 아름다움이 결합되어 독특한 종합체를 이루는 것이다."라고 말했다.
이처럼 영화 분장은 등장인물들이 스토리 전개에 따라 요구되는 특정한 캐릭터를 보여줄 수 있도록 해야하며 나아가 그들의 심리적인 상태까지 보여줌으로써 사회심리학적 관점에서의 비언어 전달 수단의 하나라고 하였다.

시나리오는 영화나 드라마의 영상물을 찍기 위한 지침의 전반적인 묘사를 쓴 글이며 시나리오 묘사는 심플하고 눈앞에 영상이 펼쳐지는 것처럼 디테일하게 쓰여진다. 시나리오 양식은 헤드 라인, 대지문, 소지문, 등장인물 이름, 대사, 장면전환으로 이루어지며 헤드 라인은 이야기가 벌어지는 곳이 실내인지 실외인지 그리고 시간과 장소는 어디인지를 알려 주는 것으로 표현된다.
캐릭터의 성격묘사가 구체적으로 다루어지는 시나리오는 촬영 전 '프리 프로덕션(pre-production)'의 단계가 있는데 이는 촬영전 캐릭터 및 배경에 대한 전반적인 협의 과정으로 각 파트의 담당자 대표들은 사전의 본인의 역할에 따른 실행과제를 위한 사전 자료조사 과정 및 테스트 과정을 말한다.

특히, 캐릭터 컨셉을 정하는 '프리 프로덕션' 단계에서는 연출과 작가와의 협의 단계에서 구체적인 설정으로 이루어지기 때문에 사전 숙지가 가장 중요하다. 캐릭터의 컨셉을 결정할때는 등장인물의 대사나 행동 등을 표현하는 지문 등으로 성격을 파악한다. 또한 상황에서 특별하게 부각되는 '행동'이나 '심리 상태'를 표현하기 때문에 시나리오를 보면 캐릭터의 성격을 알 수 있다. 인물의 연령과 출생, 사회적 배경과 인물이 자라온 환경 등이 표현되므로 인물의 이목구비, 피부 및 헤어스타일을 결정짓는 중요한 요소로서 '대본과 시나리오의 파악'은 캐릭터 분석에서 가장 중요하다.

대본의 작성 과정은 '작품의 개요(synopsis)' 작성부터 시작해 제 1차 원고, 수정과 타협 등을 거처 2차 원고가 작성되면 대본의 작성과 더불어 '연기자의 배역(casting)'이 시작된다.

대본이 어느정도 완성되면 연출자는 디자이너와 미술관계자 등과 협의를 하게 되고 대본을 영상화시키기 위해 필요한 정보와 이미지 등을 디자이너에게 이해시키기 위한 협의 과정을 거치게 된다. 이때 디자이너는 인물의 배경, 특징, 나이, 연기자의 기본 특성 등을 파악하면서 대본을 숙독한 채, 구체적인 작업을 구상하게 되며 시대극이나 사극 드라마의 경우에는 협의에서 얻은 정보를 바탕으로 고증 자료와 풍속 자료 등 필요 자료를 참고로 디자인할 수 있게 된다.

구상한 배역 이미지는 '스케치 작업'을 통해 형상을 구체적으로 가시화시키게 되는데 이 과정이 바로, '분장 디자인' 과정이다. 이후 구체적인 분장의 과정 및 방법, 준비물 등은 '분장 작업 계획서'에 기록한다.

드라마 〈쇼윈도 - 여왕의 집〉 주인공캐릭터 컨셉 챠트

쇼윈도 여왕의 집 캐릭터 컨셉	
프로그램 명	쇼윈도 여왕의 집 (2020.11.~2021. 1) 16부작
제작	코탑미디어 (Kotop Media)
방송	채널 A (Channal A)
드라마 시놉시스 개요	결혼 = 완벽한 가정으로 올려쌓은 유리성. 쇼윈도 부부의 일상과 자신이 꿈꾸던 동화는 모두 허상이라는 자신의 내면의 진실을 찾기 위해 경종을 울리는 스토리

〈여왕의 집 포스터〉

	한선주(송윤아)	신명섭(이성재)	윤미라(전소민)	한정원(찬성)
등장인물	44세/라헨그룹의 장녀/ 부유한 성장배경	44세/라헨그룹 전무/ 자수성가형	30세/미술강사/ 조실부모	36세/라헨그룹 후계자/ 서자(庶子)/유학파
시놉시스컨셉	아버지의 외도로 가정의 불화에 여동생이 죽는 불운의 어린 시절을 대물림하지 않고자 가정생활에 충실한 '완벽한 가정'을 만들기 위해 노력하는 인물	한선주의 남편/흙수저에서 라헨그룹 전무에 오르는 야심가 미라와의 불륜이 몰고 오는 파급을 모르고 야망에 눈이 먼 인물	조실부모로 내 편 하나 없을 때 내 편이 되어준 신명섭을 순수하게 사랑하며 사랑을 위해선 목숨까지 버릴 수 있는 순수하지만 맹목적인 인물	선주의 이복동생, 자신의 존재가 모두의 불행을 가져왔다는 자책으로 정원을 받아준 건 이복누나 선주뿐이고 그런 누나를 지키기 위해 무엇도 감수하는 인물

자료출처 : www.ichannala.com

[김유경, 2022]

프리프로덕션(pre-production) – 캐릭터 컨셉작업

배역 : 한선주(44) | 메이크업&헤어컨셉 협의 및 미팅자료

〈포스터촬영 A컷〉

- 우아한 이미지를 표현하기 위해 난색의 베이스와 웜톤의 립 컬러를 선택 소프트매트 질감 선택
- 자연스러운 웨이브로 우아함을 표현 피부톤에 맞는 차분하고 우아한 이이지를 표현하기 위해 N7~8 단계의 염색 내추럴브라운(Natural Brown)으로 컬이 강하지 않은 내츄럴 웨이브 선택

배역 : 신명섭(44) | 메이크업&헤어컨셉 협의 및 미팅자료

〈포스터촬영 A컷〉

- 40대의 중년 남성의 댄디한 이미지로 연출
- 웨이브 헤어스타일과 눈썹의 선을 강조한 메이크업으로 중후하면서 강한 이미지 표현
- 전무에서 사장으로 승진하는 씬과 리마인드 웨딩 헤어컨셉 등 4~5가지로 상황에 따른 컨셉 변화에 집중

프리프로덕션(pre-production) - 캐릭터 컨셉작업

배역 : 윤미라(30)	메이크업&헤어컨셉 협의 및 미팅자료
 〈포스터촬영 A컷〉	- 청순하고 발랄한 이미지의 표현으로 눈과 입술에 포인트를 둔 색조 화장컨셉 - 대본의 흐름에 따라 성격 변화를 반영한 스트레이트형, 웨이브형 등으로 다양한 헤어스타일 컨셉을 구상    

배역 : 한정원(36)	메이크업&헤어컨셉 협의 및 미팅자료
 〈포스터촬영 A컷〉	- 유학파 출신으로 세련된 패션감각과 이미지를 겸비한 인물로서 깨끗한 피부표현과 투명한 립 메이크업 - 성격변화에 따라 임원으로 취임 이후와(선주&명섭) 리마인드 웨딩의 헤어 컨셉 차별화    

[김유경, 2022]

1) 영화 장르

영화는 SF 영화, 멜로 영화, 판타지 영화, 스릴러 영화, 공포 영화, 서부 영화, 코미디 영화, 액션 영화, 여러 가지 장르를 합친 혼합 장르 등이 있다.

이전 영화들이 멜로, 공포, 액션 등의 단종 장르로 표현된 것인 반면 최근의 영화들은 스토리와 장르를 더욱 다각화하고 혼합, 변주한 '혼합 장르'의 영화들이 많아지고 있다.

또한 여러 장르들 중에서 역사적 배경을 바탕으로 한 사건이나 인물을 다룬 '시대극'은 당시의 정확한 시대적 흐름을 반영, 묘사하기 위해 영화에서의 메이크업, 헤어, 의상이 차지하는 비중이 더욱 크다고 말할 수 있을 것이다.

2) 영화에서 캐릭터 이미지 전달을 위한 분장 요소

영상 작품에서의 캐릭터 이미지는 캐릭터를 담당하는 배우의 연기력뿐만 아니라 캐릭터를 극적으로 부각시키기 위한 시각적 이미지 효과를 여러 가지 요소로 나눌 수 있다. 먼저 특수분장과 헤어 스타일 및 메이크업, 의상, 소품 등을 적절히 활용하여 상황과 역할에 맞는 캐릭터를 시각화하는데 도움을 줄 수 있다. 따라서 인물의 배경적 특성과 심리적 기능을 대신 표현해 줄 수 있는 기본적인 미용요 소들에 대해 살펴보면 다음과 같다.

(1) 분장

레오브로디(Leo Bmudy)는 "영화에서는 제스처, 분장, 억양, 몸의 움직임을 말없이 강조할 수 있는데, 이는한 인물에 대한 더욱 풍부한 세부묘사를 가능하게 한다."고 말했다

얼굴은 분장에 의해서 시대, '민족, 환경, 연령, 성격, 건강' 등이 시각적으로 표현되고 '피부색'과 피부 상태의 유무에 따라 '환경'이나 '직업', '건강 상태'가 보여지며, 인종과 출생을 짐작할 수 있게 해준다.

눈과 눈썹의 모양에 따라 '성격'이나, 현재의 심리 상태 등을 알 수 있게 해줄 수도 있다. [14)]

이처럼 분장은 영화에 등장하는 인물들이 스토리 전개에 따라 요구되어지는 특정 캐릭터를 보여 줄 수 있도록 해야 하며 나아가 그들의 심리적인 상태까지 보여준다.

역할에 맞는 분장으로 인해 얼굴의 인상은 캐릭터에 맞게 변형되며 바로 이미지와 연결된다. 이는 배우가 연기를 하는 대사의 텍스쳐적인 요소 이상의 의미를 갖는 중요한 '커뮤니케이션'이다.

• 내추럴하고 편안한 이미지

배우의 피부 톤과 크게 변화가 없도록 피부 표현에 주의하고 편안한 브라운 계열의 컬러를 선택하여 자연스럽고 가벼운 느낌으로 표현한다.

• 우아하고 지적인 이미지

여성스럽고 고급스러운 이미지 연출을 위해 진한 듯 하면서도 매력적으로 표현할 수 있도록 하며, '청순하고 순수한 이미지'는 깨끗하고 순수해 보일 수 있도록 피부색을 투명하고 촉촉하게 연출하는 것이 중요하다. 눈썹이나 입술 등에 색상이 많이 가미되지 않도록 하고 인위적인 느낌이 들지 않도록 한다.

• 귀엽고 발랄한 이미지

생기 있고 발랄하게 보일 수 있도록 블러셔를 볼 중앙에 표현하는 것이 포인트며, '강렬하고 적극적인 이미지' 연출을 위한 메이크업은 베이지계의 중간색으로 피부를 차분하게 표현해 주고 눈두덩이 전체에 강한 색감을 사용하는 것보다는 보라색이나 카키색 등을 포인트로 눈꼬리 부분에 발라 주어 당당한 이 미지를 연출한다.

• 세련되고 개성 있는 이미지

유행 감각과 절제감을 살려 세련미와 도도함을 표현해준다. 올리브 베이지나 브라운 컬러를 사용하여 베이직한 분위기로 표현하며, 전체적으로 의상과 피부색과 유행하는 컬러를 절제되게 조화시키는 것이 중요하다.

• 섹시하고 매력적인 이미지

성숙한 느낌과 고혹적인 느낌을 연출하는 메이크업으로 오렌지 와 골드 펄, 딥 브라운 컬러로 깊이 있는 눈매를 표현한다. 아이라이너는 약간 굵게 표현하며 블러셔를 브라운으로 살짝만 터치하고 입술은 레드 계열로 매트하게 표현하여 강렬한 느낌으로 연출한다. [15)]

(2) 헤어스타일

비달 사순(Vidal Sassoon)은 헤어가 모든 신체 부위 중 가장 능동적인 변화의 주체임을 당연하다고 주장하고, 인간의 신체에서 마음대로 그 길이와 형태를 바꿀 수 있는 부위는 헤어와 손톱, 발톱뿐이며, 자신의 이미지를 바꾸고자 할 때 헤어는 가장 확실한 효과를 내는 최고의 전략 무기라고 하였다.
영화에서의 헤어스타일은 등장인물의 성별, 지위, 신분, 직업, 생활 수준과 교양, 성격까지도 파악할 수 있는 '자기표현'과 '커뮤니케이션'의 중요한 표현 수단이 된다. [16) 17)]

- '직모' : 수수하고 자연스럽고 청순한 이미지
- '컬' : 촌스럽고 성숙한 이미지
- '짧은 머리' : 도시적이고 남성적
- '중간 머리' : 촌스럽고 평범한 이미지
- '긴 머리' : 여성스럽고 부드러운 이미지
- '앞머리를 넘긴 경우' : 발랄한 이미지
- '가르마가 없는 경우' : 자연스러운 이미지

또한, 드라이 스타일로 살펴보면 다음과 같다.
- Short 리버스 스타일(short reverse style) : 고고하고 화려한 중년 부인을 표현
- C 컬 드라이 스타일 (C curl dry style): 젊고 발랄하고 생생한 여성을 표현
- In 컬 드라이 스타일 (In curl dry style): 내추럴한 가볍고 자연스러운 이미지와 청순함을 표현
- S 컬 연출 : 긴 머리의 풍성한 웨이브와 자연스러운 S 컬로 우아한 여성의 이미지 표현

(3) 의상

의상은 영화에서의 등장인물의 성격을 시각화하는 중요한 수단이며, 극적 효과를 높이기 위해 사용되는 모든 종류의 복식을 말한다. 영화에서의 의복 형태의 역할은 작품이 진행되는 시대를 추측을 가능하게 해주며, 장소 및 계절, 시간을 확인하게 해준다.
또한, '의상의 소재, 질감' 등으로 '직업'과 '계급, 신분'을 구별하게 해준다. 다양한 매체가 발달하고 있는 오늘날 영화 작품에서 배우가 착용한 의상이 유행의 선도하기도 하며, 하나의 트렌드를 이루기도 한다.

3) 영화 포스터에 나타난 캐릭터 이미지와 분장 사례

배우의 의상을 통해 시대적 배경을 알수 있는 사례

안시성(2017) - 고구려

말모이(2018) - 1940년대

군도(2014) - 조선시대

봉오동 전투(2019) - 일제강점기

명당(2017) - 조선시대

아가씨(2016) - 1930년대 일제강점기

배우의 분장을 통해 장르(액션)을 유추할 수 있는 예

나쁜 녀석들(2014)	악인전(2018)	끝까지 간다(2014)
	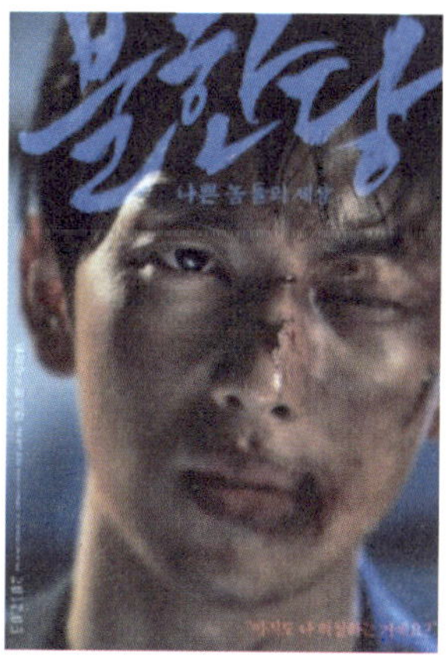	
프리즌(2016)	불한당(2017)	반도(2020)

OTT 플랫폼 영화에 나타난 효과적인 분장 사례

킹덤(2021)

마이네임(2021)

(2021) 지금 우리 학교는

오징어 게임(2021)

승리호(2021)

지옥(2021)

미주

1) 오인영(2004). 캐릭터 메이크업으로서의 수염분장의 역할과 유형별 기법 및 특징, 한국인체예술학회지 5(1), pp. 234~241

2) 이미애(2003), 성격 분장의 유형별 이미지 연구, 한성대학교 대학원 석사학위 논문

3) 이혜진(2006). 영화 장르에 따른 배우 캐릭터 이미지 분석, 서경대학교 미용예술대학원 석사학위 논문

4)5)6) 오인영, 임유경(2011)무대와 영상을 위한 캐릭터 메이크업 디자인, 훈민사

7) 네이버 검색, terms.naver.com, 고화질 TV, 손에 잡히는 IT 시사용어

8) 네이버 검색, post.naver.com, 영화같은 드라마를 만드는 황금손, 채널CJ

9) 김도은(2020). "립스틱 색채를 이용한 퍼스널 컬러 유형 분류 연구." 건국대학교 산업대학원 석사학위논문

10) 영상포럼(2000)

11) 고창균(2000), HDTV방송으로 인한 프로그램 제작환경 변화에 대한 연구, 경일대학교 산업대학원 석사학위논문

12) 박영옥(2003), TV매체의 발전에 따른 드라마 분장과 조명의 변화에 대한 연구, 한성대학교 예술대학원 석사학위논문

13) 황순주(2006), HDTV 영상효과에 미치는 에어브러시기법 연구, 서경대학교 대학원 석사학위논문

14) 오인영, 임유경(2011), 앞의 책

15) 박소정·이운현(2008), 뷰티코디네이션, 훈민사

16) 이경희·이은경(2008), 패션 디자인 플러스 발상, 교문사

17) 김양은외 3인(2009), ART MAKE-UP, 광문각

18) 오인영, 임유경(2011), 앞의 책

PART 3

영상 분장의 실제(실기편)

1. 기본 분장(Straight Make-up)　2. 성격 분장(Character Make-up)

1. 기본 분장(Straight Make-up)

1) 남자 아나운서

남자 아나운서 기본 메이크업은 영상 남자 기본 분장이며, 깔끔한 베이스 표현과 뚜렷한 눈썹 및 입술의 표현에 집중한다. 아나운서의 립 메이크업은 선명하되 너무 붉지 않도록 주의한다.

Make-up designer 김유경 Hair designer 조용선

· 사용재료

메이크업포에버 HD파우더/에보니펜슬/마루빌츠 컨실러 2호, 4호/트리플 그라펜 핸섬발색 립밤

01

Before

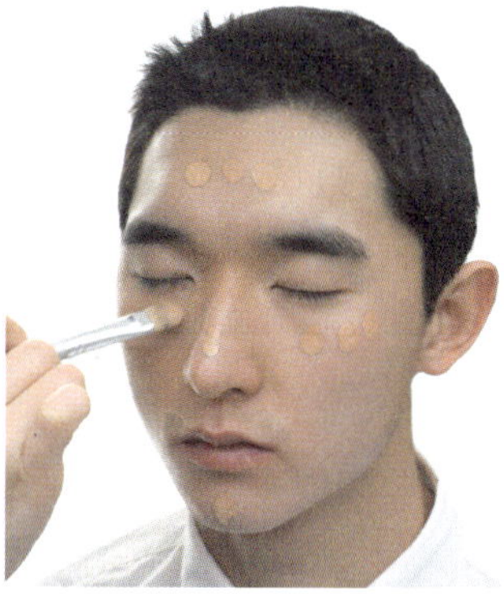

02

미스트를 분사하고 흡수가 된 후에 수분 타입 메이크업 베이스(투명)을 사용하여 얼굴 전체에 꼼꼼히 발라준다. 파운데이션을 얼굴 전체에 적당량을 덜어서 찍어 준 후 파운데이션 브러시를 사용하여 가볍게 밀착시키다.

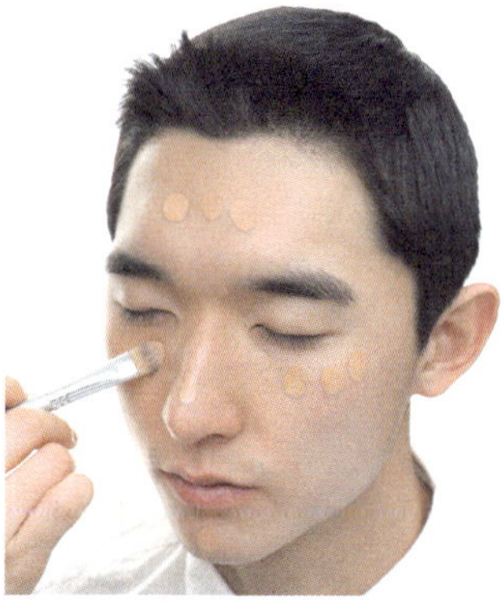

03

파운데이션을 밀착시킬 때에는 가로 방향과 세로 방향으로 크로스 되어 브러시의 결이 생기지 않게 한다.

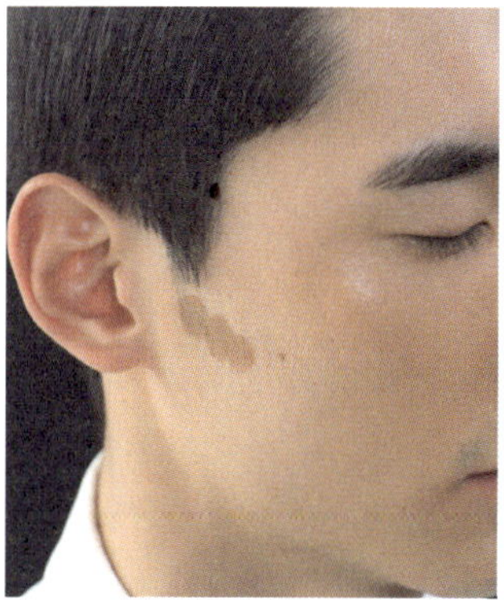

04

베이스톤보다 4~5단계 어두운 브라운을 사용하여 볼 뼈 밑에 음영을 찍어주고 브랜딩하여 그라데이션 해준다. 이때 볼뼈 밑으로 그라데이션하고 틱신까지 언걸하여 그라데이션 한다.

05

컨실러로 잡티와 점 등을 커버한다. 점의 색이 진한 경우 가장 진한 색의 컨실러로 커버하고 팩트로 마무리한 후 베이스 컬러와 비슷한 색의 컨실러로 다시 한번 덮어 그라데이션 한다.

06

페이스 파우더 전용 브러시를 사용하여 HD 파우더를 볼 부위의 골고루 얹듯이 가볍게 쓸어준다.

07

콧망울과 입가, 눈썹 위 등 유분이 많이 올라올 수 있는 부분은 한번 더 섬세하게 파우더를 터치해준다.

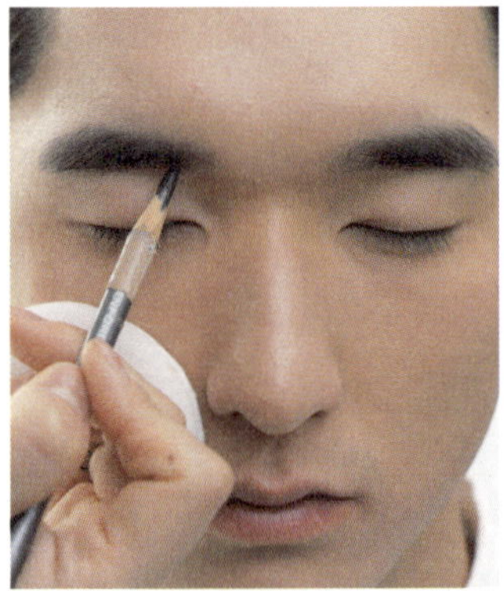

08

눈썹의 숱을 우선 파악하여 눈썹의 사이사이를 메우듯이 에보니 펜슬이나 눈썹 전용 펜슬로 사선형으로 눈썹의 결을 따라 채워준다.

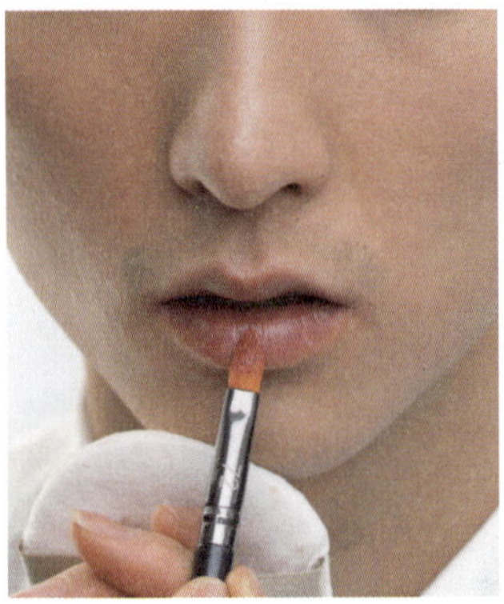

09

톤 다운된 붉은갈색으로 입술을 채우듯이 발라준다. 여자 입술처럼 입꼬리까지 채우지 않도록 한다.

완성된 모습

2) 여자 아나운서

여자 아나운서는 이목구비를 또렷하게 표현하는 것이 중요한데 눈썹과 아이라인, 입술의 표현이 또렷하여 시청자들에게 호소력이 있는 모습으로 보여지도록 한다. 얼굴의 음영을 주어 얼굴선이 또렷하게 표현될 수 있도록 한다.

· 사용재료

에스쁘아 톤업메이크업 베이스/에스쁘아 글로우 파운데이션/바비브라운 엔틱로즈 아이섀도우/웨이크메이크 루즈건 제로 립스틱

Make-up designer 김유경 Hair designer 조용선

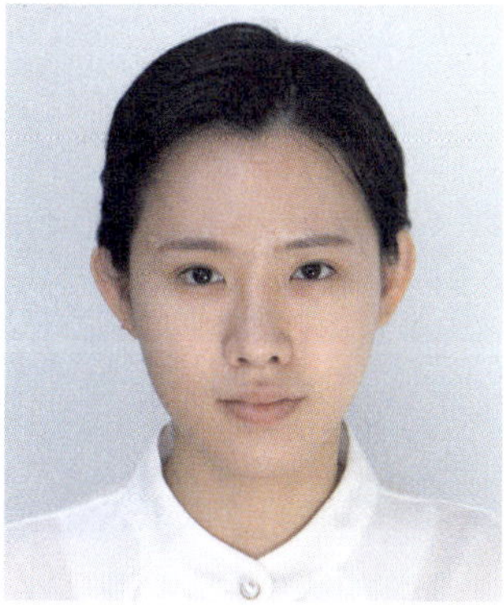

01

Before

02

얼굴에서 15~20센티정도 떨어진 지점에서 미스트를 뿌려 유수분을 주어 다른 제형이 올라가서 밀착 및 브랜딩 될 수 있도록 한다.

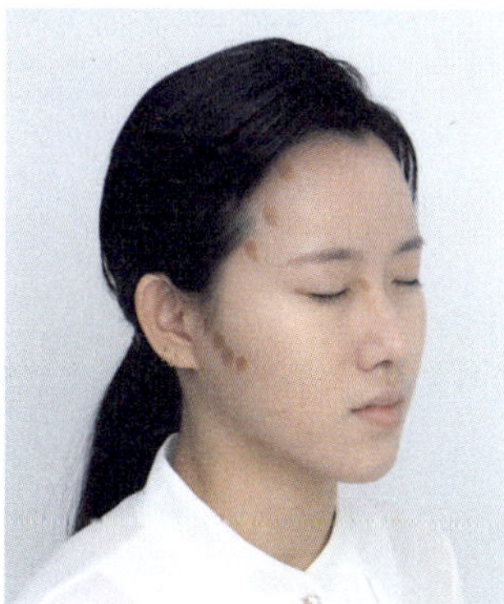

03

프라이머와 파운데이션을 파운데이션 브러시로 바른 후 라텍스로 두드려 밀착시킨다.

피부톤보다 4~5단계의 아래의 쉐이딩 컬러를 바른다.

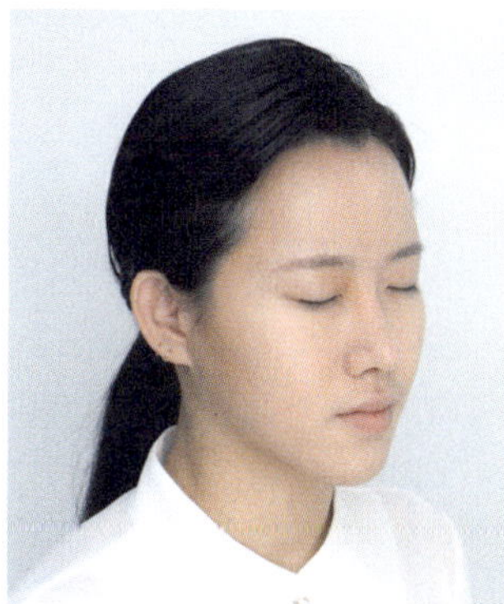

04

파운데이션 브러시로 얼굴의 외곽에서 안쪽으로 그라데이션하고 브랜딩해 주어 얼굴의 선을 외곽선을 만들어 얼굴의 선이 선명하게 표현되도록 한다.

05

컨실러 브러시로 점을 커버하고 파운데이션과 잘 섞이도록 브러시로 브랜딩한다.

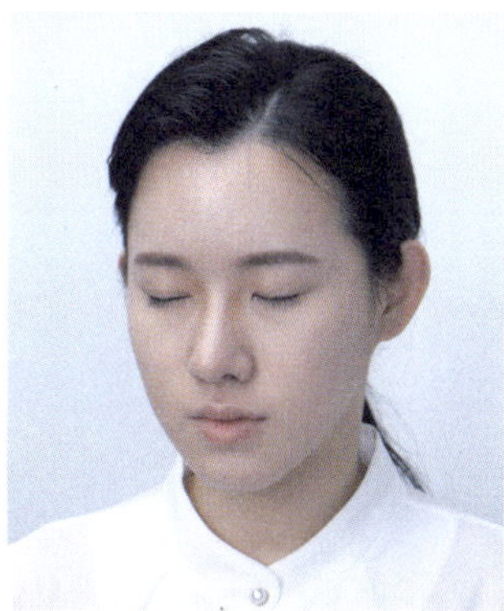

06

유분기가 없도록 라텍스로 두들리고 피부에 파운데이션을 밀착시킨다.

07

둥글고 넓은 섀도우 브러시를 사용하여 눈두덩이 중앙에서 바깥으로 눈두덩이 전체에 펴준다 (엔틱로즈컬러 MLBB컬러)

08

스몰 섀도우 브러시를 사용하여 눈꼬리에서 앞쪽으로 그라데이션 하면서 음영을 표현한다.

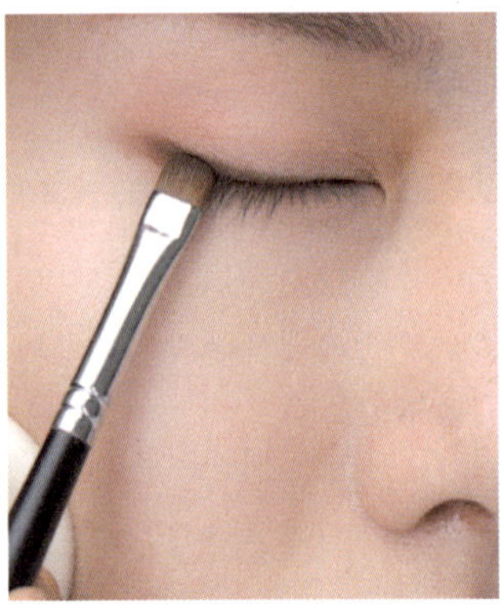

09

짙은 흑갈색 아이섀도우를 사용하여 눈꼬리 부분에 아이라인처럼 음영을 준다. 아이라인 위치라고 생각하고 접근하며 아이라인 보다 넓게 그라데이션 해준다.

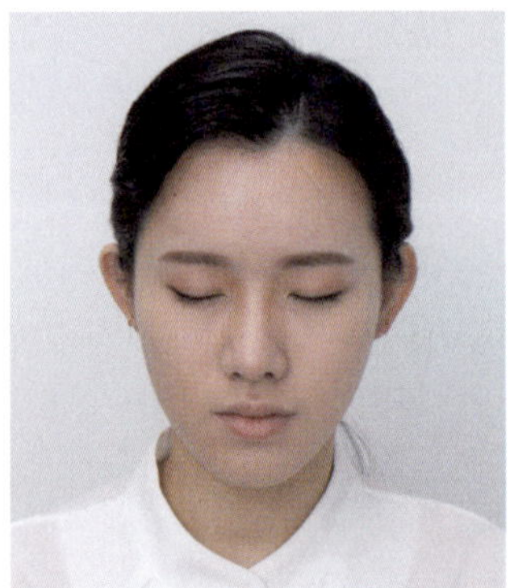

10

눈을 감은 상태에서 발란스를 맞춘다.

11

눈을 뜬 상태에서 발란스를 맞추어준다. 눈을 떴을 때 눈썹 위치의 변화나 아이라인의 변화 등을 파악한다.

12

입술 선을 또렷하게 보이게 인 커브로 그라데이션 한다.

완성된 모습

3) TV드라마 여자 연기자

기본여자 분장으로 연기자의 얼굴의 장점이 잘 들어날 수 있도록 자연스럽고 가볍게 메이크업을 한다. 피부톤에 맞는 베이스와 핑크 베이지 계열의 파운데이션으로 화사하게 피부 표현하며 본인의 피부와 엔틱로즈 컬러(핑크 베이지 계열)의 섀도우를 사용하여 새도우가 강하지 않으면서 음영을 잘 표현할 수 있도록 메이크업한다.

· 사용재료

에스쁘아 톤업메이크업 베이스/에스쁘아 글로우 파운데이션/바비브라운 엔틱로즈 아이섀도우/웨이크메이크 루즈건 제로 립스틱

Make-up designer 김유경 Hair designer 김유경

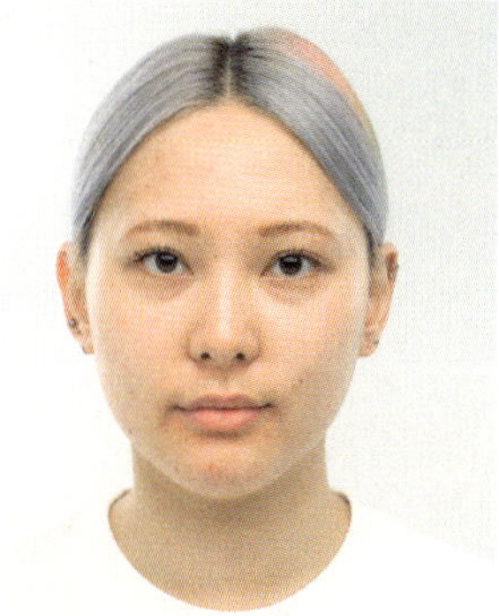

01

Before

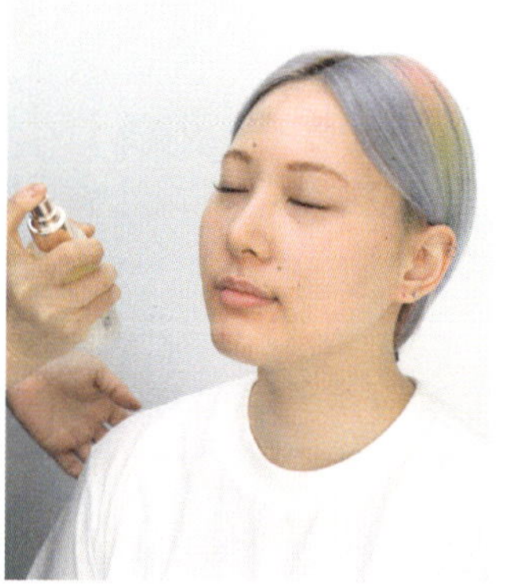

02

미스트를 뿌려 수분을 공급한다. 미스트는 얼굴에서 15~20센티 정도 떨어져 위에서 아래로 골고루 분사한다.

03

피부의 컨디션에 따라 에멀젼 및 아이크림을 펴 발라 유수분 밸런스를 맞춰준다. 얼굴을 만져보았을 때 촉촉한 수분과 유분의 감촉이 느껴진때를 기다려 두드려주고 파운데이션을 질브러시에 브랜딩하여 얼굴의 안쪽에서부터 펴 발라준다.

04

눈썹은 앞머리의 두께감을 주어 얼굴형에 맞는 자연스러운 표준형의 눈썹으로 그려준다. 라이트 브라운 계열의 색으로 부드럽고 자연스러운 이미지를 표현한다.

05

눈 두덩이 전체에 엔틱 로즈 계열의 따뜻한 웜톤의 핑크 브라운 계열을 선택하여 가로 프레임으로 펴 발라준다.

06

눈꼬리 부분과 언더라인에 웜톤의 엔틱 브라운을 사용하여 뒤쪽에서 앞으로 그라데이션 해준다.

07

가닥 속눈썹을 2포인트씩 잘라 눈꼬리 쪽부터 손눈썹 위쪽에 바짝 붙여서 붙여준다.

완성된 모습

4) TV 출연 아이돌

아이돌 메이크업은 화려하고 선명함이 표현되어야하므로 아이섀도우 베이스 컬러는 명도와 채도가 높은 선명한 색을 선택하고 포인트 컬러는 딥톤의 짙은 색으로 음영을 표현한다. 아이섀도우의 포인트를 주기 위해 글리터와 짙은 속눈썹을 사용하여 화려한 눈매를 표현한다. 파운데이션과 컨실러의 사용은 얇게 여러번 덧발라 피부 표현이 오래 유지될 수 있도록 하며 콧등과 턱 선에 글로우 팩트를 사용하여 조명에 화사하게 보이도록 표현한다.

Make-up designer 김유경 Hair designer 김유경

· 사용재료

에스쁘아 톤업메이크업 베이스/에스쁘아 글로우 화운데이션/바비브라운 핑크/3CE글리터

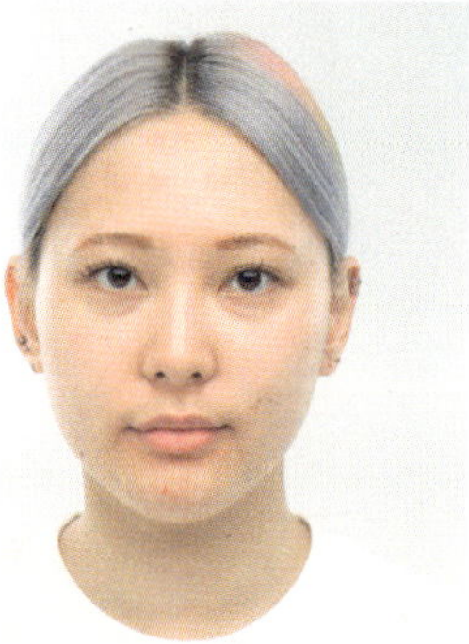

01

Before

02

기본 여자 아나운서 메이크업과 동일하게 피부 표현해 주고 콧등과 턱선에 톤업글리터 팩트를 사용하여 화사함과 윤곽의 선명함을 표현한다.

03

눈썹은 눈썹산을 살려 선명하게 표현해준다.

아이섀도우 베이스 컬러인 쿨톤의 핑크색을 선택하여 브러시에 충분히 묻힌 후 섀도우의 가루날림으로 발색이 약해지지 않게 브러시를 눕혀서 눈두덩이 전체에 고르게 펼쳐 준 후 그라데이션 해준다. 핑트색의 표현이 또렷해 보이도록 발색에 충분히 될 수 있도록 한다.

04

언더섀도우로 동일색으로 넓게 펴 발라준다.

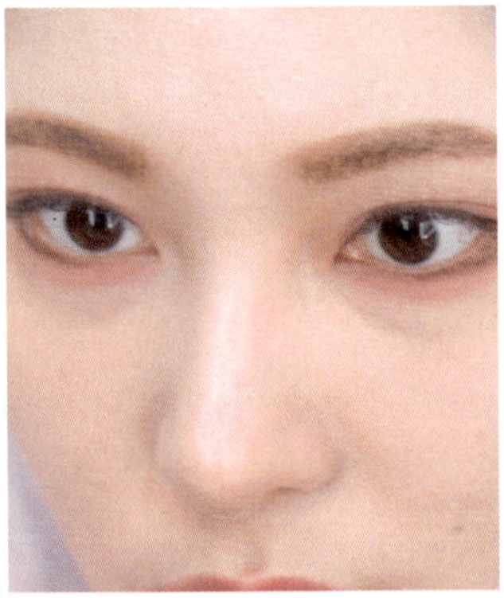

05

웜 브라운 컬러로 눈꼬리쪽에 음영을 주듯이 아이라인처럼 브라운 섀도우를 선을 만들 듯이 표현해 주며 언더에도 브라운 컬러로 선을 만들 듯이 그라데이션해준다. 눈꼬리 쪽은 눈이 커 보이도록 막지 않고 트여 보이게 표현한다.

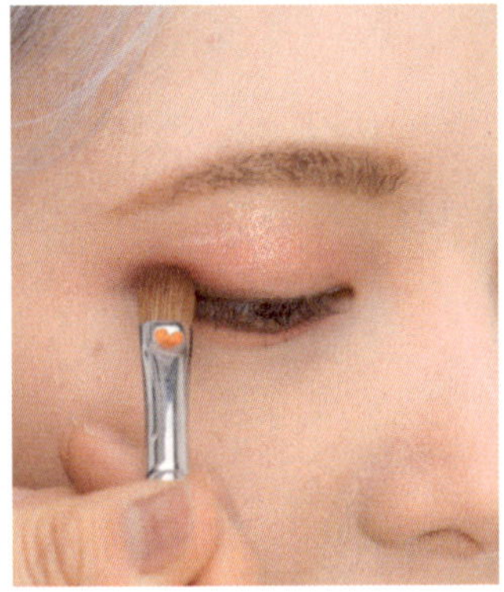

06

버건디 컬러를 꼬리쪽에 진하게 포인트를 주고 안쪽으로 그라데이션해서 눈의 음영을 표현하면서 깊이감을 준다.

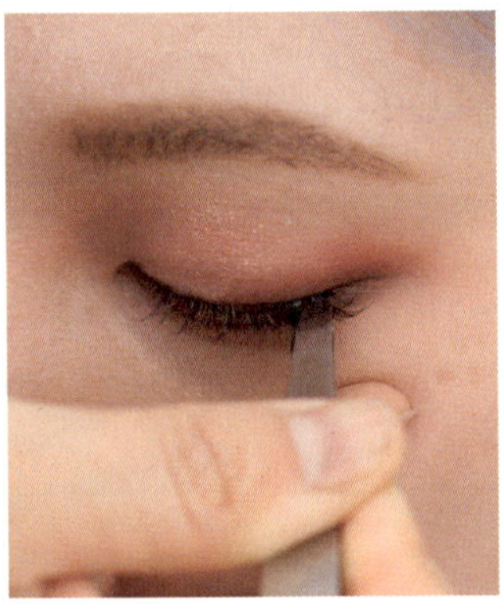

07

짙은 12mm의 속눈썹을 가닥으로 잘라 눈고리부터 촘촘히 붙여준다. 아이라인은 길게 빼서 눈이 커 보이도록 표현한다.

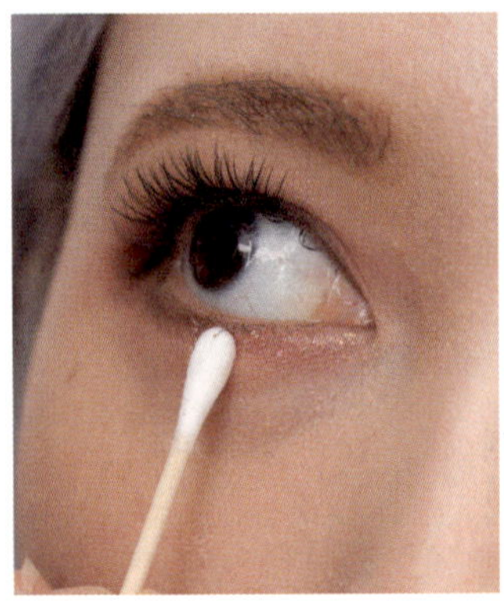

08

면봉에 미스트를 뿌린후 글리터를 묻혀 점막 안쪽부터 글리터를 묻혀가면서 그라데이션해준다. 글리터가 눈 쪽으로 들어가지 않게 주의한다.

09

핑크 계열의 립 컬러를 사용하여 인커브형태로 발라준다. 눈을 감은 상태에서 밸런스를 맞춘다.

10

눈을 떴을 때 눈썹 위치의 변화나 아이라인의 변화 등을 파악한다.

블러셔는 앞광대 쪽으로 넓게 펴 발라 화사함을 표현한다. HD 파우더 팩트를 사용하여 티존 부위를 중심으로 한 번씩 쓸어주듯이 펴 발라 마무리한다.

완성된 모습

2. 성격 분장(Character Make-up)

1) 노역 분장

(1) 노역 분장의 개념

피부의 노화 현상에는 시간이 흐르면 노화하는 '내인성(내적) 노화'와 시간에 관계없이 노화하는 '외인성(외적) 노화' 가 있다.
'내인성 노화'는 나이를 먹음에 따라 자연스레 진행하는 노화인 반면 '외인성 노화(광노화)'는 주로 '햇빛' 이라는 외적 원인 때문에 생긴다.
밖으로 노출된 부위는 쭈글쭈글 한데다, 검버섯이나 기미, 잡티가 많고 자외선이 콜라겐과 엘라스틴 양에 변화를 주게 되어 피부가 얇아지고 탄력성을 잃어 주름이 잡히고 쳐진다.
피부에 영양과 산소를 공급하는 모세혈관 기능이 떨어지고 혈액순환과 림프 배설이 약해지면서 모공이 넓어지고 가장 먼저 주름이 생기는 부위는 바로 눈가, 이마, 양쪽 입가, 목주름이다.

방송 대본이나 영화 시나리오에 나오는 극중 캐릭터 연령을 감안하되, 캐스팅된 배우의 실제 생물학적 연령, 직업, 질환, 거주환경, 섭생, 스트레스 정도, 직업, 성격 등을 노화 분장 디자인시 고려해야 한다.
굵은 주름과 미세 주름의 강약, 위치와 방향, 크기와 갯수 등도 고려하고 특히 안면근의 눈 주위 안륜근, 입 주위 구륜근, 이마의 전두근 주름을 섬세하게 표현할 수 있어야 한다.

노화 분장 방법으로는 라이닝 컬러나 아이섀도우, 펜슬을 활용한 방법과 리퀴드 라텍스를 활용한 기법, 실리콘 피스를 활용한 기법 등이 있으며 각 노화 분장 효과는 많은 차이가 있다.

(2) 연령대별 노역 분장 과정 및 방법

① 영상 노역 분장(50대 후반 - 60대 후반)

Make-up designer 오인영

· 사용재료

베이스 파운데이션/라이닝 컬러 파우더/아이섀도/콤 브러시

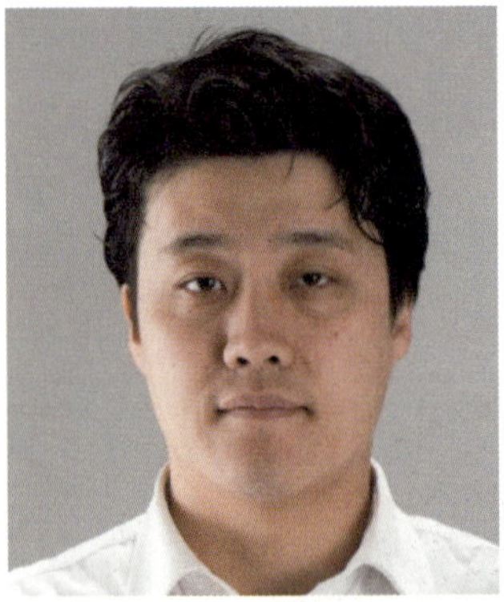

01

Before

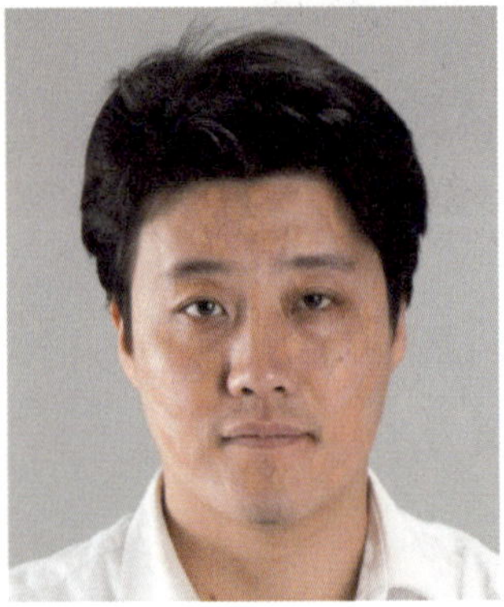

02

안면 전체에 골고루 연기자의 얼굴 톤에 적합한 베이스 컬러 파운데이션(베이지 계열 : 미디엄 베이지 혹은 내추럴 베이지)을 발라 스킨 톤을 만든다. 바르는 방법은 파운데이션이 얼굴 전체에 고르게 균일하게 배분되도록 바르고 양은 영상 남자 기본 분장시보다 약간 적게 발라준다. (기본 스킨 톤을 표현 시 많은 양의 파운데이션을 바르면 다음 단계에서 주름선이나 새이딩을 하는 노역 분장 작업 시 뭉개지거나 분장이 흐트러질 수 있으므로)

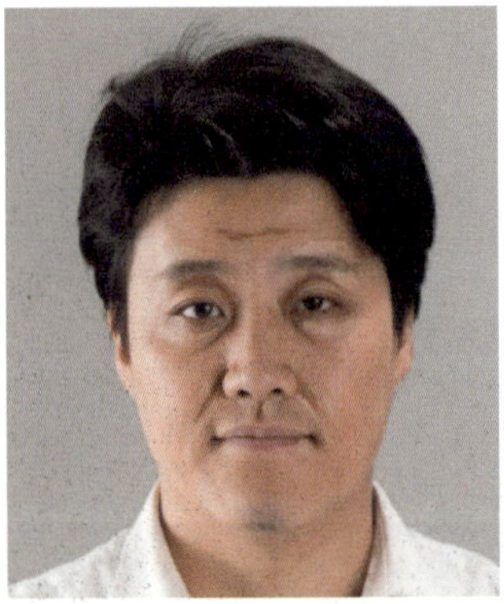

03

기본 스킨 톤을 표현한 다음, 콧볼 주위의 범령선과 눈 아래의 누당, 눈두덩이, 이마의 가운데에 어두운 갈색의 라이닝 컬러를 이용해 짧은 주름선을 그려준 다음 주름선 바로 옆에는 라이트 베이지 컬러의 라이닝 컬러를 약간 발라 펴주어 '하이라이트' 효과를 준다.

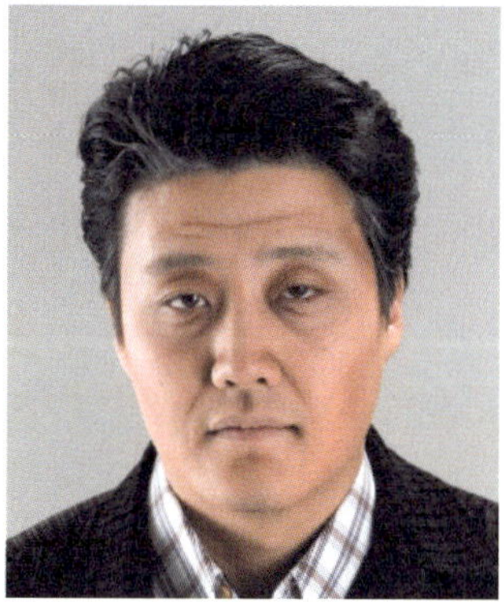

04

주름선과 하이라이팅 작업을 마친 다음, 아래턱 중앙, 양 볼의 움푹 패인 부분, 관자놀이에 갈색 라이닝 컬러를 이용해 자연스러운 음영을 주고 그라데이션 기법을 이용, 면처리를 한다.

05

적당한 양의 기본 피부톤보다 약간 어두운 파우더를 발라준다. 베이지색 라이닝 컬러로 하이라이트를 준 부위에 동일 색상의 아이섀도를 덧발라 노역 분장을 마무리한다.

연령대에 적합한 흰 모발을 표현하기 위해 comb brush 또는 screw brush에 헤어 화이트(hair white)를 약간만 묻혀 모근부터 꼼꼼히 칠해준다.

1) 노역 분장

② 영상 노역 분장(60대 후반 - 70대 초반)

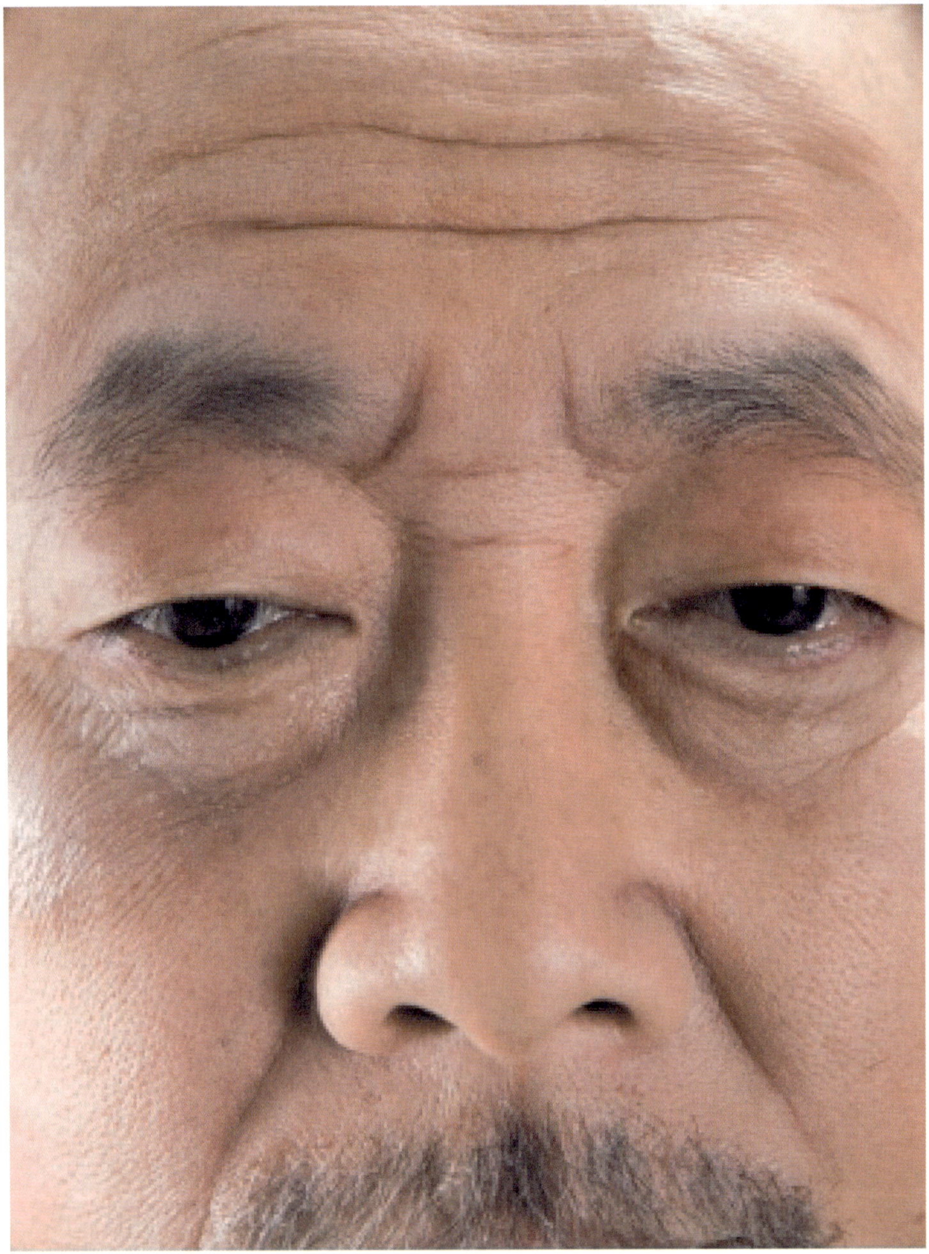

Make-up designer 오인영

· 사용재료

베이스 파운데이션/라이닝 컬러 파우더/펜슬/생사/인조사/수염 접착액

01

Before

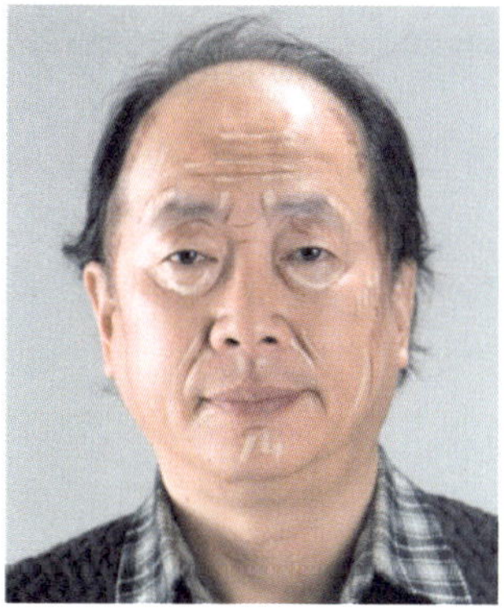

02

안면 전체에 골고루 연기자의 얼굴 톤에 적합한 베이스 컬러 파운데이션(미디엄 베이지 혹은 내추럴 베이지)을 발라 스킨 톤을 만든다. 바르는 방법은 파운데이션이 얼굴 전체에 고르게 균일하게 배분되도록 바르고 양은 영상 남자 기본 분장 시보다 약간 적게 발라준다. 기본 스킨 톤을 표현한 다음, 연기자의 원래 주름선을 최대한 활용해 콧볼 주위의 법령선과, 눈 아래의 누당, 눈두덩이, 이마의 가운데에 어두운 갈색의 라이닝 컬러를 이용해 짧은 주름선을 그려준 다음 주름선 바로 옆에는 라이트 베이지 컬러의 라이닝 컬러를 약간만 발라 펴주어 하이라이트 효과를 준다.

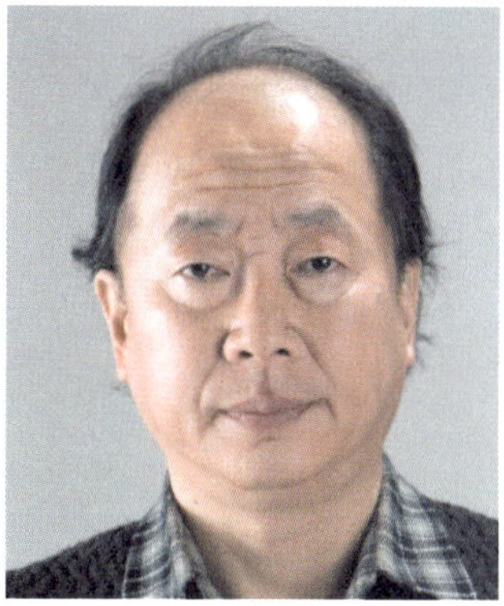

03

노역 분장 시 주름은 반드시 적은 양의 라이닝 컬러를 발라야 주름이 자연스러우며 오래 유지된다. 모든 주름과 음영 주위에는 반드시 하이라이트 효과를 위한 선과 면이 있어야 주름의 입체감이 살아난다.

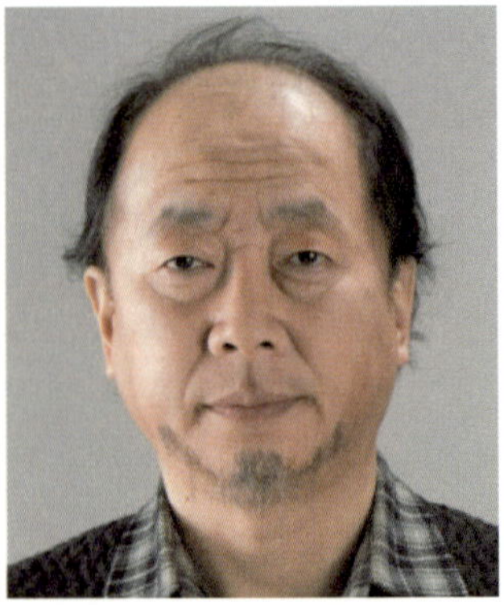

04

주름선과 하이라이팅 작업을 마친 다음, 아래턱 중앙, 양볼의 움푹 패인 부분, 관자놀이에 갈색 라이닝 컬러를 이용해 자연스러운 음영을 주기 위해 그라데이션 기법을 이용, 면처리를 함으로써 얼굴살이 빠져 푹 꺼진 듯한 느낌을 살린다.

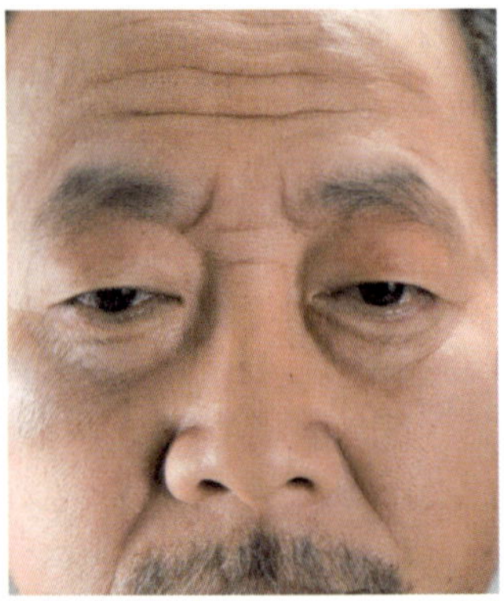

05

적당한 양의 약간 어두운 파우더를 발라준 다음 베이지색 라이닝 컬러로 하이라이트를 준 부위에 동일 색상의 아이섀도를 덧발라 노역 분장을 마무리한다. (좀 더 자연스러운 노역 분장을 위하거나 캐릭터의 성격과 상황을 고려해 생사나 24데니어의 인조사를 이용한 짧은 수염 분장을 할 수도 있다. 수염 접착액은 스프리트 검이나 prosthetic adhesive 모두 가능하다.)

③ 영상 노역 분장(70대 후반 - 80대 : 리퀴드 라텍스 활용)

· 사용재료

리퀴드 라텍스/라텍스 스펀지/페이스 파우더/헤어 드라이어/생사/인조사/템플 화이트

Make-up designer 오인영

01

- 얼굴의 전체 면을 크게 이마(3부위), 눈두덩, 눈 아래, 양 볼(2부위씩), 아래턱과 인중(1부위씩) 부위로 면분할을 구상해 둔다.
- 스펀지에 라텍스를 약간만 묻힌 다음 이마의 한쪽 부위부터 바르기 시작한다. 이때 이마를 원하는 주름선의 반대 방향으로 힘껏 당겨주는 것이 중요하다.
- 헤어 드라이어의 찬 바람을 이용해 라텍스를 건조시키고 어느 정도 마른 다음에는 중간 베이지 계열의 가루분을 퍼프에 묻혀 바른다.(라텍스 작업 한 위에 바른 가루분은 약간 어두운 중간 계열 색상을 발라야 나중에 얼굴이 하얗게 떠 보이지 않게 된다.)

02

- 가루분을 다 바를 때까지 이마를 계속 당기고 있다가 이후에는 원하는 방향의 주름선을 손으로 밀 듯이 인위적으로 잡아 주어야 한다.(주름의 깊이감을 더해 주고 싶을 때는 라텍스를 두세 번 반복해 발라주면 된다.) 조력자가 이마를 당기고 있을 때 라텍스를 바르게 되므로 이때 조력자의 손가락 끝에 묻지 않도록 주의하고 라텍스를 계속 겹쳐 바르다 보면 기포가 생길 수 있으므로 특히 주의해야 한다.)
- 라텍스가 완전히 건조된 다음에는 파우더를 잘 바른 다음 세부 주름을 갈색 펜슬이나 새도를 이용해 표현해 준다.
- 연령대를 고려한 색의 흰 모발 색칠과 짧은 수염을 붙여준다.

라이닝 컬러를 이용한 노역 분장에 비해 리퀴드 라텍스를 활용한 노역분장은 주름의 입체감과 정밀함이 잘 표현되나 시간 소요가 많고 리퀴드 용액의 덧바르기가 까다로운 편이므로 충분한 연습을 필요로 하며 조력자가 필요하다는 단점이 있다.

주름선 작업 시 얼굴 당기는 방향

* 이마는 가로 방향 주름이므로 세로 방향으로 당길 것
* 양 볼과 눈두덩이, 눈 아래는 사선 방향 주름이므로 반대 방향 사선으로 당길 것
* 인중과 턱은 세로 방향 주름이므로 가로 방향으로 당길 것

'라텍스'를 활용한 노역 분장 시 고려사항

1. 얼굴의 각 부위별로 세부 섹션(section)을 분할할 것. 예) 이마 부위 → 3개 면분할
2. '리퀴드 라텍스'를 스펀지에 묻혀 얼굴에 바를 때 기포 발생에 주의할 것
3. 중복되거나 반복되어 라텍스를 바를 때 겹쳐지는 면이 두꺼워지거나 울퉁불퉁해지지 않도록 주의할 것
4. 라텍스를 완전히 바르기 전까지 피부를 주름 역방향으로 힘껏 당길 것
5. 건조시키기 위한 헤어 드라이어 바람은 너무 강하지 않게 하고 배우가 놀라지 않도록 배려할 것
6. 안면 전체에 리퀴드 라텍스를 다 바른 다음에는 일반스킨 톤보다 한톤 낮은 가루분을 고르게 발라줄 것
7. 리퀴드 라텍스 위에 세부 주름을 표현할 때는 심 이 있는 펜슬이나 라이닝 컬러보다 섀도우 타입의 제품이 용이하다.

영상 노역 분장을 위한 실제 / 70대 후반 할머니 노화 이미지 스크랩

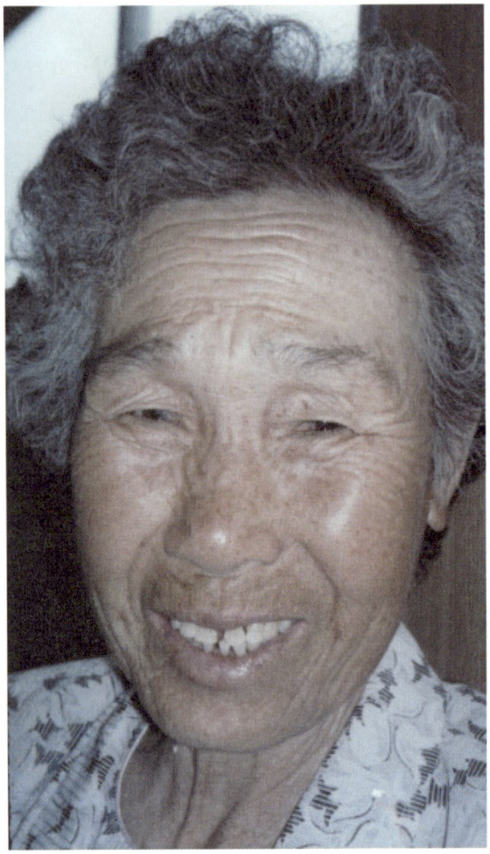

노역 분장 시 고려사항

* 생물학적 연령에 따른 근육과 주름의 변화 및 강도 check!
* 거주 환경과 건강 상태, 직업 등에 따른 스킨 톤 check!
* 모든 주름선에는 반드시 강약이 있다.
* 모든 주름선 음영(Shading, gradation)에는 반드시 돌출부위(high lighting)를 표현할 것!
* 건강 상태, 라이프스타일에 따른 주름선과 미묘한 차이점을 check!
* 실제 연령별 노인(남녀) 사건을 스크랩해두어 관찰할 것!

2) 상처 분장

(1) 상처 분장의 개념

특수분장 유형 중 특히 '상처분장'은 극의 상황에 맞는 설정을 보여줌으로써 그 상황을 설명하며 사건의 발단이나 개연성을 갖게 하는 매개체 역할을 하고 인물의 갈등과 변화의 야기, 해소 등 캐릭터의 상황과 특성을 반영한다. 먼저 상처의 원인은 그 상처가 생기게 된 상황을 설명하므로 '언제, 어디서, 누가, 무엇을, 어떻게, 왜'라고 하는 요소가 정확히 분석되어야 한다. 즉 시간적으로 어떤 시점이고 경과시간은 얼마나 되었는가, 또 인간, 동물, 자연 등 누구에 의해서 이루어졌는가, '어디서'는 어떤 장소나 혹은 어떠한 장소의 상황(작업 장소, 화재 장소, 전쟁이나 자연재해 장소)에서 발생한 상처인가, '무엇은' 상처를 만들어낸 것이 무어에 의한 상처인가, '왜'라는 것은 상처를 입게 된 동기를 의미한다. 이러한 정확한 분석을 통해서 상처의 정확한 원인을 찾아서 분장하는 것이 사실감을 주는 상처분장의 기본이 되는 작업이라고 할 수 있다.

(2) 상처 분장의 과정 및 방법

① 피 멍 분장

멍은 주먹이나 기다 물긴, 그리고 심한 다격에 의해 부딪처시 살갗 속에 퍼렇게 맺힌 피로써 멍 상처의 표현은 실징 부위에 따라 다양하게 표현된다. 멍은 시간 경과에 따라 색상 표현을 다르게 해주는데 하루 정도가 지난 멍은 라이닝 컬러 중 빨강색(red), 밤색(maroon), 보라색(purple)을 주로 사용하여 표현한다. 시간이 지남에 따라 멍의 색이 변하면 푸른빛이 강하므로 푸른색과 밤색으로 표현하고 시간이 더 경과하여 3일 이상이 지났을 경우는 노란색으로 표현한다. 심한 멍 분장에는 피부의 모세혈관이 터져 붉게 비치므로 붉은색을 더 많이 점각(stipple)하여 표현한다.

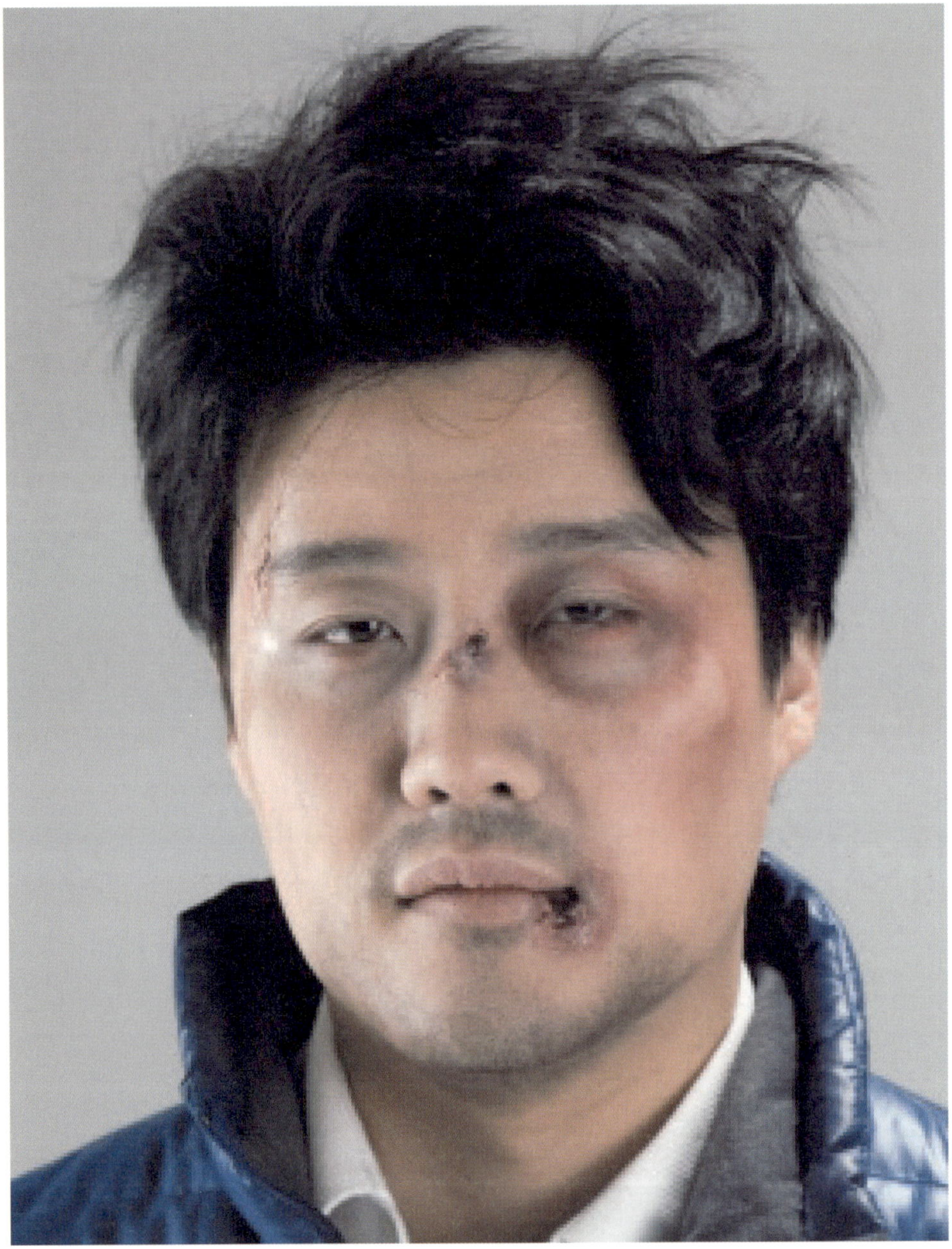

· 사용재료

라이닝 컬러 브러시/파우더/콜로디온/왁스/튜플나스트/픽스 블러드

Make-up designer 오인영

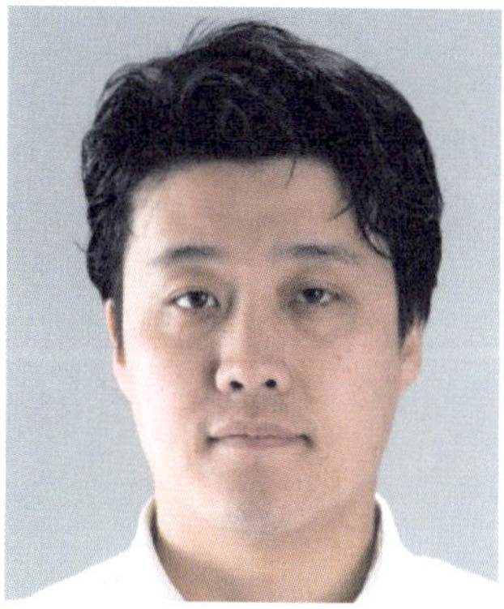

01

Before

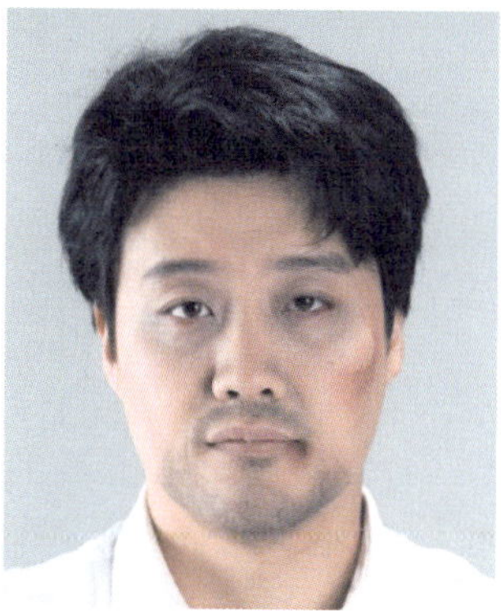

02

한 쪽 광대뼈 주변에 붉은 갈색 계열의 라이닝 컬러를 붓에 묻힌 후, 적절히 두드리듯이 바르고 눈시울 아래 부위와 입술 끝자리에도 같은 색의 라이닝 컬러를 칠한 다음 색상의 톤 차가 약간 생기도록 그라데이션 정도를 조절한다.

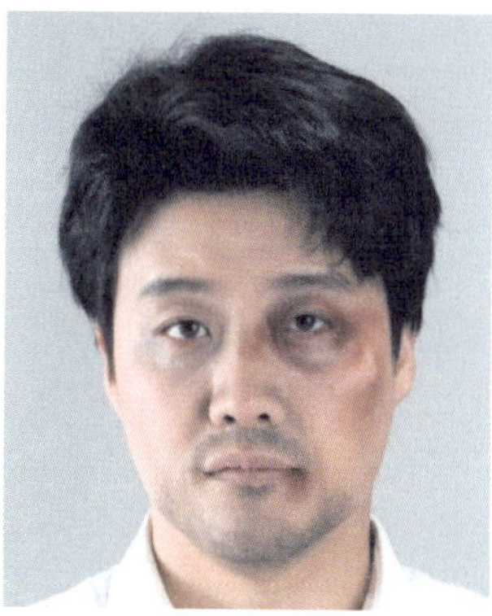

03

눈 두덩이와 콧등 뼈, 눈 아래의 누당 부위에 적갈색 라이닝 컬러를 추가로 펴 바른다. 이때 먼저 펴 바른 위치와 구도를 고려하면서 최대한 자연스럽게 펴주어야 한다.

광대 뼈 위와 눈썹 뼈, 눈 아래와 콧등 주위에 엷은 베이지색 라이닝 컬러를 발라줌으로써 적갈색과 대조가 되도록 한다.

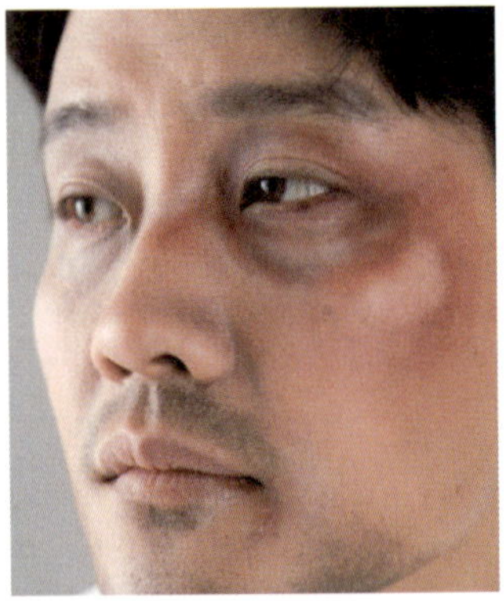

04

적갈색 계열의 라이닝 컬러와 어두운 갈색, 와인색 등의 라이닝 컬러를 이용해 색상의 농담과 변화를 주면서 그라데이션 한다. 앞서 베이지 색상의 라이닝 컬러를 바른 부위에 베이지 색상의 아이섀도를 덧발라, 피부가 약간 부어오른 듯한 착시효과를 준다.

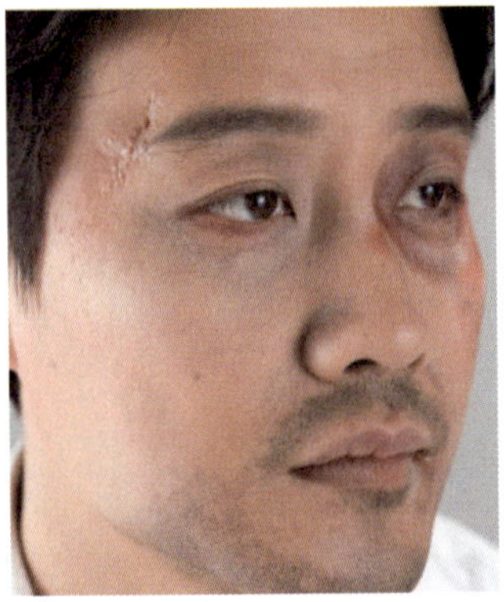

05

칼로 생긴 상처(자상, 칼자국)로 인한 흉터를 표현하기 위해 눈썹 끝과 관자놀이 사이에 콜로디온(collodion)을 바른 후 건조시킨다. 이때 원하는 상처 방향으로 피부를 힘껏 당기면서 발라주어야 하고 건조된 다음에는 피부를 흉터 방향으로 약간 접은 다음 가루분을 바른다.

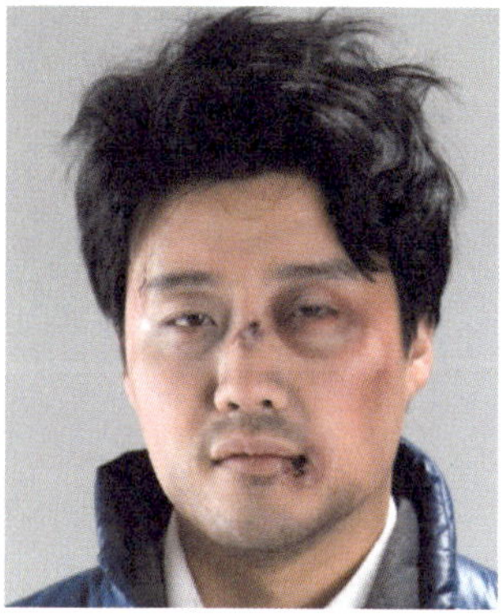

06

콧등과 입술 가장자리에 라이닝 컬러를 바른 다음 각각 'wax'와 'tuplast'를 자연스럽게 펴 발라 건조시킨 후, 굳은 피(fix blood)를 바른다.

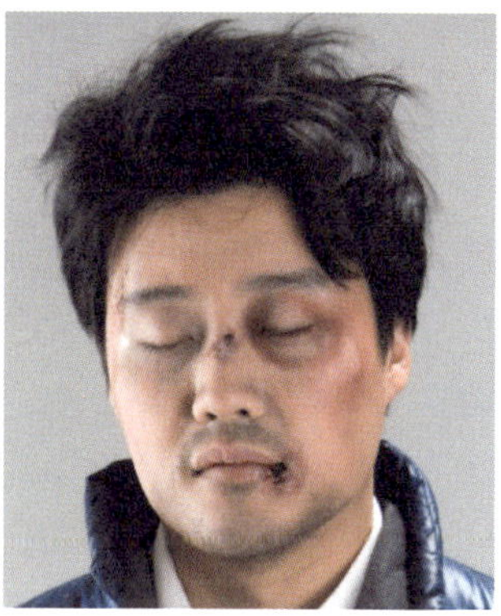

07

4단계 작업의 눈을 감은 모습

2) 상처 분장

② 절창

절창은 칼이나 깨진 유리, 도자기, 플라스틱, 종이 등에 베인 상처로 상처의 중앙이 넓게 드러나고 상처의 양 끝은 폭이 점점 좁아진다. 가장자리의 으스러짐이 없기 때문은 봉합을 하면 치유가 빨라지는 상처이다. 얇게 베인 상처는 라이닝 컬러를 이용하여 가는 붓을 사용하여 그려줌으로써 표현하며, 라텍스를 이용하여 피부의 깊은 주름을 만들어 준 후 붉은색 라이닝 컬러를 칠하면 베인 것처럼 보이며 피를 첨가하여 준다. 깊이 베인 상처는 더마 왁스(derma wax)를 사용하여 표현하는데 피부에 붉은색을 바르고 점각한 후에 필요한 양만큼 왁스를 덜어 손가락으로 상처를 설정한 후에 표면에 늘려 붙인다.

가장자리와 표면을 매끈하게 만들어주며 왁스표면에 실러(sealer)나 액체 라텍스로 표면 처리를 하여 드라이로 말려준다. 상처 모양이 잡히면 상처가 벌어진 효과를 내기 위해 가운데 부분을 헤라나 면도칼의 등 부분을 이용하여 벌려주거나 도려내어 원하는 디자인을 만든다. 상처 주위에는 붉은색, 보라색, 갈색 등으로 멍을 표현하며 고무 점각 스펀지를 이용하여 왁스 위에 피부의 질감을 표현한다.

· 사용재료

라이닝 컬러 콜로디옹 점
각 스펀지/블랙 헤어 스틱

Make-up designer 오인영

01

Before

02

눈 아래와 콧 볼 주위에 다크 브라운 색상의 라이닝 컬러를 자연스럽게 그린 다음 그라데이션시킨다.

- 칼로 생긴 상처(자상, 칼자국)로 인한 흉터를 표현하기 위해 적합한 얼굴 부위를 정한 다음 원하는 상처 방향으로 피부를 힘껏 당기면서 콜로디온(collodion)을 발라주어야 하고 세 번 정도 반복해 바른 후 건조시킨다.
- 콜로디온이 완전히 마르기 직전에 피부를 흉터 방향으로 약간 접히게 함으로써 칼자국 흉터의 깊이감을 표현하고 가루분을 바른다.
- 눈시울에는 붉은색 라이닝 컬러를 약간 바른 다음 면봉으로 자연스럽게 그라데이션시킨다.

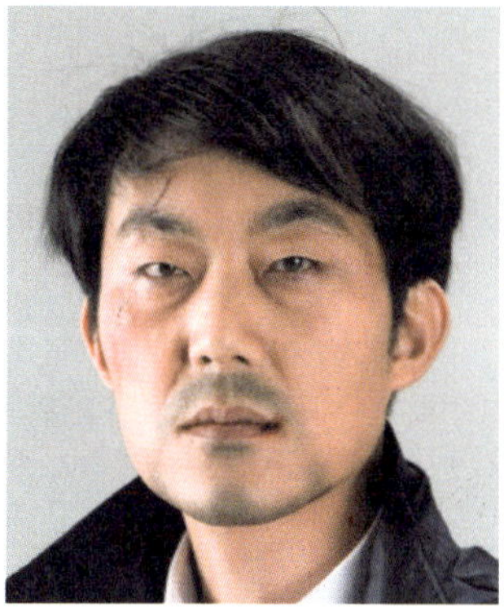

03

- 점각 스펀지(sippie)를 이용해 3일 정도 면도를 하지 않은 느낌의 수염이 자란 분장을 해 준다.
- 수염 분장을 할 인중 부위와 아래턱 부위를 대상으로 수염 형태를 먼저 구상한다.
- 블랙 스펀지에 점각 수염용 '블랙 헤어 컬러' 스틱(미쯔요시)을 묻힌 다음 손목의 텐션(tention)을 이용해 가볍게 찍어내듯이 수염분장을 해준다.(아래턱의 가운데와 인중, 아랫입술 바로 아래 부위는 다른 곳보다 수염의 술이 많아 보여야 하므로 한 번 더 반복해준다.)

2) 상처 분장

③ 날카로운 것에 베인 상처

자상은 칼에 베인 상처를 말하는데 칼자국의 모양대로 상처의 모양이 된다. 폼 라텍스를 만들어서 얼굴이나 신체에 부착하여 자상의 깊이나 상처의 정도를 표현하는데 활용한다. 목을 맨 상처는 목이 졸린 상처로서 밧줄의 모양대로 상처가 생기므로 목이 졸린 부분에 피멍 분장으로 리얼리티를 표현한다.

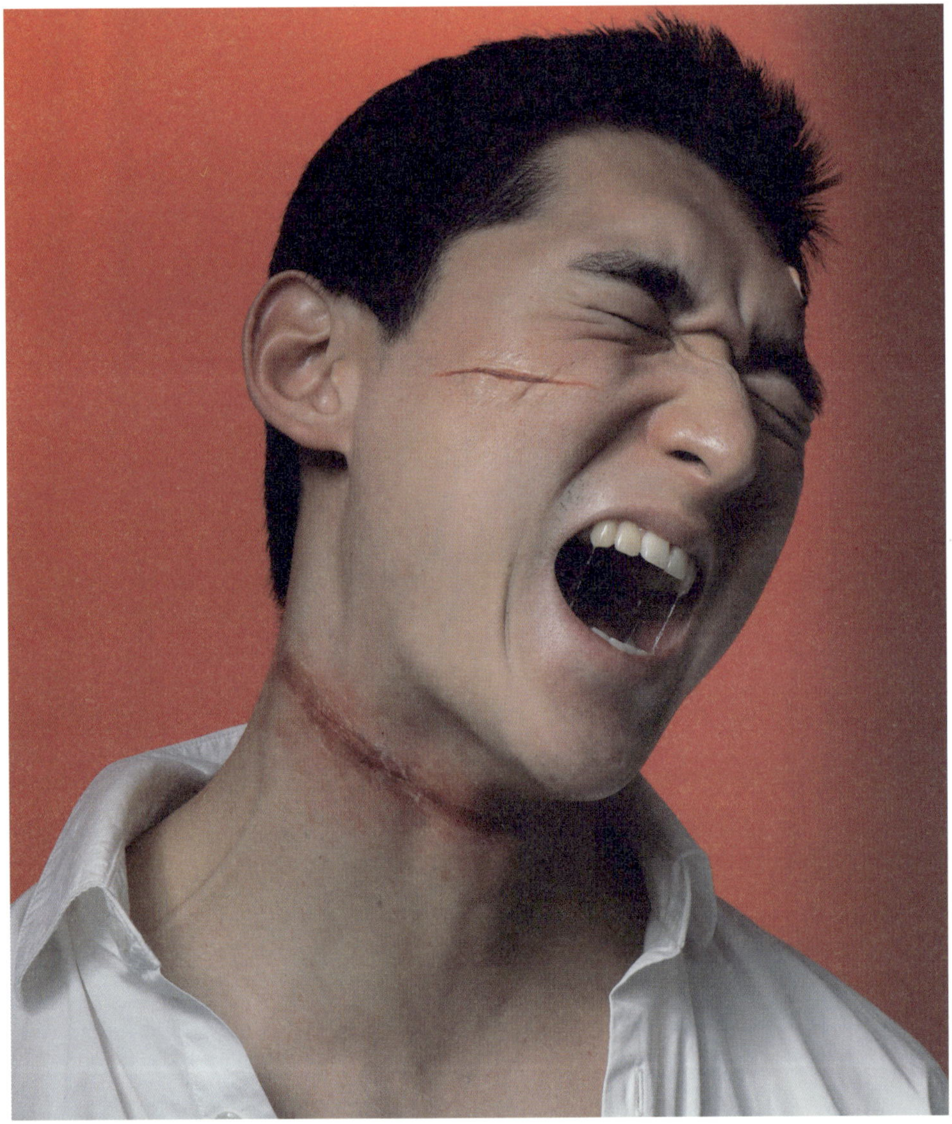

Make-up designer 박대현

· 사용재료

스킨 일러스트레이트 온셋 팔레트/콜드폼 실리콘 총상틀/프로세이드(prosaide)/알콜/면봉

01

자상을 표현할 위치에 접착액을 발라준다.

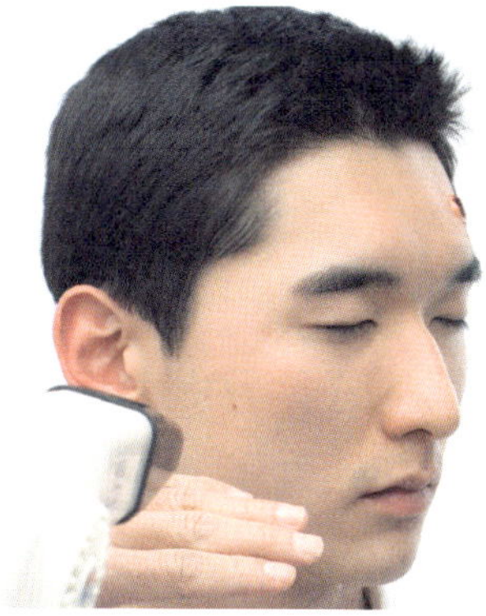

02

드라이 약풍으로 표면을 말려서 고정시킨다. 너무 많이 건조시키면 상처 실리콘이 붙지 않으므로 살짝만 건조시킨다.

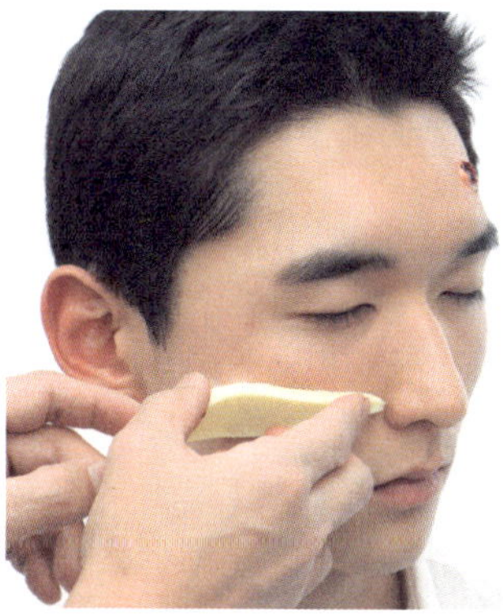

03

실리콘 상처의 음각 부분을 접착액을 바른 부분에 눌러서 붙여준 후 떼어낸다.

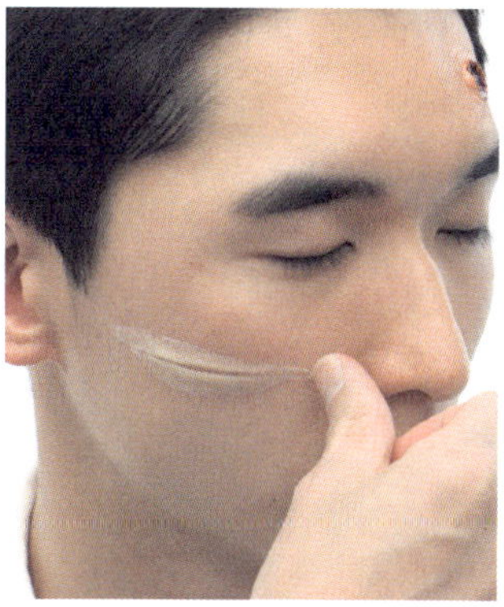

04

떼어낸 자상 분장의 양각 부분

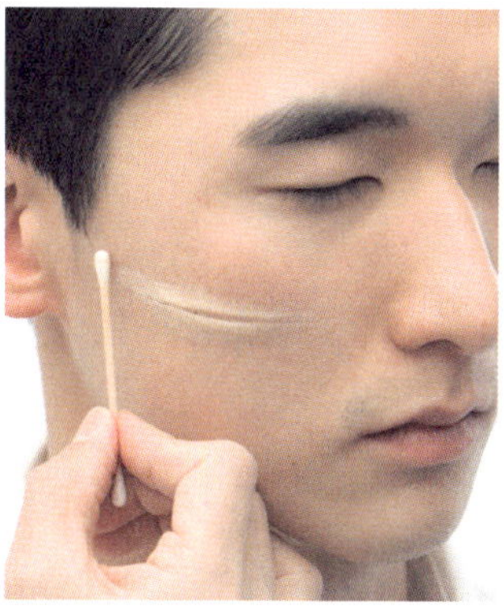

05

상처의 양각 부분 가장자리를 알코올로 녹여 피부와의 경계를 없앤다.

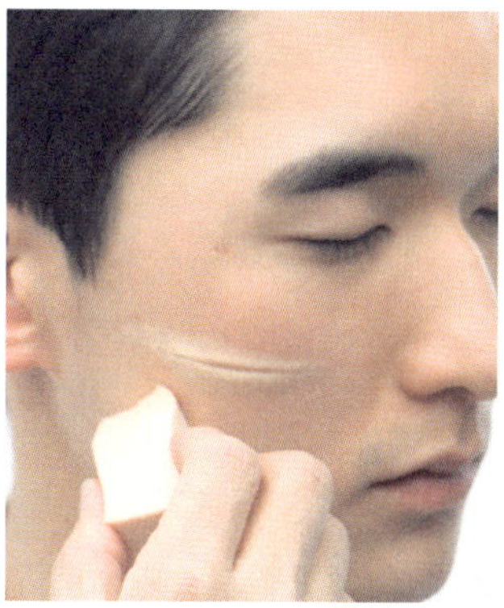

06

라텍스를 이용하여 경계를 없앤 부분을 그라데이션 해준다.

07

스킨 일러스트레이터에서 스킨톤에 맞는 색을 알코올로 섞어 브랜딩한 후 칫솔에 묻혀 상처 주변에 분사한다.

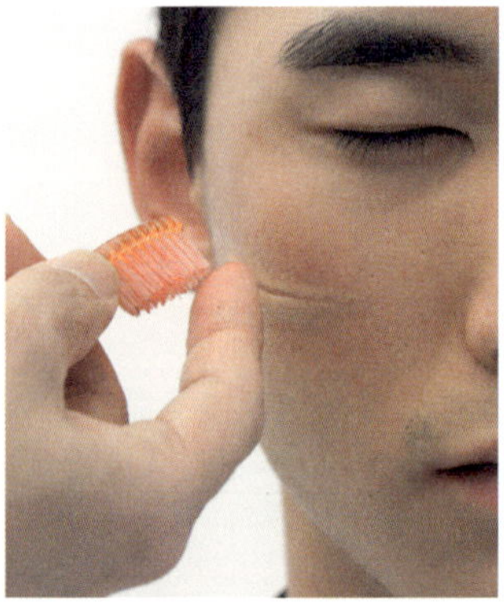

08

상처 주위이므로 붉은색와 함께 분사하여 그라데이션해준다.

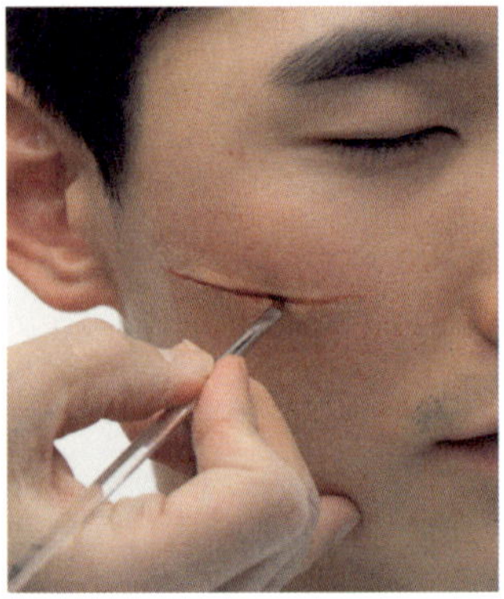

09

자상의 안쪽에 칼 상처를 표현하기 위해 검붉은색의 라이닝 컬러를 사용하여 깊은 칼 상처를 표현한다.

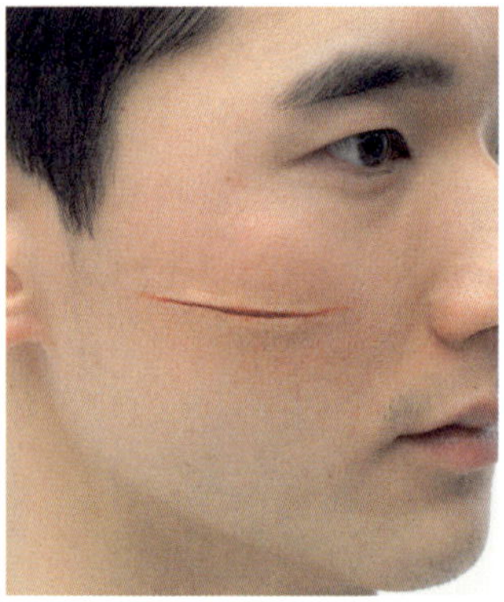

10

자상 완성

11

목이 졸린 부분에 스킨 일러스트 붉은색을 사용하여 목이 밧줄로 졸린흔적을 뿌리면서 표현한다. 페인트 브러시로 뿌린 후 라텍스로 점각해준다.

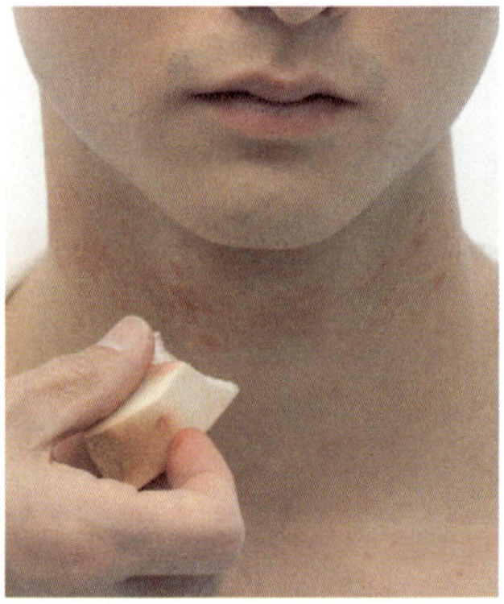

11-1

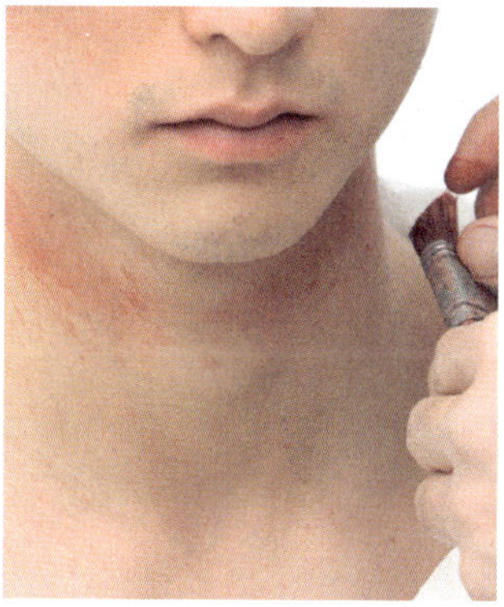

12

같은 방법으로 점진적으로 작업하면서 농도를 점차 높여간다.

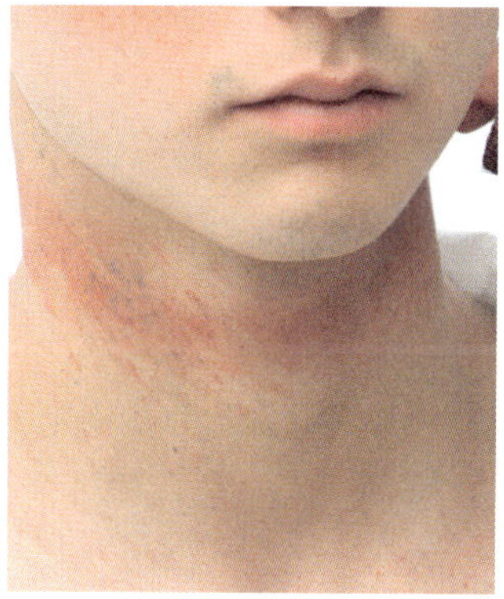

12-1

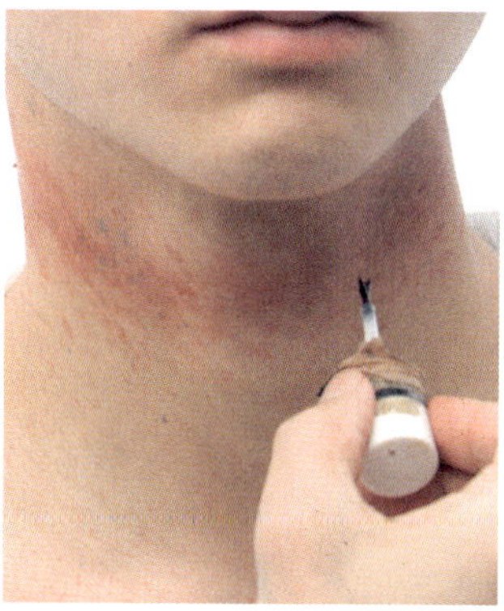

13

주변의 농도가 맞춰지면 콜로디온을 사용하여 목중앙에 제일 짙은 부위에 발라 경계를 선명하게 생길 수 있도록 한다.

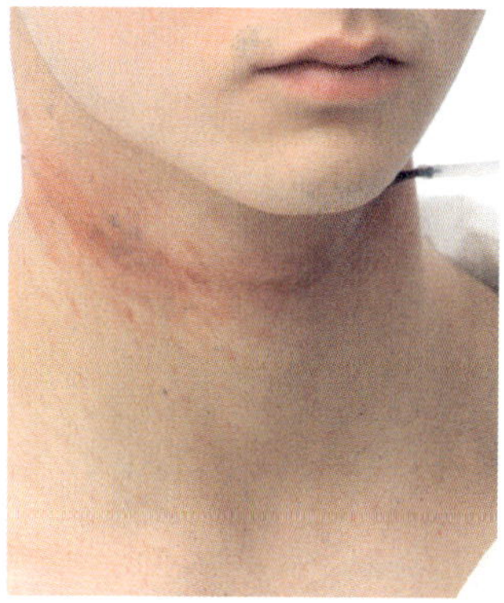

14

콜로디온은 여러 번 덧발라 목이 밧줄에 묶여 들어간 표현을 해준다.

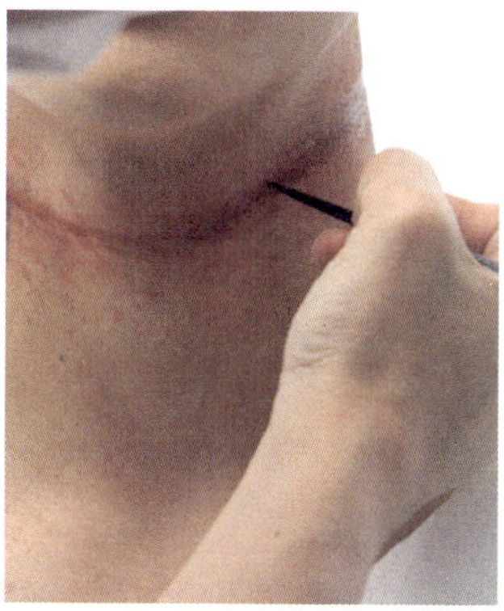

15

콜로디온 안쪽에 라이닝 브러시로 검붉은색의 라이닝 컬러를 채색한다.

완성된 모습

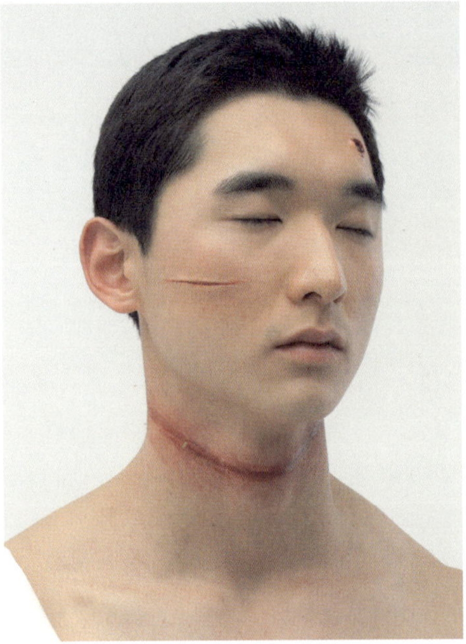

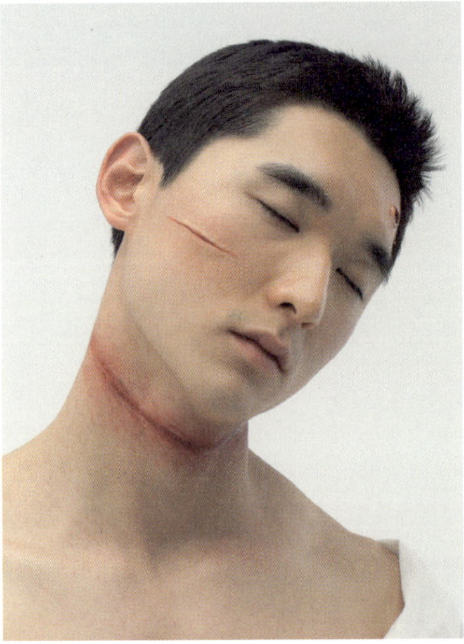

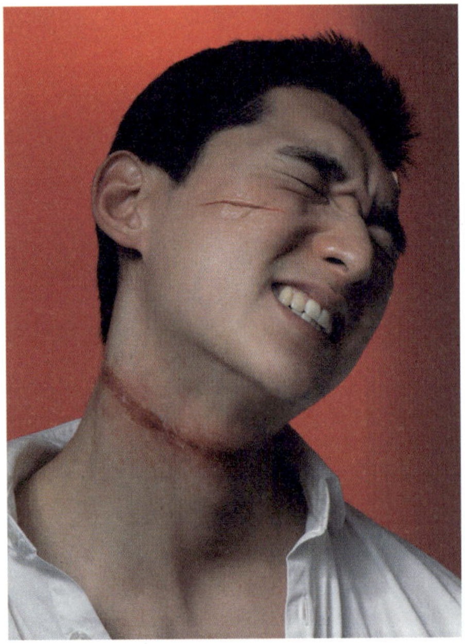

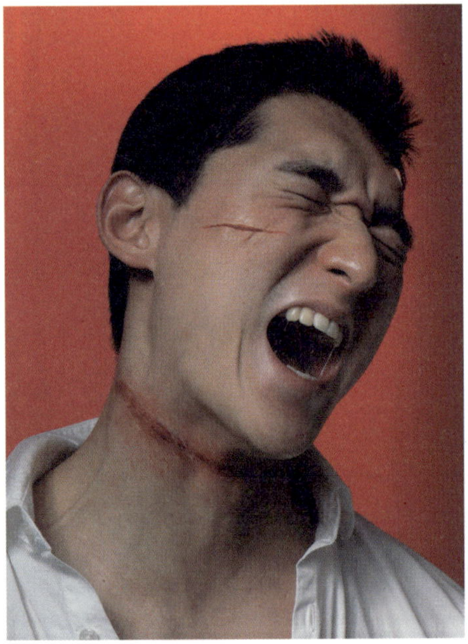

④ 총상

총상의 사입구(射入口) 형태의 총상으로 실탄의 입구 형태를 폼 라텍스로 작업하여 얼굴이나 신체에 붙여서 작업한다. 피와 진물 표현 등을 같이 하여 리얼리티를 표현할 수 있는 특수분장 기법이다.

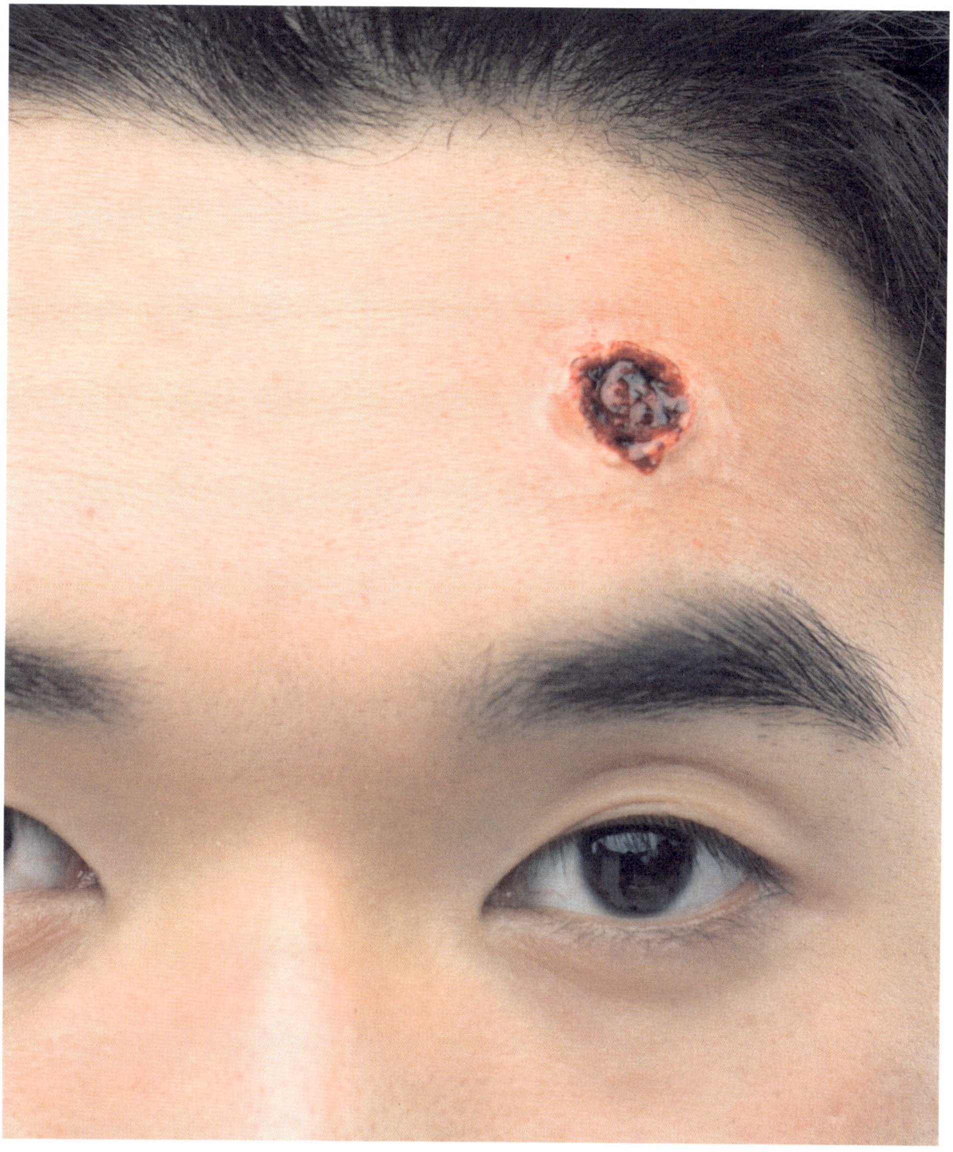

Make-up designer 박대현

· 사용재료

콜드폼 실리콘 피스(cold foam silicone piece)/프로세이드/알콜/면봉/일러스트레이터/브러시/인조피

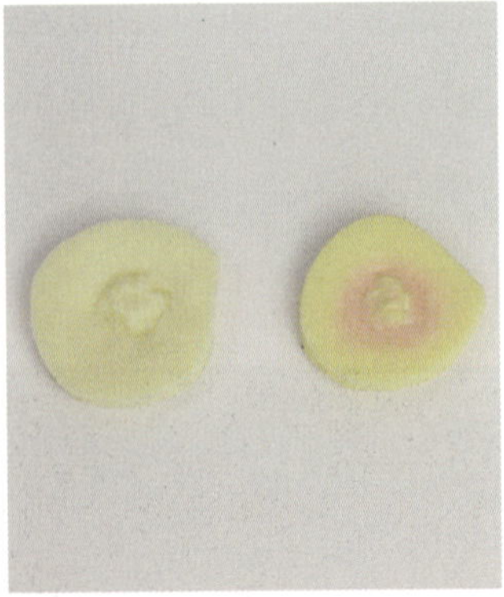

01

총상의 음각 실리콘을 준비한다.

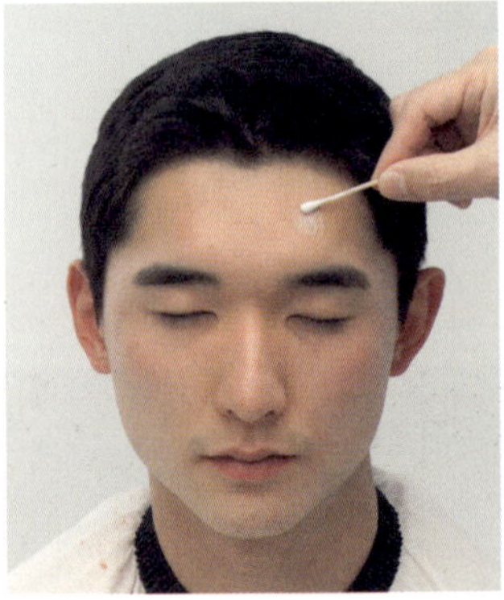

02

총상 실리콘을 붙일부분에 라텍스나 적찹액을 바른다.

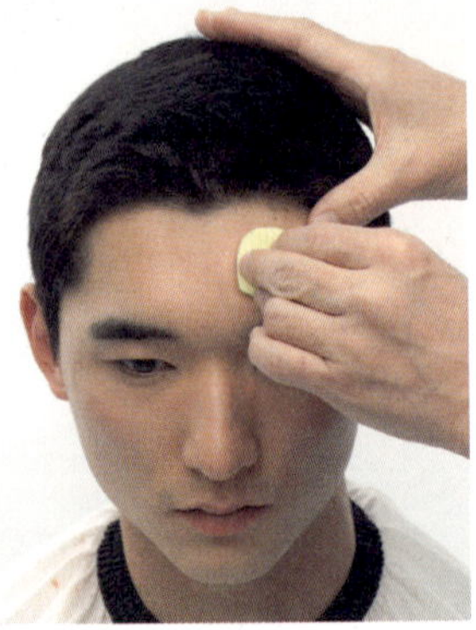

03

실리콘 음각부분을 라텍스에 눌러준 후 떼어낸다.

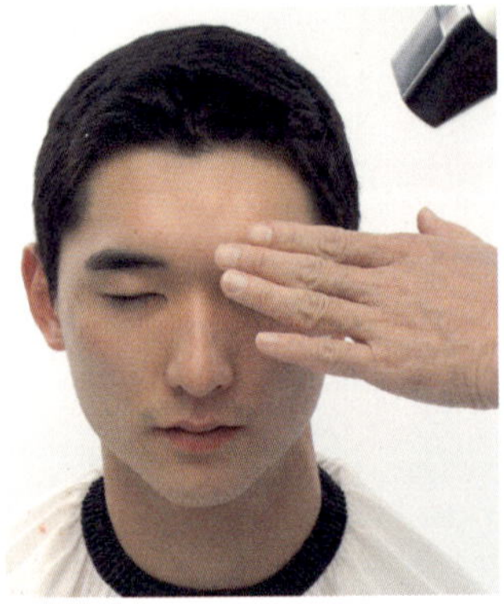

04

붙인 부분을 드라이어로 말려준다.

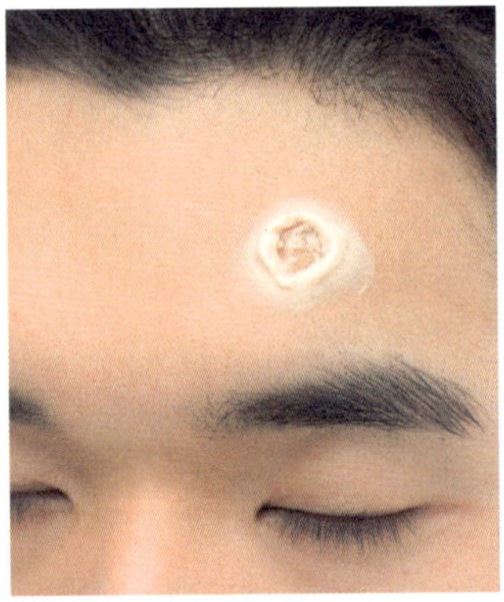

05

충분히 눌러준 후 떼어낸다. 총상모양의 실리콘 양각이 잘붙었는지 확인한다.

06

스킨 일러스트레이터를 알콜로 녹인 후 스킨톤에 맞는 색을 브랜딩해준다.

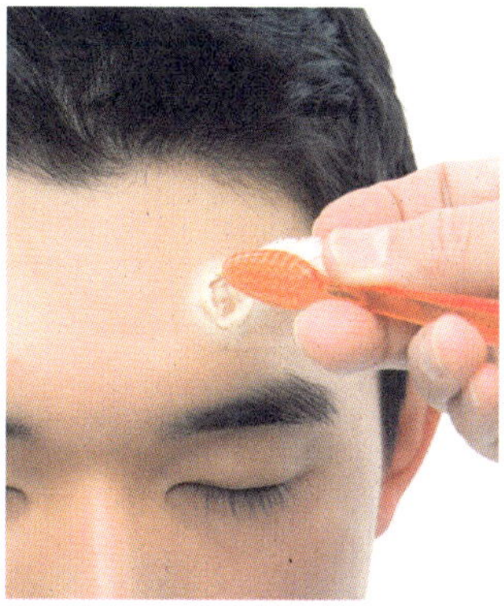

07

칫솔에 묻혀 피부색을 맞춰준다. 알콜이 증발한 후 색이 진해지므로 뿌린 후 색의 변화를 보면서 조절한다.

08

붉은색의 일러스트레이터를 알콜로 녹인 후 총상 안쪽과 바깥쪽에 뿌려서 피부에 피가 맺힌 표현을 해준다.

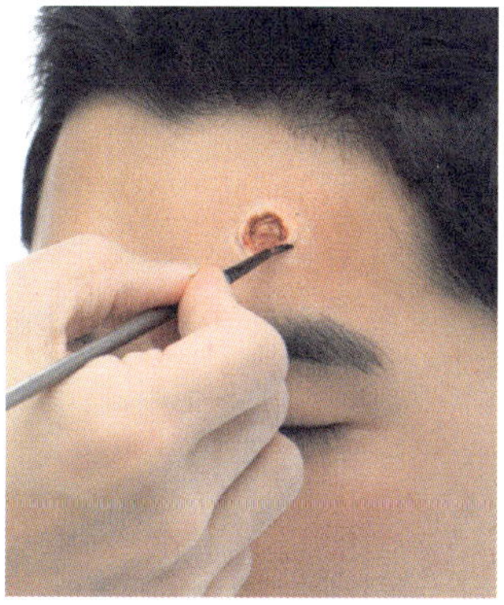

09

진하게 표현해야 할 부분은 섬세한 브러시를 사용하여 라이닝 컬러로 표현한다.

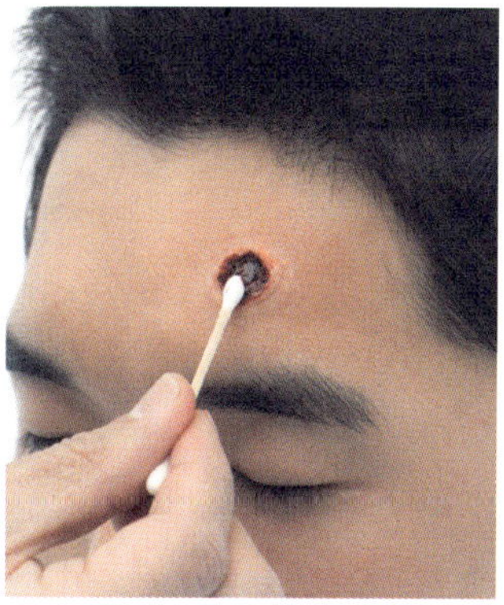

10

묽은피와 굳은피를 총상 안쪽에 발라 입체감 있는 상처를 표현한다.

완성된 모습

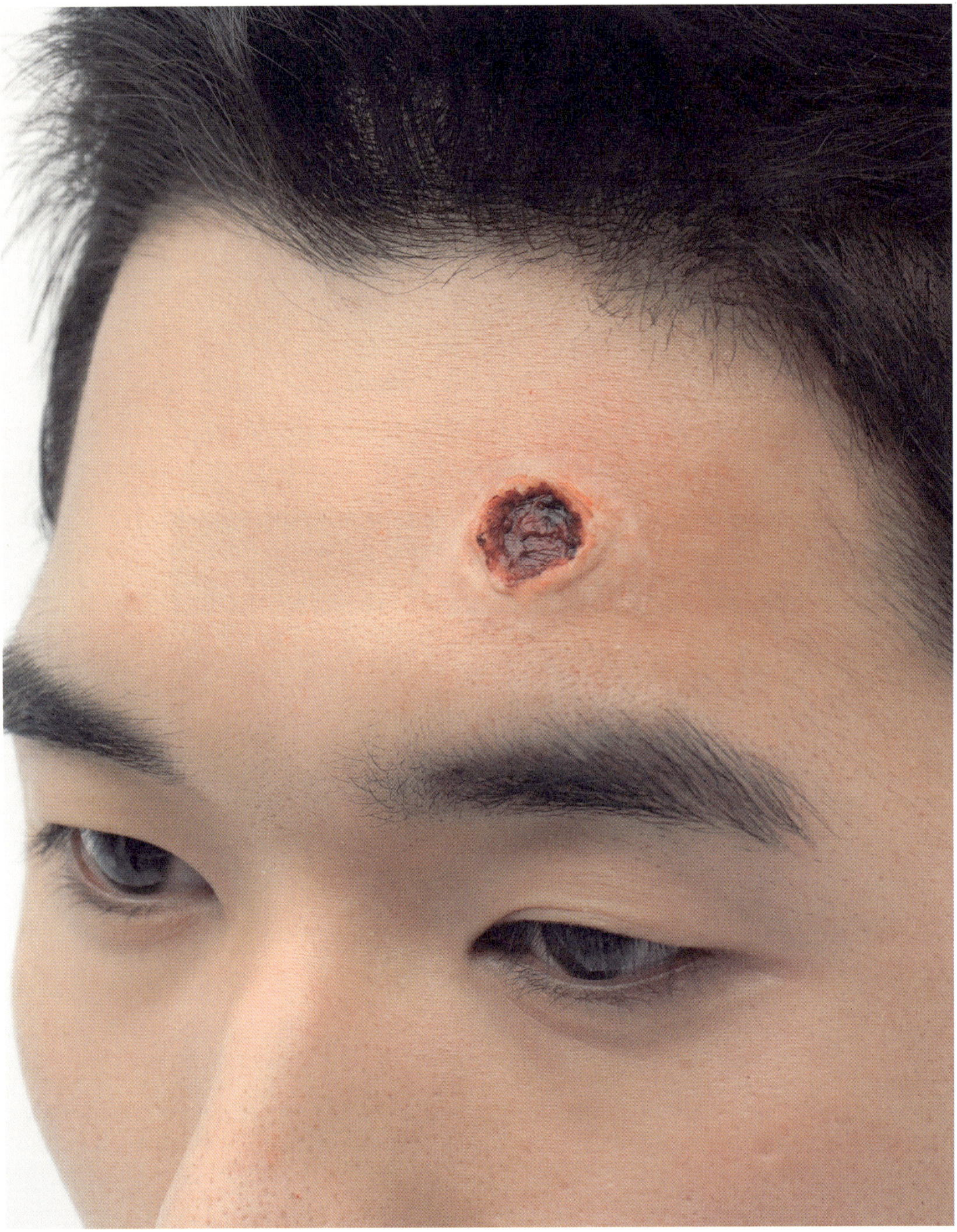

⑤ 화상

1도화상 – 살갗이 빨갛게 되는 피부의 상태로 표피층만 손상된 경우로 국소부위의 통증, 발적, 부종 등이 일어나며 3~5일 정도 지나면 서서히 회복되는 상처이다. 라이닝 컬러나 스킨 일러스트레이터로 붉어진 피부 표현으로 분장한다.
2도화상 – 표피 아래에 있는 진피층의 일부가 손상된 경우이다. 수포가 발생한 화상으로 흉터가 남을 수도 있다. 수포의 표현은 젤라틴이나 오브라이트로 수포의 표현으로 분장한다.
3도화상 – 피하조직까지 손상된 경우로 세균감염, 조직 괴사가 심해 흉터를 남긴다. 근육의 손실로 피가 많이 나고 진물이 생기면서 조직이 일그러지는 조직 괴사의 표현은 젤라틴이나 오브라이트 등으로 분장한다.

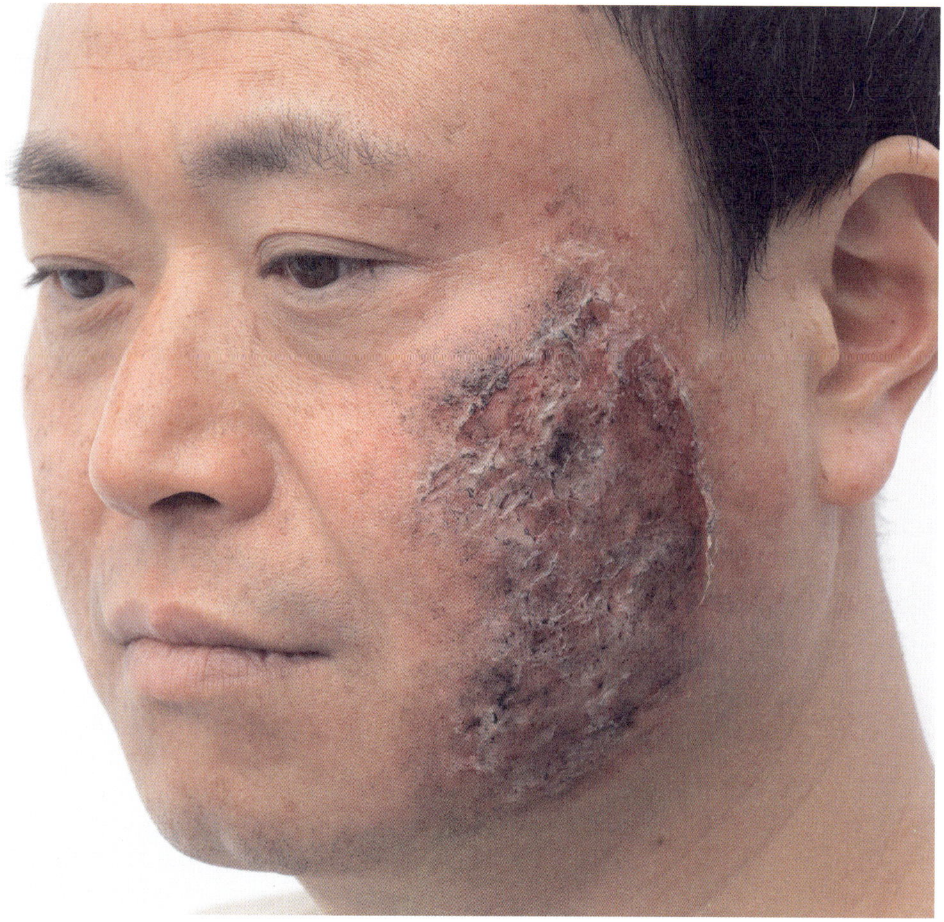

Make-up designer 박대현

· 사용재료

폴리텍 젤 A,B/프로세이드/스파츌라/메이크업 팔렛트

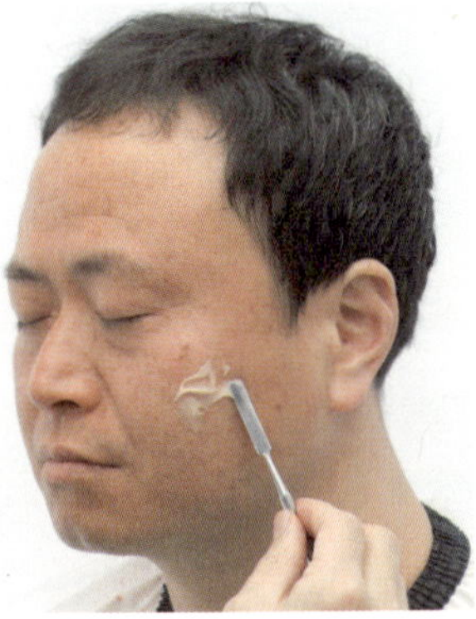

01

라텍스를 골고루 펴서 발라준다.

02

폴리텍 젤 A와 B를 섞은 후, 피부조직의 괴사된 정도로 표현한다.

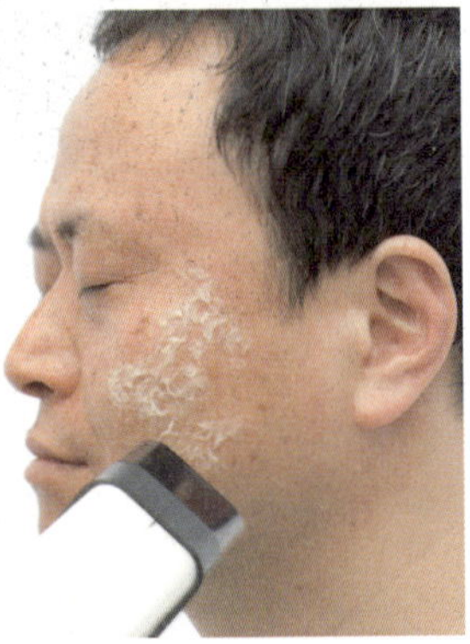

03

라텍스와 폴리텍 젤을 드라이어로 건조 시켜준다.

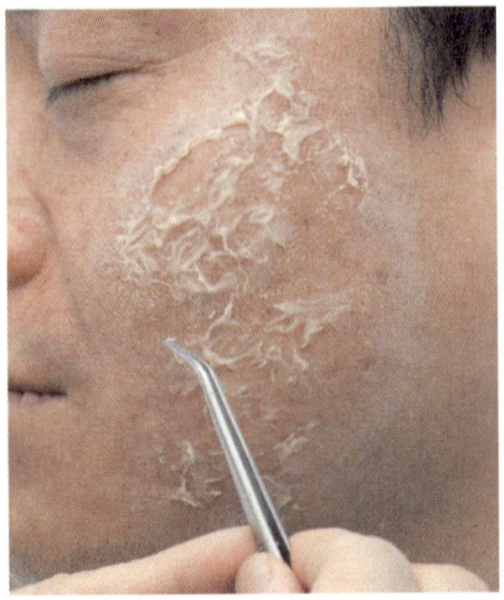

04

피부가 뜯겨진 표현을 하기 위해 핀셋으로 살살 벗겨가면서 디자인한다.

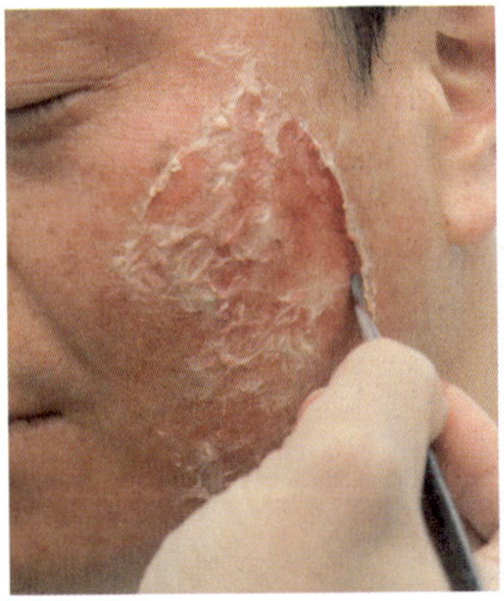

05

뜯겨진 피부 안쪽에 라이닝 컬러를 사용하여 음영 표현을 채색한다.

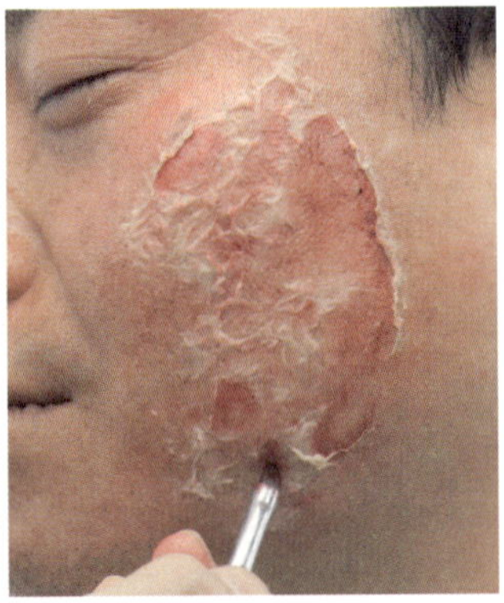

05-1

06

더스트 파우더(dust powder)에 알콜을 섞어서 블랜딩한 후

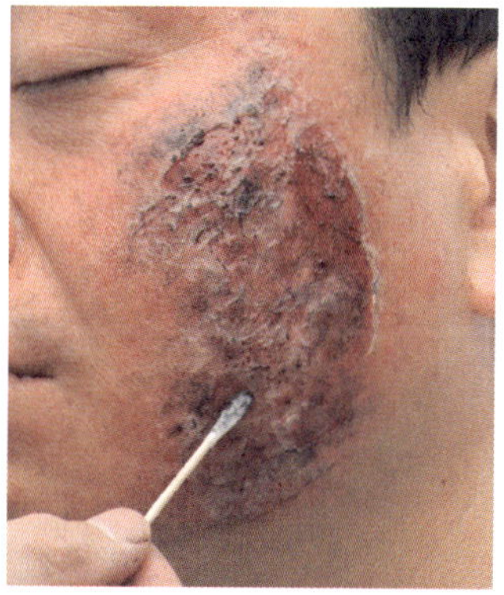

07

조금씩 덜어서 상처부위에 덧발라준다.

완성된 모습

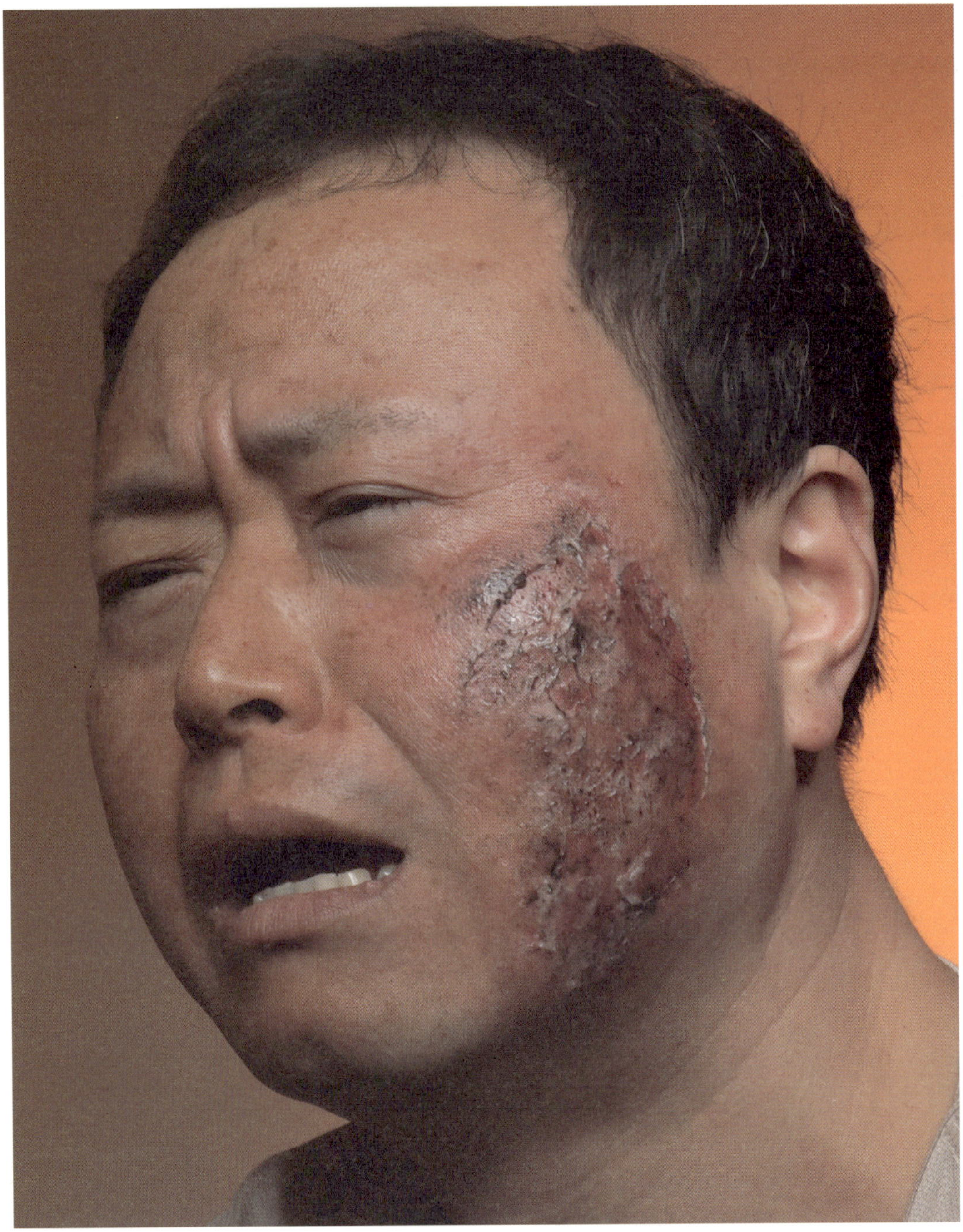

3) 캐릭터 분장

(1) 검버섯

노인의 살갗에 생기는 거무스름한 얼룩으로 피부 표면에 가볍게 밀착시켜 잘 지워거나 번지지 않게 스킨 일러스트레이터로 작업하여 리얼리티를 표현한다.

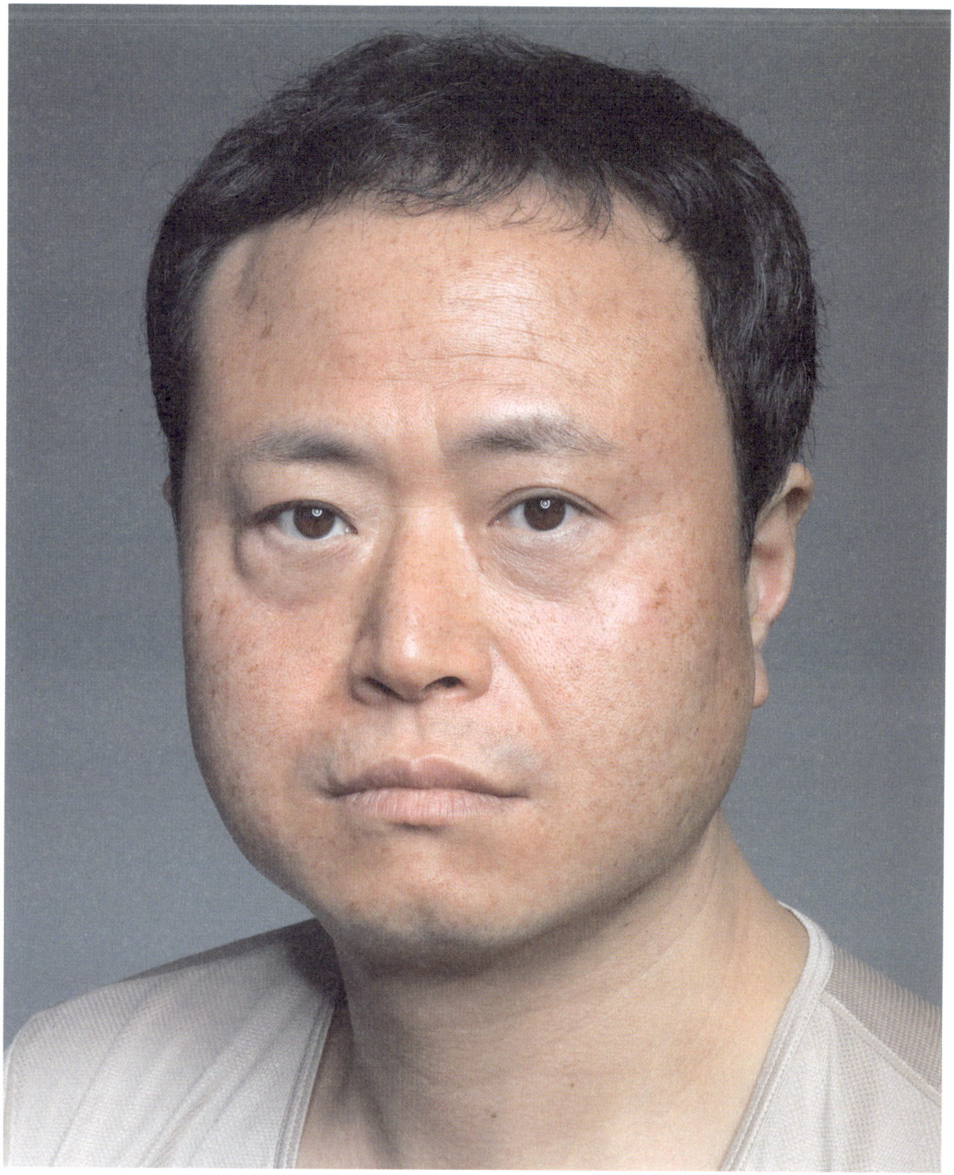

Make-up designer 박대현

· 사용재료

스킨 일러스트레이트 온셋 팔레트(skin illustrate on set palette)/페인트 브러시 (paint brush)/알콜/면봉

01

스킨 일러스트레이터(skin illustrater)의 어두운 스킨톤을 선택 후, 알코올로 브랜딩하여 농도를 맞추어준다.

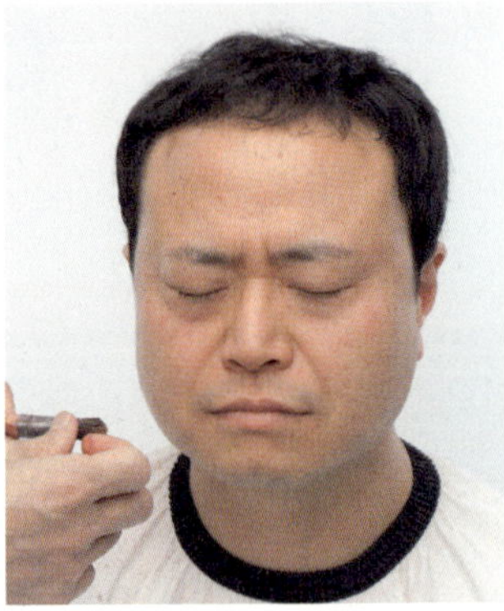

02

얼굴 볼 부분 위 넓은 부분부터 페인트 브러시를 튕기면서 점각하듯이 채색한다.

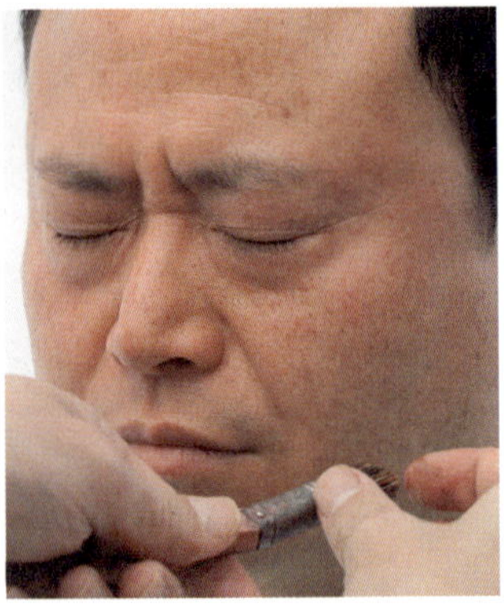

03

검버섯이 많은 부분에 집중적으로 점각하면서 농도를 조절한다.

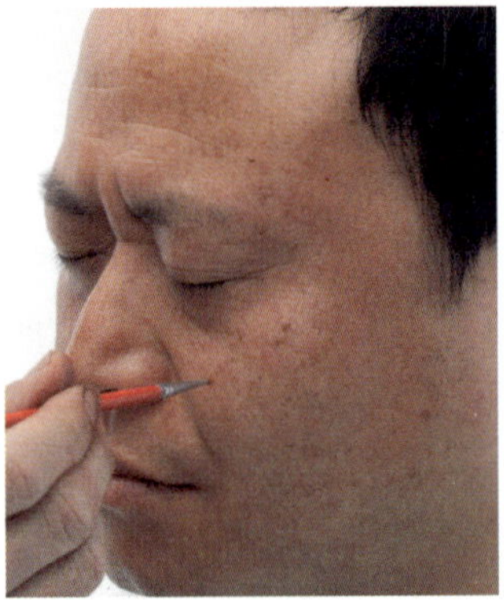

04

얇은 브러시로 점을 찍어서 농도를 조절하고 강한 잡티나 점을 표현한다.

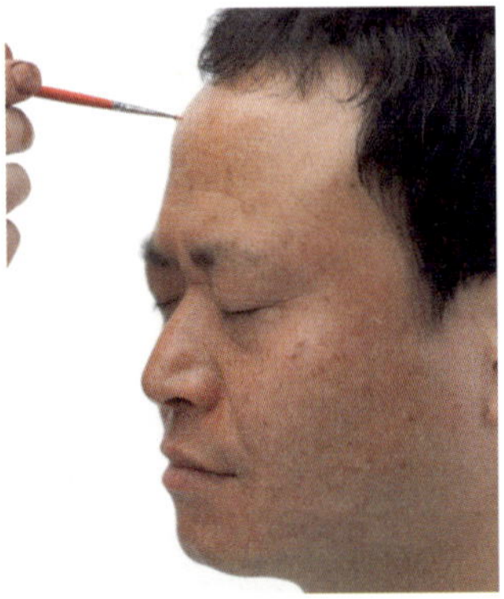

05

얇은 브러시로 점을 찍어서 농도를 조절하고 강한 잡티나 점을 표현한다.

완성된 모습

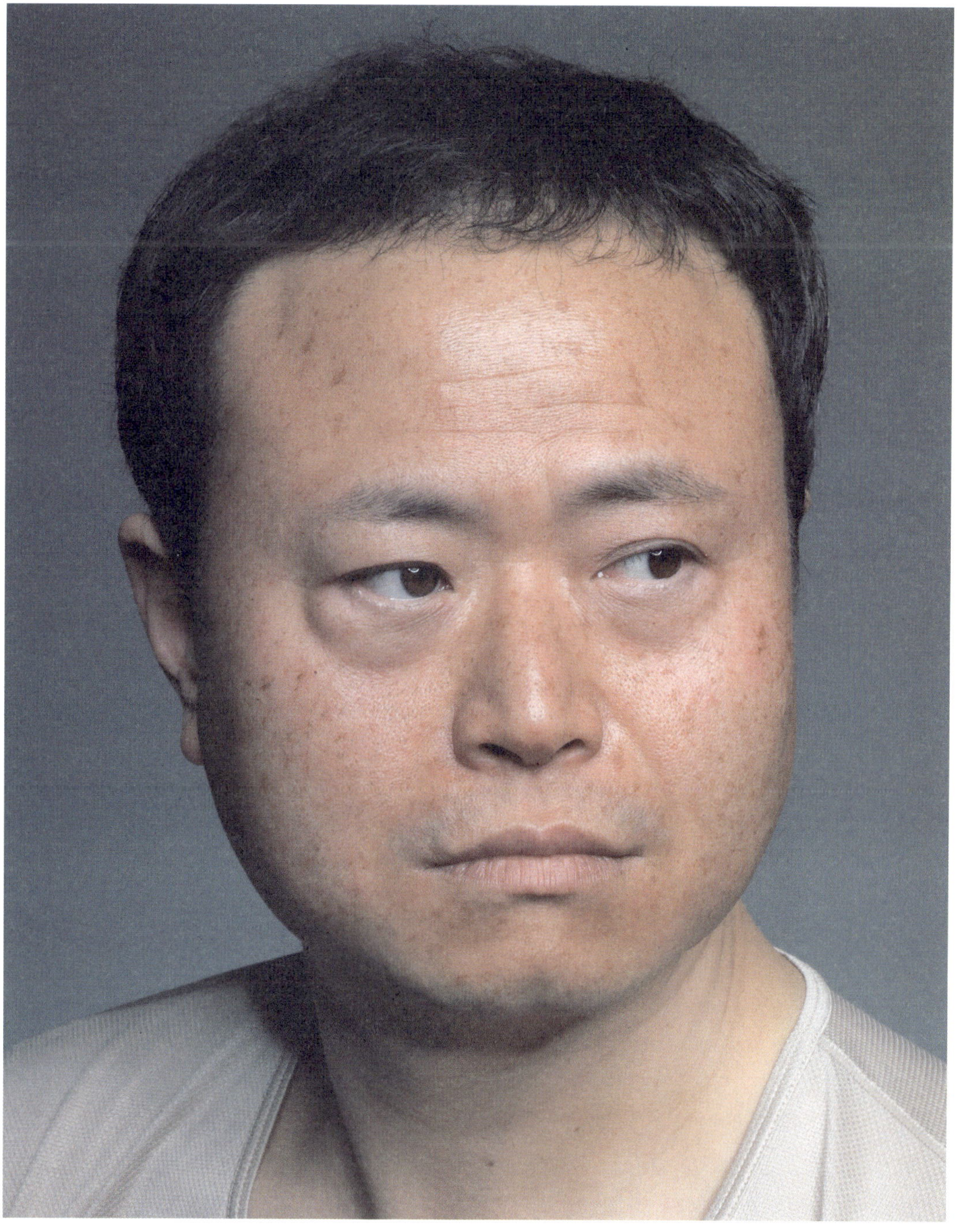

(2) 좀비

얼굴의 변형을 주는 폼 라텍스를 제작하여 캐릭터의 변형을 크게 줄 수 있어 그로테스크한 느낌의 다양한 캐릭터로 변형이 가능하다. 좀비 및 호러물에서 많이 활용되는 특수분장 기법이다.

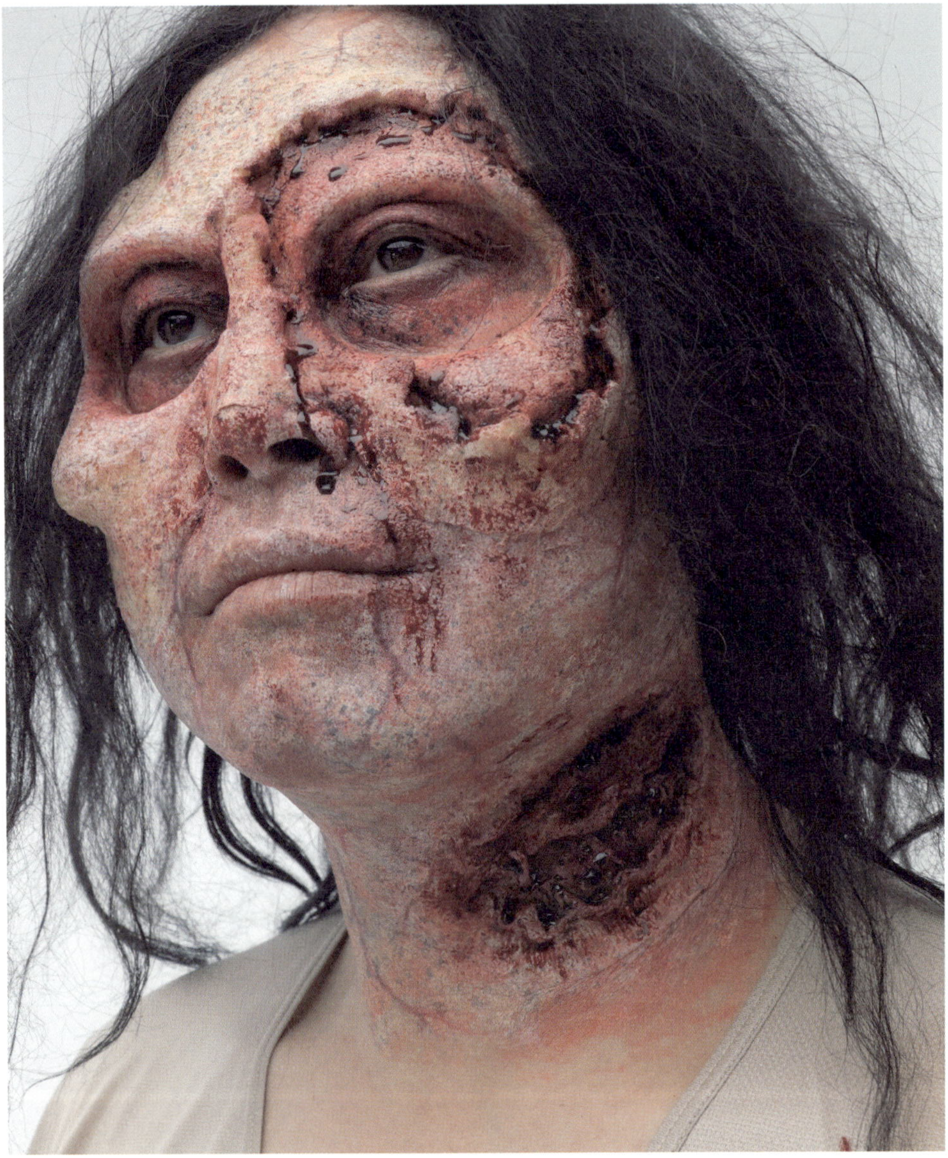

Make-up designer 박대현

· 사용재료

발포연질 우레탄 콜드폼 마스크 피스(cold foam mask piece)/프로세이드/알콜/면봉/스킨 일러스트레이트 온 셋 팔레트/브러시/라이닝 컬러

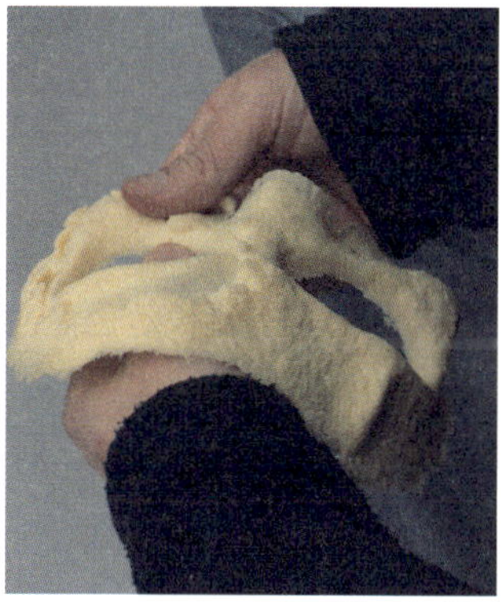

01

눈 주위의 뼈가 부각된 외계인 모형의 라텍스 폼을 제작하여 준비한다.

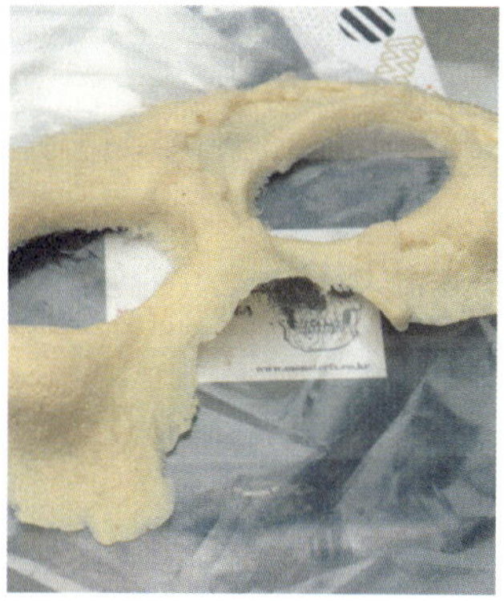

01-1

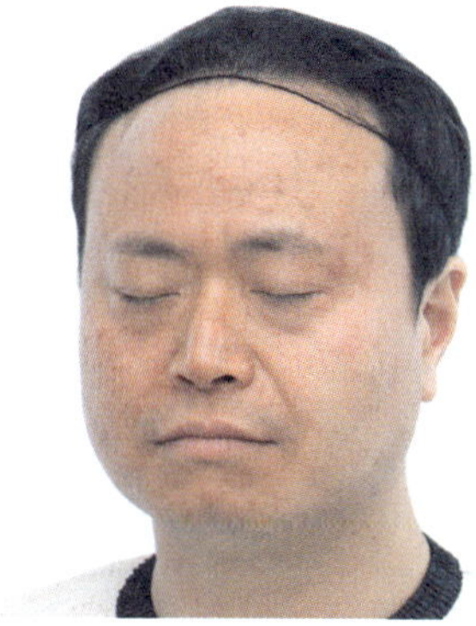

02

헤어라인 머리에 가발망을 씌운다.

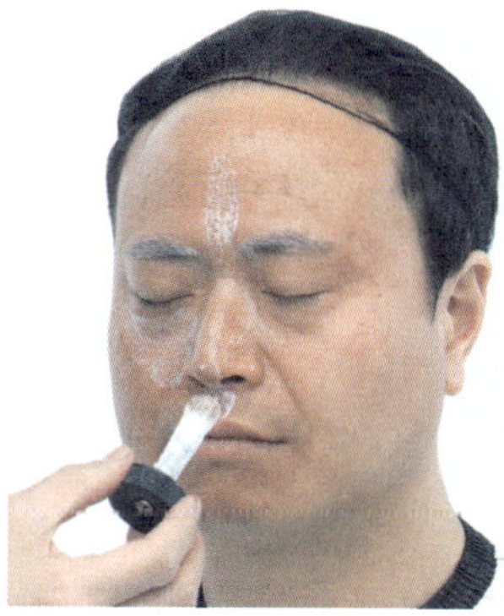

03

라펙스 폼을 붙일 자리에 접착액을 꼼꼼히 발라준다.

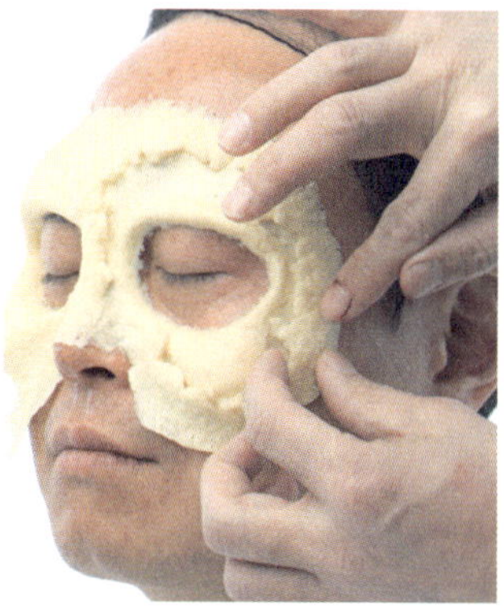

04

라텍스 폼을 붙여준다.

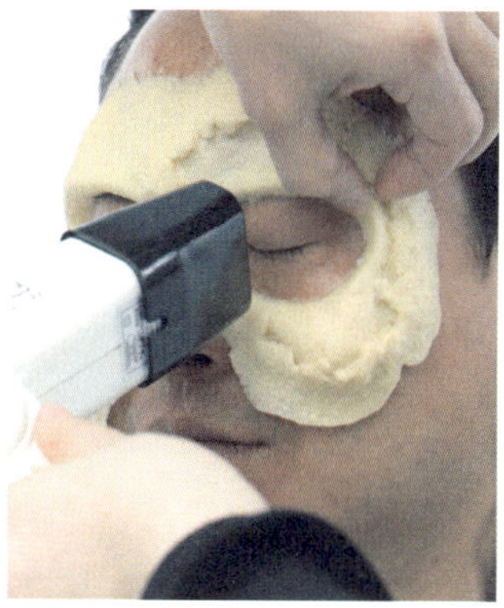

05

드라이어 약풍으로 꼼꼼히 말려준다.

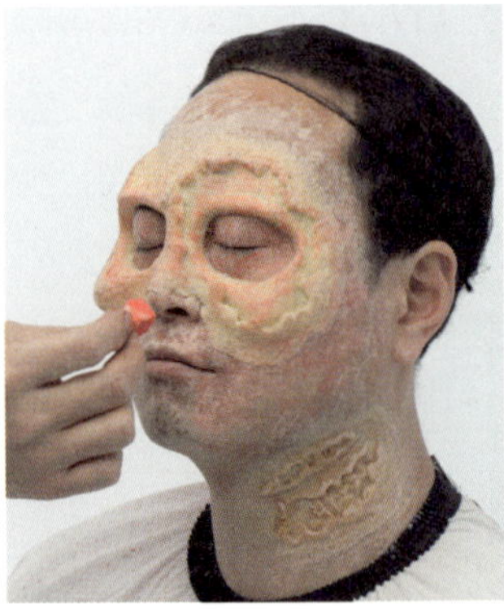

06

아쿠아 컬러를 사용하여 라텍스 위에 점각해준다. 컬러가 뭉치지 않게 한다.

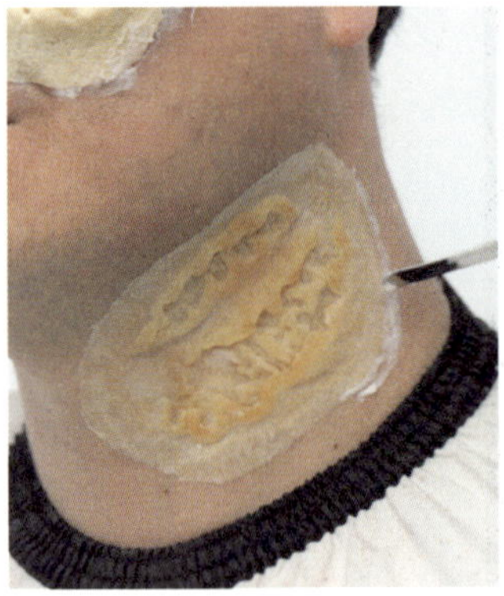

07

치아에 물린 목부분에 붙여준다.

08

라이닝 컬러를 라텍스에 묻혀 라텍스 폼에 올릴 컬러를 조색한다.

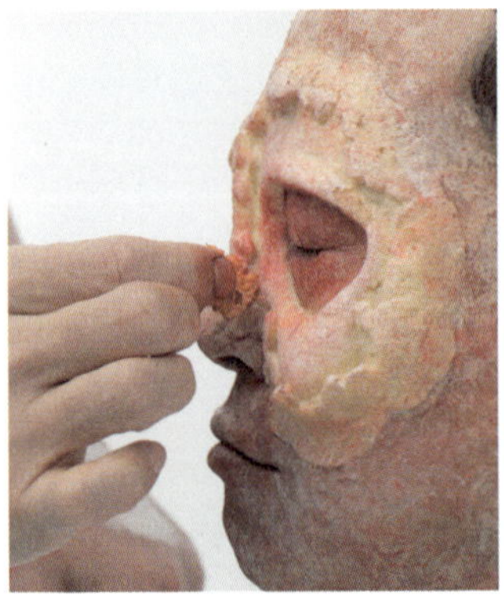

09

라이닝 컬러를 바른 라텍스를 폼위에 점각한다. 표면이 고르게 점각되도록 그라데이션해준다.

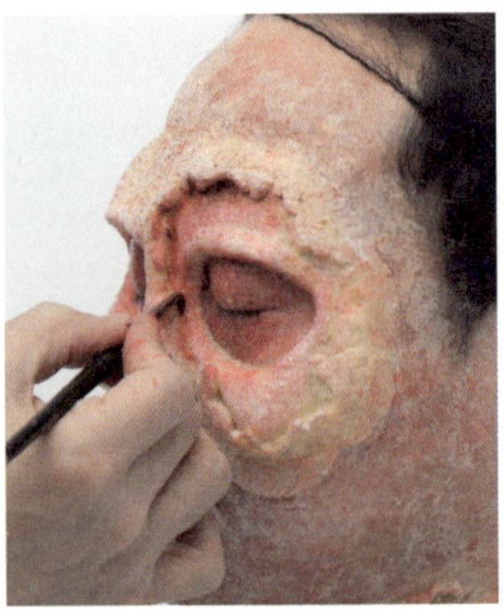

10

라이닝 컬러를 브러시에 묻혀 좀더 섬세하고 진하게 표현해 준다.

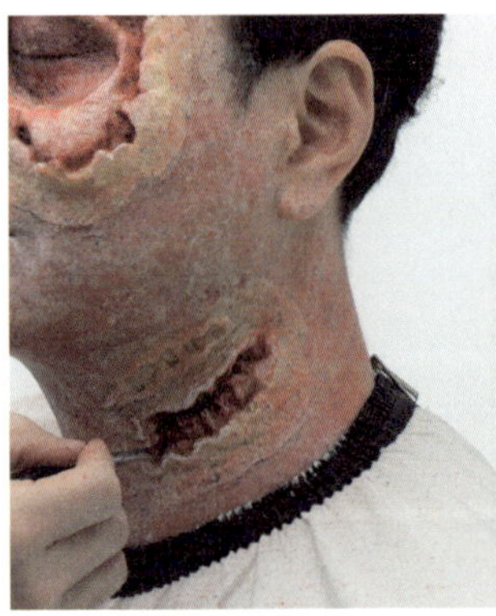

11

목의 상처에도 같은 방법으로 표현한다. 주변의 피부는 스킨 일러스트레이더를 칫솔로 뿌리면서 자연스럽게 연결하여 단차가 있는 붉어진 피부색을 표현해 준다.

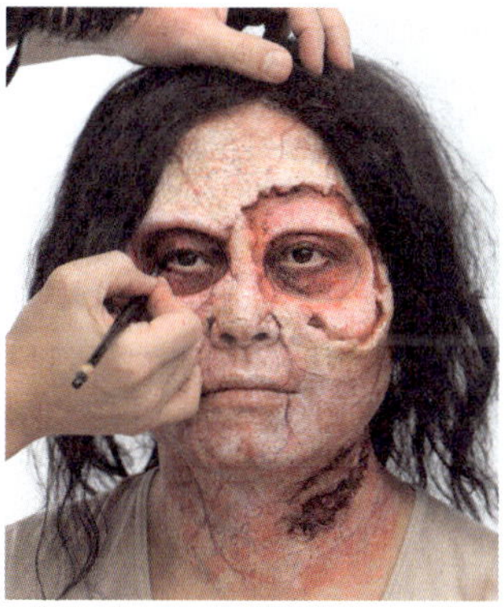

12

가발을 씌운 후 전체적인 부분을 보면서 음영을 표현한다.

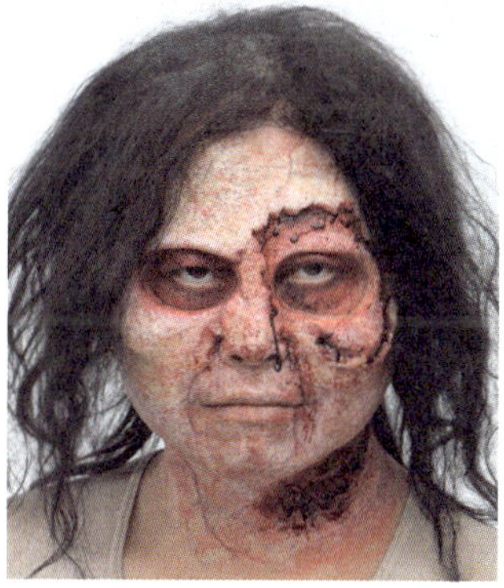

13

인조피를 눈가의 상흔 부분부터 뿌려 점차적으로 흐르게 한다.

완성된 모습

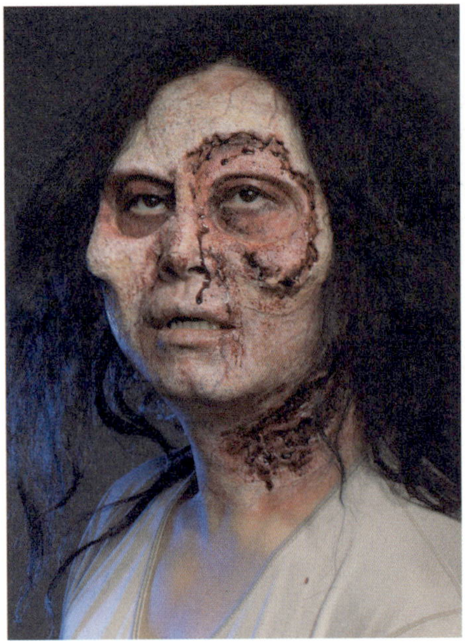

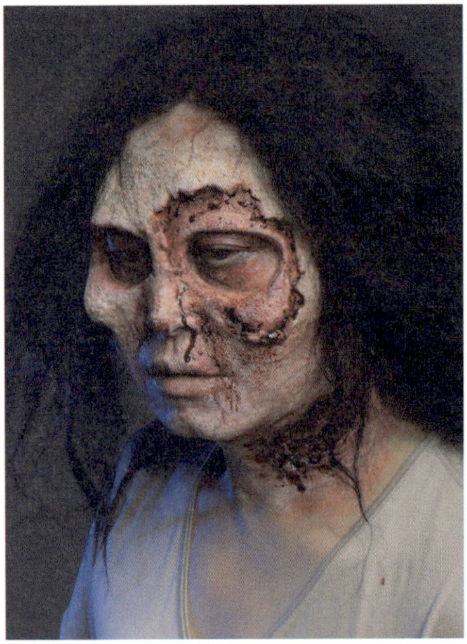

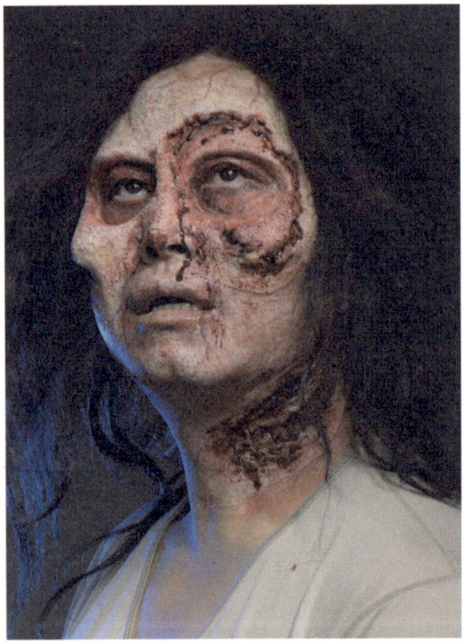

4) 사극분장 남자(수염)

(1) 수염 분장의 개념

TV 드라마나 영화 속에 등장하는 인물의 성격에 개성을 부여하거나 특정 상황을 묘사하는데 상처 분장, 노화 분장, 수염 분장 등이 있으며 남자 배우의 경우, 수염 분장은 특정 시대, 생물학적 연령, 직업과 신분, 심리적 상태 등을 유추할 수 있는 중요 단서가 되기도 한다.

사극, 시대극과 현대물에서도 중요하나 특히 사극 드라마나 역사 장르의 영화 속 인물의 가시적 표현뿐만 아니라, 심리적 갈등 상황, 시간의 흐름과 경과 등을 전달하는 역할을 한다.

수염의 색상, 숱, 형태, 붙이는 방법, 범위 등에 따라 신분과 성격이 달라질 수 있는데, 예를 들어 문관과 무관의 예를 비교해 보자.

성품이 온화하고 학자 이미지를 지닌 '문관의 수염'은 가지런하고 거칠지 않은 질감으로 숱 또한 그리 많지 않아도 되지만, '무관의 수염' 은 우직하고 용감한 성품, 강직함을 표현하기 위해 수염의 질감이 좀 더 거칠고 농도가 짙고 숱이 많으며 수염이 자란 범위가 문관보다는 좀 더 넓게 하는 편이다. (오인영, 2004)

(2) 수염 분장 디자인의 요소

사극 인물의 남자 캐릭터는 수염의 색상, 길이, 숱, 질감 등의 디자인 요소를 기준으로 표현된다. 색상은 생사의 염색 방법과 배합 비율에 따라 결정되고 수염이 질감은 윈사(생사)와 인조사(나일론사)의 배합 비율에 따라 달라진다.

① 색상(color) : 인물의 연령에 따라 흰 수염, 흰 반백, 검정 반백, 검정 수염으로 나뉜다.

② 길이(length) : 인물의 시대적 배경, 연령, 싱분, 성격, 환경 요인에 따라 다르다.

③ 숱과 부피감(volume) : 인물의 연령, 건강 상태, 성격, 신분, 시대 등에 따라 다르다.

④ 질감(texture) : 인물의 신분, 연령, 직업, 성격 등에 따라 다르다.

(3) 사극 수염의 유형

인물의 연령, 신분, 성격, 환경, 직업 등에 따라 수염의 길이와 숱, 붙이는 방법과 범위에 차이가 있다.

① 젊은 선비 수염(문관) : 20대 - 40대

젊은 양반 수염으로 수염 길이와 붙이는 폭이 '대신 수염'보다 짧고 좁은 편이며 주로 검정색으로 붙인다.
너무 많은 숱의 수염은 자칫 답답하거나 연기자의 인상이 무거워 보일 수 있으므로 숱은 최대한 자연스레 조절해서 붙이며 그라데이션 되는 느낌으로 핀셋으로 숱 조절을 잘 해야 한다. 1) (오인영, 2004)

② 대신, 대감 수염(문관) : 50대 - 60대

조정의 직무를 담당하는 양반 계급의 수염으로 검정색에 약간의 흰 생사나 인조사를 배합해 붙이며 연령대가 높을수록 흰 생사의 혼합 비율이 높아진다.

③ 막수염(망나니, 갖바치, 산적, 천민 등)

막수염은 1~2cm 정도의 짧은 수염을 말하는 것으로 생활환경이나 신분이 낮고 비천한 인물에게 적합하다.
신분의 특성상, 가지런하고 고른 숱과 형태가 아닌 잘 정돈되지 않은 느낌으로 표현한다.
수염 질감은 충분히 손바닥으로 비빈 거친 질감, 인조사와 생사 배합 비율은 인조사를 좀 더 혼합해 준비한다.

(4) 수염분장 과정 및 방법

① 양반 수염 : 20대-30대

· 사용재료

가네카롱 24데니아/프로세이드/가위/꼬리빗/ 스프레이/드라이기

Make-up designer 박대현

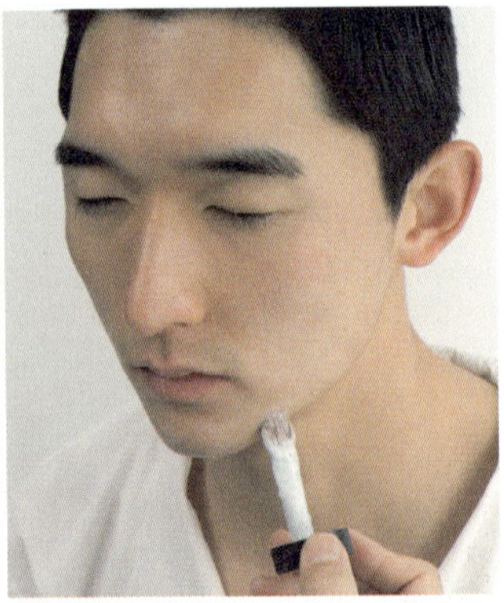

01

프로스테틱 어드해시브(prosthetic adhesinve : 접착액) 사용하여 아래턱 수염의 위치에 골고루 발라준다.

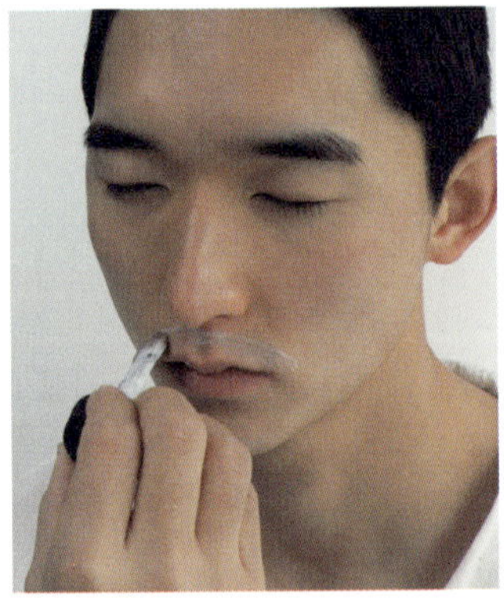

02

콧수염의 위치에 접착액을 발라준다.

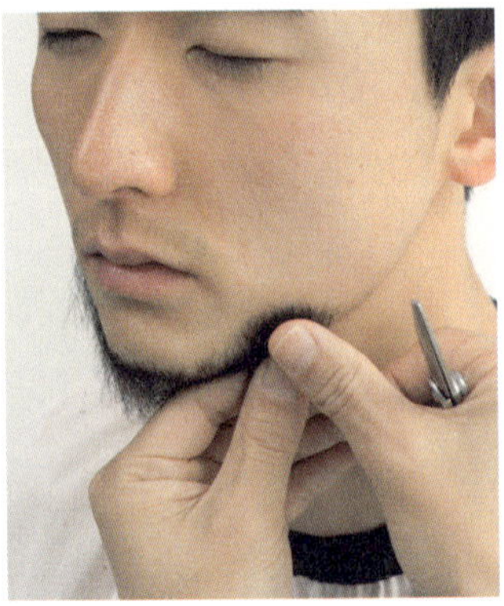

03

2~3센티 정도로 수염을 준비한 후, 아래턱의 중심부터 오른손 엄지로 눌러주면서 붙인다. 눌러진 부분은 떼고 붙지 않은 부분은 다시 잡아낸다.

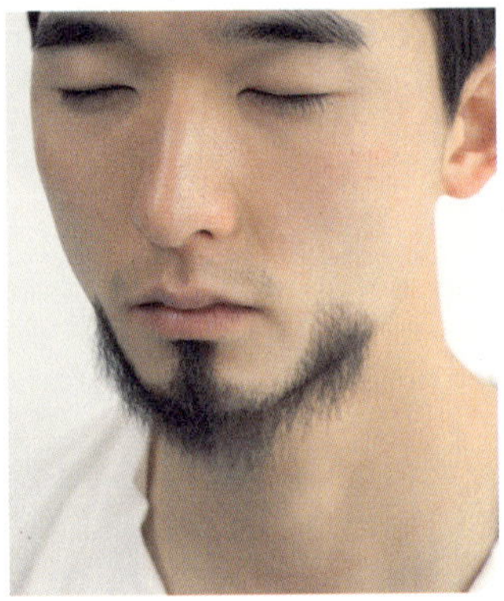

04

오른쪽 손에 수염가위를 잡고 수염을 정리해가면서 턱수염을 붙여준다.

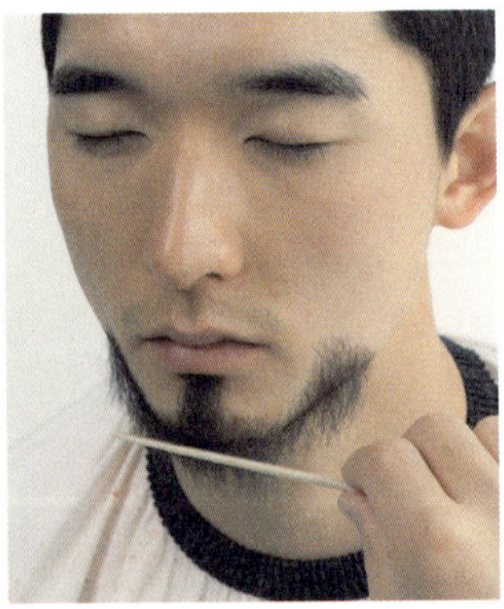

05

빗으로 빗어서 잘 붙지 않은 곳의 수염을 털어낸다.

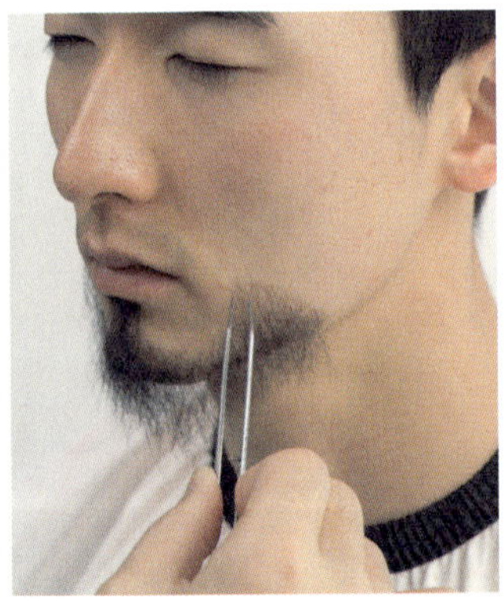

06

핀셋을 이용하여 뭉친 부분의 수염을 정리한다.

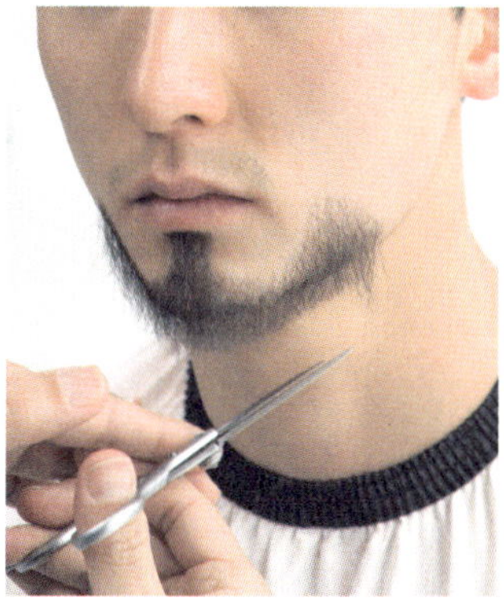

07

수염가위로 수염의 길이를 맞춰준다.
일반 젊은양반수염은 1.5~2센티의 길이로 맞춘다.

08

콧수염은 왼쪽부터 수염이 자라는 방향으로 쌓아 올리듯이 붙여준다.

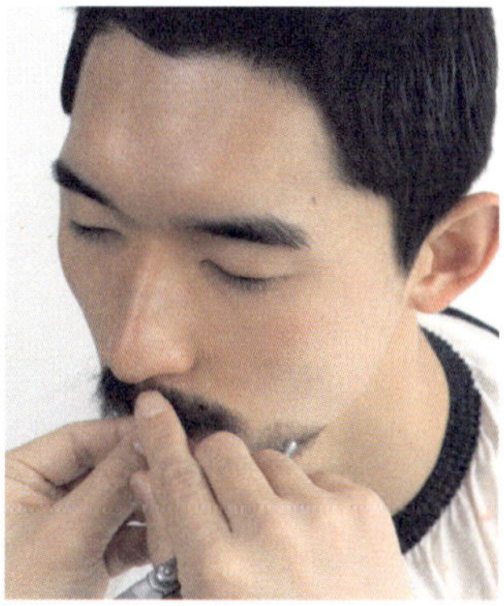

09

반대 방향의 수염도 수염의 가장 끝부분부터 중앙으로 붙여준다.

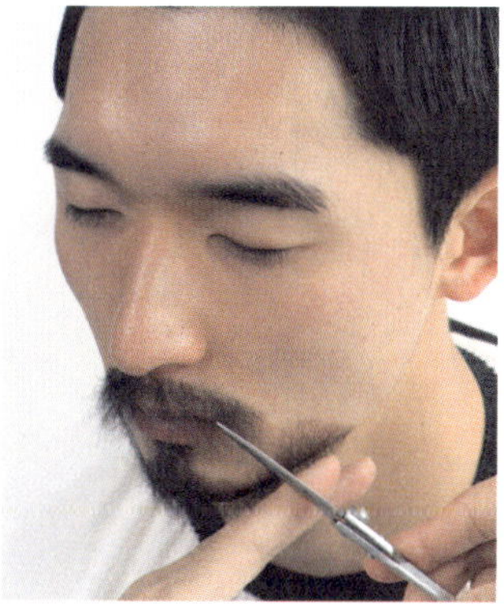

10

수염의 가장자리부터 가위를 세로로 잡고 입술 가장자리까지 커팅하면서 잘라준다.

11

드라이어 약풍으로 수염을 고정시킨다.

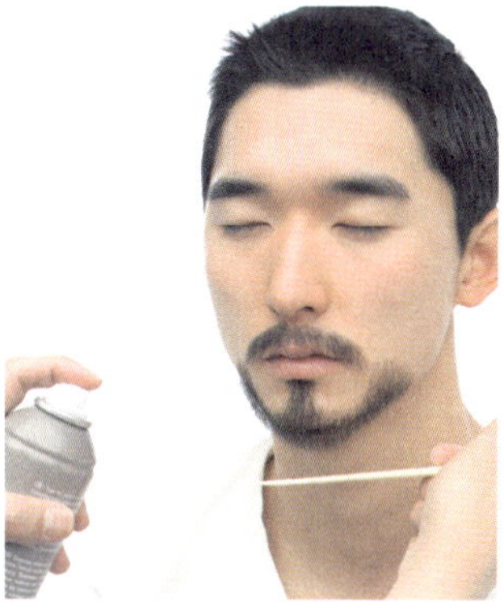

12

스프레이를 멀리서 가볍게 뿌리면서 고정시킨다.

13

콧수염을 세로방향으로 커트해가면서 정리한다.

완성된 모습

4) 사극분장 남자(수염)

② 양반 수염 : 40대-50대

Make-up designer 박대현

· 사용재료

가네카롱 24데니아/프로세이드/가위/꼬리빗/스프레이/드라이기

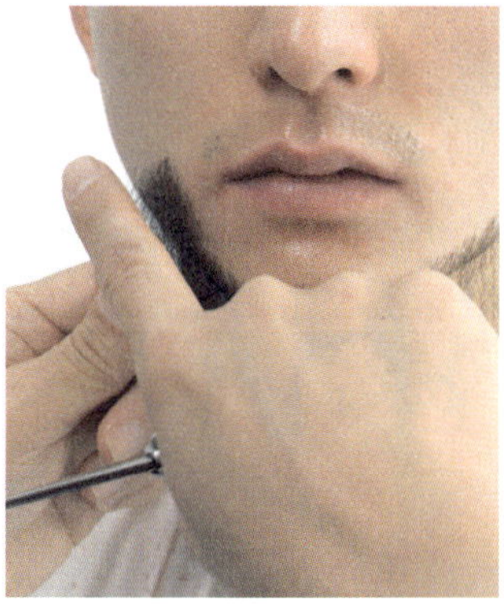

01

프로스테틱 어드해시브(prosthetic adhesine : 접착액)를 사용하여 아래턱 수염의 위치에 골고루 발라준 후 수염을 붙여준다.

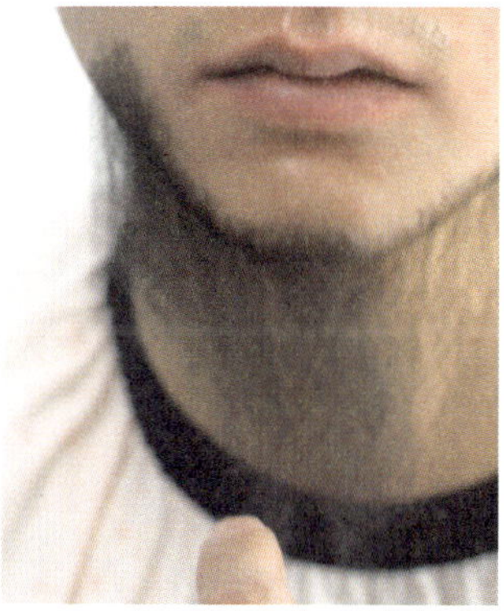

02

뺨 쪽의 수염은 턱쪽으로 살짝 휘게 빼주면서 붙여준다. 그래야 수염이 안쪽으로 몰리면서 붙여진다.

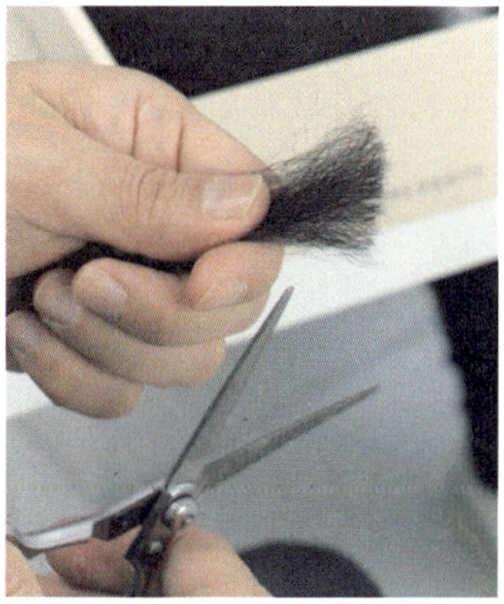

03

긴 수염의 중심을 잡고 끝부분을 정리해주어 가로나 세로로 들어간 수염을 체크하면서 붙인다.

04

중앙부분이 길게 정리해준다.

05

양쪽 수염의 발란스를 맞추면서 붙여주고 점검한다.

06

턱끝 수염은 한번에 붙이고 가위 등으로 눌러준다.

07

콧수염은 왼쪽 입술 구각 쪽부터 인중 쪽으로 붙여준다.

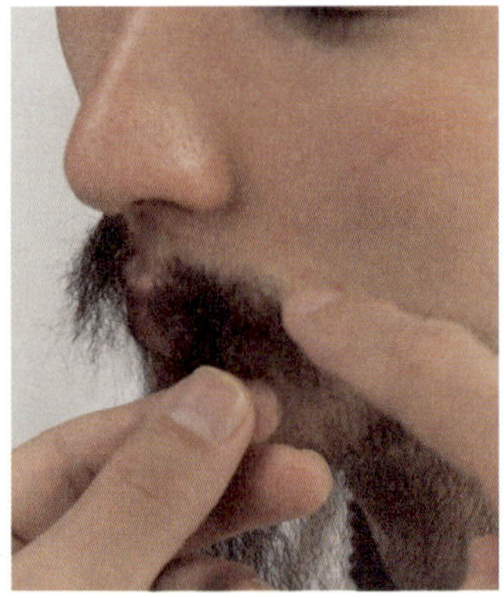

08

반대쪽의 콧수염도 같은 형식으로 붙여준다.

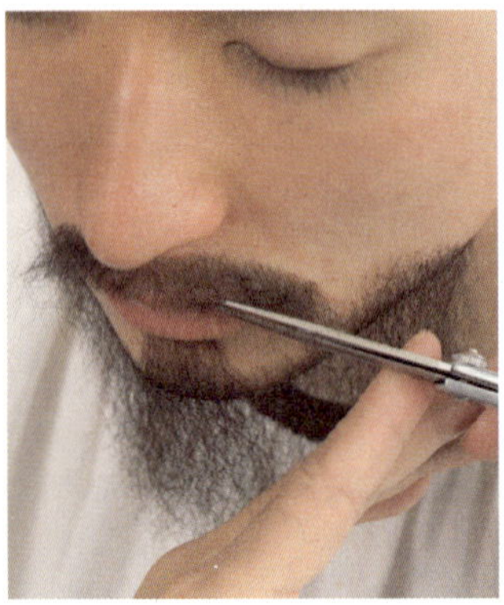

09

가위를 입술형태로 잡아주면서 커트한다.

완성된 모습

4) 사극분장 남자(수염)

③ 문관 수염 : 60대 이상

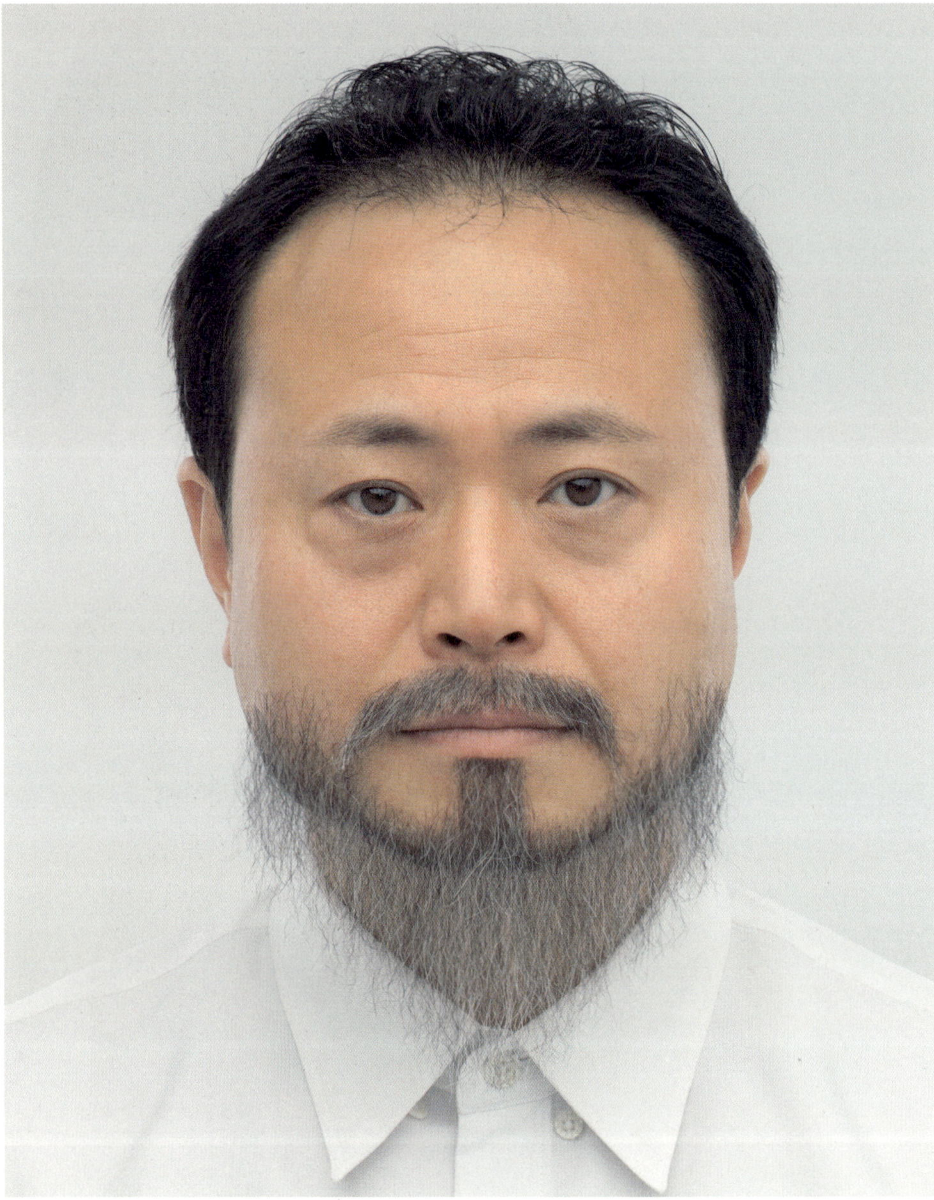

Make-up designer 박대현

· 사용재료

가네카롱 24데니아/프로세이드/가위/꼬리빗/스프레이/드라이기

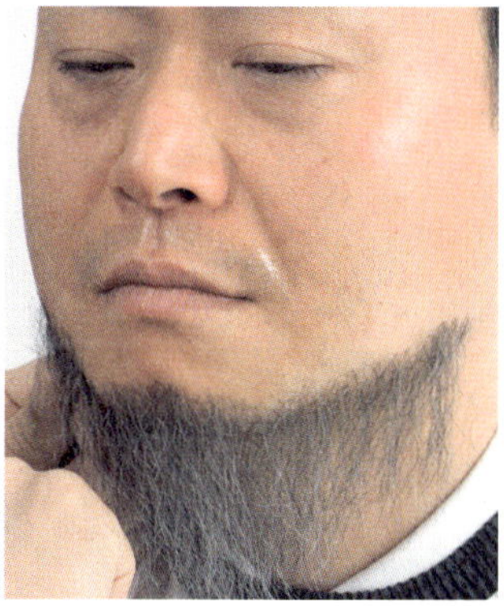

01

접착액을 사용하여 아래 턱과 콧수염의 자리에 발라주고 반백 수염을 붙여 준다.

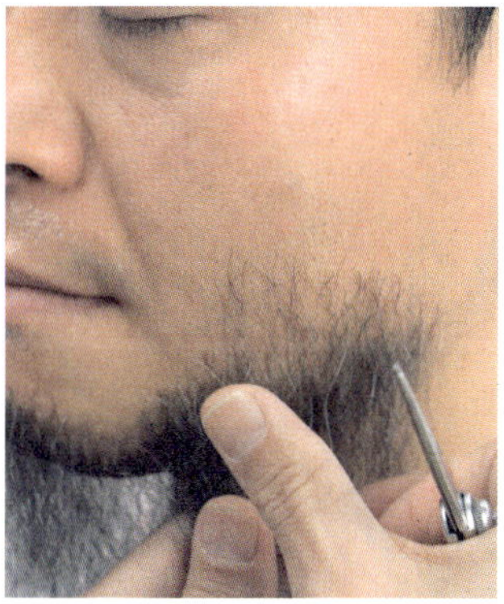

02

중앙의 수염과 대칭이 되도록 양쪽 수염을 붙여 준다. 수염을 빼 낼때에는 턱 중앙방향으로 빼 주어서 수염의 방향이 턱끝으로 모일 수 있도록 한다.

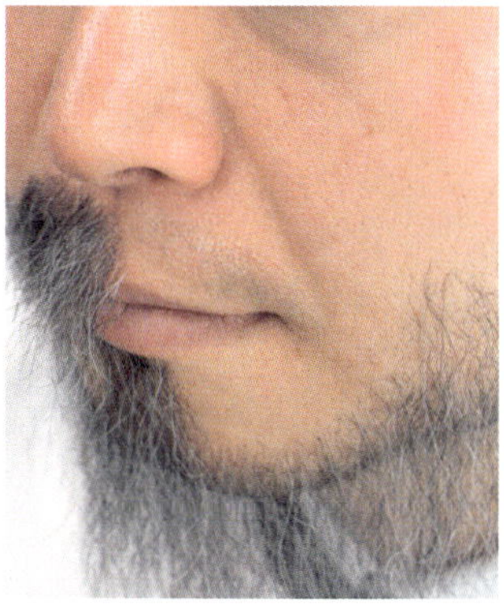

03

콧수염은 입꼬리쪽에서 안쪽으로 쌓듯이 붙여 준다.

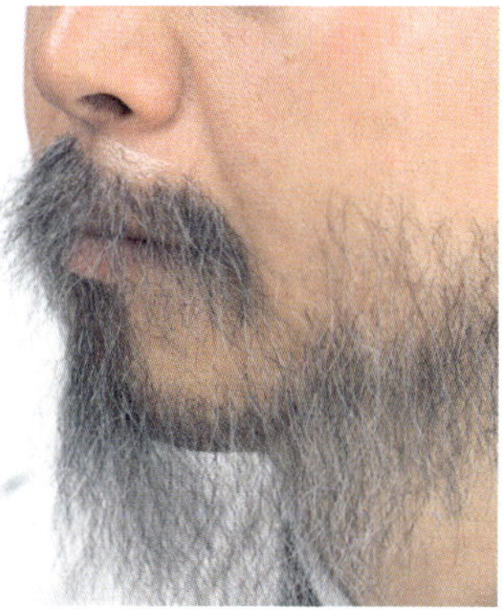

04

입가의 수염의 방향이 양쪽이 같도록 발란스를 맞춰가면서 붙여준다.

05

수염가위를 사용하여 콧수염중앙에서 바깥쪽으로 컷트한다.

완성된 모습

4) 사극분장 남자(수염)

④ 캐릭터 수염 : 무관, 장수

· 사용재료

가네카롱 24데니아/프로세이드/가위/꼬리빗/스프레이/ 드라이기

Make-up designer 박대현

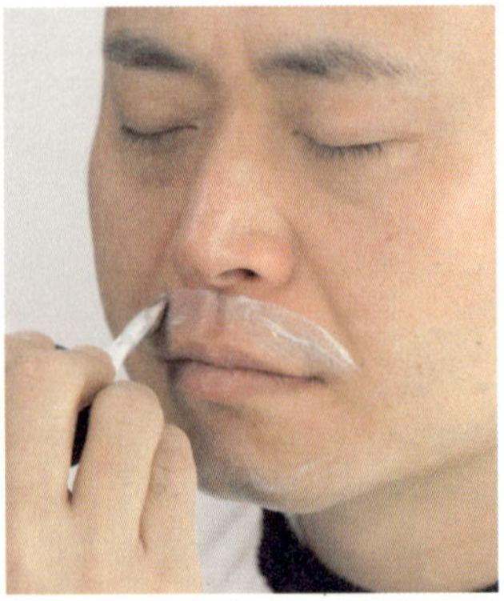

01

수염 접착액을 양반수염 보다 넓게 발라준다

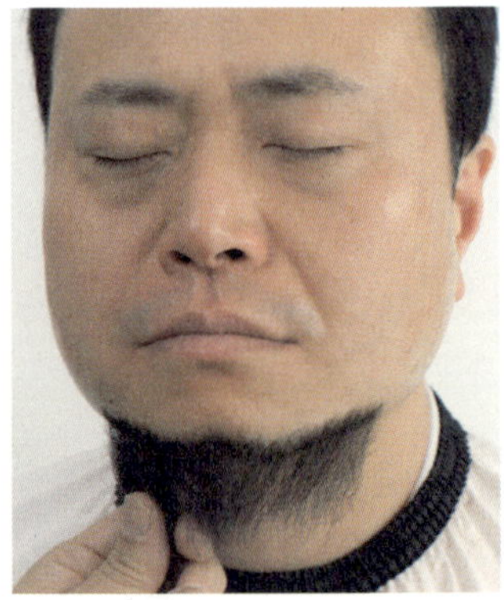

02

짧고 굵은 인도사를 턱 수염부터 붙여준다. 산적의 거친 느낌이 나도록 숱을 많이 붙인다.

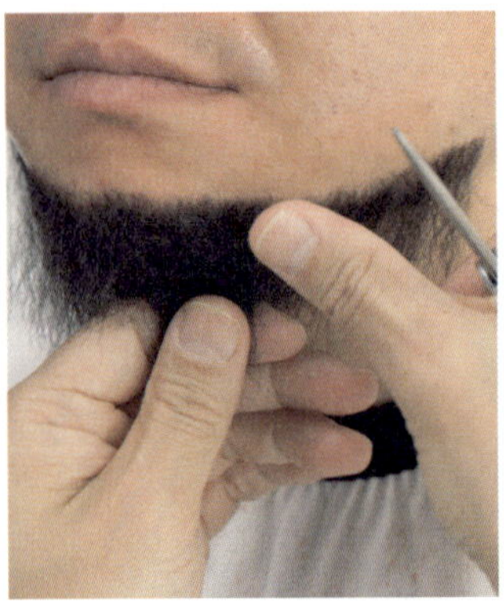

03

턱에서부터 쌓듯이 빈틈이 없게 많은 양의 수염을 붙여나간다.

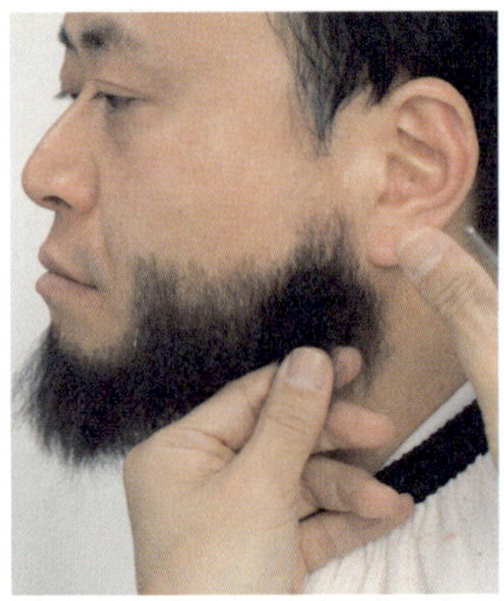

04

턱과 연결된 뺨쪽의 수염도 양을 많이하여 구렛나루까지 연결하여 붙여준다. 뺨 위 수염의 모양은 굴곡이 있게 붙여 거친 느낌을 준다.

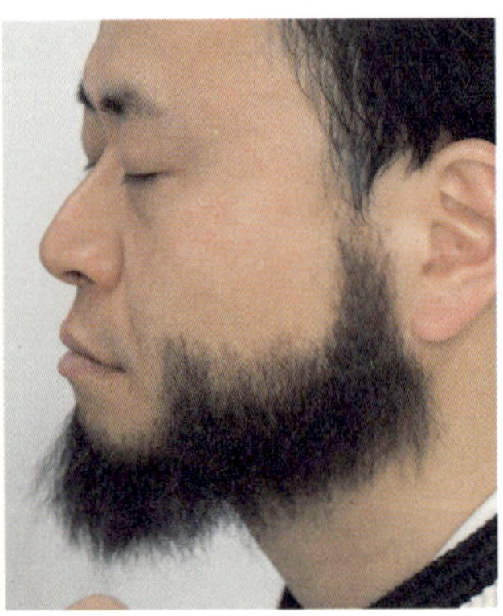

04-1

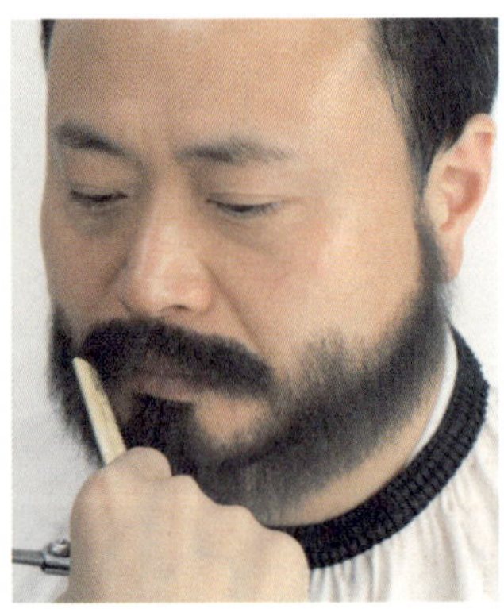

05

콧수염 또한 숱이 많게 빽빽하게 붙여 풍성한 느낌을 준다.

완성된 모습

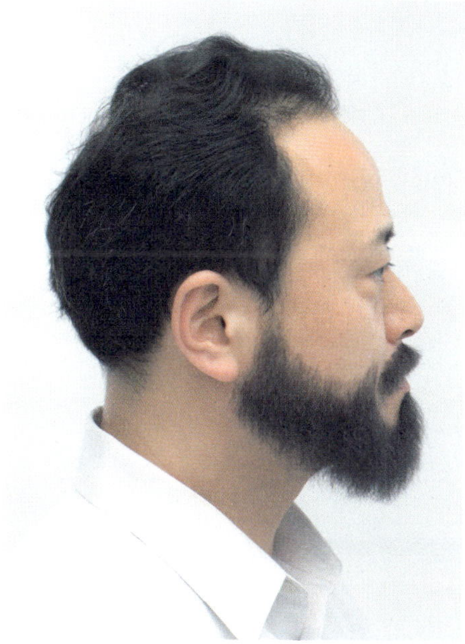

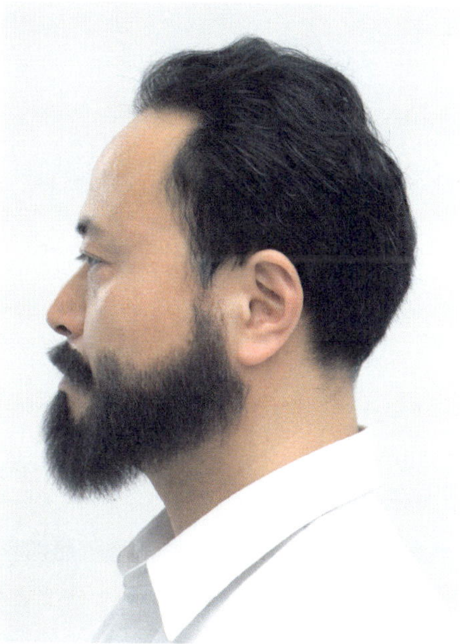

5) 사극분장 남자(상투)

⑤ 상투

Make-up designer 박대현

· 사용재료

망건상투 / 가발망 / 스프레이/꼬리빗/실핀/검정 고무줄

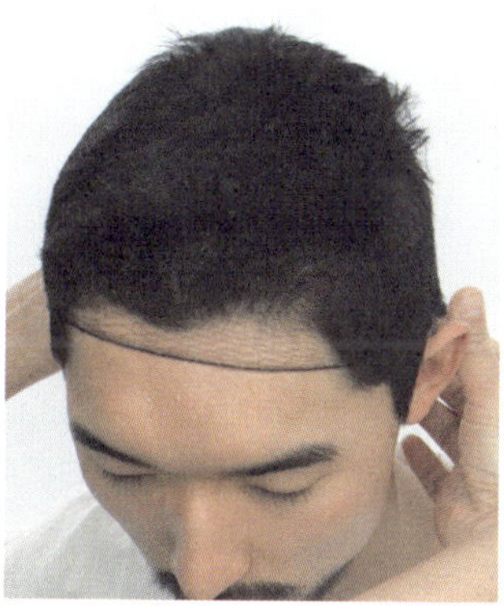

01

헤어망으로 모델의 머리에 망을 씌워준다.

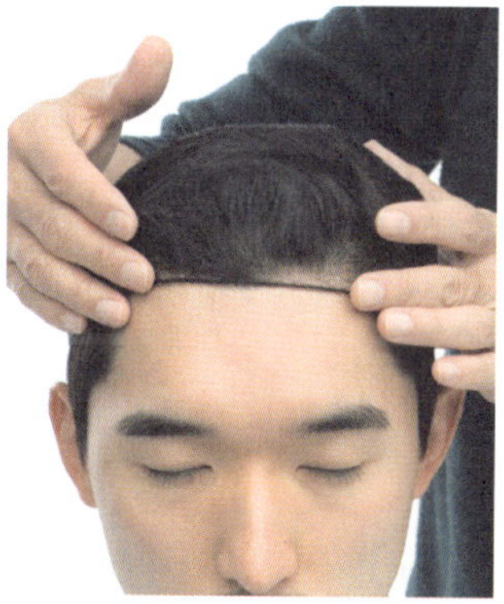

02

망은 앞이마 헤어라인까지 올린 후 뒤쪽에서 비틀어서 고정 시킨다.

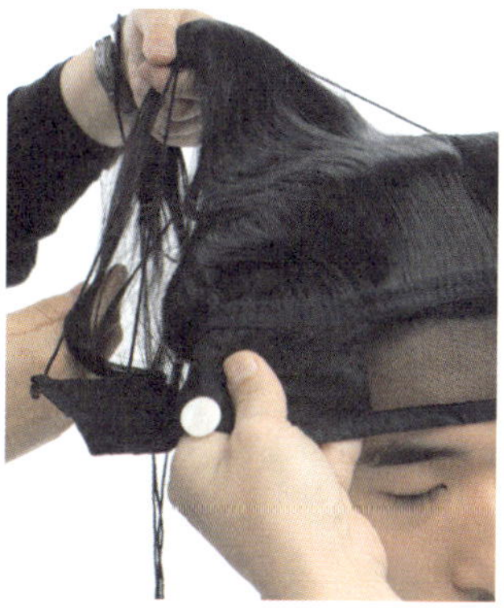

03

망건이 달린 제작된 상투 가발을 눈썹 위쪽에 맞추어 주고 뒤통수를 감싸면서 준다.

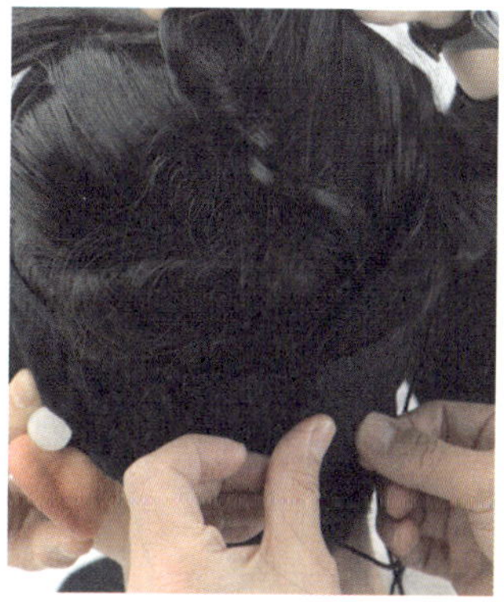

04

뒤쪽에 있는 벨크로를 붙여서 고정시킨다.

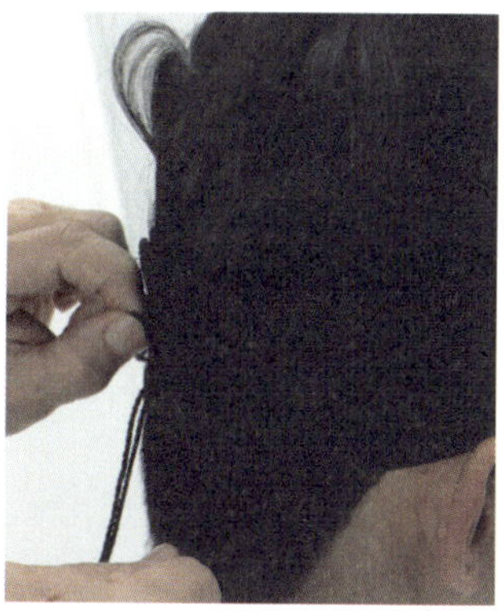

05

망건에 양쪽 2개씩 달린 끈중 두 개의 끈을 교차 시키면서 벨크로 부분에서 묶어준다.

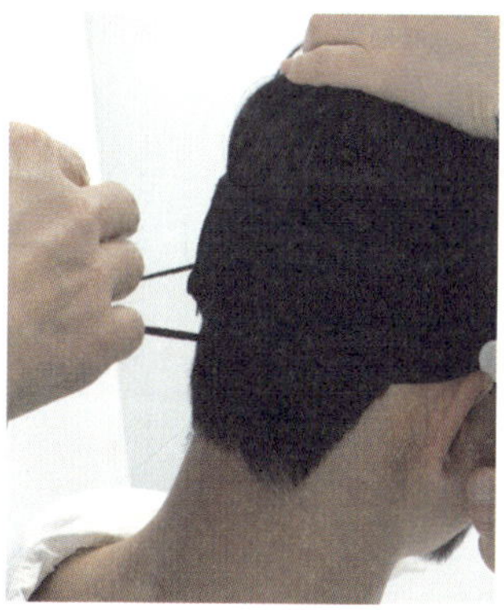

06

나머지 양쪽 두 개의 끈을 당겨 뒤쪽에서 단단히 묶어 고정한다.

07

망건에 붙어있는 가발을 정수리 가운데로 몰아서 위쪽으로 올려준다.

08

엉킨 부분이나 꼬인 부분이 없도록 꼬리빗으로 빗어가면서 정리한다.

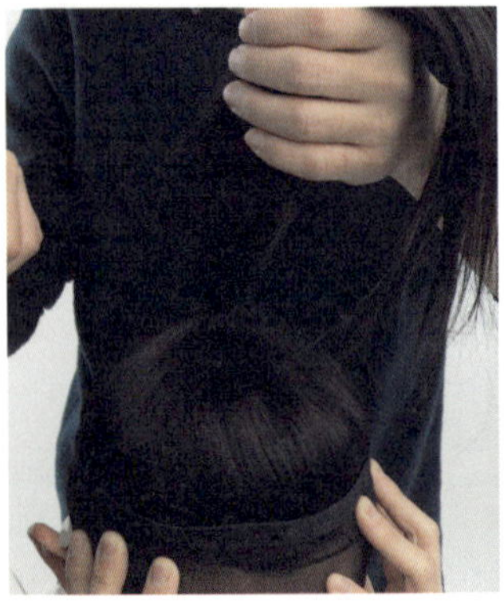

09

정수리 부분에서 가발을 고무줄로 단단하게 묶어준다. 묶어준 후에 끈은 매듭부분에서 잘라낸다.

10

묶어준 가발을 가발 망으로 감싸준다.

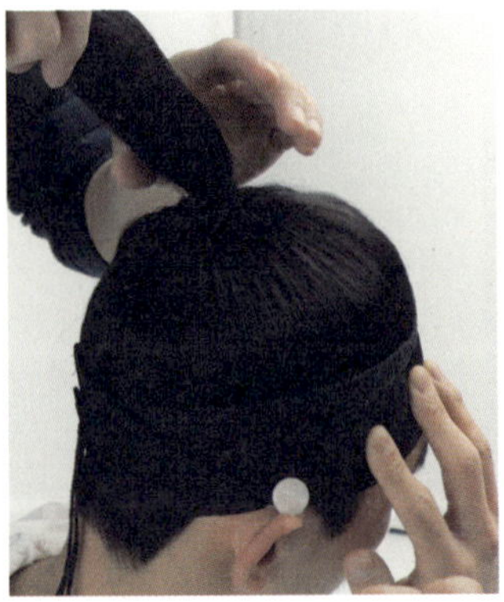

11

왼손으로 가발을 잡고 오른손으로 가발을 틀어준다.

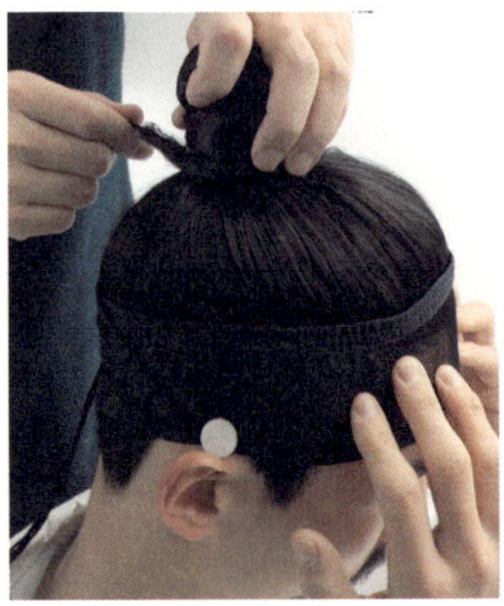

12

가발망과 함께 틀어준 후 가발 망을 돌려서 말면서 상투가 흔들리지 않게 고정한다.

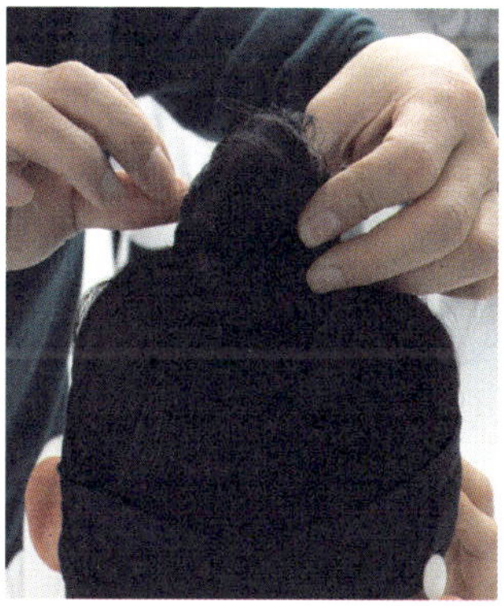

13

가발망을 실핀으로 고정하고 한다.

14

망건끈을 교차시키면서 한쪽 리본처럼 묶어준후 망건끈 안쪽으로 말아넣는다.

15

가스 스프레이로 잔머리를 정리한다.

16

가발의 방향과 같게 꼬리빗을 망건 사이로 넣어서 올려주면서 앞머리를 정리한다.

완성된 모습

6) 사극분장 남자(민상투)

⑥ 민상투

Make-up designer 박대현

· 사용재료

제작된 민상투/고무줄/가발망/검정 고무줄/실핀

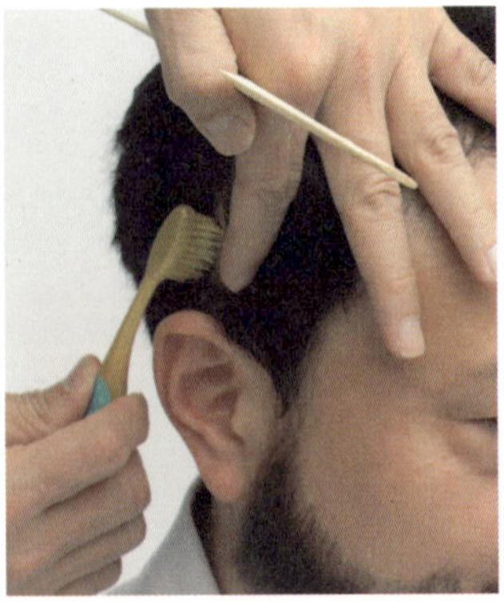

01

포마드를 칫솔에 묻혀 민상투 올릴 부분에 발라 헤어라인을 정리한다. 헤어라인은 귀의 가장높은 부분을 중심으로 가르마를 갈라준다.

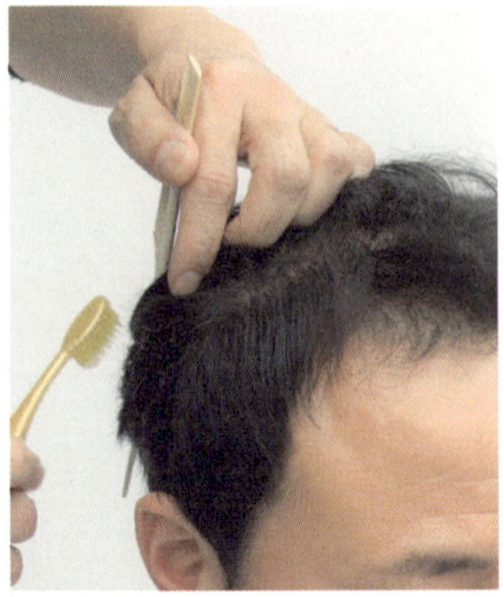

02

머리의 탑 부분까지 포마드를 발라 뜨지않게 정리한다.

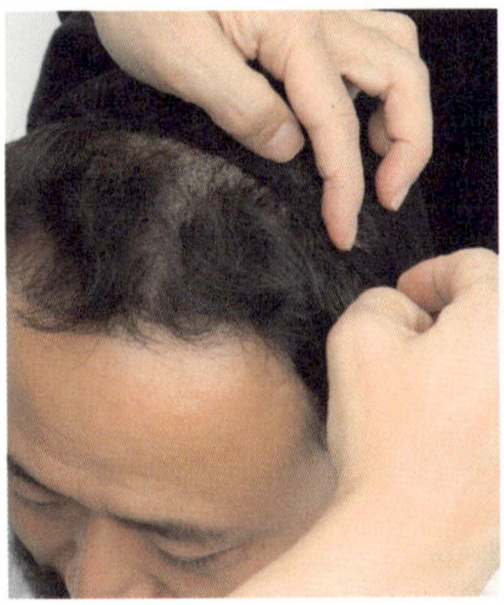

03

가발망을 라인을따라 씌워주고 실핀으로 고정한다.

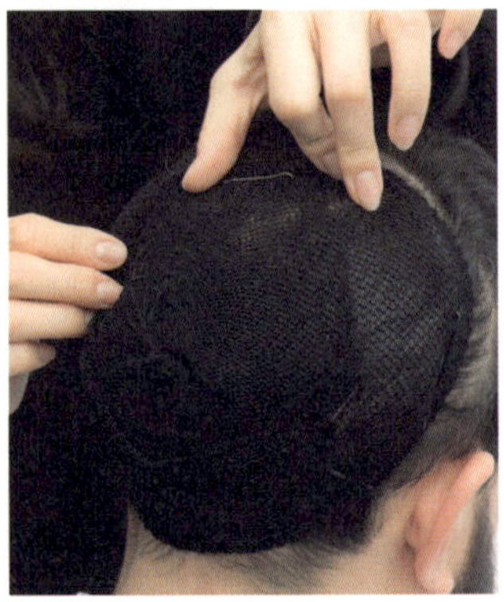

04

머리망의 뒷부분을 꼬아서 뒤집은 후 실핀으로 고정한다.

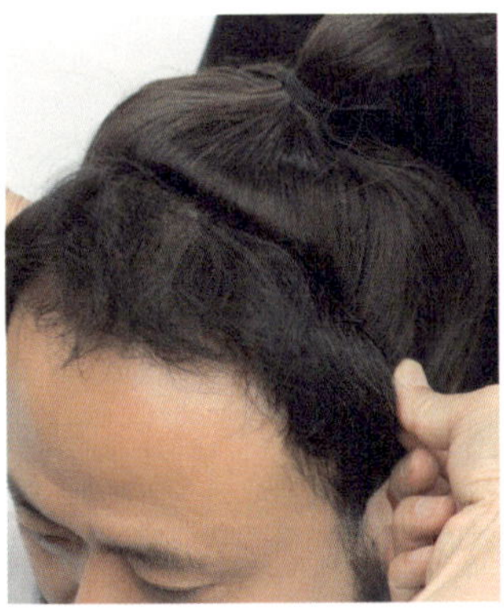

05

민상투를 가발망부분까지 씌워주고 실핀을 방추형으로 꽂으면서 고정해준다.

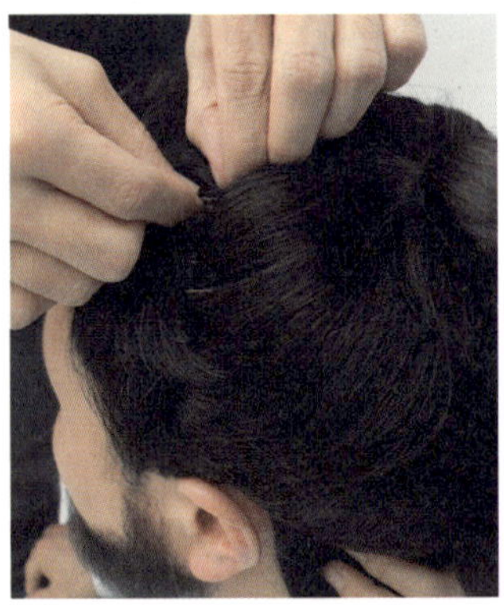

05-1

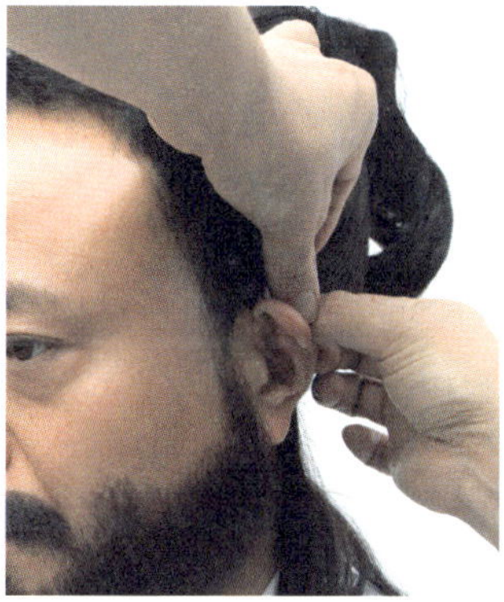

06

뒤쪽 헤어라인까지 안착시킨 각발을 실핀으로 고정한다.

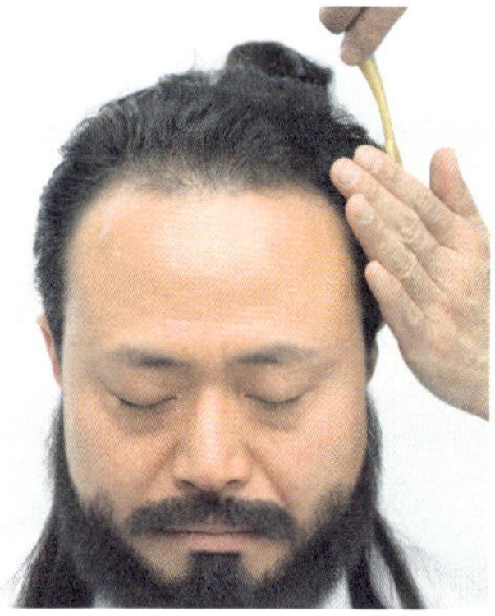

07

앞머리를 넘겨 뒤로 빗으면서 뒤쪽에 붙인 민상투와 연결되게 한다.

08

가벼운 스프레이로 헤어라인이 흐트려지지 않게 고정한다.

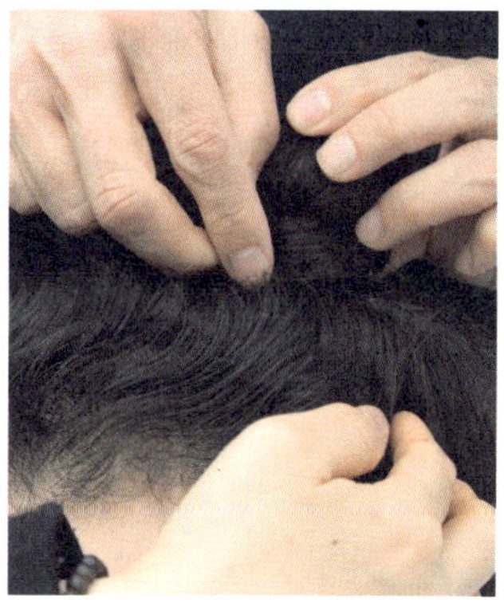

09

상투를 틀어서 고정한후 정리한다.

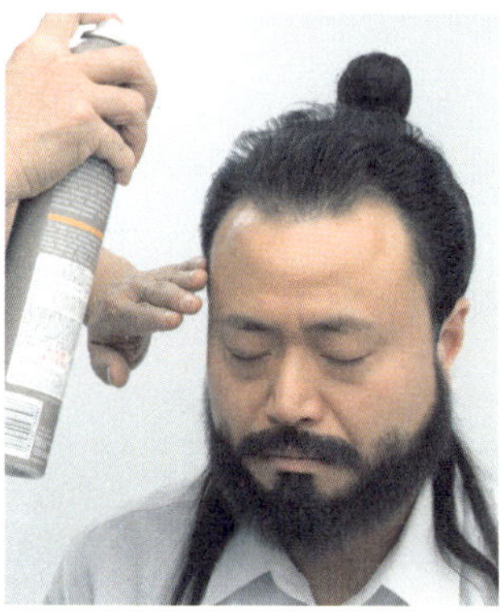

10

스프레이로 앞머리와 상투의 잔머리를 고정한다.

완성된 모습

7) 사극분장 여자(머리)

조선시대의 머리모양을 사진과 회화를 통해 고찰해 보면 '어여머리', '큰머리', '대수', '얹은머리', '조짐머리', '쪽진머리', '첩지머리', '땋은머리', '새앙머리' 등이 있는데 신분과 계급에 따라 엄한 제한이 있었다.

'어여머리'는 예장 때 여염 족두리를 쓰고 다래로 된 큰 머리를 얹고 '떨잠'으로 장식하는데 궁중이나 반가 부녀와 지밀 상궁이 하였다. '큰머리'는 궁중에서 의식이 있을 때 어여머리 위에 ' '떠구지'라는 나무를 얹은 머리모양이다.

'대수'는 왕비가 혼례 시 대례복을 착용할 때 머리에 쓰는 가체(加髢)'이고 '얹은머리'는 상대로부터 내려오는 부인의 기본 머리모양으로 가체를 얹는 방법과 제 머리만으로 얹은 방법이 있다.

'조짐머리'는 외명부가 궁중을 출입할 때 소라딱지 모양의 큰 가체를 쪽에 얹어 쪽을 크게 한 머리모양이고, '쪽진머리'는 발제 개혁 이후 제 머리만으로 쪽을 튼 것으로 '풀머리'라고도 한다.

'첩지머리'는 궁중에서 예장할 때 가르마 위에 첩지를 놓고 첩지의 좌우에 달려있는 양쪽 머리를 제 머리와 함께 틀어 쪽을 지는데, 첩지의 재료와 모양은 왕비는 금도금으로 봉황을, 외명부와 내명부는 은도금이나 흑각으로 개구리 모양이다.

'땋은머리'는 머리를 한 가닥으로 땋아 뒤에 늘이고 끝에 댕기를 드렸는데, 반가의 규수들은 귀를 가리는 '귀밑머리'를 하였고 일반 처녀는 귀를 가리지 않았다.

'새앙머리'는 궁중 아기 내인이 예장(禮裝)때, 반가의 규수가 경사가 있을때, 사당에 들어갈 때, 입궐할때 하는 머리로 머리를 두 갈래로 땋고 끝을 되 올려 두 덩이가 되게 잡아 맨 다음, 봉이나 나비 등을 조각한 뒤꽂이를 꽂았다.

조선 말기 근대화 과정을 통해 갑오경장의 '단발령' 이 내려진 이후 여자들의 머리모양도 달라진 사회적 지위, 외국 유학 등에 따라 서구적으로 변화게 되었다.

당시 머리모양을 보면 열서너살 된 학생들은 귀밑머리를 길게 땋아 내리고 머리끝에 자주색 제비부리나 토막 댕기를 들였는데 머리가 길수록 아름다운 것으로 여겨 길게 땋은 머리가 유행하였다.

좀 큰 학생들은 긴 머리를 땋은 후 두세번 구부린 후 그 위에다가 나비가 앉은 것처럼 커다란 리본을 매거나 큰 트레머리를 하였다.

'트레머리'는 옆가리마를 타고 갈라 빗은 후, 머리 뒤에다 넓적하게 틀어 붙이는 형태인데, 트레머리가 넓적하고 클수록 보기가 좋다고 하여 족에 머리심을 넣고 빗기도 하였다.

큰 학생들은 머리를 한 가닥으로 굵게 땋은 후, 머리 둘레에 둘러 트는 '둘레머리'를 잠깐 하다가 '까미머리'와 '첩지머리'를 많이 하였는데 이 때 앞머리를 약간 내리는 애교머리를 하였다.

[출처 : Daum 백과사전]

(1) 귀밑 머리

삼국시대부터 우리나라 미혼남녀의 기본 머리 모양으로, 세 가닥으로 가른 머리를 서로 엇갈려 땋아 한 가닥으로 한 후, 그 끝에 댕기를 물리는 형태이다.

· 사용재료

고무줄/스틱왁스/실핀/긴달비/실핀/댕기

Hair designer 민은주 Make-up designer 김유경

01

얼굴의 정중앙에 가르마를 타준다.

02

스틱왁스를 가르마를 중심으로 발라 잔머리가 뜨지 않게 머릿결 방향으로 발라준다.

03

뒷머리 백콤(back comb)을 넣어 뒷통수가 볼륨이 생기도록 한다. 백콤은 뿌리쪽에만 넣어 볼륨을 살린다.

04

앞머리와 뒷머리를 귀 위쪽으로 갈라서 놓는다.

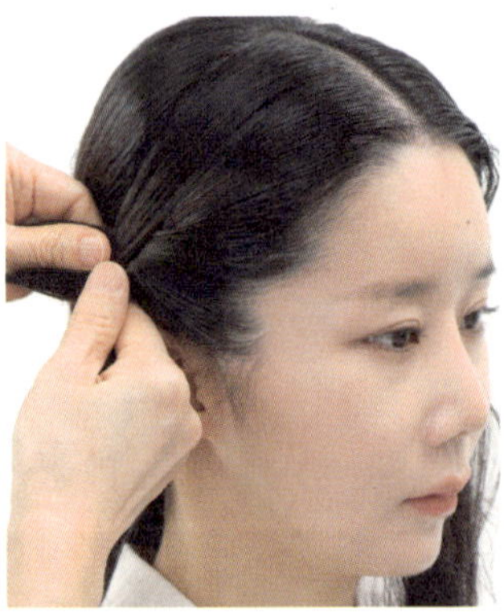

05

옆머리를 관자놀이 부분에서 길게 땋아준다.

06

스틱왁스를 발라가면서 땋아서 잔머리가 없도록 한다.

07

양쪽머리를 땋은 후에 뒷머리를 땋아 준다.

07-1

08

옆의 잔머리를 정리하여 뜨지 않게 해준다.

09

댕기를 고무줄로 달아 연결한다.

09-1

완성된 모습

7) 사극분장 여자(머리)

(2) 쪽머리

삼국시대부터 볼 수 있는 머리모양새로, 시대에 따라 쪽의 크기와 위치에 차이가 보인다.

Hair designer 민은주 Make-up designer 김유경

· 사용재료

고무줄/스틱왁스/실핀/
긴달비/실핀/옥비녀

01

앞가르마를 하고 스틱왁스를 이용하여 머리를 붙여준다.

02

뒤쪽의 헤어는 백콤을 넣은 후 넘겨준다.

03

뒷머리는 땋아서 늘어뜨려 정리한다.

04

머리를 틀어서 고정시켜준다.

05

뜰어서 고정시킨 머리를 헤어씽으로 덮어 실핀으로 고정한다.

06

뒷머리의 백콤을 넣어 볼륨을 만든다.

07

백콤을 넣은 머리를 뒤로 넘기면서 볼륨을 만들어준다.

08

사이드 헤어도 백콤을 넣어 볼륨을 만들어 준다.

09

머리를 모두 뒤로 넘겨 고정한 후 네이프에서 묶어준다.

10

달비를 묶음머리의 중앙에 둔다.

11

달비를 머리에 묶어서 고정시킨다.

12

달비를 달고 양쪽머리를 갈라서 땋아준다.

13

양쪽으로 땋은 머리를 말아준다.

14

한쪽의 땋은 머리를 말아서 묶어 고정한다.

15

닿은머리를 달비를 중심으로 양쪽으로 붙여서 모양을 정리한다.

16

반대쪽의 땋은 머리를 말아서 묶어 고정한다.

17

가발망을 이용하여 땋은 머리와 달비를 감싸 고정한다.

18

고정한 머리를 틀어지지 않게 중앙에 있게 한다.

19

달비의 끝을 머리 안쪽으로 넣고 동그란구멍이 생기도록 잡는다.

20

달비의 끝을 말아서 고정한다.

21

망을 사용하여 달비와 땋은머리를 감싸준다.

22

댕기를 돌려서 고정시킨다.

22-1

22-2

23

오른손으로 달비와 고정 시킨 머리를 잡고 왼손으로 달비를 돌려서 준다.

24

달비를 돌려 오른손으로 잡는다.

25

잡은 달비 안쪽으로 뭉친 머리가 올라오도록 한다.

26

돌린 달비 안쪽으로 비녀를 꽂아준다.

26-1

27

꽂이를 사용하여 장식한다.

완성된 모습

7) 사극분장 여자(머리)

(3) 어여머리

조선시대 왕비가 큰 잔치 때 대례복에 하던, 매우 화려하고 웅장한 가체머리이다.

Hair designer 민은주 Make-up designer 김유경

· 사용재료

고무줄/스틱왁스/실핀/긴달비/땋은 큰달비/실핀/ 용비녀

01

쪽머리 위에 첩지를 올려준다.

01-1

02

큰달비를 쪽머리 아래쪽으로 넣어 균형을 맞춰준다.

03

머리 위에서 달비를 교차하여 꼬아준다.

04

머리위에서 달비를 교차한 후 유핀을 사용하여 고정한다.

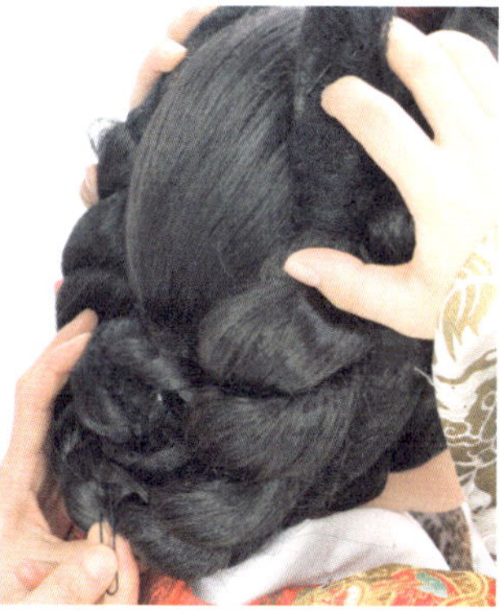

05

달비의 아래쪽에도 유핀으로 고정한다. 달비와 본인의 머리를 같이 고정해준다.

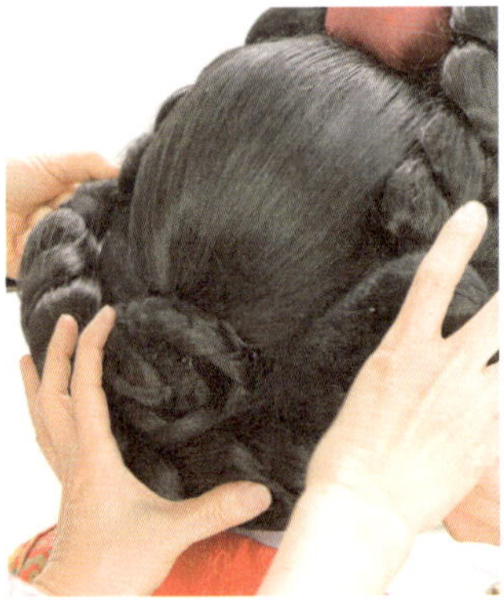

06

백콤을 넣은 머리를 뒤로 넘기면서 볼륨을 만들어준다.

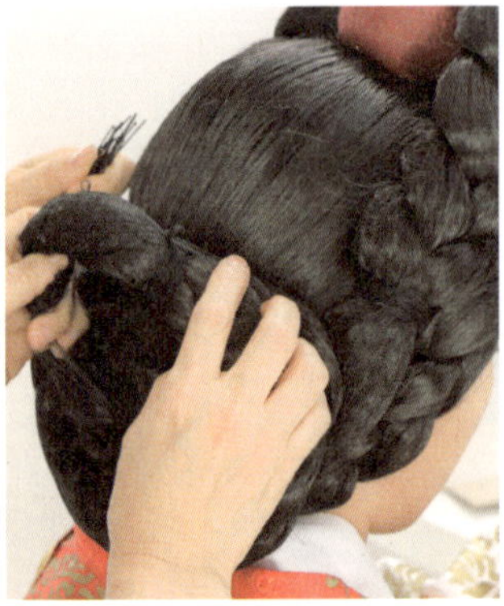

07

사이드 헤어도 백콤을 넣어 볼륨을 만들어 준다.

08

머리를 모두 뒤로 넘겨 고정한 후 네이프에서 묶어준다.

09

달비를 묶음머리의 중앙에 둔다.

10

달비를 머리에 묶어서 고정시킨다.

완성된 모습

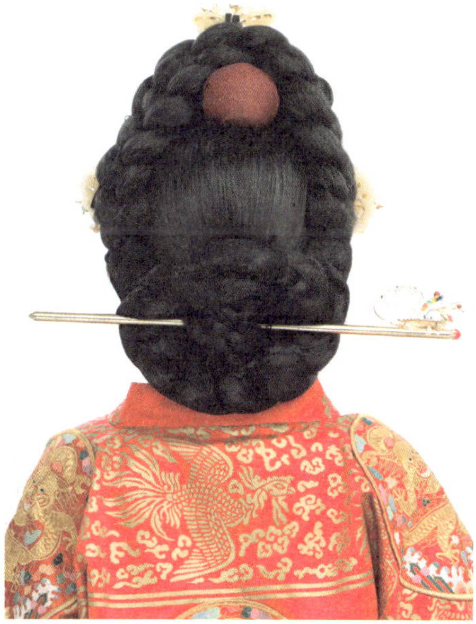

7) 사극분장 여자(머리)

(4) 주모머리

부녀자들의 머리모양새로, 본래 머리를 한 갈래, 또는 두 갈래로 땋아 머리끝에 빨간 댕기를 드린 후, 머리둘레에 빙 둘러 감아 끝이 옆으로 되게 고정시킨 머리모양새이다.

· 사용재료

고무줄/스틱왁스/실핀/긴달비/실핀/옥비녀

Hair designer 민은주 Make-up designer 김유경

01

쪽머리를 한 후에 달비를 양쪽으로 잡아 균형을 맞춰준다.

02

머리 중앙의 위쪽으로 교차하여 틀어준다.

03

교차한 달비를 위에서 꼬아준다.

04

머리 위에서 달비를 한번 꼬아준다.

05

달비를 정리하여 모양을 만들어준다.

05-1

06

댕기를 헤어 중앙에 넣어서 묶어준다.

모양은 리본모양으로 하나 댕기의 모양에 따라 여러 가지로 변형이 가능하다.

06-1

06-2

06-3

06-4

완성된 모습

(5) 새앙머리

조선 후기, 궁중의 어린 소녀나 반가의 미혼녀가 입궐할 때 했던 머리모양새이다.

Hair designer 민은주 Make-up designer 김유경

· 사용재료

고무줄/스틱왁스/실핀/
긴달비/실핀/댕기

01

쪽머리의 머리를 뒤로 넘겨서 빗겨준다.

02

묶음머리의 중앙을 갈라 양갈래로 땋아준다.

03

땋은 머리를 뒤쪽으로 말아 묶어준다.

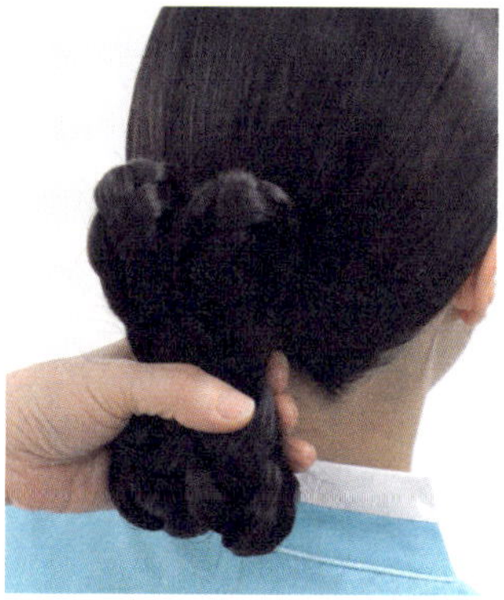

04

뒷머리에서 땋은 머리를 접어서 중심에 둔다.

05

중심에 둔 땋은 머리를 단단하게 묶어준다.

06

단단하게 묶어서 고정한다.

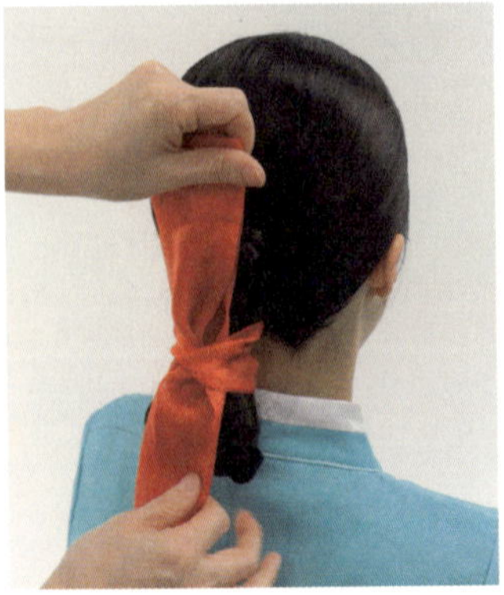

07

댕기를 머리중앙에 묶어 내린다.

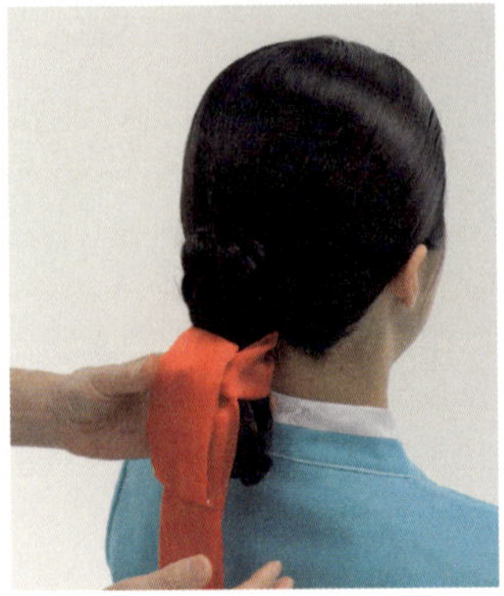

07-1

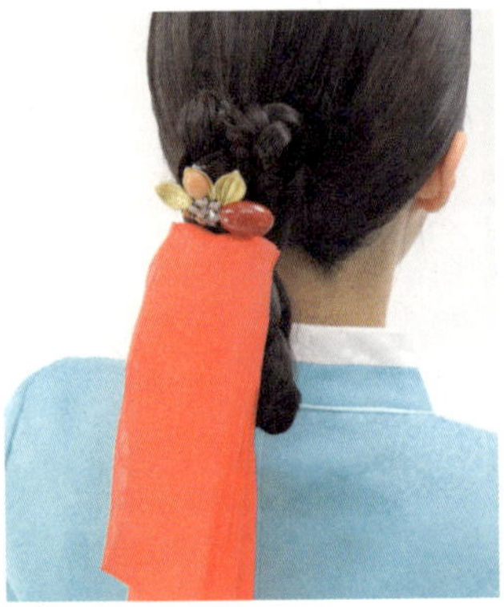

07-2

01

쪽머리의 기본 헤어를 히고 두갈래의 머리를 땋어서 잘 접어준다.

02

접어준 땋은 머리를 고무줄로 잘 고정한다.

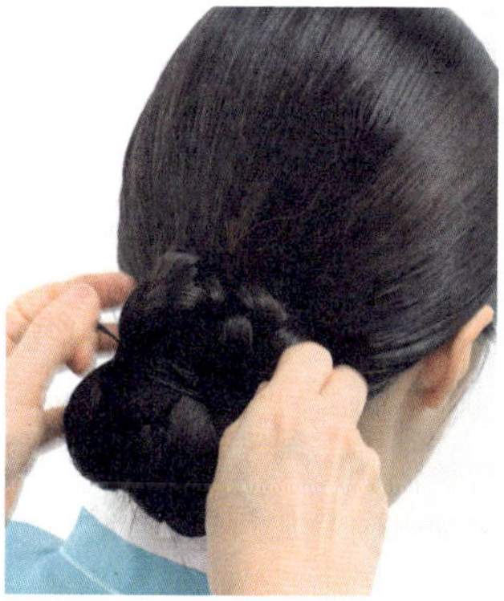

03

고무줄로 단단히 머리를 고정하여 흐트러지지 않게 한다.

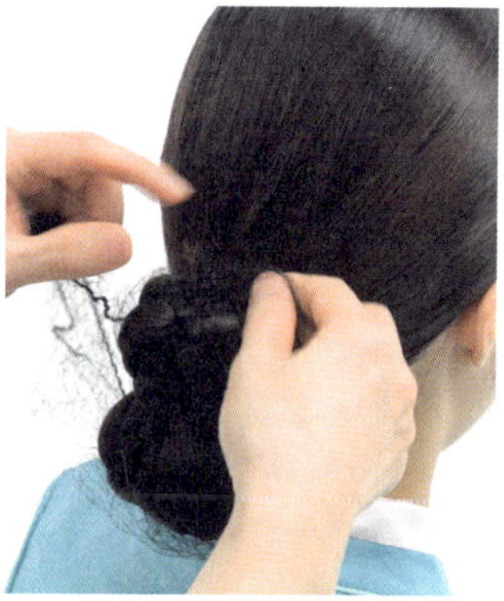

04

망을 씌워서 고정한다.

05

땋은 달비를 정리해준다.

06

땋은 달비를 접어서 길이를 맞춰준다.

07

달비를 묶은머리와 같이 고무줄로 묶어서 단단하게 고정한다.

08

댕기를 묶은 머리와 같이 묶어준다.

08-1

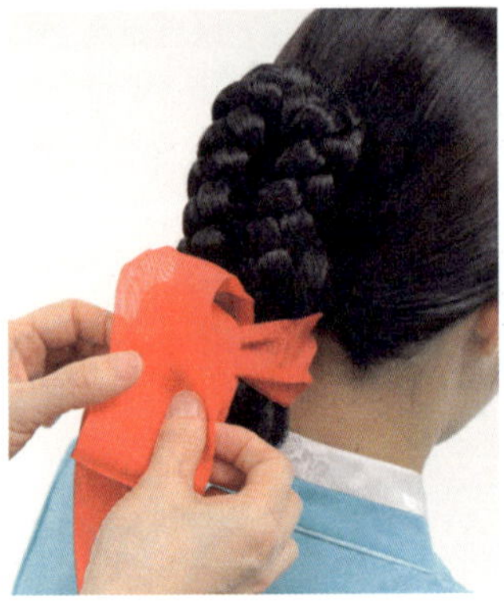

09

댕기의 모양을 잘 잡아 정리해준다.

완성된 모습

7) 사극분장 여자(머리)

(6) 첩지머리

첩지와 어염족두리, 떨잠, 등을 사용한 내명부의 머리모양새이다.

Hair designer 민은주 Make-up designer 김유경

· 사용재료

고무줄/스틱왁스/실핀/긴 달비/실핀/첩지/용비녀

01

쪽머리의 기본으로 머리를 묶어준 후 첩지를 가르마에 붙여서 귀 뒤로 넘겨준다.

02

귀 뒤쪽으로 넘긴 머리를 본인의 머리와 함께 묶어준다.

02-1

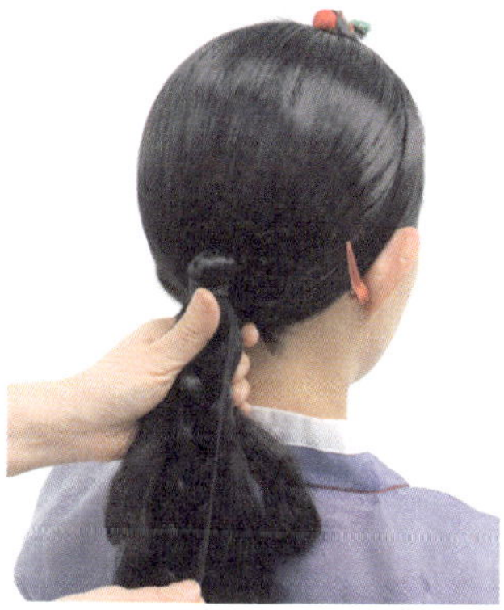

03

긴 달비를 그림과 같이 네이프 쪽에 놓고 묶어준 후 본인의 머리를 두갈래로 갈라 땋아준다. (여자 기본 쪽머리와 같다.)

04

본인의 땋은 머리 두갈래를 묶어 토대를 만들어 준 후 달비를 돌려준다.

05

달비를 돌려준 후 망을 씌워서 정리한다.

06

쪽을 만들기 전에 댕기를 두르고 말아 넣어준다.

07

쪽을 틀어준 후 옥비녀를 꽂아 완성한다.

완성된 모습

7) 사극분장 여자(머리)

(7) 얹은 머리(영조, 정조대에서 개화기 초기까지의 사대부 부인 머리형태)

가체를 크게 땋아서 머리 위 정수리에 얹는 머리 모양새로, 양반가 부인들이 선호하였다. 기생의 머리형태일 경우, 가채의 크기와 가체를 트는 방식을 달리하여 다양한 조형미를 연출할 수 있다. 다양한 꽂이를 활용하여 더 크고 화려한 가체를 꾸밀 수 있다.

Hair designer 민은주 Make-up designer 김유경

· 사용재료

고무줄/스틱왁스/실핀/
땋은 큰달비/실핀/댕기

01

쪽 머리를 한 후에 한쪽 방향으로 꼬은 큰 달비를 머리 위에 얹어서 균형감 있게 자리를 잡아준다.

02

큰 달비를 안정감 있게 유핀으로 고정한다.

03

작은 달비를 꼬아 안쪽으로 치우치게 머리 위에 얹어서 장식한다. 조형미를 생각하여 달비의 가장 윗부분이 높아지게 올려 고정한다.

04

장식 꽂이를 달아 장식한다.

꽂이는 한쪽 달비로 치우치게 달아 조형미를 준다.

05

달비 아래와 뒤쪽에도 꽂이를 달아 화려함을 준다.

05-1

완성된 모습

8) 시대극 분장 여자

(1) 까미머리

1930년대로 우리나라의 여성들에게도 '양장'이 많이 보급되면서 단발이나 파마 등 서양식 머리 스타일과 화장법 등에 대한 관심이 높아지면서 생긴 뉴 스타일이다. 신여성의 대표적인 스타일로 고데기로 말아올린 머리를 웨이브로 장식하여 서양의 복식과 헤어스타일을 따라 하는 '서양풍'의 새로운 트렌드로 자리 잡았다.

· 사용재료

고데기/왁스/스프레이/고무줄/실핀

Hair designer 민은주 Make-up designer 김유경

01

사이드 가르마를 탄 후 고데기를 사용하여 뿌리를 살리면서 C 컬을 만들어준다.

02

탑 부분의 머리도 같은 방향으로 C 컬을 만들어 컬을 쌓듯이 얹어준다.

03

아랫단과 윗단의 열을 겹치지 않게 손을 만들어 가면서 고정한다.

04

아랫단 헤어의 컬을 앞쪽으로 빼내고 눈썹 끝쪽에 컬이 오도록 빼내어준다.

05

반대쪽 헤어도 같은 방법으로 아랫단부터 C 컬을 만들어준다.

06

뿌리 쪽부터 C 컬을 잡아서 만든다 이때는 C 컬이 귀 뒤쪽으로 넘겨준다.

07

뒷머리의 탑 쪽부터 실핀으로 잡아가면서 눌러주면서 네이프에 붙여준다.

08

머리에 맞는 씽을 실핀으로 고정한다.

09

뒷머리 전체에 백콤을 넣어서 풍성하게 만든다.

10

안쪽 헤어에 스프레이를 뿌려서 단단하게 만든다.

11

끝 머리부터 말아 준다.

12

말아올린 머리는 씽 위로 안착시킨다.

13

뒷쪽의 중앙 헤어부터 말아 올린 머리는 유핀과 실핀으로 고정한다.

14

망을 씌운 후 고정해준다.

15

실핀과 유핀으로 고정한 후 잔머리 등을 꼬리빗으로 정리해준다.

완성된 모습

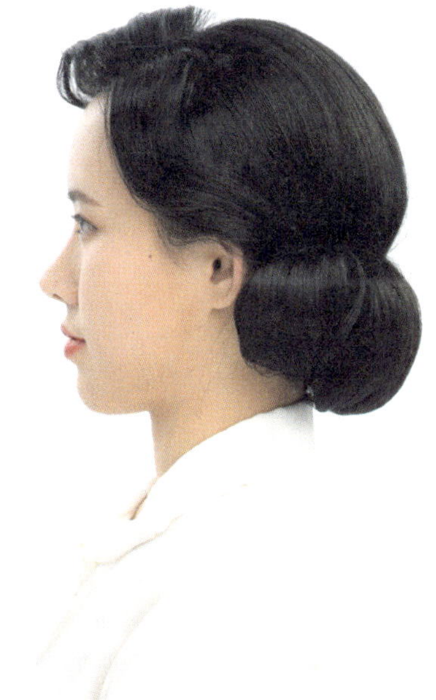

저자 약력

오인영

- 현) 인덕대학교 방송 메이크업학과 교수
- 경희대학교 일반대학원 의상학과 석·박사 학위 취득
- 프랑스, 'Christian Chauveau Make Up School' 졸업, 시데스코(CIDESCO : Committee International D'Esthétique Et De Cosmétologie) 자격증 취득
- KBS Art Vision 공채 1기 입사, 제작 2부 분장실 근무(1992~2000)
- 극단 '숲', 〈갈매기〉 분장 디자인, 2010 서울 연극 올림픽 공모 선정작
- 2010 〈연말 갈라 오페라 콘서트〉 등 다수 공연 분장 스텝 참여(2014~2017 예술의전당, 세종 문화회관)
- 극단 '해반드르', 〈아버지의 다락방〉 분장 디자인, 2020 대한민국 예술제 서울대회 출품작

임유경

- 전문분장팀 Face off 대표
- 정화예술대학교 미용예술학과 겸임교수
- 서경대학교, 추계예술대학교, 인천대학교 출강

〈작품경력〉

아이다, 투란도트, 가면무도회, 일 트리티코, 나비부인, 라 보엠, 토스카, 일 트로바토레, 오텔로, 춘향전, 심청전, 레 미제라블, 오페라의 유령, 그리스, 토지, 윤동주, 한네의 승천 등 국내공연 1,000여 작품

이탈리아 밀라노, 이탈리아 꼬모 오페라 페스티발, 이탈리아 몬짜, 오스트리아 빈, 체코 프라하, 일본 도쿄, 일본 나고야, 중국 북경, 중국 상해, 인도네시아 자카르타, 인도네시아 바탐 등 해외공연 수십 회

김유경

- 메이크업 아트웍 대표
- 정화예술대학교 미용예술학과 겸임교수
- 서경대학교 미용예술학 박사
- 채널A 드라마 〈쇼윈도〉 캐릭터 분장 미용 디렉터 및 진행
- OCN 추리활극 드라마 〈야차〉 캐릭터 분장 미용 디렉터 및 진행
- MBC 시트콤 〈크크섬의 비밀〉 캐릭터 분장 미용 디렉터 및 진행

도움 주신 분들

특수분장 : **박대현**

사극헤어 : **민은주**

무대헤어 : **조용선**

일러스트레이터 : **임경식, 임그린**

의상 : **양정임**

Character Makeup Design

분장재료 및 도구

X

분장디자인 워크북

구민사

Contents — 분장재료 및 도구

PART 1 분장 재료 및 도구

PART 2 분장디자인 워크북

PART

1

분장 재료 및 도구

1. 기본 재료 및 도구　2. 분장 재료　3. 수염 재료 및 도구　4. 특수 분장 재료　5. 헤어 재료 및 도구

1. 기본 재료 및 도구

1) 기본 재료

파운데이션(Foundation)

윤곽 수정을 가능하게 하고 피부색을 조절하며 기미나 주근깨 및 잡티를 커버한다. 또한 자외선과 먼지로부터 피부를 보호한다. 스펀지나 손, 파운데이션 브러시를 이용해 얼굴 중앙에서 바깥쪽으로 펴 바른다.

- **크림 파운데이션** : 커버력이 좋으며 건성 피부에 많이 사용한다.
- **스틱 파운데이션** : 고체화시킨 제품으로 커버력이 강하고 지속력이 좋아 전문가용으로 많이 사용한다.
- **리퀴드 파운데이션** : 수분이 많고 촉촉하여 건성피부에 좋으며 자연스러운 피부 표현에 좋으나 커버력과 지속력이 떨어진다.
- **케이크 메이크업/팬케이크** : 파우더와 오일을 압축시킨 제품으로 방수성, 내수성이 강하여 화장을 오랫동안 지속시켜 주고 건조가 빨라 분장시간을 단축해 준다. 물에 적신 스펀지로 펴 바르며 파우더를 사용하지 않아도 된다.

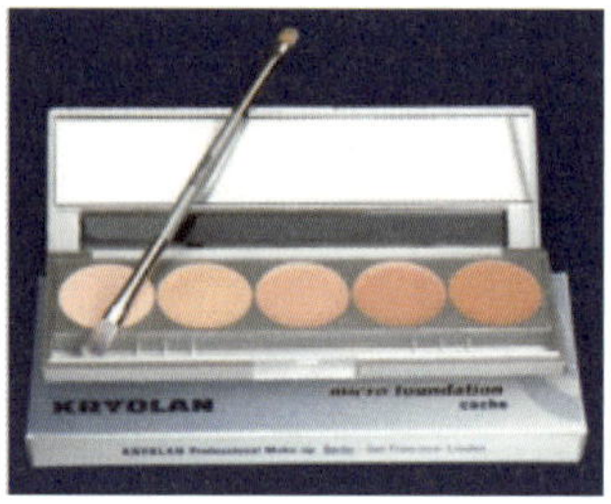

파우더(Powder)

완성된 분장을 고정시키고 반사를 막아주는 제품으로 파운데이션의 지속력을 높여주고 땀과 피지를 조절한다. 파운데이션 사용 후 분첩이나 파우더 브러시를 이용해 얼굴 중앙에서 바깥쪽으로 골고루 펴 바른다.

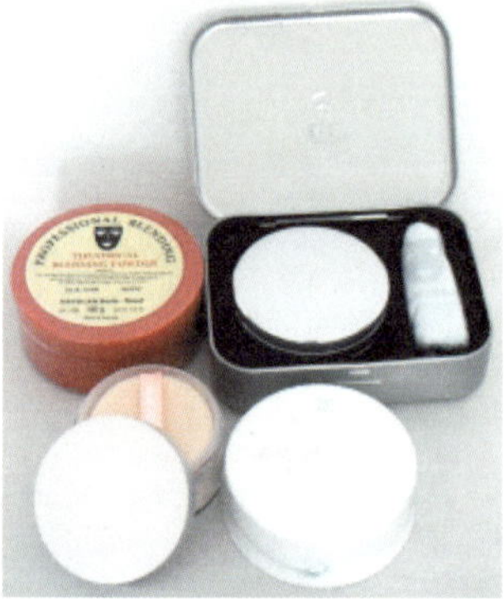

아이섀도(Eye Shadow)

- **케이크 타입** : 그러데이션 적용이 용이하여 색을 혼합하기에 좋다. 색상이 다양하나 가루 날림에 주의해야 하는 단점이 있다.
- **크림 타입** : 크림 타입에는 포트 형태나 펜슬, 스틱 타입이 있다. 발색 지속력이 좋아 피에로 분장이 나가부키 메이크업에 좋다. 유분이 많아 부드럽게 잘 펴진다.
- **펜슬 타입** : 유분이 많아 사용 후에는 케이크 제품으로 마무리해야 하며, 발색력이 우수하고 휴대하기 편하지만 색이 다양하지 않고 뭉칠 우려가 있다.
- **파우더 타입** : 화려한 무대 메이크업에 많이 사용되며 사이버 메이크업, 파티 메이크업 등에 적합하다.

아이라이너(Eyeliner) / 마스카라(Mascara)

또렷하고 선명한 눈매를 만들어준다.
아이라이너는 젤 타입, 케이크 타입, 리퀴드 타입이 있다.

블러셔(Blusher)

안색을 좋게 하고 건강해 보이기 위해 사용하며 윤곽 수정이 가능하다.
케이크 타입, 크림 타입이 있다.

립 팔레트(Lip palette)

입술의 윤곽을 살려주고 입술에 색감을 주어 얼굴을 생동감 있게 만든다.
스틱 타입, 크림 타입이 있다.

펜슬(Pencil)

립 펜슬, 아이 펜슬, 콤비 펜슬, 에보니 펜슬 등이 있다. 콤비 펜슬은 검정색과 진갈색이 한 자루에 구성된 제품으로 립 라이너, 아이라이너, 아이브로 겸용으로 사용이 가능하다.

속눈섭 풀(Duo)

- **속눈썹(TV용, 무대용)** : 속눈썹을 진하고 길어 보이게 해서 눈매를 선명하게 강조해준다. 다양한 모양과 크기, 컬러가 있으므로 용도에 맞게 사용한다.
- **듀오(Duo)** : 속눈썹을 붙이거나 장식물을 붙일 때 사용하는 접착제이다.

2) 기본 도구

스펀지(Sponge)

파운데이션을 펴 바를 때 사용하는 제품으로 파운데이션의 밀착력을 좋게 한다. 항상 청결을 유지해야 하며 잘라서 쓰는 타입과 빨아서 쓰는 타입이 있다.

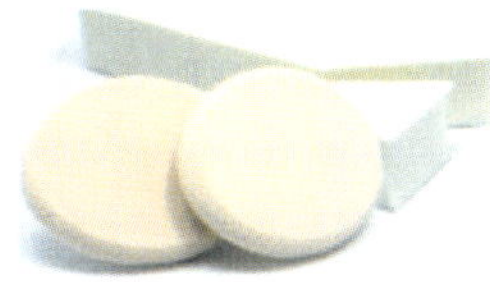

퍼프(Puff)

파우더를 곱게 펴 발라주는 제품이다. 자주 세척하여 청결을 유지한다.

브러시(Brush)

분장이나 각종 페인팅 작업에 사용되고 천연모와 인조모가 있는데 크기와 모양, 재질에 따라 용도가 나뉜다. 보관에 주의하고 항상 청결을 유지한다.

스패츌러((Spatulas) / 헤라

분장 제품을 덜거나, 모델링 작업 시 나이프 대용으로 사용하는 제품이다.

다용도 팔레트(Palette)

파운데이션, 라이닝 컬러, 립스틱 등을 덜어서 휴대할 수 있는 팔레트로 양면, 단면, 거울 부착형 등 종류가 다양하므로 용도에 맞게 선택한다.

분장 가방(Makeup Box)

분장 재료와 도구 등을 간편하게 정리할 수 있는 가방으로 압축 종이, 플라스틱, 금속 등의 재질이 있다.

3) 기본 제거 재료

클렌징(Cleansing) 제품

분장을 지울 때 사용하는 제품으로 크림 타입, 리퀴드 타입, 오일 타입, 워터 타입, 티슈 타입 등이 있다.

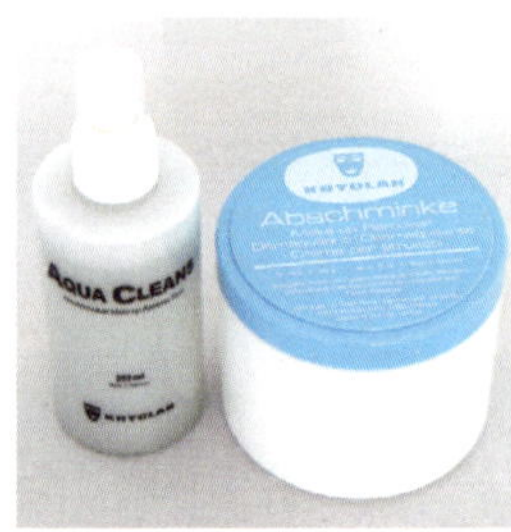

라이닝 컬러(Lining color) / 슈프라 컬러(Supra color)

분장용 유성 제품으로 사용 후 파우더를 발라주어야 밀착이 잘 된다. 브러시, 스펀지, 손을 이용하여 바르며 픽스 스프레이(fix spray) 뿌리면 컬러가 오래 지속되고 번짐을 방지한다.

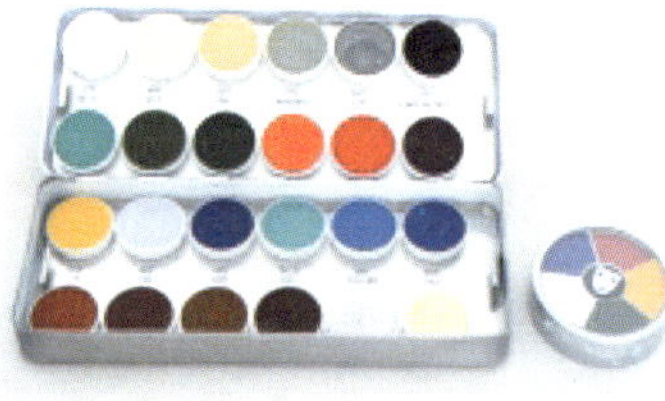

아쿠아 컬러(Aqua color)

페이스 페인팅이나 바디 페인팅에 일반적으로 사용하는 수성물감으로 안료가 농축된 고체 타입으로 되어있다.
물에 잘 섞이며 쉽게 발라지고 풍부한 색상을 표현한다. 브러시나 스펀지를 이용하여 물에 개어 사용하며 물과 비누로 쉽게 지울 수 있다.
땀이나 물에 약하여 시간이 지남에 따라 다시 채색하여야 하므로 장시간 지속하려면 픽스 스프레이를 뿌린다. 두껍게 칠할 경우 갈라지는 현상이 있다.

타투 컬러(Tattoo color)

문신을 그릴 때 사용하는 제품으로 원하는 부위의 유분을 제거한 후 붓을 이용하거나 스텐실 기법으로 표현한다. 장시간 지속을 원하면 픽스 스프레이를 뿌려준다.

픽스 스프레이(Fix Spray)

분장이나 바디 페인팅 후 필요한 부위에 뿌리면 얇은 막이 형성되는 일종의 코팅제로 분장이 손상되지 않도록 한다. 알코올이 들어 있으므로 눈과 입 등에 들어가지 않도록 주의한다. 비누나 미지근한 물로 쉽게 지워진다.

스티플 스펀지(Stipple Sponge) / 블랙 스펀지(Black Sponge)

수염 자국, 상처, 얼굴의 질감 표현에 사용하는 제품으로 보통 곰보 스펀지라고 한다.

1) 수염 재료

생사(性絲)

가장 많이 사용하는 수염 재료로 생 명주실을 말한다. 가볍고 비교적 다루기 쉬우며 다양한 색상으로 염색이 가능하다. 하지만 습기에 약해 땀이나 물에 젖을 경우 형태가 무너져 사용이 어려우므로 주로 인조사와 혼합해서 사용한다.

인조사(人造絲)

생사보다 다루기는 힘들지만 땀이나 물 등 습기에 강하다. 원사로는 사용하기가 힘들고 땋아서 물에 적신 후 전자레인지에 열을 가해 웨이브를 만든 다음 사용한다. 영상 분장에서는 24데니아(denia)를 주로 사용한다.

울 헤어(Wool hair)

서양에서 주로 사용하는 수염 재료로 곱슬곱슬한 양털이 원료이다. 서양 사람들의 수염 질감과 비슷하며 다양한 색상이 있다.

망수염 (Ventilate)

벤틸레이팅(ventilating)은 가는 그물망에 수염 털을 묶어주는 것을 말한다. 제작하려면 시간이 많이 걸리고 힘들지만 여러 번 사용이 가능하고, 현장에서 작업이 빠르며 장면 연결이 용이하다.

스피릿 검(Spirit Gum) / 마스틱스(Mastix)

수염이나 가발의 접착, 핫 폼 작업, 눈썹 지움 등 분장 시 필요한 모든 접착작업에 사용하는 제품이다.
99% 주정 알코올에 송진을 용해하여 제조하며 전용 리무버나 알코올로 제거가 가능하다. 제품마다 굳는 속도와 농도가 다르므로 용도에 맞게 사용하고 항상 적당한 농도가 유지되도록 한다. 바르고자 하는 부위의 유분기를 제거한 후 마스틱스를 바르고, 약간 마르면 물수건으로 살짝 눌러준 뒤 접착하면 된다.

- **메디컬 마스틱스(medical mastix)** : 실리콘 접착제로써 스피릿 검 사용 시 부작용이 있는 예민한 피부에 적합하다. 제거할 때는 메디컬 마스틱스 전용 리무버를 사용한다. 접착력은 약한 편이다.
- **TV 마스틱스(TV mastix)** : 무광택 마스틱스 중 가장 잘 붙고, 빨리 마르는 무광택 접착제이다. 보통 마스틱스 보다 농도가 연해서 섬세한 분장에 쓰인다.
- **수성 마스틱스(water mastix)** : 세척이 가능한 접착제로 용매 물질이 함유되어 있지 않다. 수염이나 가발을 짧은 시간 동안 부착할 때 사용하는 수용성 접착제로 눈썹을 붙이거나, 볼드 캡을 쓰기 전 머리카락을 누일 때도 사용한다.

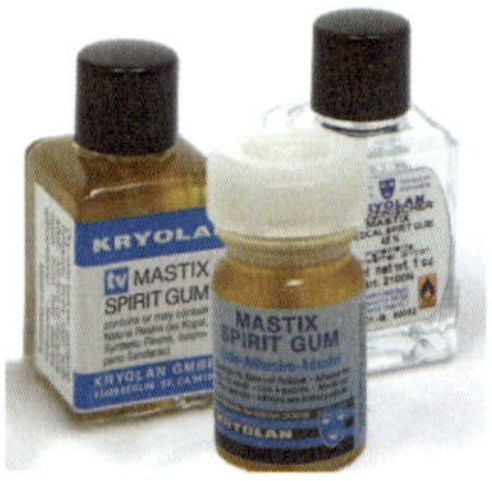

프로세이드(Pros-Aide Adhesive)

• **프로세이드(Pros-Aide Adhesive)**

수염, 가발, 볼드캡, 실리콘 어플라이언스 등을 부착하는 메디컬 등급의 수성 접착제로 인체에 무해하고 습기나 땀에 방수 효과가 있다. 추운 날씨에는 얼어서 사용이 불가능할 수 있기 때문에 실온에서 보관한다.

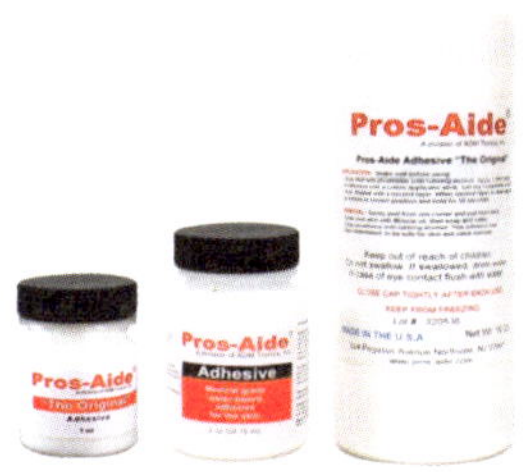

프로세이드 크림(Pros-Aide Cream Adhesive

• **프로세이드 크림(Pros-Aide Cream Adhesive)**

피부와 어플라이언스 사이의 경계나 틈을 채우는데 사용하기 좋도록 크림 타입으로 제작되었으며, 인체에 무해하다. 상처나 흉터 분장에 사용하고, 몰드 위에 질감을 표현할 때도 사용한다.

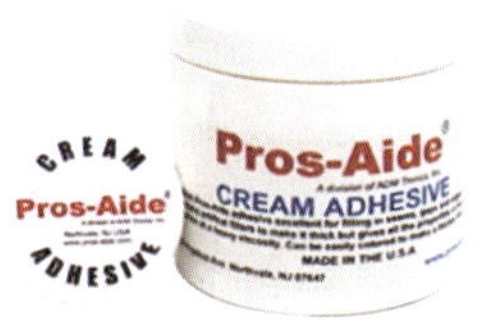

수염 제거 재료

- **마스틱스 리무버(Mastix Remover)**
  피부에 남아있는 스피릿 검을 제거하는데 사용하는 제품이다.

- **프로세이드 리무버(Pros-Aide Remover)**
  스프레이 타입으로 되어있으며, 프로세이드 접착제를 제거하는데 사용한다.

- **알코올(Alcohol)**
  99% 이소프로필알코올로 스피릿 검을 제거하고 망 수염 세척, 볼드 캡의 가장자리 처리 시 사용한다.

- **석유 솜(Oil Cotton)**
  석유를 적신 솜으로 냄새는 강하지만 인체에 무해하고 자극이 적어 수염이나 기타 제거제로 많이 사용한다.

- **아세톤 (Acetone)**
  콜로디온, 실러, 볼드 캡 등을 녹이고, 망수염의 재 접착에 사용한다. 피부에 유해하므로 눈에 들어가지 않도록 주의한다.

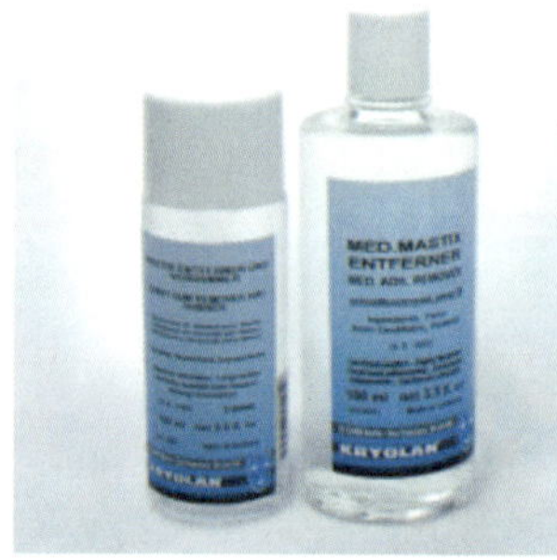

2) 수염 도구

수염 도구

- **수염 가위(Scissors)**
  수염 작업에 사용하는 가위로 길이와 재료 용도에 따라 수염 가위와 일반 가위로 구분해서 사용한다.

- **수염 빗(Comb)**
  수염 작업에 사용하는 빗으로 정전기를 방지하기 위해 주로 쇠빗이나 알루미늄 빗을 사용한다.

- **핀셋(Tweezer)**
  수염 부착 시 수염을 가지런히 정리하고 수염의 양을 고르는데 사용한다.

- **드라이어(Dryer)**
  수염의 형태를 만들 때 사용한다.

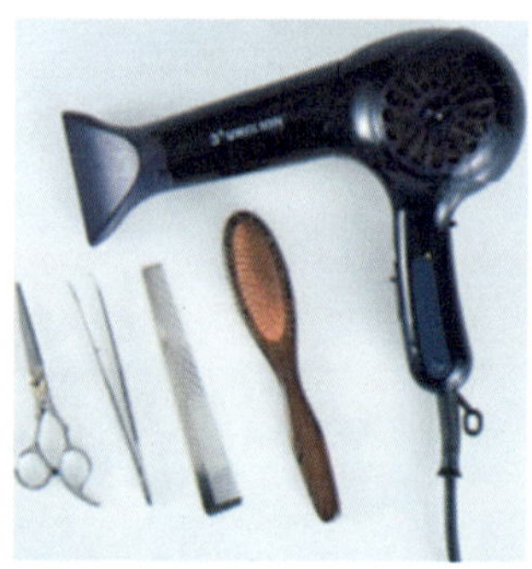

라텍스(Liquid Latex)

암모니아수에 생고무를 용해한 흰색의 액체로 건조 후에는 투명해지는 성질이 있다. 볼드 캡, 상처, 핫 폼 작업, 노역 분장 시 주름을 만들 때 사용하고 접착제로도 쓰인다. 독성이 강하므로 얼굴에 다량 사용은 금한다.

- Gum1 라텍스 재료로서 강도가 있고 간단한 깁스폼을 만들 때 쓰인다.
- Gum2 라텍스 재료로서 강도가 있지만 부드러워 마스크나 코 등 간단한 깁스폼을 만들 때 쓰인다.

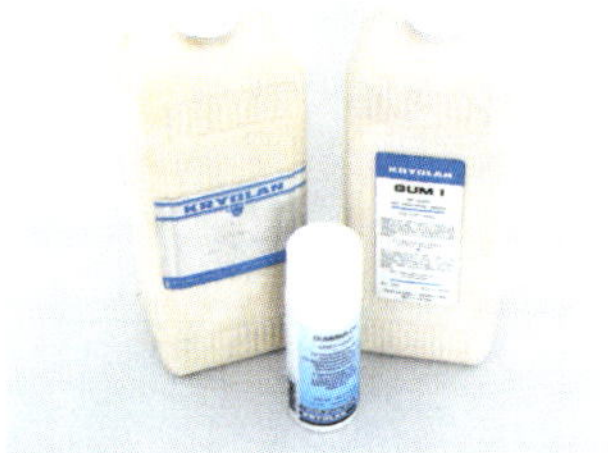

올드 스킨 플라스트(Old Skin Plast)

노역 분장 시 주름을 만들기 위한 특수 재료이다. 아주 섬세한 주름을 만들 때 유용하기 때문에 영화나 TV 분장에 많이 사용된다. 넓은 부위에는 사용하지 않는 것이 좋으며 마르기 시작하면 주름 효과가 즉시 나타난다. 아세톤이 함유되어 있기 때문에 눈 부위는 사용을 금한다.

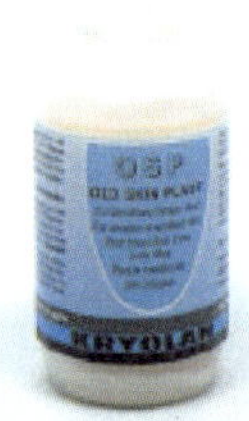

왁스(Wax / Plasto)

형태를 변형시키는 제품으로 경도(硬度)에 따라 용도와 명칭이 다르므로 용도에 맞는 제품을 사용한다. 들러붙지 않도록 젤이나 물을 손에 바른 뒤, 주물러서 부드럽게 만들어 사용한다. 원하는 형태를 만든 후에는 스피릿 검으로 붙인다. 유연성이 없으므로 근육의 움직임이 많은 부위는 사용을 자제한다.

- **F/X 왁스(F/X wax)** : 접착력이 가장 좋고 스프트한 제품으로 스피릿 검을 사용하지 않아도 된다. 가장 최근에 개발된 제품으로 영화, TV용으로 많이 사용된다.
- **나트로 플라스토(natro plasto)** : 단단하며 수분, 물기, 온도에 강한 것이 특징이다. 시체 성형용으로 오래전부터 널리 사용되어왔다.
- **소프트 퍼티(soft putty)** : 주무르지 않고 그냥 사용하면 되는 간편한 왁스로 스피릿 검을 사용하지 않아도 된다. 유연하기 때문에 움직임이 많은 곳에도 적절하며 배우가 땀을 흘려도 잘 떨어지지 않는다.
- **노즈 퍼티(nose putty)** : 코의 변형을 위한 왁스로 준비된 왁스 원형을 코 위에 올려놓고 살을 붙여가며 형태를 완성한다. 분장을 하기 전에 사용해야 하며 위에 실러를 도포한 후 색을 입힌다.
- **눈썹 왁스(eyebrow plastic)** : 스틱 형태로 되어 있어 사용이 간편하며 소프트해서 특히 눈썹을 커버하는 데 효과적이다. 실러로 왁스의 표면을 얇게 도포한 후 색을 입힌다.
- **스틱 왁스(stick wax)** : 스틱 형태로 사용하기 편리하고 노즈 퍼티보다 부드러워 쉽고 빠르게 작업할 수 있다.
- **스티플 왁스(stipple wax)** : 잘 붙는 성질의 실용적인 왁스로 수염의 형태를 고정시켜주고 가루 수염을 붙이거나 접착력이 없는 글리터를 붙일 때 사용한다.

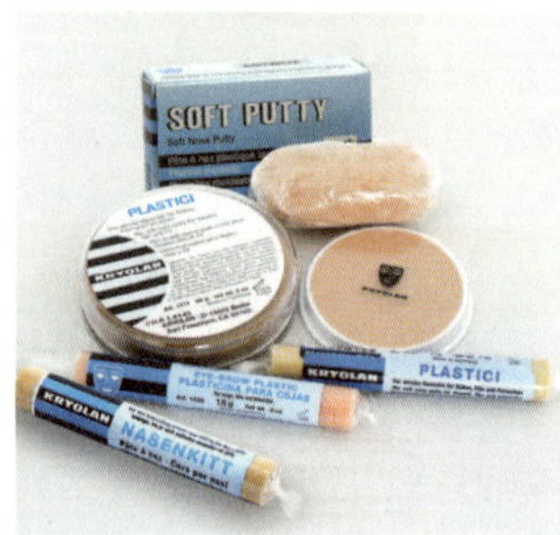

실러(Sealor)

왁스로 만든 상처, 눈썹, 각종 마스크를 코팅할 때 사용하는 제품으로 피부에 무해하다. 필요한 경우 스피릿 검 리무버 또는 알코올로 희석시킬 수 있고 제거 시 알코올, 아세톤을 사용한다.

젤 스킨(Gel Skin)

화상이나 상처 분장에 사용하는 제품으로 뜨거운 물에 중탕하여 사용한다. 남은 재료는 재사용이 가능하다. 젤라틴, 글리세린이 주성분으로 직접 만들어서 사용하기도 한다.

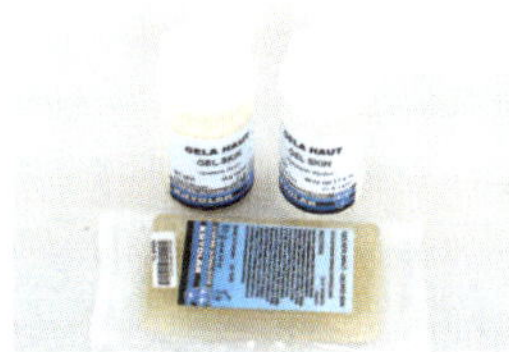

콜로디온(Collodion) / 게로 스킨 (Kelo Skin)

오래된 흉터와 칼자국을 만드는데 사용하는 피부수축 제품으로 여러 차례 바르고 건조한 후 손으로 형태를 잡아 완성한다. 휘발성으로 보존 기간이 짧고, 에테르가 함유되어 있어 냄새가 강하므로 가능한 맡지 않도록 한다.

튜플라스트(Tuplast)

사실적인 흉터나 물집을 만들 때 사용하는 제품이다. 마르기 전에 완성해야 하므로, 튜브에서 짜서 피부에 바로 부착시킨다. 스패출러로 쉽게 변형이 가능하고 완전히 마른 후에는 워터 프루프 기능이 생긴다. 색상은 스킨과 투명 두 가지가 있으며 간단히 잡아당겨서 제거가 가능하다. 아세톤이 함유되어 있으므로 눈 주위나 점막에는 사용을 주의한다.

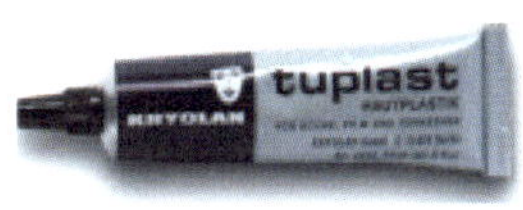

오부라이트(Oblate)

녹말이 주성분인 얇은 필름으로 가루약을 싸서 먹는 용도의 제품이지만 화상 분장에 응용된다. 여러 겹을 구겨서 물을 분무한 후 피부에 밀착시킨다. 그 위에 파우더를 가볍게 바르고 채색한다.

글리세린(Transparent Jelly)

땀방울이나 흐르는 눈물 자국, 젖은듯한 피부를 표현할 때 효과적인 젤리 타입의 제품이다. 피부에 광택을 주지만 유분이 없고 세척이 가능하다. 손에 적당량을 덜어 약간의 물을 묻힌 후 원하는 부위에 바른다. 파운데이션이 뭉칠 수 있으니 주의하고 눈에 들어가지 않도록 한다.

투스 에나멜(Tooth Enamel)

치아에 사용하는 워터프루프 제품이다. 다양한 컬러가 있고 빠진 치아나 니코틴이 낀 치아 등을 표현할 때 사용한다. 사용하고자 하는 부위의 물기나 이물질을 제거하고 충분히 제품을 흔들어 바른 뒤 건조시킨다. 용액을 제거할 때는 화장 솜이나 면봉에 알코올을 묻혀 닦아낸다. 무대분장시는 검정 펜슬 등을 사용하기도 한다.

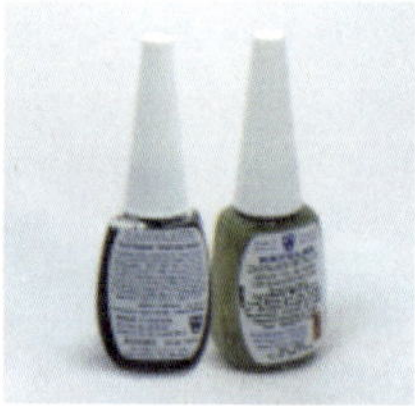

티어스틱(Tear stick)

바르면 따끔거려 저절로 눈물을 흘리게 하는 효과가 있다. 눈에 들어가지 않도록 주의한다.

인조 피(Blood Paint)

액체 타입의 피로 농도에 따라 여러 가지 제품이 있다. 판매하는 제품은 색이 연해 직접 제조하여 사용하는 경우가 많다. 쉽게 상하므로 냉장보관하고 되도록 필요한 양만 제조해서 사용한다.

- **스페셜 블러드(Special Blood)** : 끈적임이 있는 피로 마르지 않는다. 분장한 상처에 사용하면 천천히 흘러서 굉장히 사실적으로 표현된다. 식염수를 사용해 세척이 아주 쉬운 것이 특징이다.

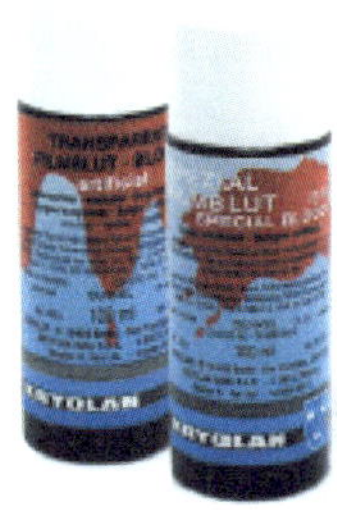

픽스 블러드(Fix Blood)

빠르게 건조되는 접착제 타입의 인공 혈액으로 살짝 긁힌 피부를 표현 할때 사용하는 제품이다. 유성이라 쉽게 지워지지 않고 문질러도 번지지 않으며 건조 상태에서 쉽게 떼어낼 수 있다. 처음 개봉 시 모두 소진해야 하며 한번 사용하면 굳어서 재사용이 불가능하다. OSP 리무버 또는 아세톤으로 제거한다.

- **하이드로 픽스 블러드(hydro fix blood)** : 굳은 피로 흐르지 않으며 마른 피 표현이 된다. 수성이므로 물에 의해 쉽게 제거된다.
- **굳은 피(fresh scratch)** : 긁힌 자국이나 상처가 난 뒤 오래되어 피가 굳어 있는 표현을 할 때 사용한다.

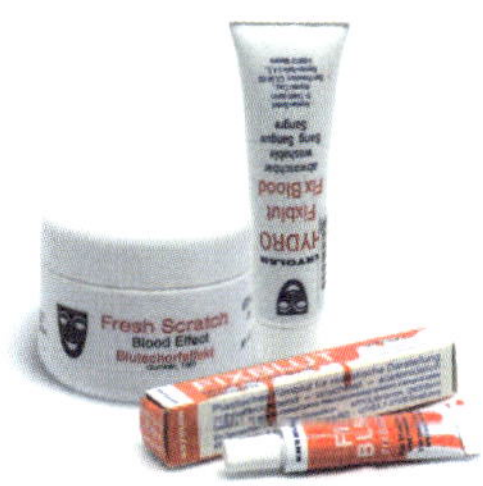

블러드 캡슐(Blood Capsules)

입에서 흐르는 피 효과를 내기 위한 제품이다. 젤라틴 캡슐에 분말 피가 들어있어 캡슐을 입에 넣고 깨물면 침에 의해 붉은 피로 변한다. 위에서 녹으며 삼킬 수 있고 식용색소, 설탕, 초성분이 함유되어 있어 약간 시큼한 맛이 난다. 옷에 묻으면 물로 지워지지 않으므로 주의한다. 인조피를 랩이나 얇은 비닐에 싸서 사용하기도 한다.

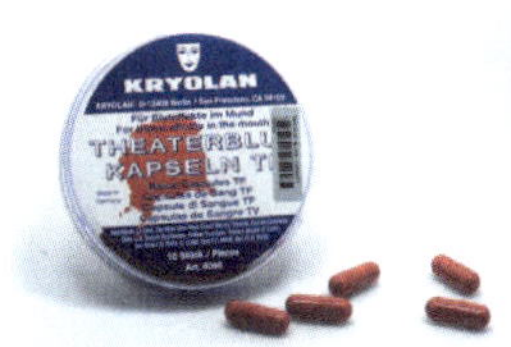

블러드 파우더(Blood Powder)

붓을 사용하여 머리카락 속이나 피부에 소량을 묻힌 다음 그 위에 물을 분무하면 빠른 시간 내에 피가 멍울져 흐르는 효과를 낼 수 있다.

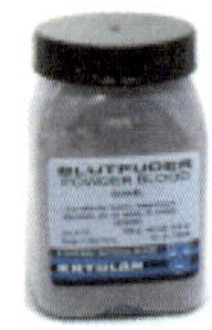

아이 블러드(Eye Blood)

액체 상태의 용액으로 되어 있다. 안약을 넣듯 눈에 넣어 사용하고 피눈물, 핏발선 눈, 광기 어린 눈 등을 표현한다. 다양한 색상이 있으며 효과는 1~2분 정도만 지속된다.

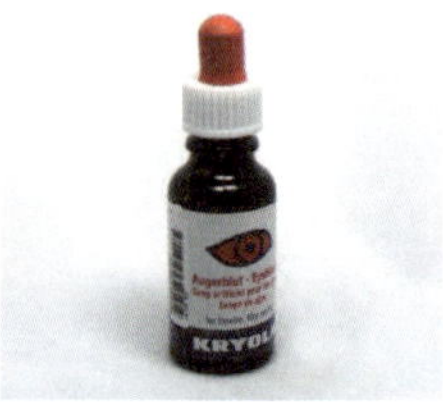

매직 블러드(Magic Blood)

콤비형 재료로 투명과 반투명의 2가지로 이루어져 있다. A 용액을 먼저 바른 뒤 B 용액을 칼등에 묻혀 A 용액 위에 그으면 그은 모양대로 피 색이 나타난다. 발색이 약하여 타이밍을 잘 맞추어야 한다는 단점이 있으며 눈에 들어가지 않도록 주의한다.

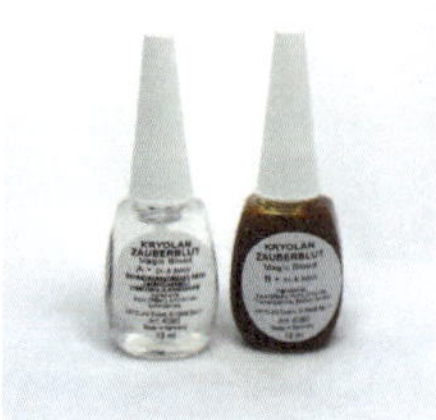

식용색소(Dye Color)

가루로 된 발색제로 식용이다. 인조피 제조 시에 사용하며 다양한 색상이 있다.

알지네이트(Alginate)

네거티브(negative)의 석고 틀을 뜰 때 사용하는 제품이다

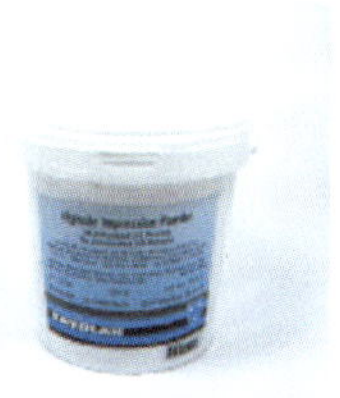

석고붕대

네거티브를 강하게 하기 위한 깁스붕대이다.

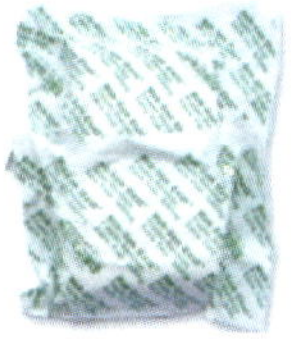

유토(油土)

필요한 각종 형태를 만드는 데 사용하는 유성 찰흙으로 오래 두어도 굳지 않는다. 단단한 것부터 부드러운 것까지 서로 다른 경도의 제품이 있으므로 작업의 상황에 따라 적당한 것을 선택하여 사용한다.

핫 폼(Hot Foam)

채색과 접착작업이 쉬운 경량의 고무 재료로 주로 인조 피부를 만들 때 사용한다. 아주 섬세한 작업에 쓰이며 전문 기술을 필요로 한다.

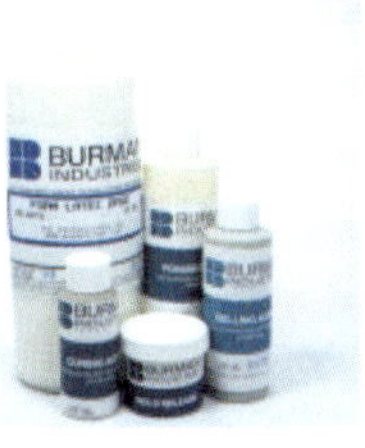

콜드 폼(Cold Foam)

간단한 폼 작업을 할 때 사용하는 제품으로 상처, 마스크, 인조 피부 등을 만들 수 있다. 용기에 A 용액과 B 용액을 비율에 맞춰 혼합하면 빠르고 간편하게 폼 작업을 할 수 있다.

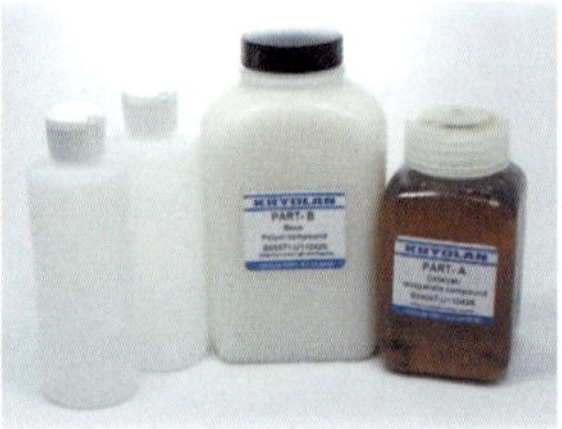

젤 폼(Gel Foam)

젤 타입으로 된 폼으로 컵에 넣은 뒤 전자레인지에서 1분 정도 열을 가한다. 2배 정도 부풀면서 끓으면 준비해 놓은 틀에 붓고 굳으면 떼어내 사용한다. 붓기 전에 틀에 분리제를 펴 발라 주어야 떼어낼 때 편리하다.

실리콘(Silicon)

얼굴이나 몸의 네거티브를 만들 때 쓰는 치과용 제품으로 A 용액과 B 용액이 한 세트로 되어있다. 피부에 직접 사용이 가능하며 아주 유연하고 오랫동안 보관이 가능하다. 머리카락이나 눈썹은 꼭 랩을 붙여주고 붓은 일회용으로 사용한다.

볼드 헤드(Bald head)

볼드 캡을 제작하기 위한 두상 모형이다.

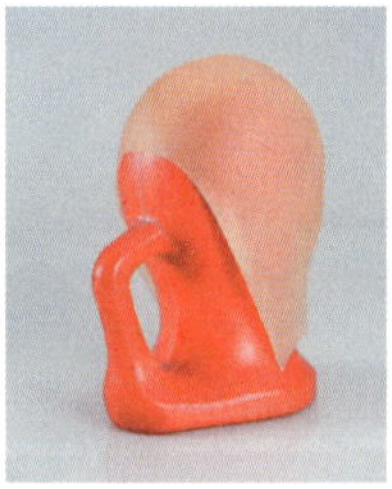

볼드 캡(Bald cap)

글라짠과 라텍스 두 종류가 있는데 글라짠으로 만든 볼드 캡은 가장자리가 아주 얇아 피부 위에 접착 시 거의 표시가 나지 않는다. 아세톤을 바르면 글라짠이 녹아 경계선을 거의 없앨 수 있으며 라텍스로 만든 볼드 캡에 비해 신축성이 좋다. 라텍스로 만든 볼드 캡은 부착 시 경계선이 보이지만 튼튼해서 여러 번 사용할 수 있으므로 주로 무대용으로 사용한다.

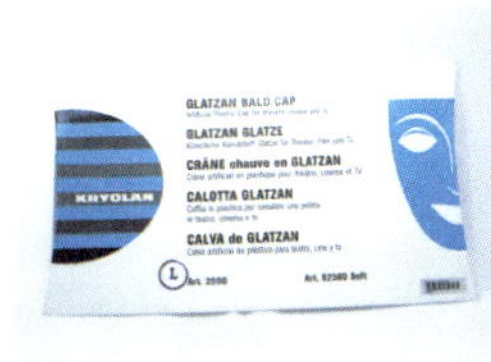

글라짠(Glatzan)

용액 형태의 플라스틱으로 섬세한 볼드 캡을 쉽게 만들 수 있는 제품이다. 볼드 헤드에 3~5번 정도 칠해 말린 다음 파우더로 표면을 처리한 후 떼어낸다. 주름과 경계선이 없어 자연스러운 분장 표현이 가능하다.

러버 그리즈 페인트(Rubber Grease paint(R.M.G/T.P.M))

볼드 캡, 라텍스 주름, 핫 폼, 콜드폼 작업 시 사용하는 제품으로 다양한 색상이 있다. 알코올에 적신 스펀지에 소금씩 묻혀 혼색한 뒤 폼 부위를 고르게 터치한다. 덧바르면 탁해지므로 주의하고 파우더로 마무리한다.

플라스틱 테이프(Plastic Tape)

볼드 캡, 가발 경계선, 흉터를 분장할 때 사용한다. 무광택이며 테이프 윗면에 페인팅이 가능하다.

스킨 일러스트레이트 온 셋 팔레트(Skin Illustrate On Set Pallette)

• **알콜베이스 수성팔레트(Alcoled Based)**

고농축의 짙은 색소로 깊이 있는 색상을 표현할 수 있고 지속력이 강하며 알코올을 섞어서 사용한다. 물이나 땀에 지워지지 않는 장점이 있다.

폼 라텍스의 채색용이나 멍 및 상처분장의 표현에 사용하며 브러쉬에 묻혀 흩뿌리듯이 사용하거나 직접 묻혀서 채색한다.

폼 라텍스 어플라이언스(Foam Latex Appliance)

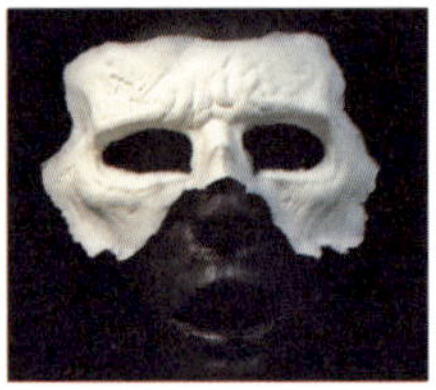

라텍스 어플라이언스보다 가볍고 가장자리가 얇아 자연스럽게 부착할 수 있고 섬세한 표정 변화까지 표현해 낼 수 있다.

라텍스 어플라이언스(Latex appliance)

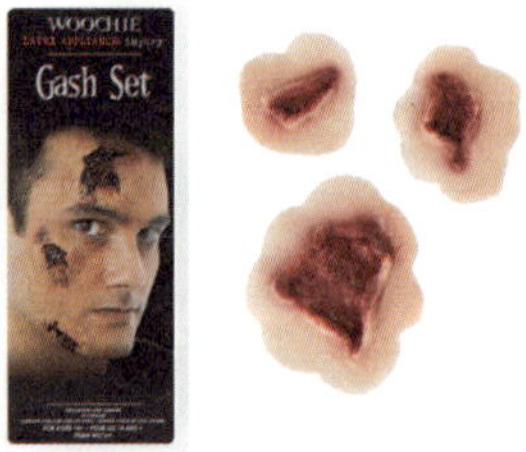

상처용 라텍스 피스로 스프릿검이나 리퀴드 라텍스를 라텍스 스폰지에 묻혀 부착한다.

오렌지 스펀지(Orange Sponge)

멍, 검버섯 등의 표현에 사용되고 표면에 구멍이 뚫려 있어 사람의 모공이나 혈관을 표현하는 것으로 구멍이 큰 것은 채색용, 작은 것은 상처용이다

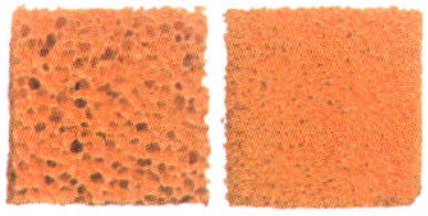

써드 디그리 실리콘 모델링 컴파운드(3rd Degree Silicone Modeling Compound)

A와 B를 1:1 정도의 비율로 섞어서 사용한다. 섞은 후 10분 내외로 완전히 굳으니 굳기 전에 조형을 완성한다.

채색을 위해 화장품용 색고, 플로킹 등을 첨가하거나 크림 베이스, 알콜베이스 메이크업, 알콜베이스 메이크업 제품으로 채색할 수 있다.

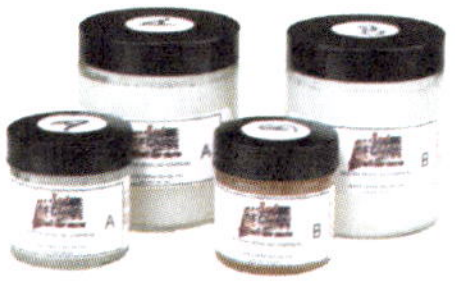

PK.젤-10(Gel-10)

유백색의 부가타입 실리콘으로 라이프 캐스팅 및 금형제작, 보철기기 제작에 사용된다. 인공 스킨, 인체 더미, 인체 모형 제작에 사용된다.

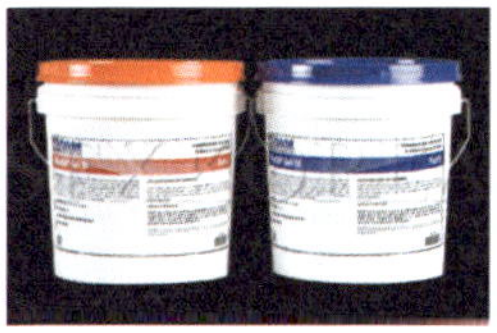

5. 헤어 재료 및 도구

1) 헤어 재료

헤어 재료

• **헤어 스프레이(Hair Spray)**
완성된 헤어스타일을 고정하는 스프레이로 수염의 형태를 잡는데도 사용한다. 가스 타입과 액상 타입이 있다.

• **헤어 젤(Hair Gel)**
젤 타입의 헤어 고착제, 고형제로 하드(hard)형과 소프트(soft)형이 있으며 현대극에서 남녀 모두에게 사용한다.

• **투 페이즈(2 Phase)**
헤어트리트먼트 제품으로 pH 밸런스를 조절하여 모발을 건강하게 가꾸어 주며 볼륨감과 광택을 주는 기능을 가지고 있다. 엉키거나 부스스해진 가발에도 사용한다.

컬러 스프레이(Color Spray) – Special effect

다양한 색상의 스프레이로 일시적인 착색 효과가 있다. 분장이나 판타지 메이크업 시 머리나 몸, 옷 등에 사용할 수 있고 수성이어서 쉽게 세척이 가능하다.

템플 화이트(Temple White) / 크리오란사

방송이나 영화 노역 분장 시 모발에 칠하는 흰 용액(화이트/아이보리)

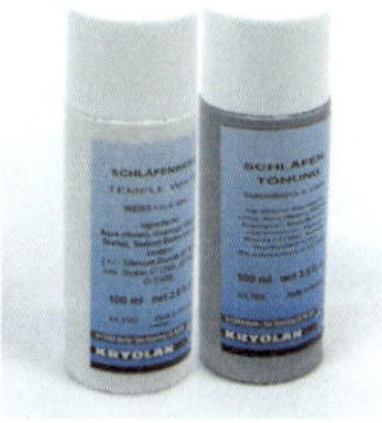

찍구(Tique)

쪽머리 작업 시 헤어를 정리하는데 쓰는 제품을 말한다. 강한 냄새에 유의하고 제거 시에는 중성세제로 여러 번 세척한다. 제품에 따라 찍구의 점도 및 색상, 냄새가 다르다.

흑채(순간 증모제)

가루 타입의 섬유 조각으로 이루어진 모발 보충재로 헤어스타일 완성 후 나무 빗이나 브러시 끝부분으로 두드려 두피에 밀착시킨다. 검정, 갈색, 진갈색, 회색 등이 있고, 바람이 불거나 스치면 가루가 떨어지는 문제점이 있으므로 꼭 헤어 스프레이로 고정시켜 준다.

상투

벨크로로 부착하는 완성형 상투와 당줄로 고정하는 풀어진 상투가 있다.
망건을 이마 위에 두르고 고정한 후 당줄을 관자에 걸어 뒤쪽에서 단단히 묶는다. 머리를 위로 끌어올려 잡고 시계방향으로 위에서 아래로 틀어 감아 고정시켜 준 후 남은 당줄로 머리 아랫부분을 감아 고정시킨다.

달비

머리털 모양의 가발 다발, 업스타일이나 사극의 고전머리용으로 사용된다. 다양한 모양으로 꼬거나 땋은 다음 헤어에 붙여서 스타일을 만든다.

비녀

사극 고전머리의 비녀로 쪽 머리에 꽂아서 사용한다.

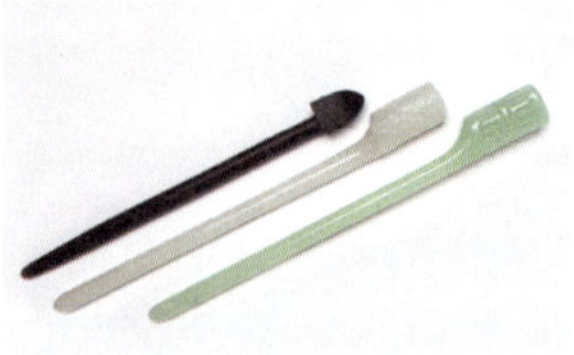

떨잠과 꽂이

업스타일이나 고전머리의 헤어 장신구로 다양한 조형의 디자인으로 제작되고 있다.

댕기

고전머리의 헤어 장신구로 달비에 묶어서 다양하게 연출한다.

2) 헤어 도구

헤어 롤(Hair roll), 고데기(Tongs), 드라이어(Dryer)

헤어 롤(hair roll), 고데기(tongs), 드라이어(dryer), 얼굴 가리개 등이 있다.

헤어 핀

업스타일용으로 사용되며 헤어나 가발, 피스의 고정용으로 사용된다.

제품사진 : KRYOLAN PROFESSIONAL MAKE-UP MakeupMagic PROFESSIONAL

PART

2

분장디자인 워크북
Make up Design Work Book

작품명		배역	
나이		성격	
막 / 씬		특징	

분장 과정 사진		
①	②	③

완성 사진	MEMO

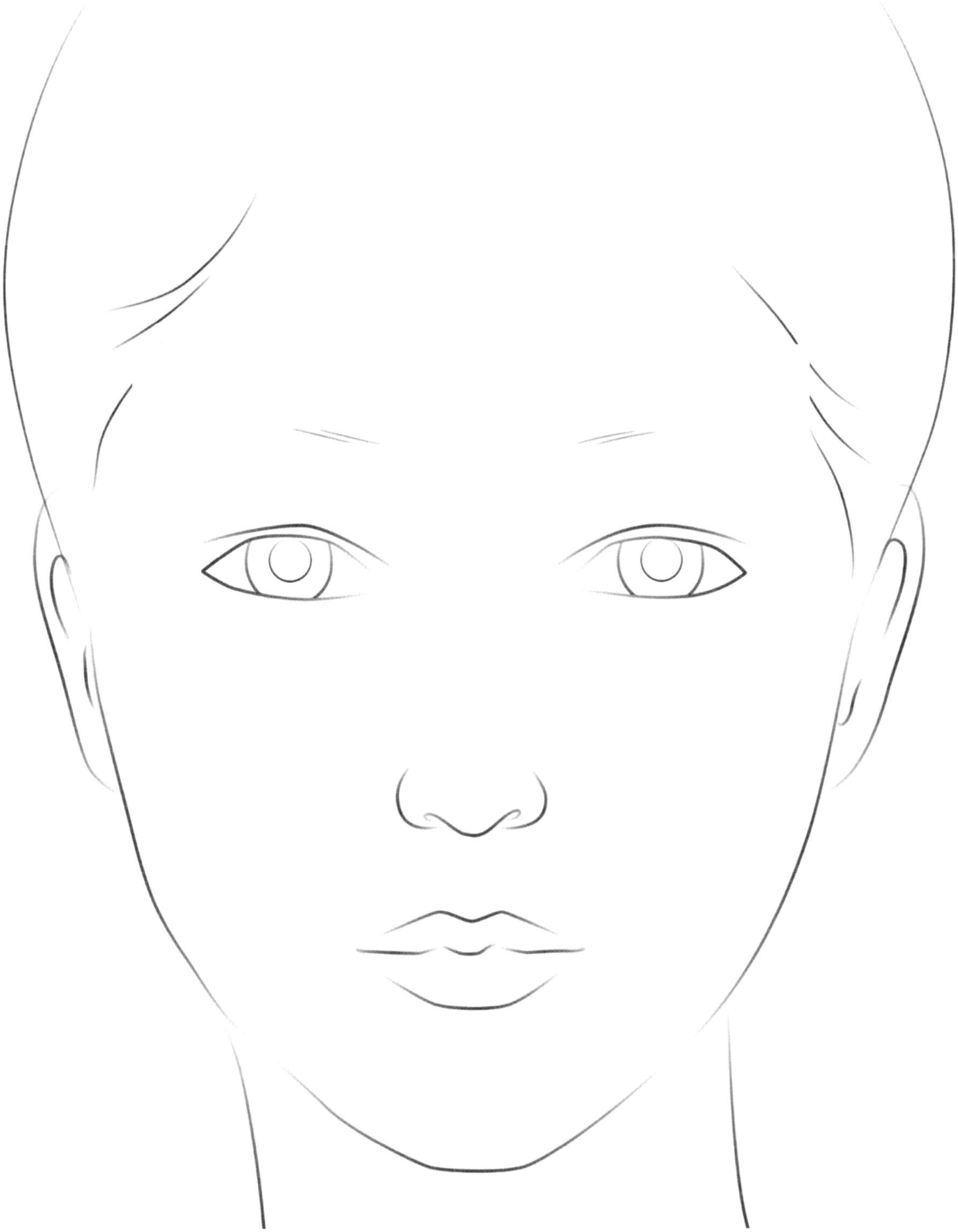

작품명		배역	
나이		성격	
막 / 씬		특징	

분장 과정 사진		
①	②	③

완성 사진	MEMO

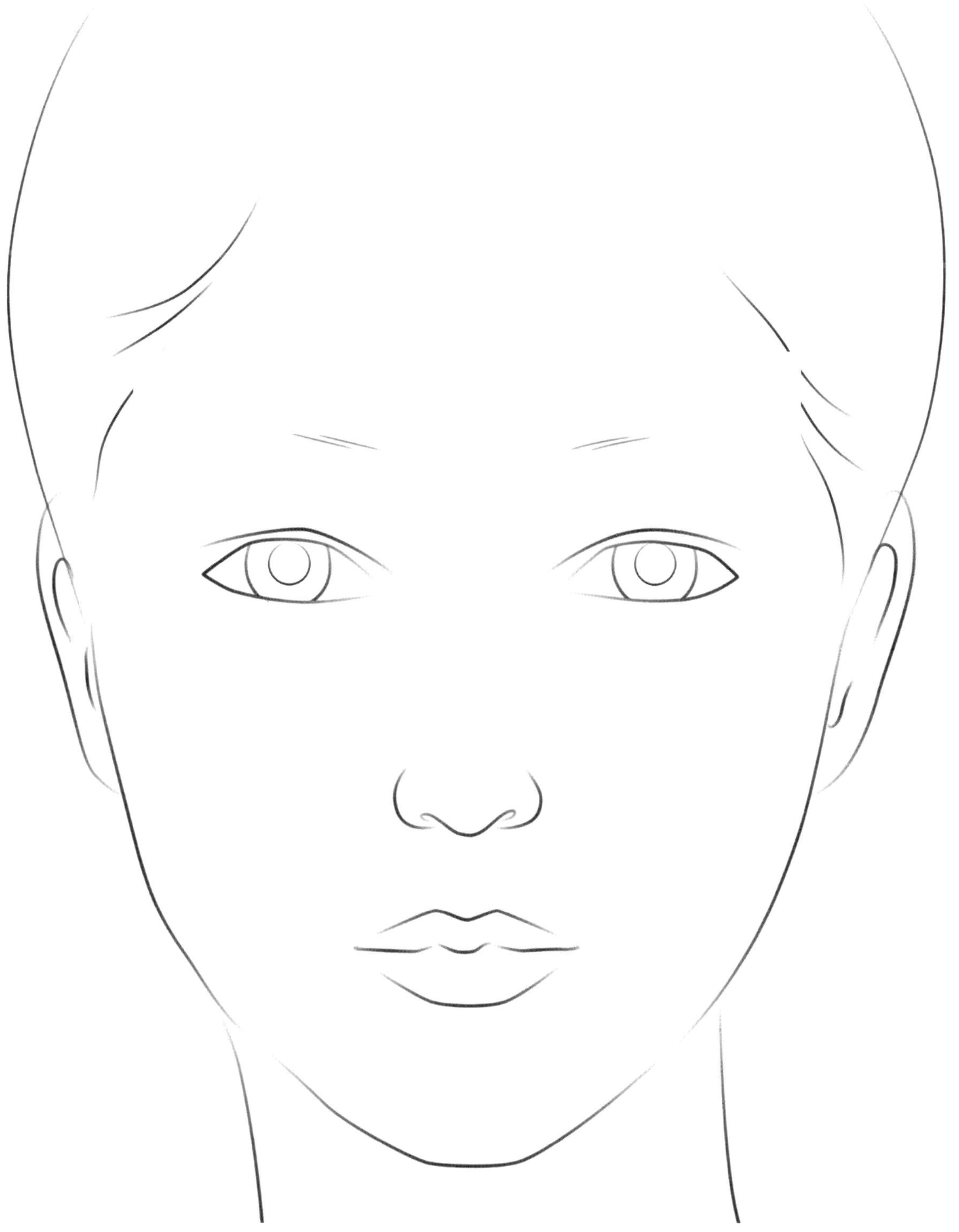

작품명		배역	
나이		성격	
막 / 씬		특징	

분장 과정 사진		
①	②	③

완성 사진	MEMO

작품명		배역	
나이		성격	
막 / 씬		특징	

분장 과정 사진		
①	②	③

완성 사진	MEMO

작품명		배역	
나이		성격	
막 / 씬		특징	

분장 과정 사진		
①	②	③

완성 사진	MEMO

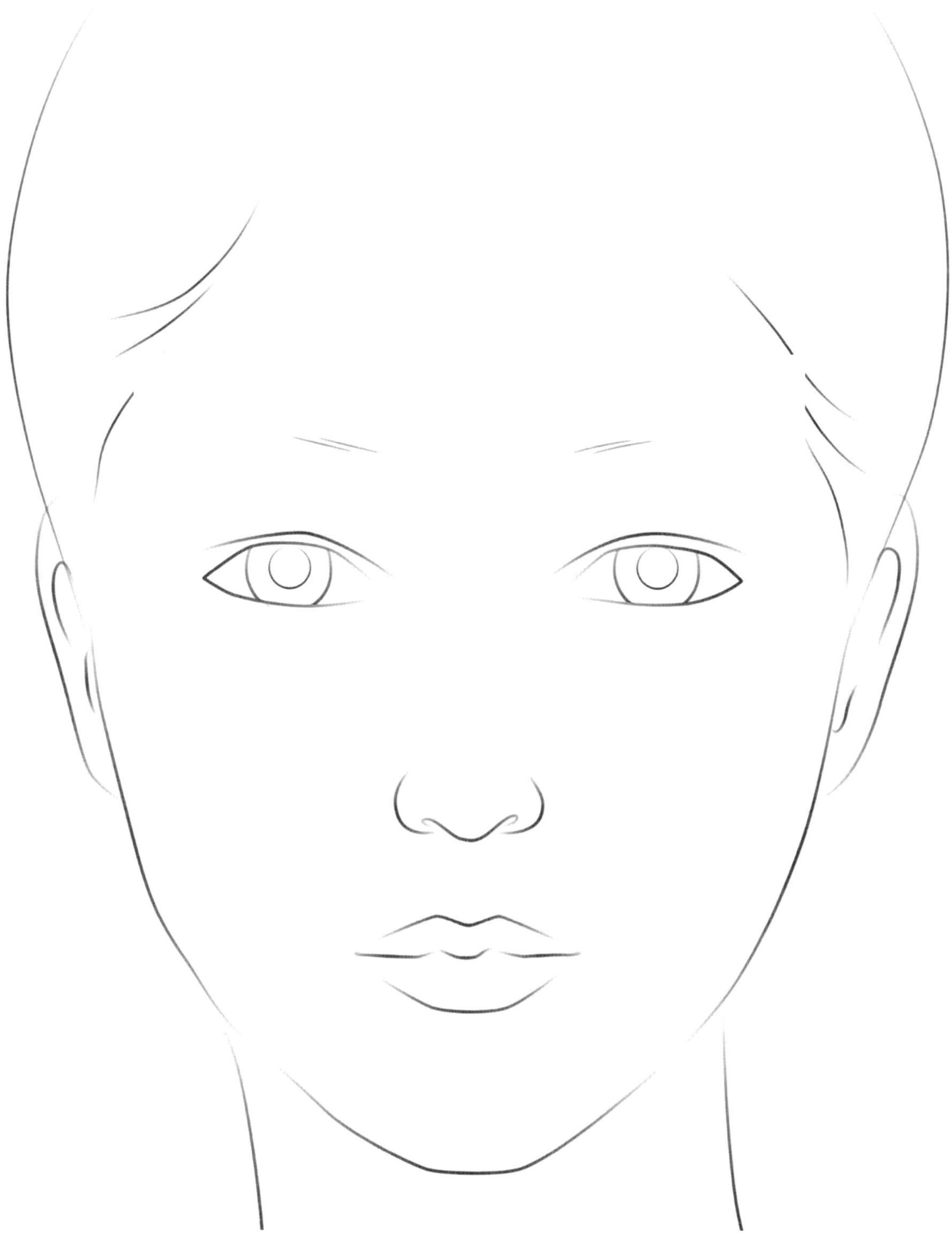

작품명		배역	
나이		성격	
막 / 씬		특징	

분장 과정 사진		
①	②	③

완성 사진	MEMO

작품명		배역	
나이		성격	
막 / 씬		특징	

분장 과정 사진		
①	②	③

완성 사진	MEMO

작품명		배역	
나이		성격	
막 / 씬		특징	

분장 과정 사진		
①	②	③

완성 사진	MEMO

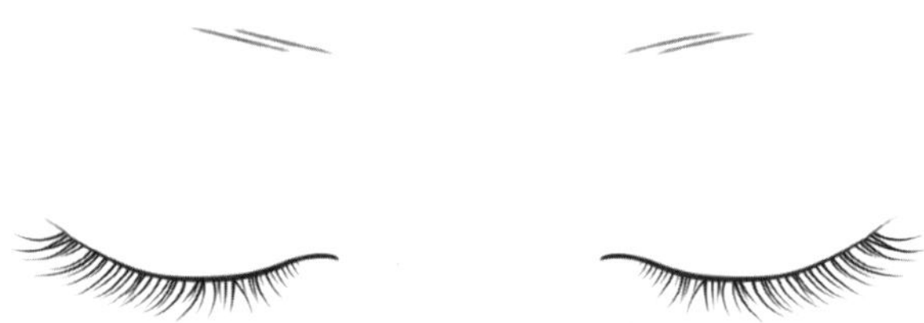

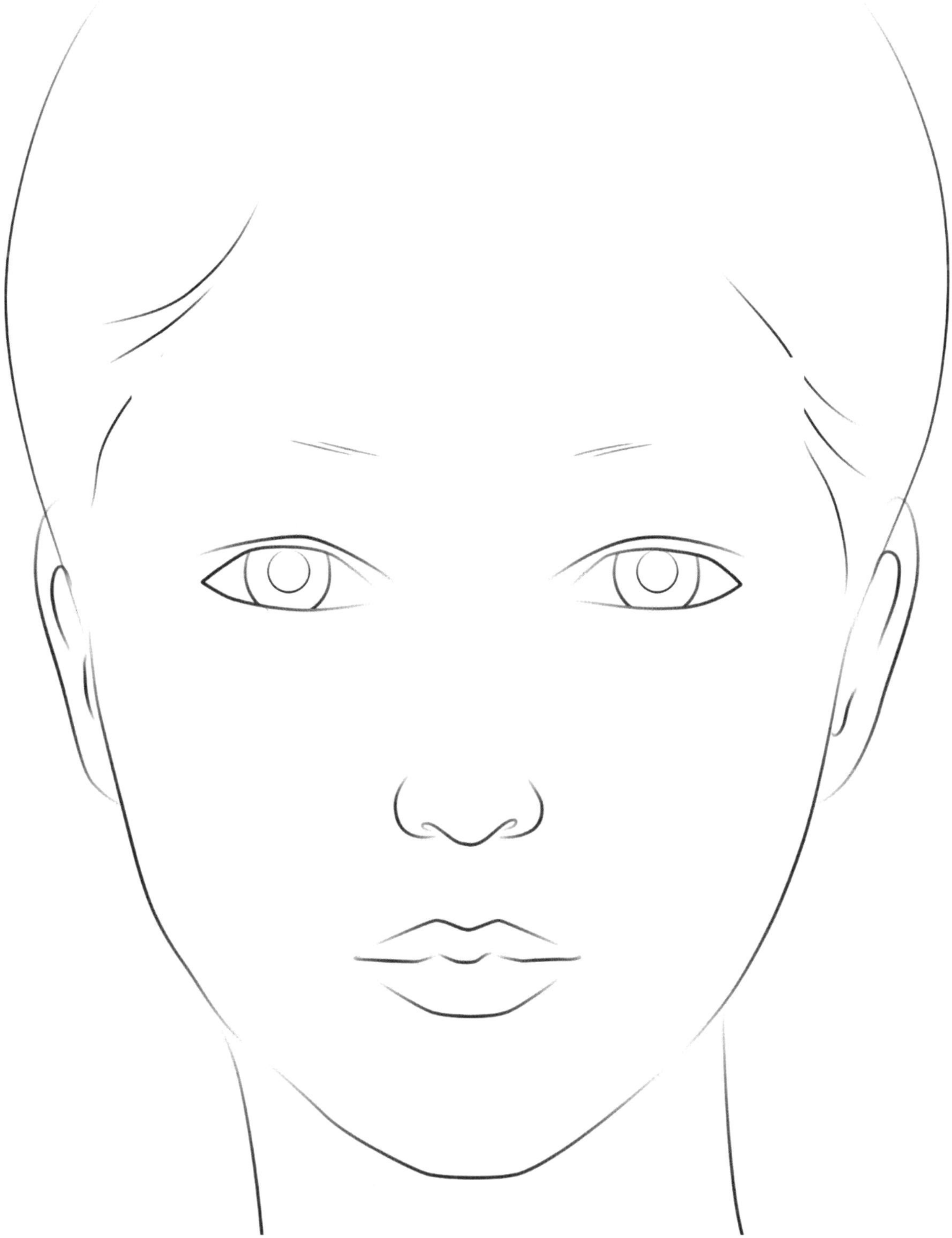

작품명		배역	
나이		성격	
막 / 씬		특징	

분장 과정 사진		
①	②	③

완성 사진	MEMO

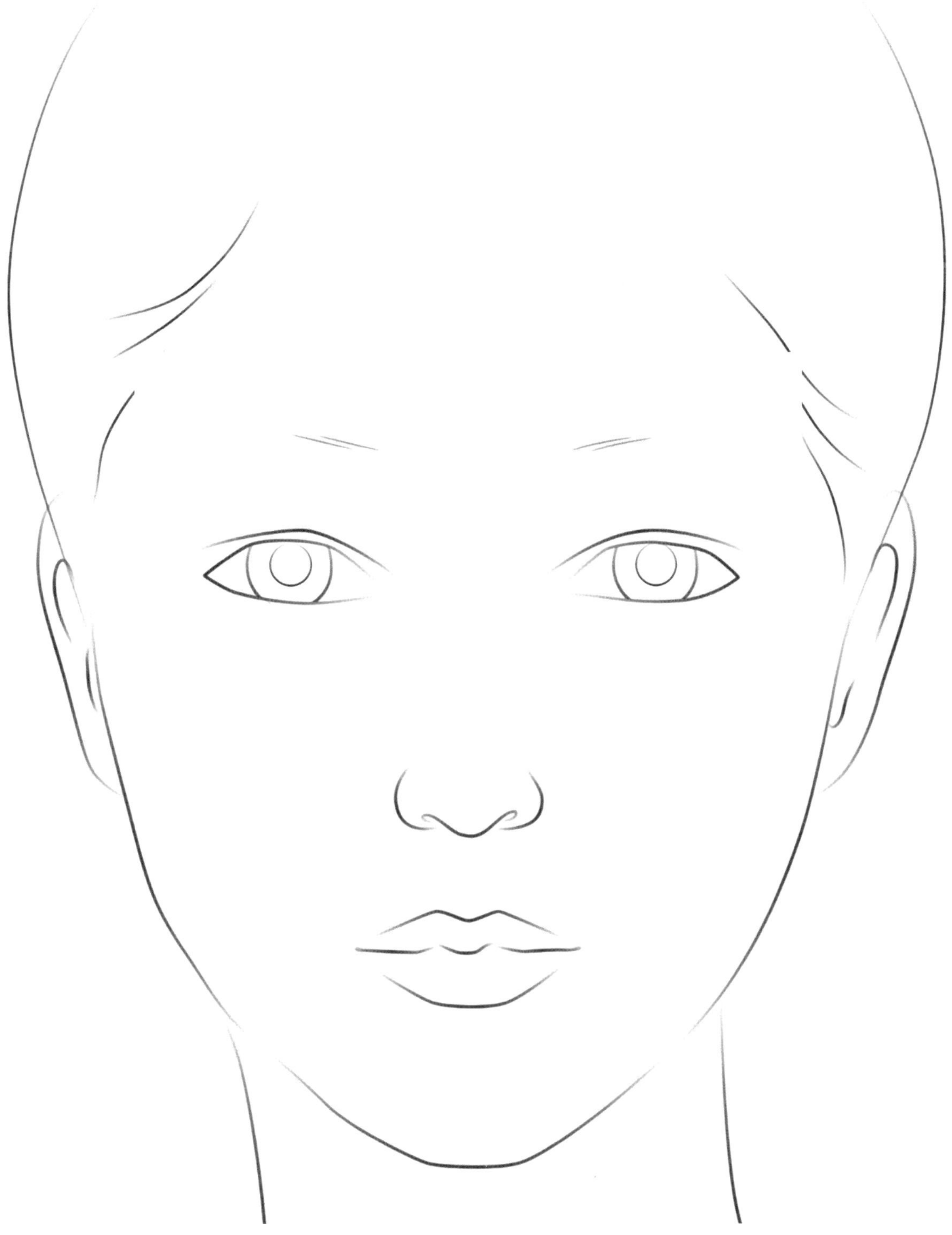

작품명		배역	
나이		성격	
막 / 씬		특징	

분장 과정 사진		
①	②	③

완성 사진	MEMO
	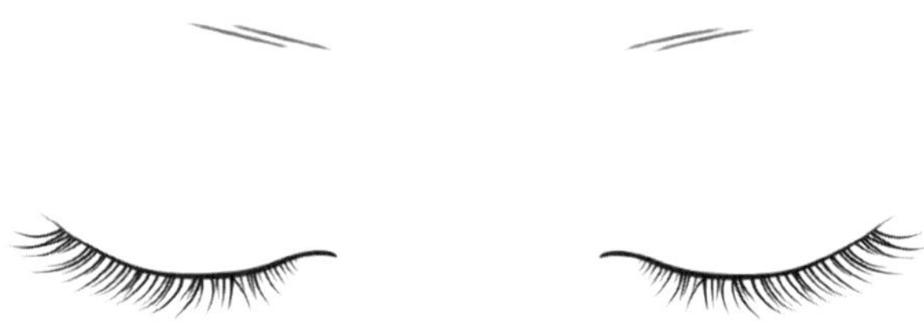

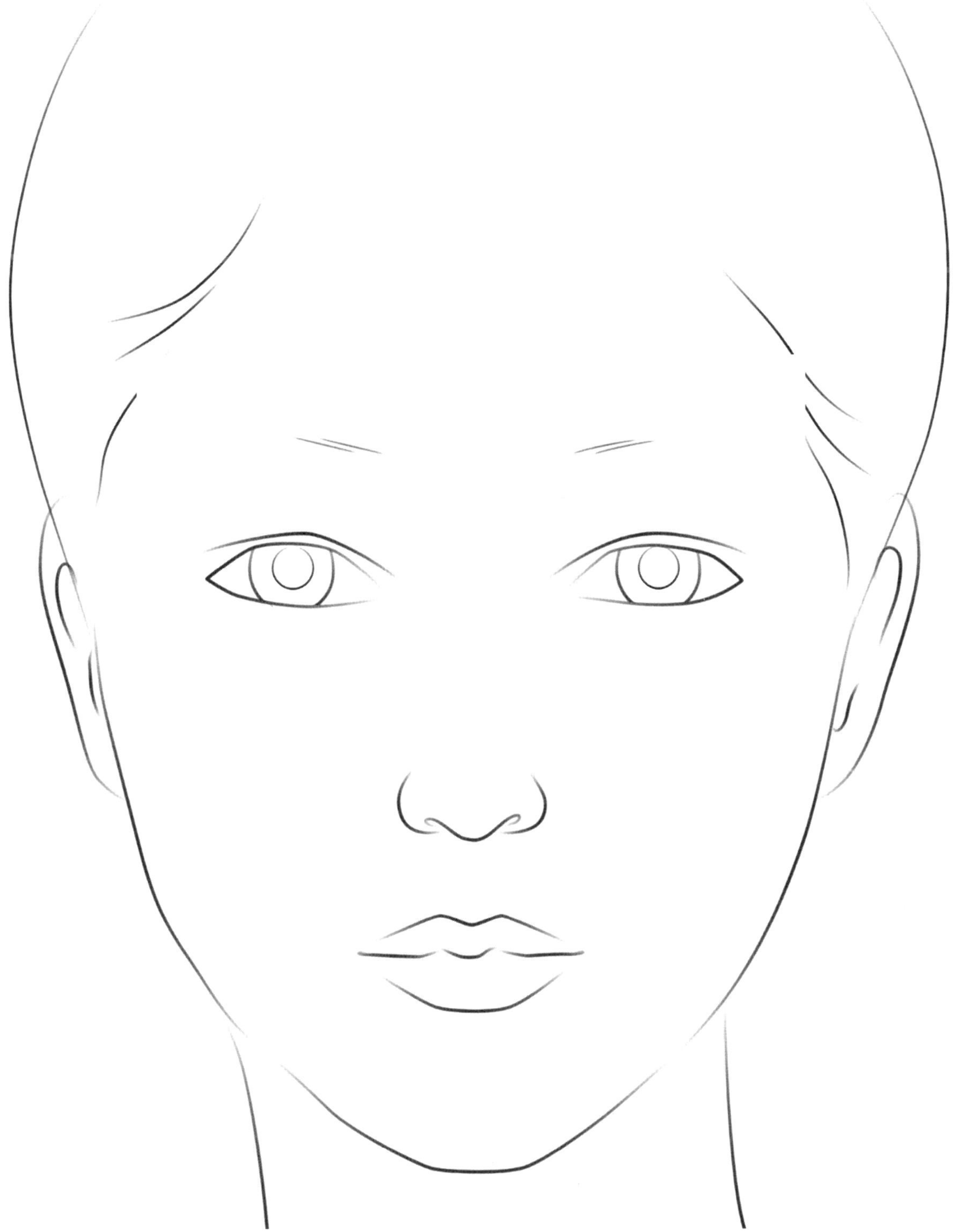

작품명		배역	
나이		성격	
막 / 씬		특징	

분장 과정 사진		
①	②	③

완성 사진	MEMO

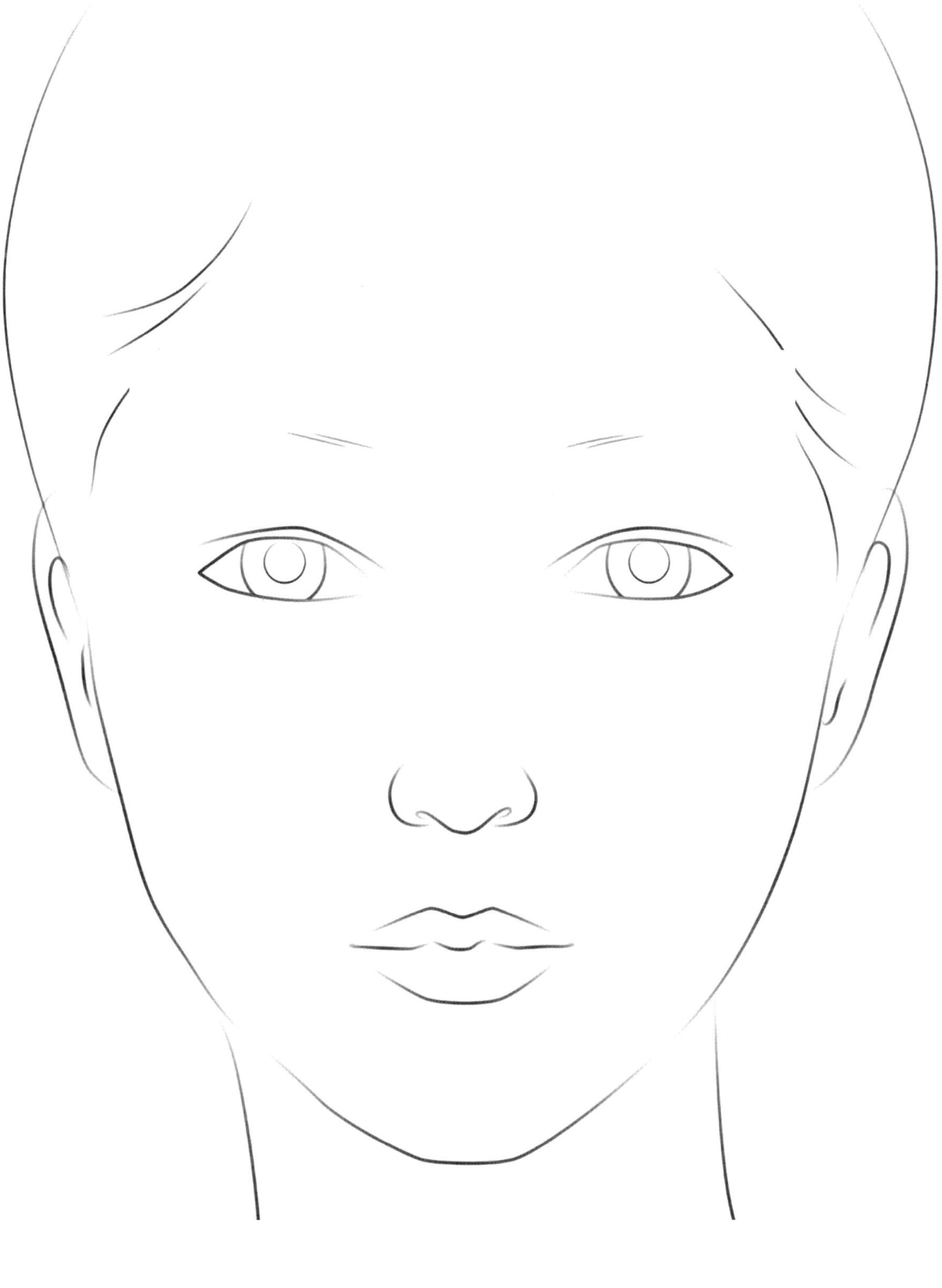

작품명		배역	
나이		성격	
막 / 씬		특징	

분장 과정 사진		
①	②	③

완성 사진	MEMO

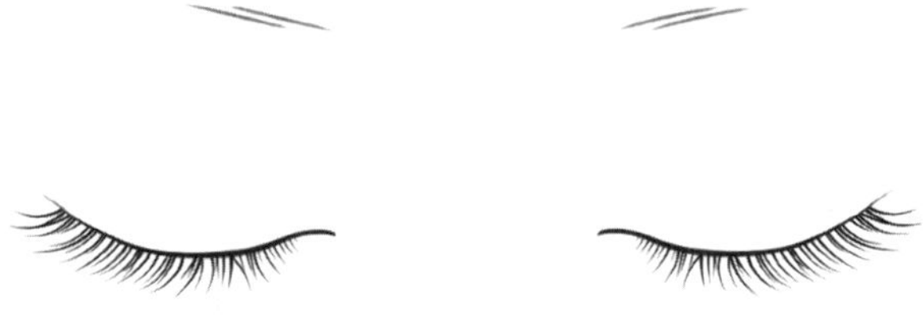

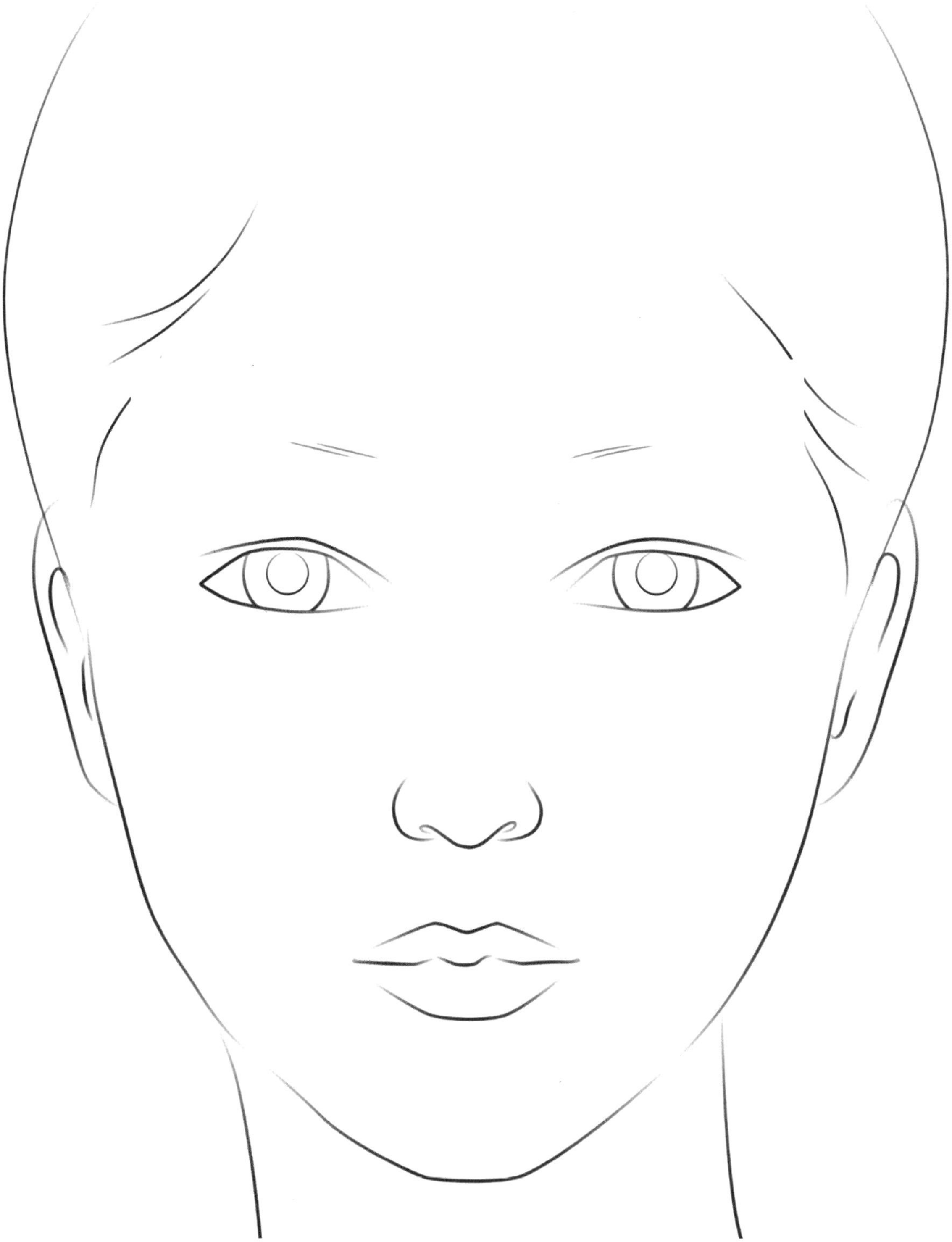

작품명		배역	
나이		성격	
막 / 씬		특징	

분장 과정 사진		
①	②	③

완성 사진	MEMO

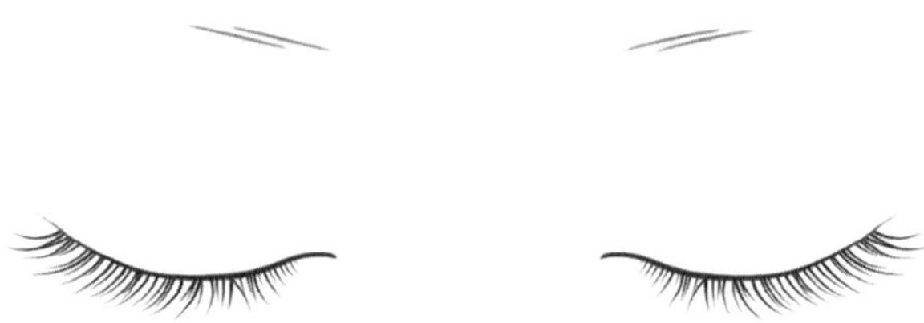

작품명		배역	
나이		성격	
막 / 씬		특징	

분장 과정 사진		
①	②	③

완성 사진	MEMO

작품명		배역	
나이		성격	
막 / 씬		특징	

분장 과정 사진		
①	②	③

완성 사진	MEMO

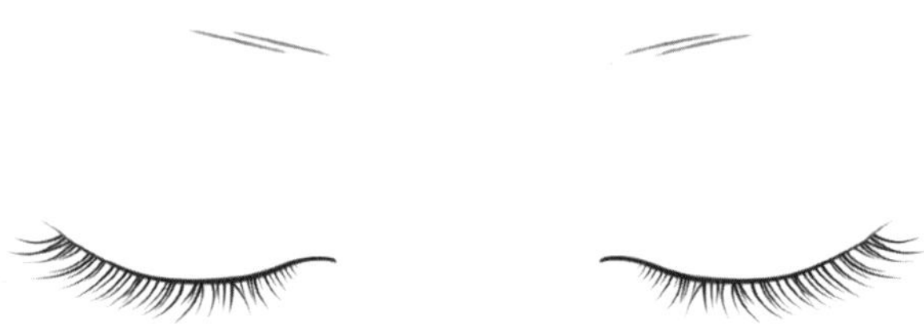

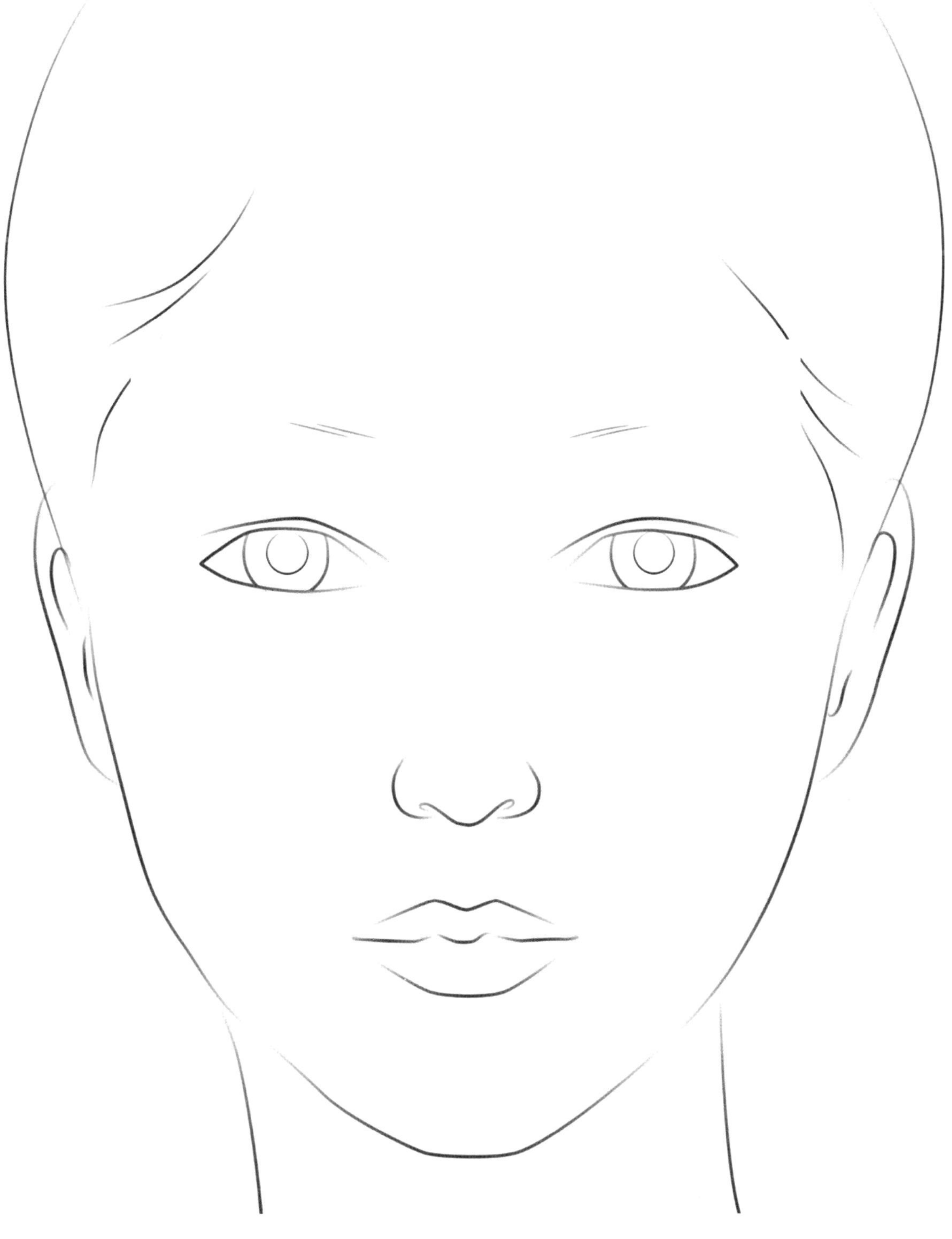

작품명		배역	
나이		성격	
막 / 씬		특징	

분장 과정 사진		
①	②	③

완성 사진	MEMO

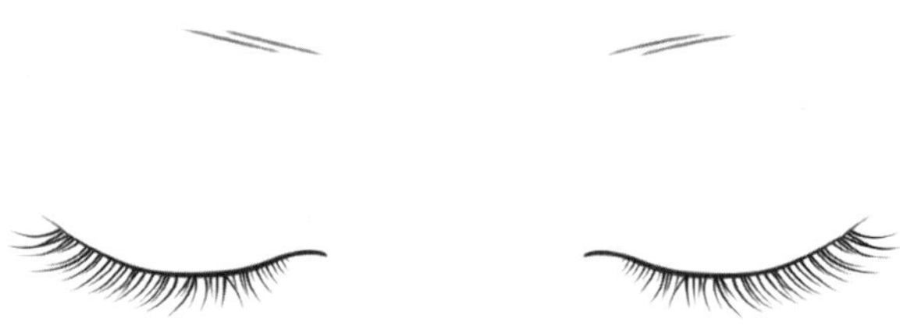

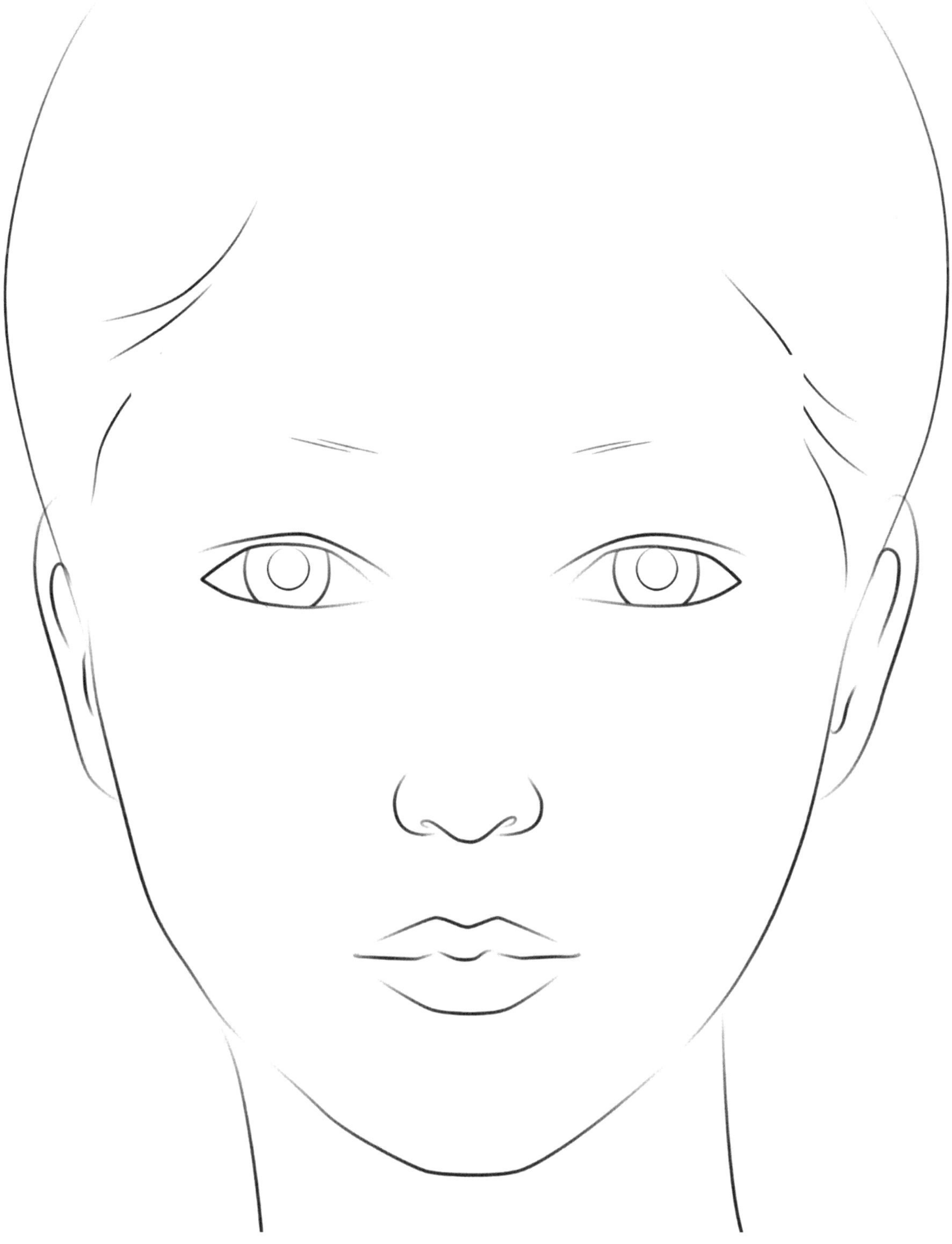

작품명		배역	
나이		성격	
막 / 씬		특징	

분장 과정 사진

①	②	③

완성 사진	MEMO

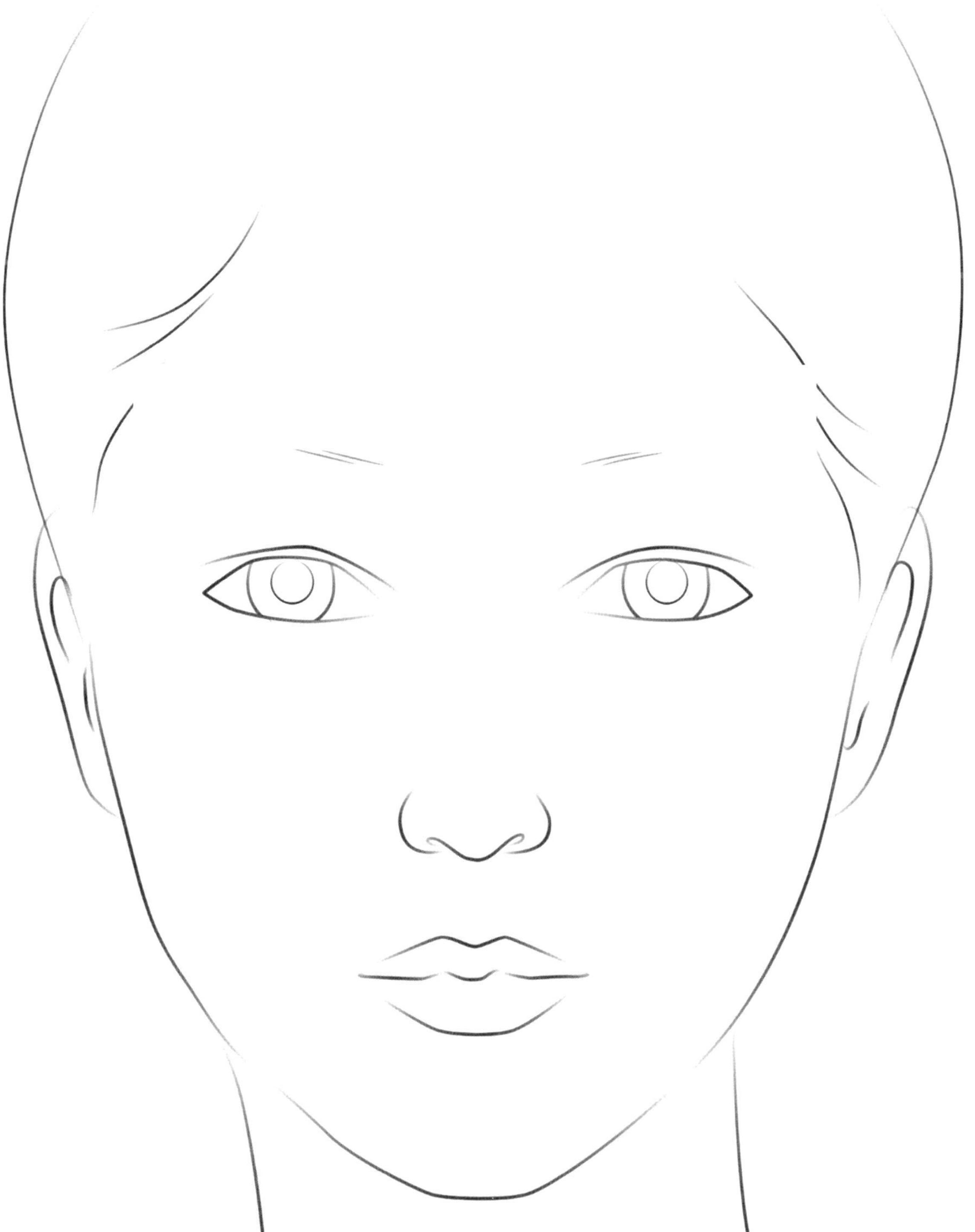

작품명		배역	
나이		성격	
막 / 씬		특징	

분장 과정 사진		
①	②	③

완성 사진	MEMO

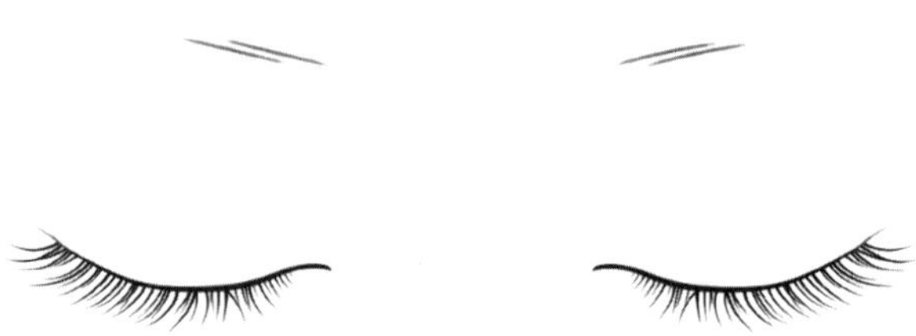

작품명		배역	
나이		성격	
막 / 씬		특징	

분장 과정 사진		
①	②	③

완성 사진	MEMO

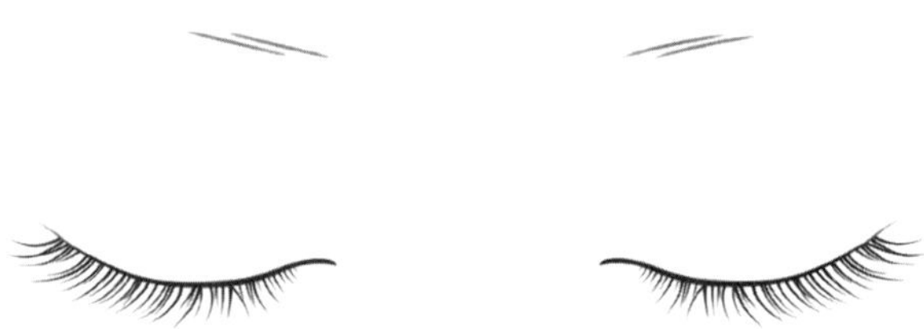

작품명		배역	
나이		성격	
막 / 씬		특징	

분장 과정 사진		
①	②	③

완성 사진	MEMO

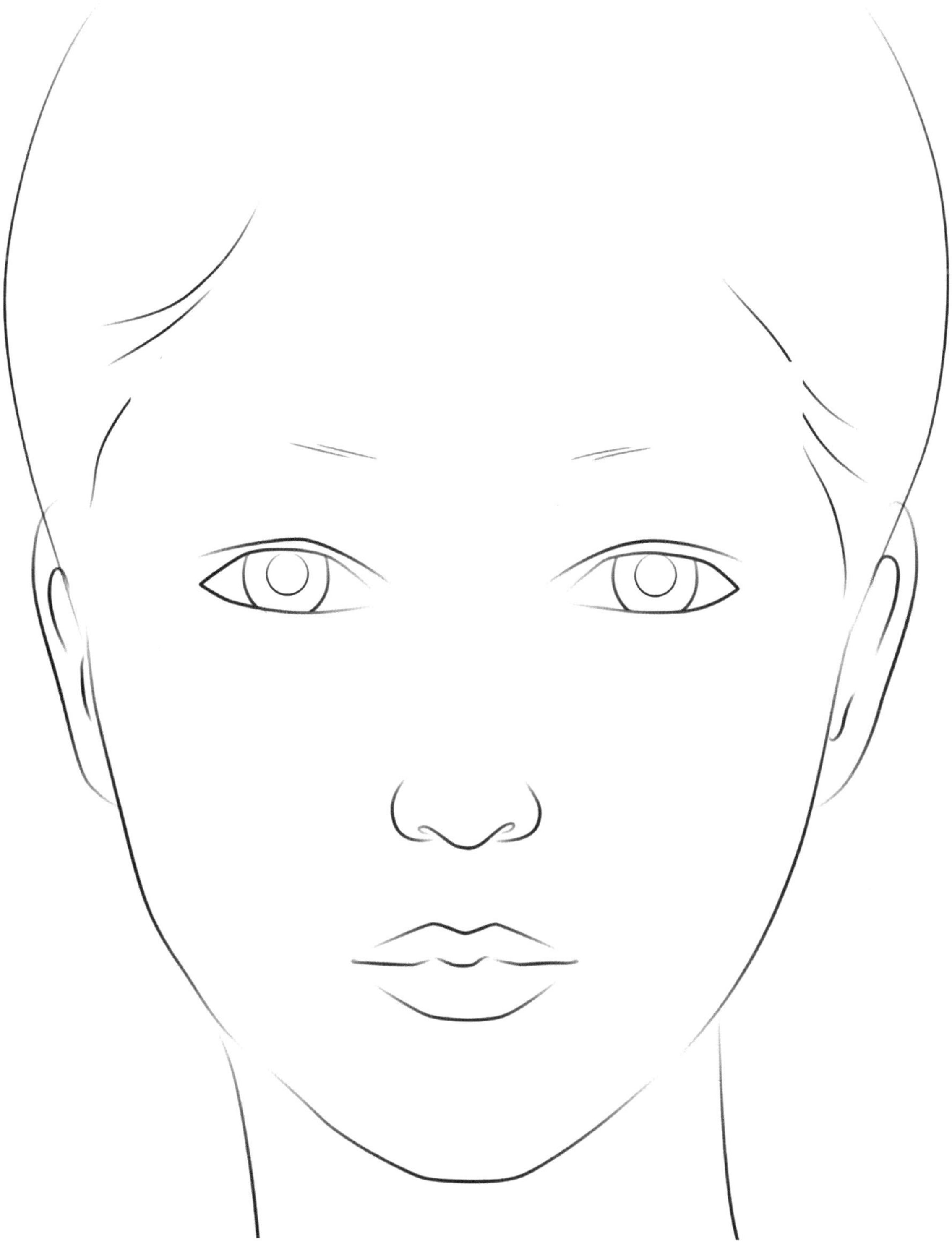

작품명		배역	
나이		성격	
막 / 씬		특징	

분장 과정 사진

①	②	③

완성 사진

MEMO

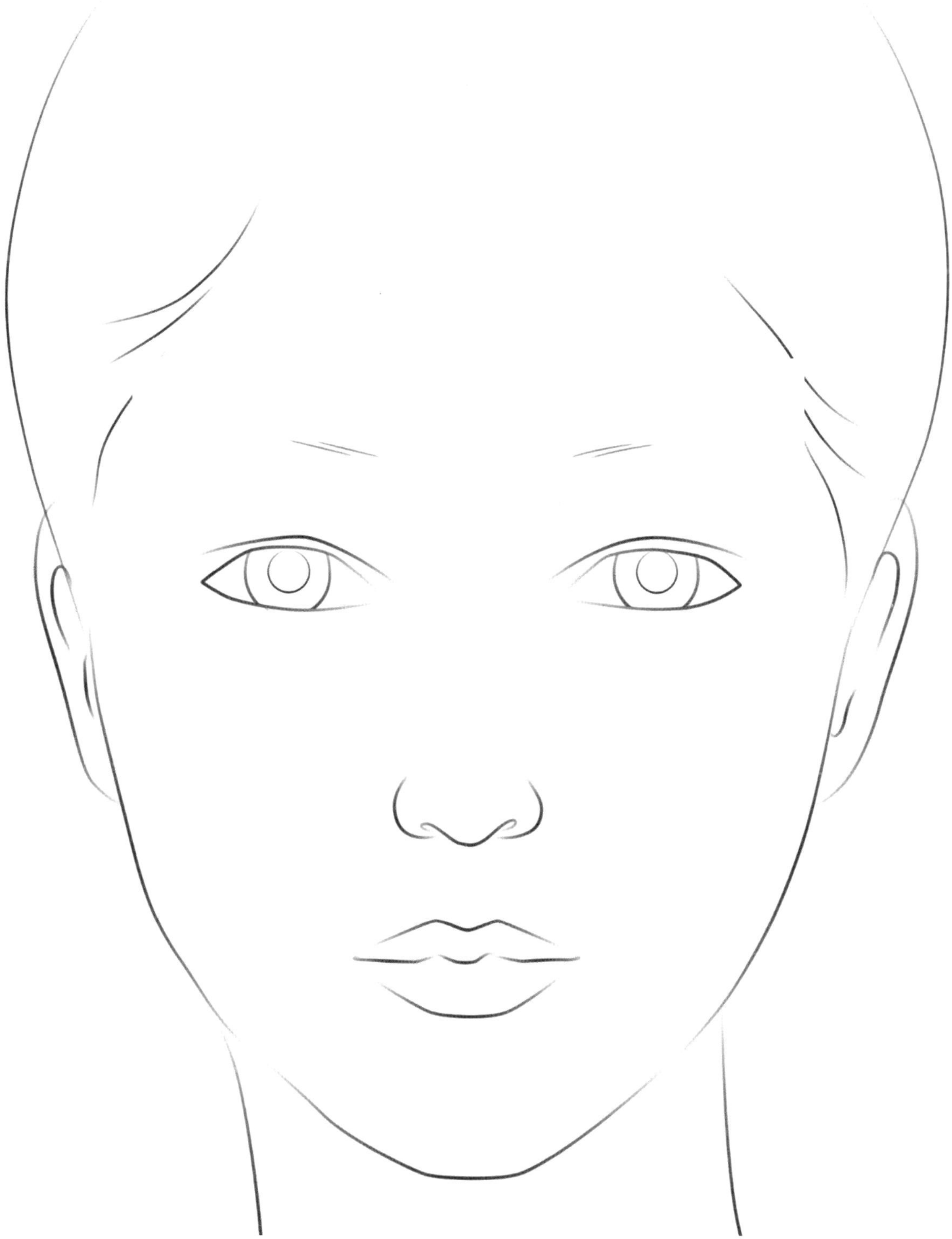

작품명		배역	
나이		성격	
막 / 씬		특징	

분장 과정 사진		
①	②	③

완성 사진	MEMO

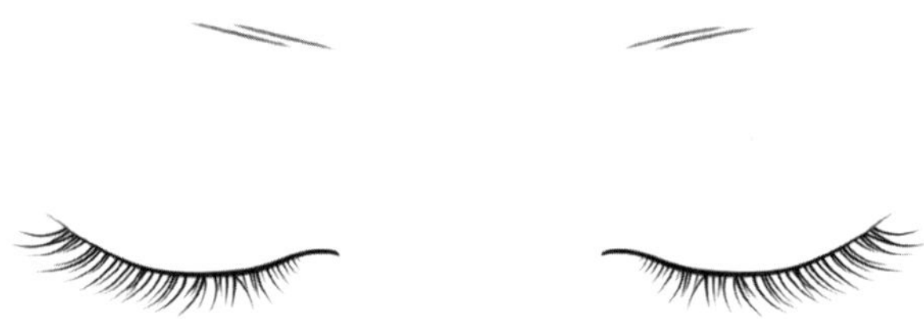

작품명		배역	
나이		성격	
막 / 씬		특징	

분장 과정 사진		
①	②	③

완성 사진	MEMO

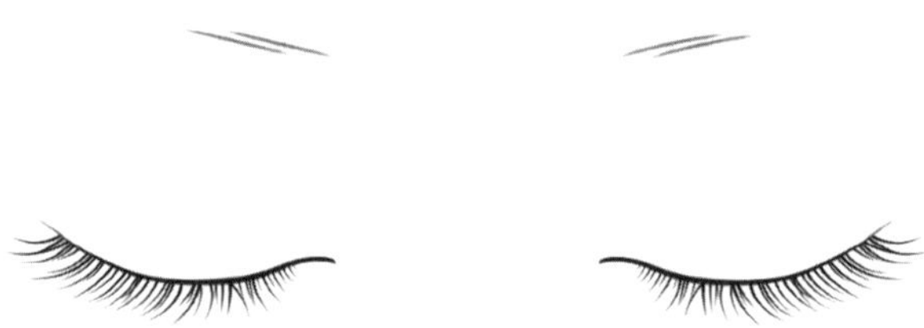

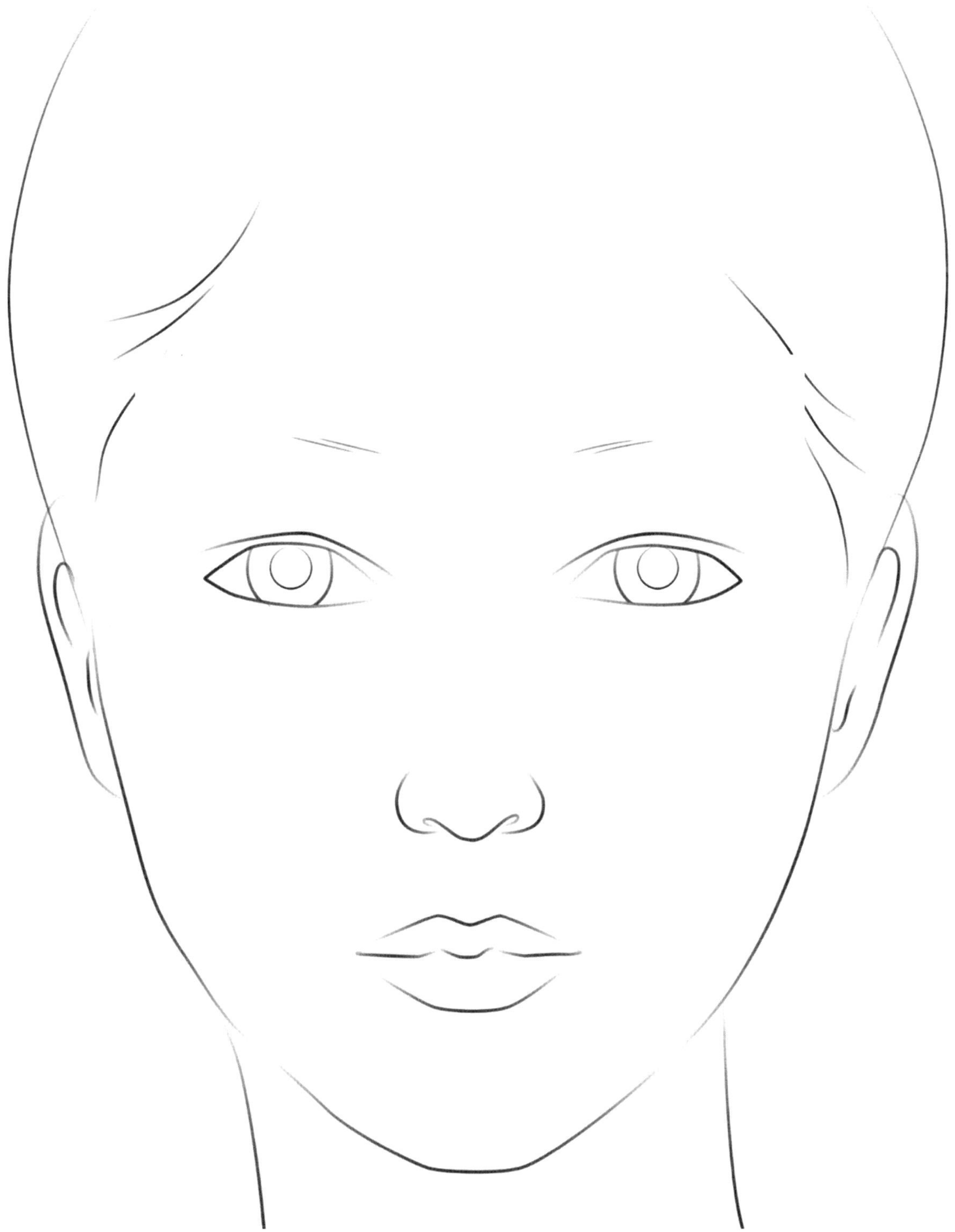

작품명		배역	
나이		성격	
막 / 씬		특징	

분장 과정 사진		
①	②	③

완성 사진	MEMO

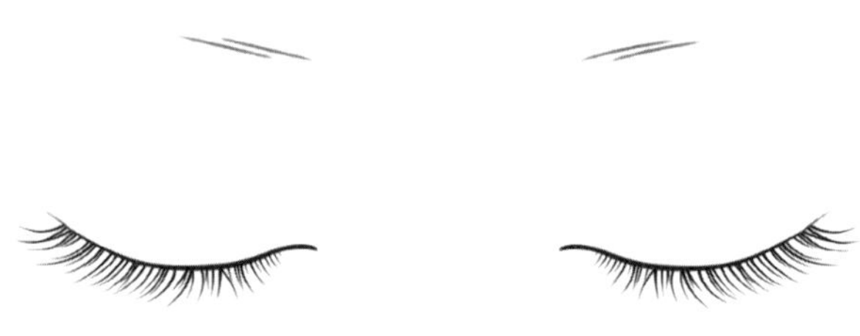

작품명		배역	
나이		성격	
막 / 씬		특징	

분장 과정 사진

①	②	③

완성 사진

MEMO

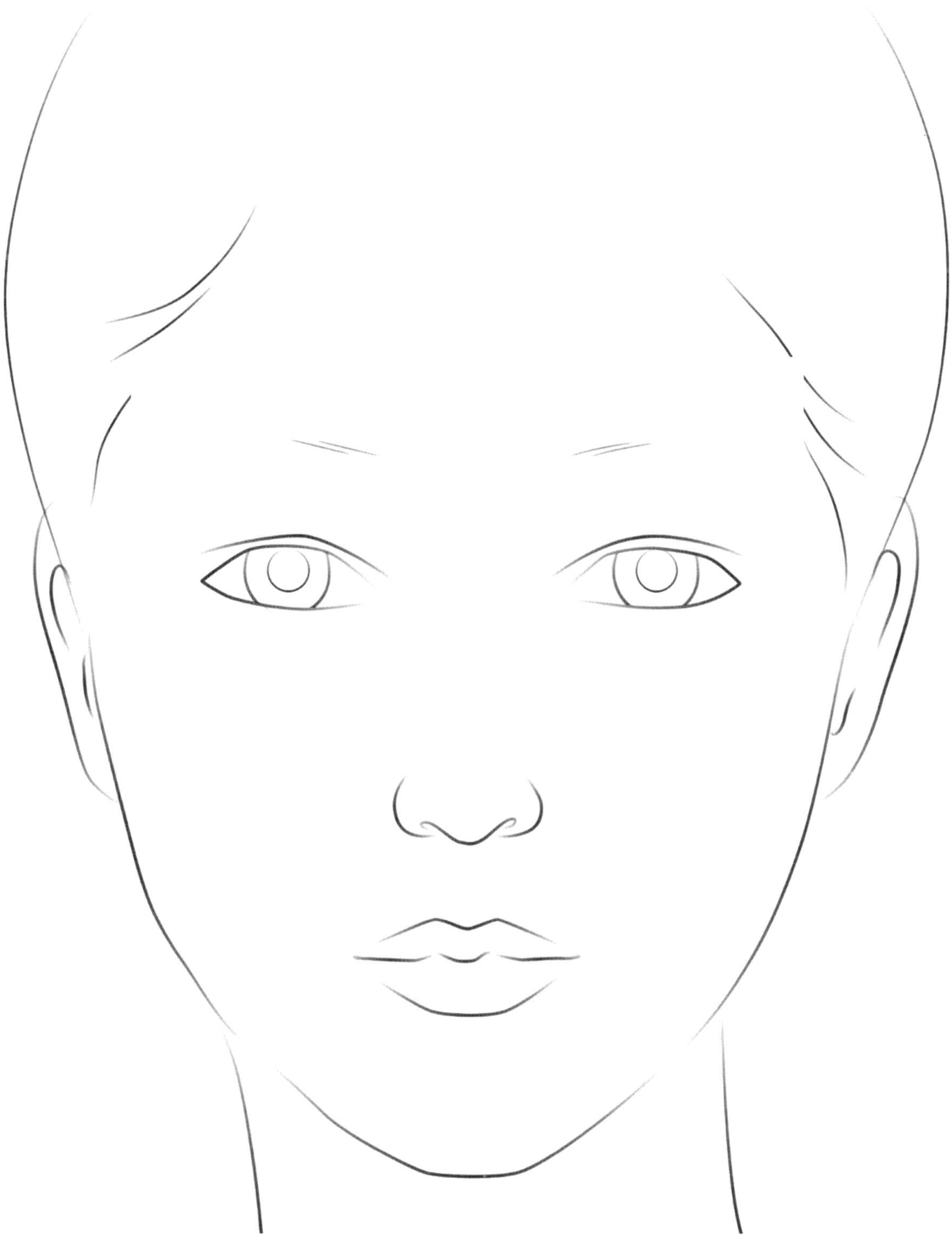

작품명		배역	
나이		성격	
막 / 씬		특징	

분장 과정 사진

①	②	③

완성 사진

MEMO

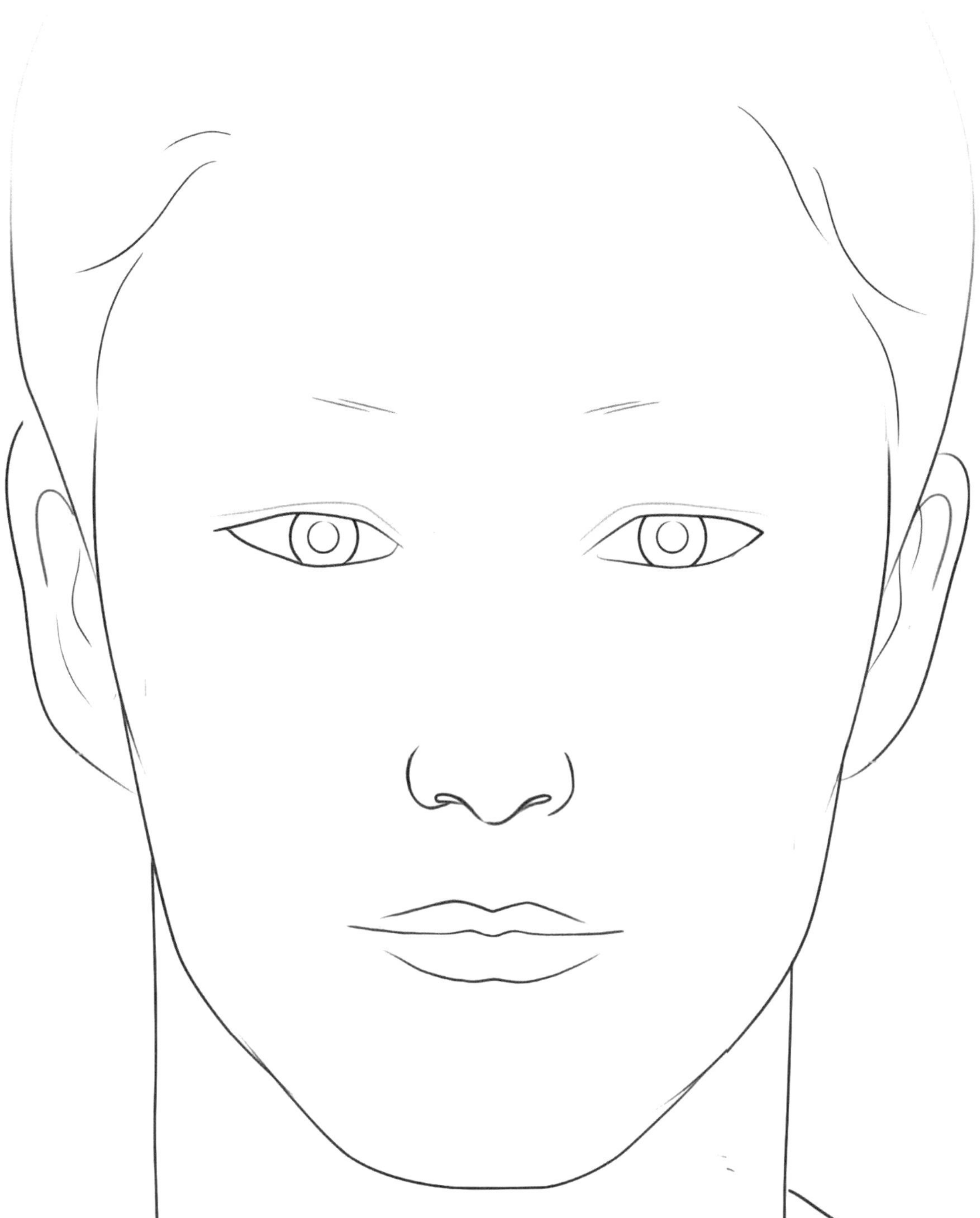

작품명		배역	
나이		성격	
막 / 씬		특징	

분장 과정 사진		
①	②	③

완성 사진	MEMO

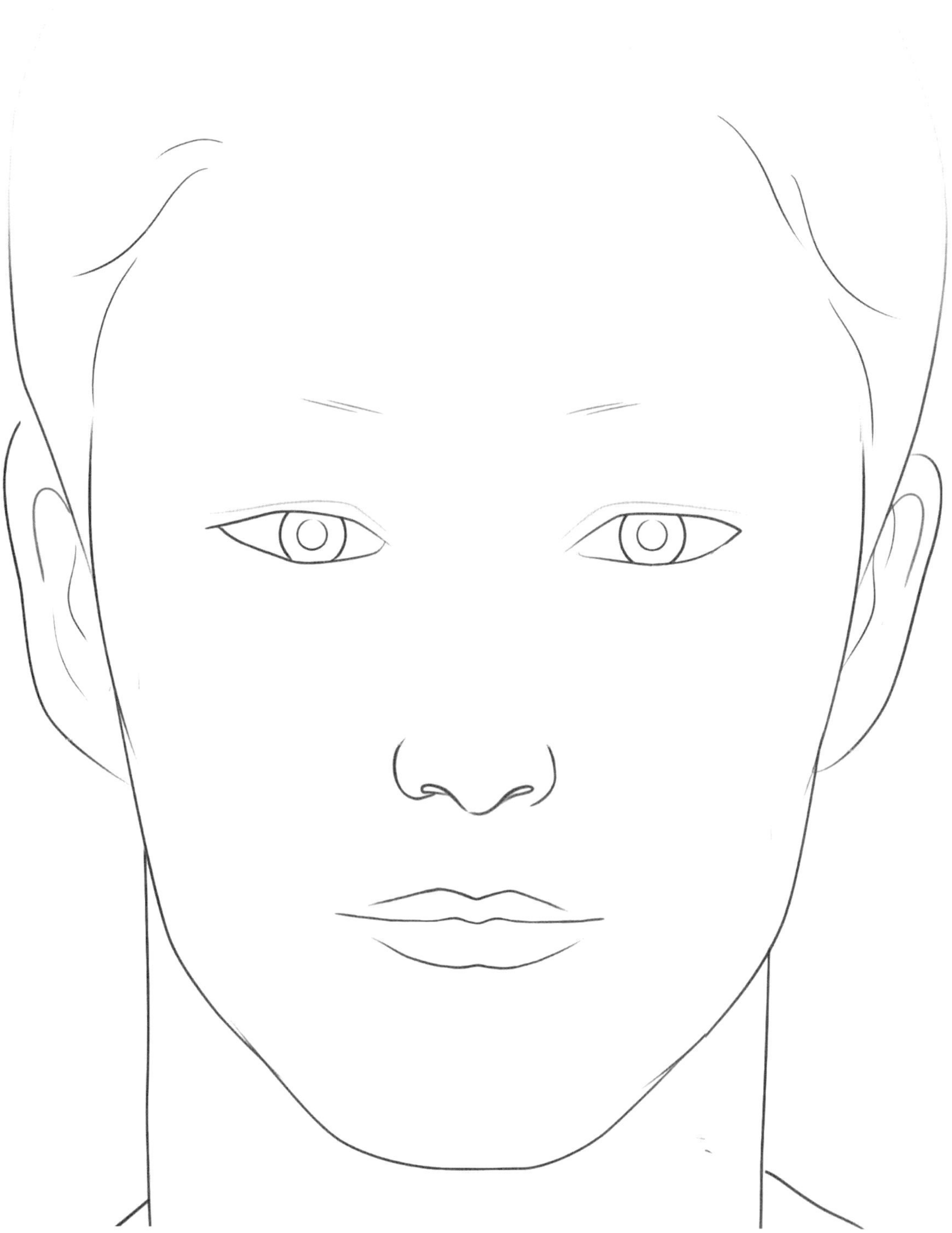

작품명		배역	
나이		성격	
막 / 씬		특징	

분장 과정 사진

①	②	③

완성 사진	MEMO

작품명		배역	
나이		성격	
막 / 씬		특징	

분장 과정 사진		
①	②	③

완성 사진	MEMO

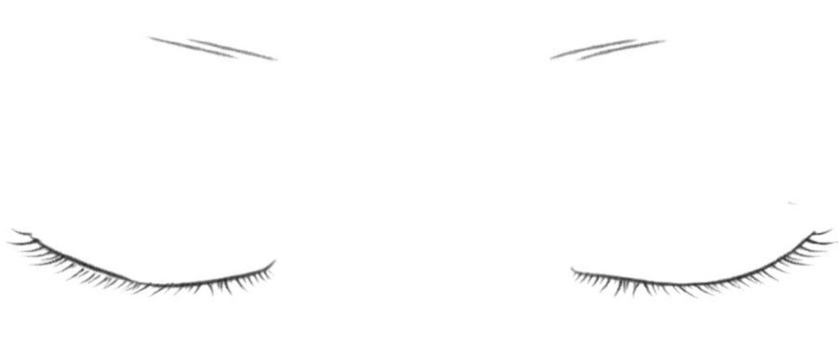

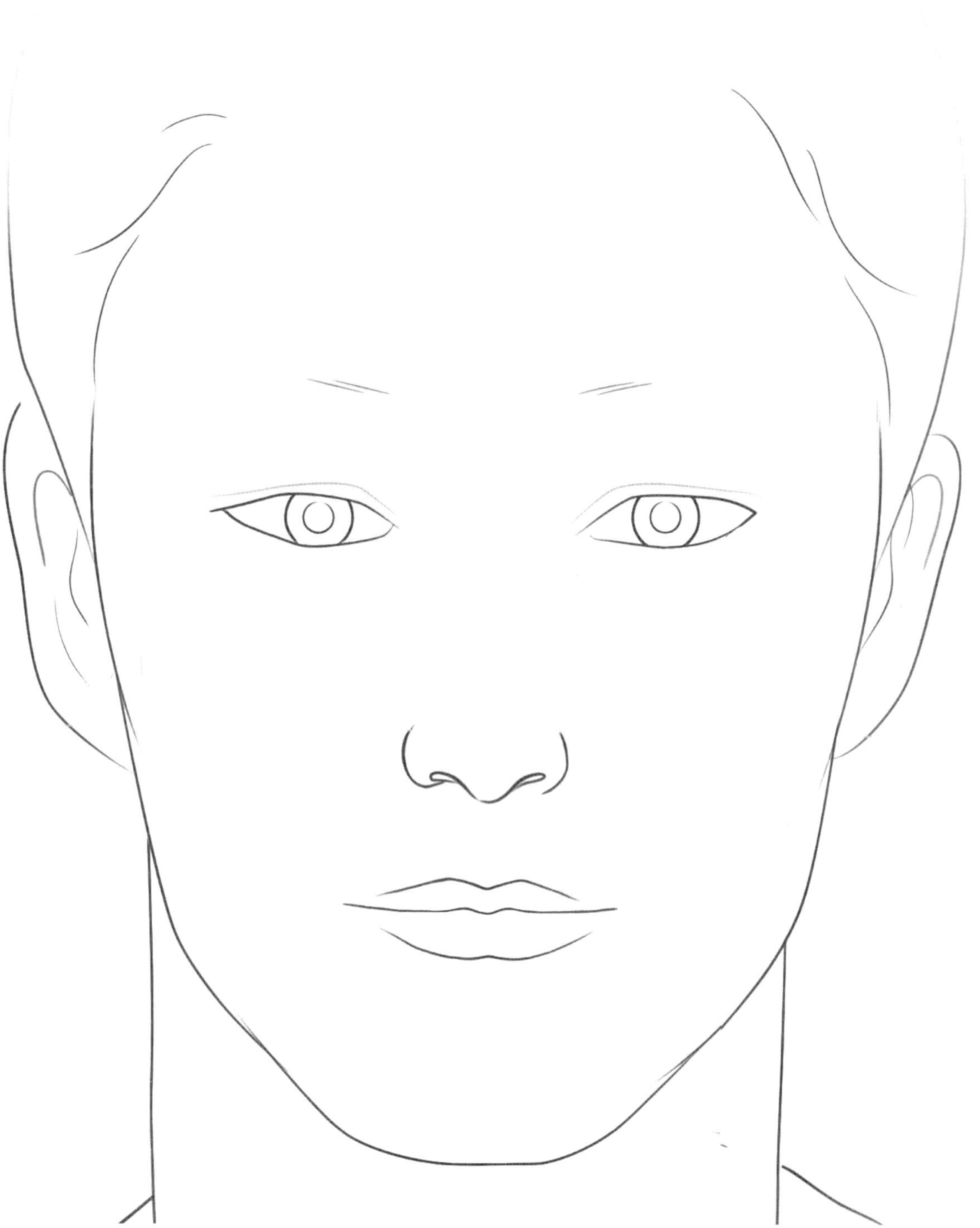

작품명		배역	
나이		성격	
막 / 씬		특징	

분장 과정 사진		
①	②	③

완성 사진	MEMO

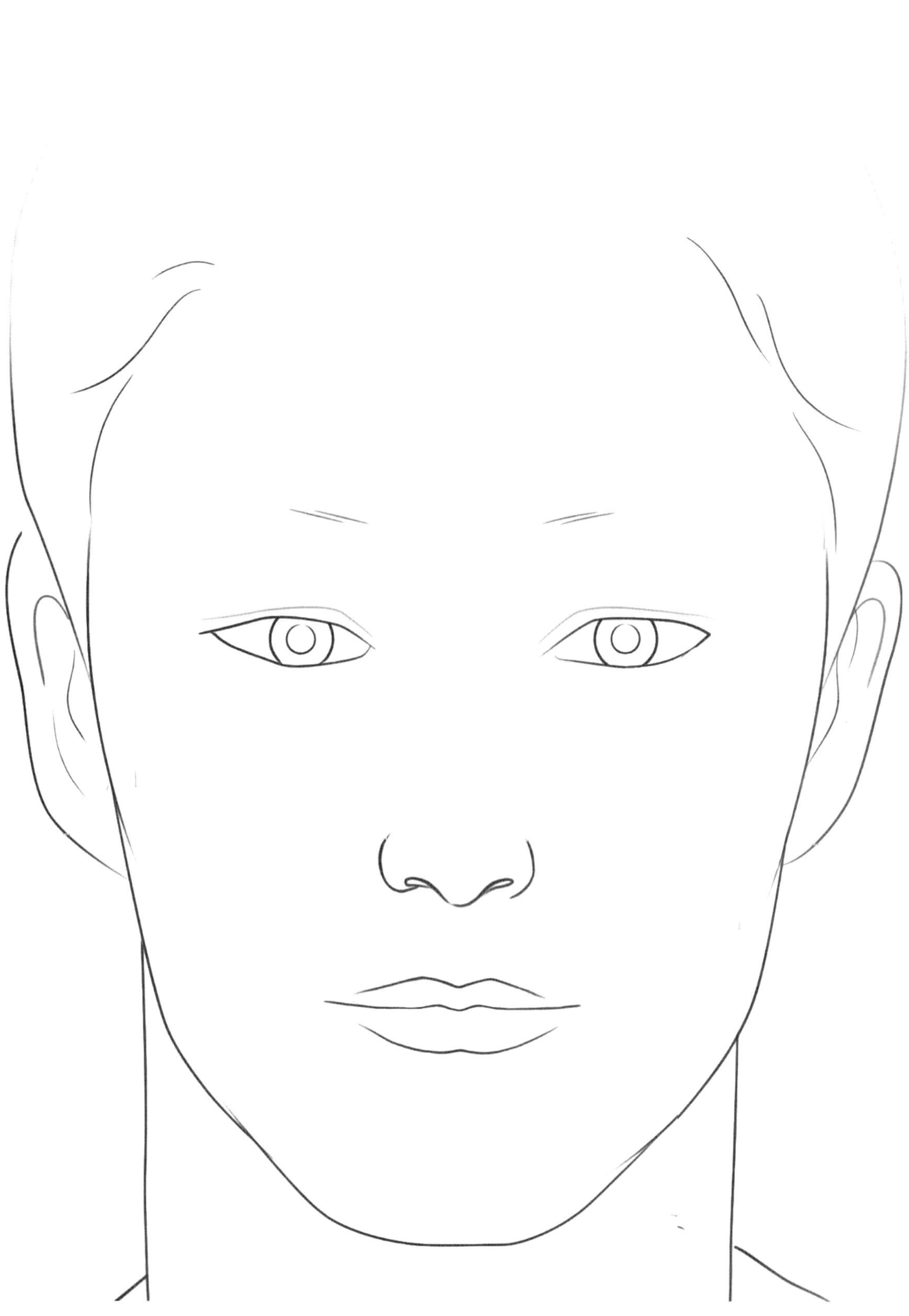

작품명		배역	
나이		성격	
막 / 씬		특징	

분장 과정 사진		
①	②	③

완성 사진	MEMO

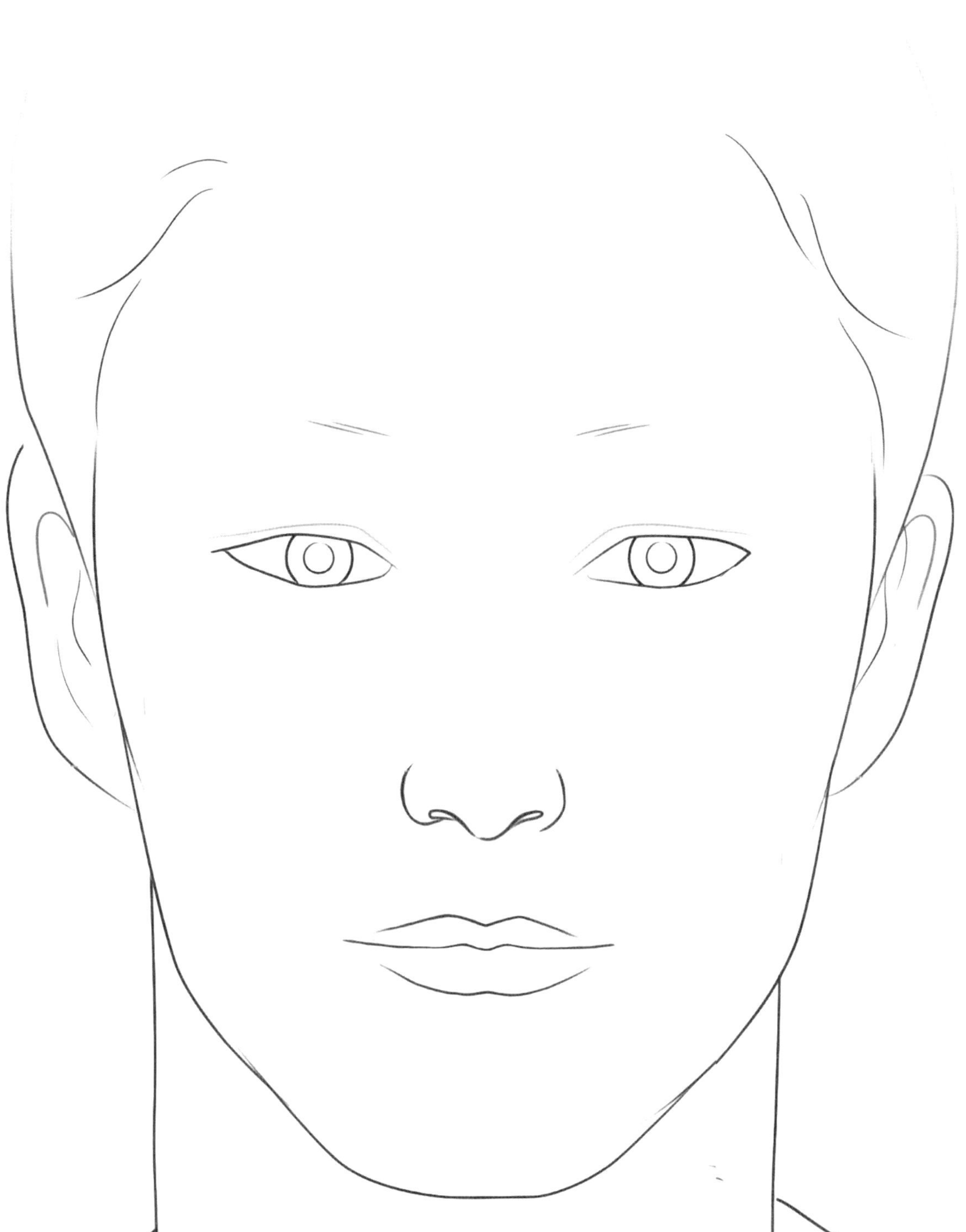

작품명		배역	
나이		성격	
막 / 씬		특징	

분장 과정 사진		
①	②	③

완성 사진	MEMO

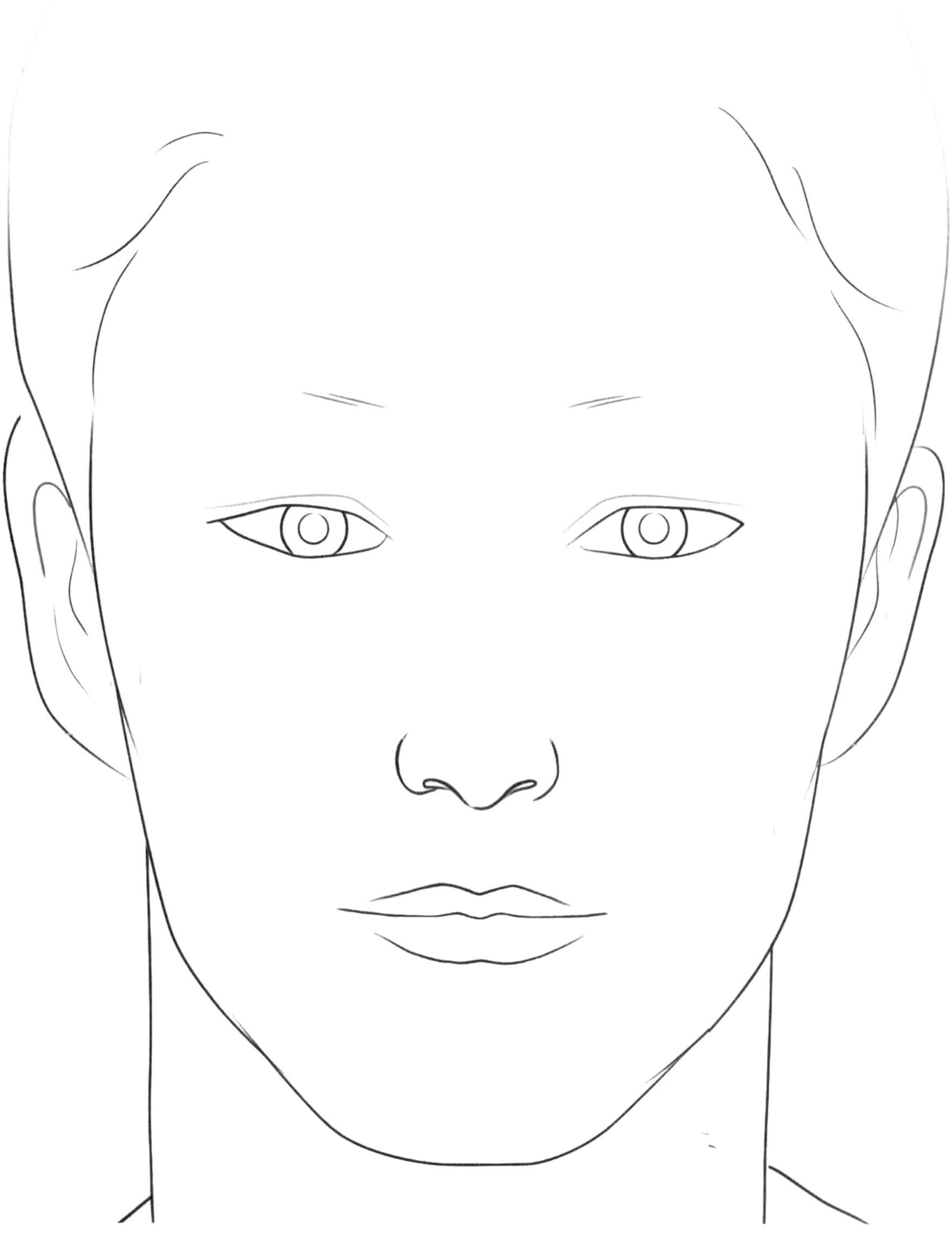

작품명		배역	
나이		성격	
막 / 씬		특징	

분장 과정 사진		
①	②	③

완성 사진	MEMO

작품명		배역	
나이		성격	
막 / 씬		특징	

분장 과정 사진		
①	②	③

완성 사진	MEMO

작품명		배역	
나이		성격	
막 / 씬		특징	

분장 과정 사진		
①	②	③

완성 사진	MEMO

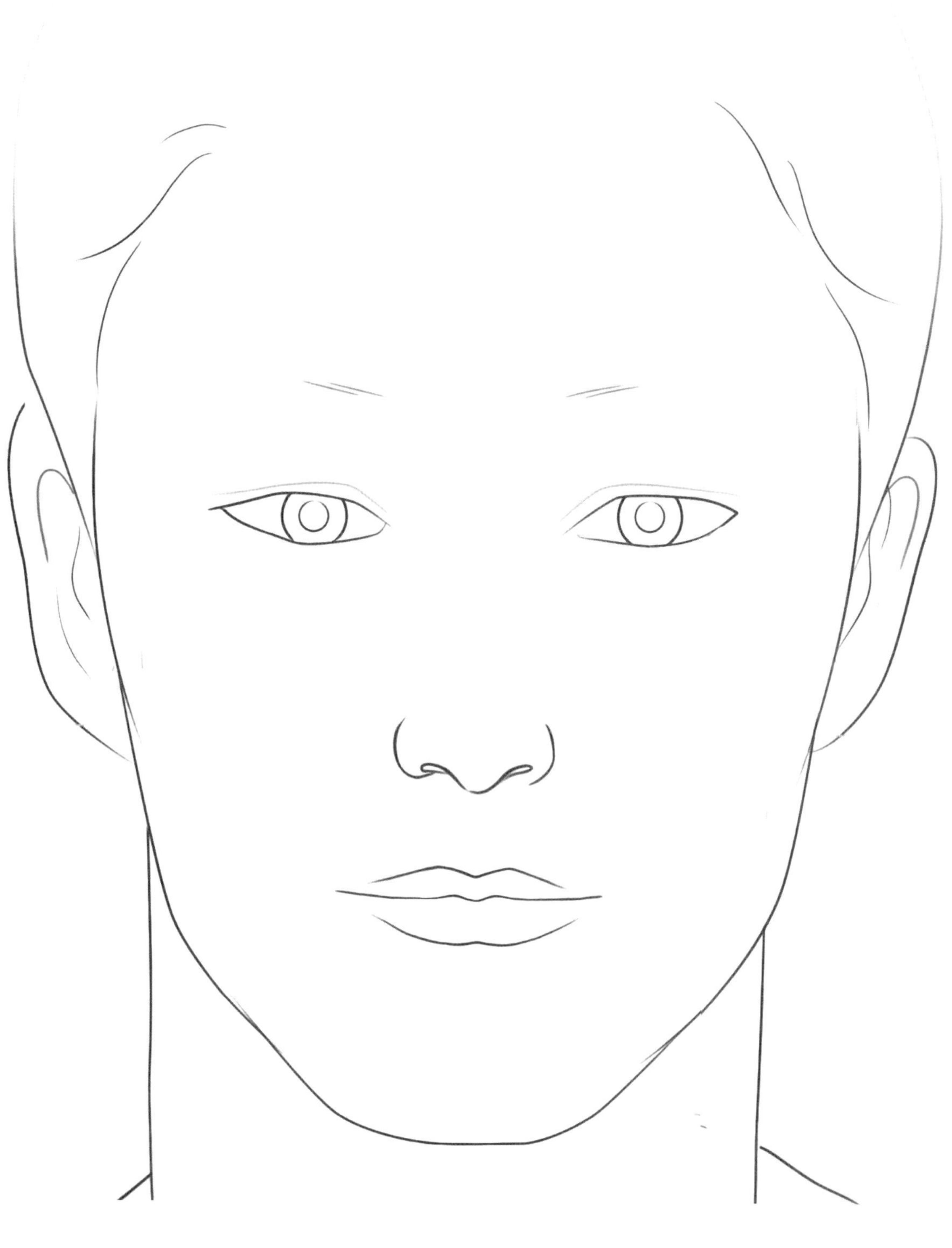

작품명		배역	
나이		성격	
막 / 씬		특징	

분장 과정 사진		
①	②	③

완성 사진	MEMO

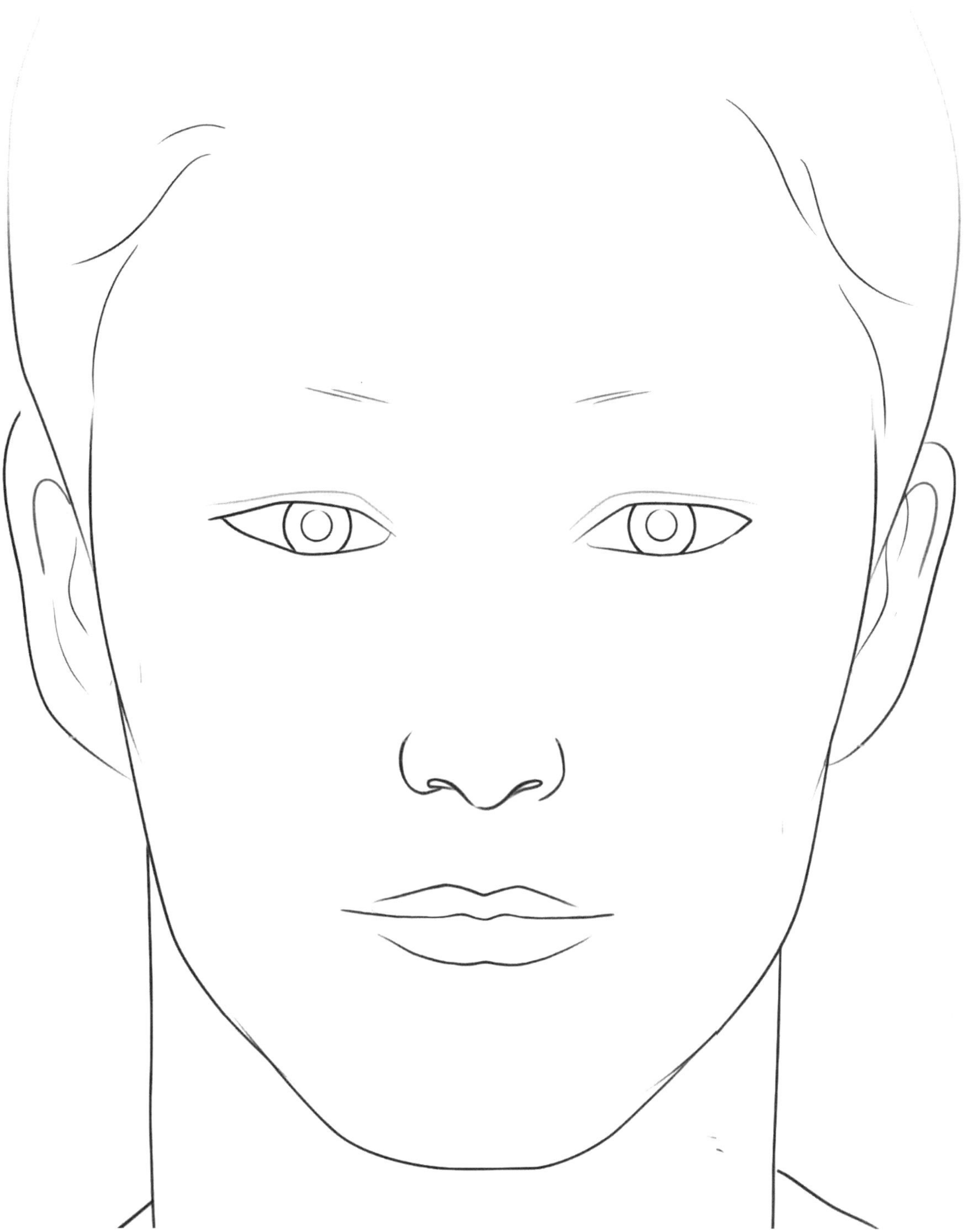

작품명		배역	
나이		성격	
막 / 씬		특징	

분장 과정 사진

①	②	③

완성 사진	MEMO

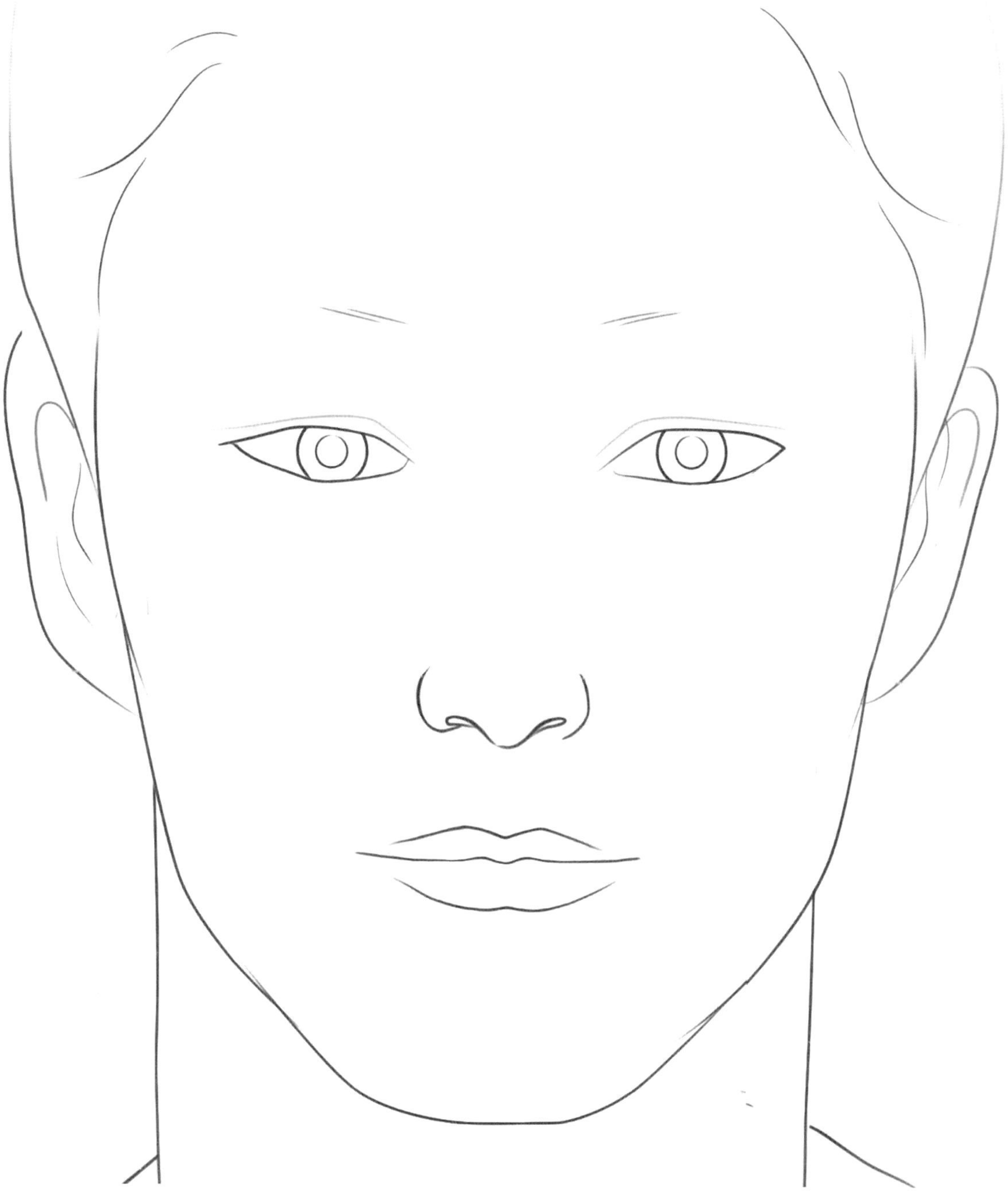

작품명		배역	
나이		성격	
막 / 씬		특징	

분장 과정 사진

①	②	③

완성 사진

MEMO

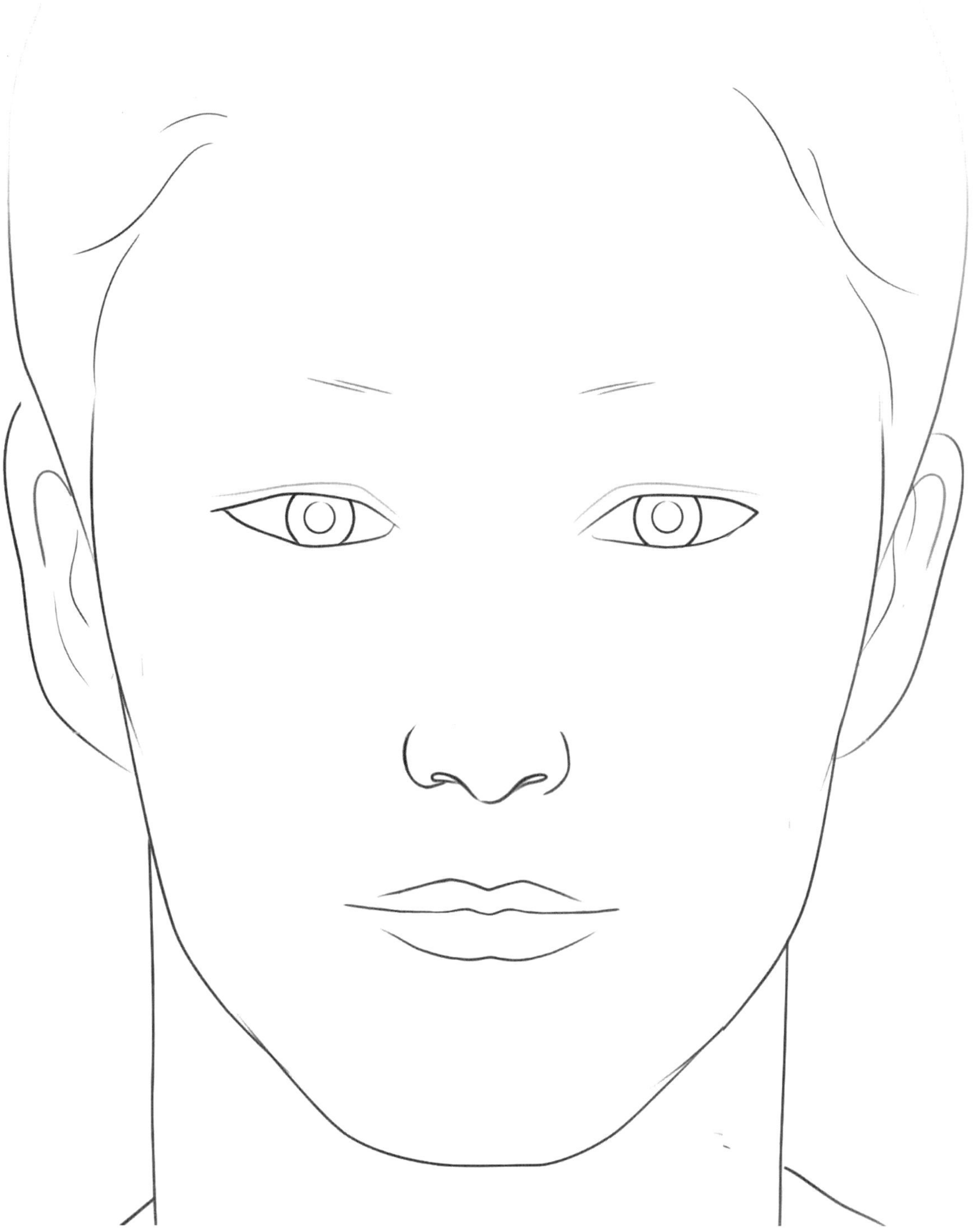

작품명		배역	
나이		성격	
막 / 씬		특징	

분장 과정 사진		
①	②	③

완성 사진	MEMO

작품명		배역	
나이		성격	
막 / 씬		특징	

분장 과정 사진		
①	②	③

완성 사진	MEMO

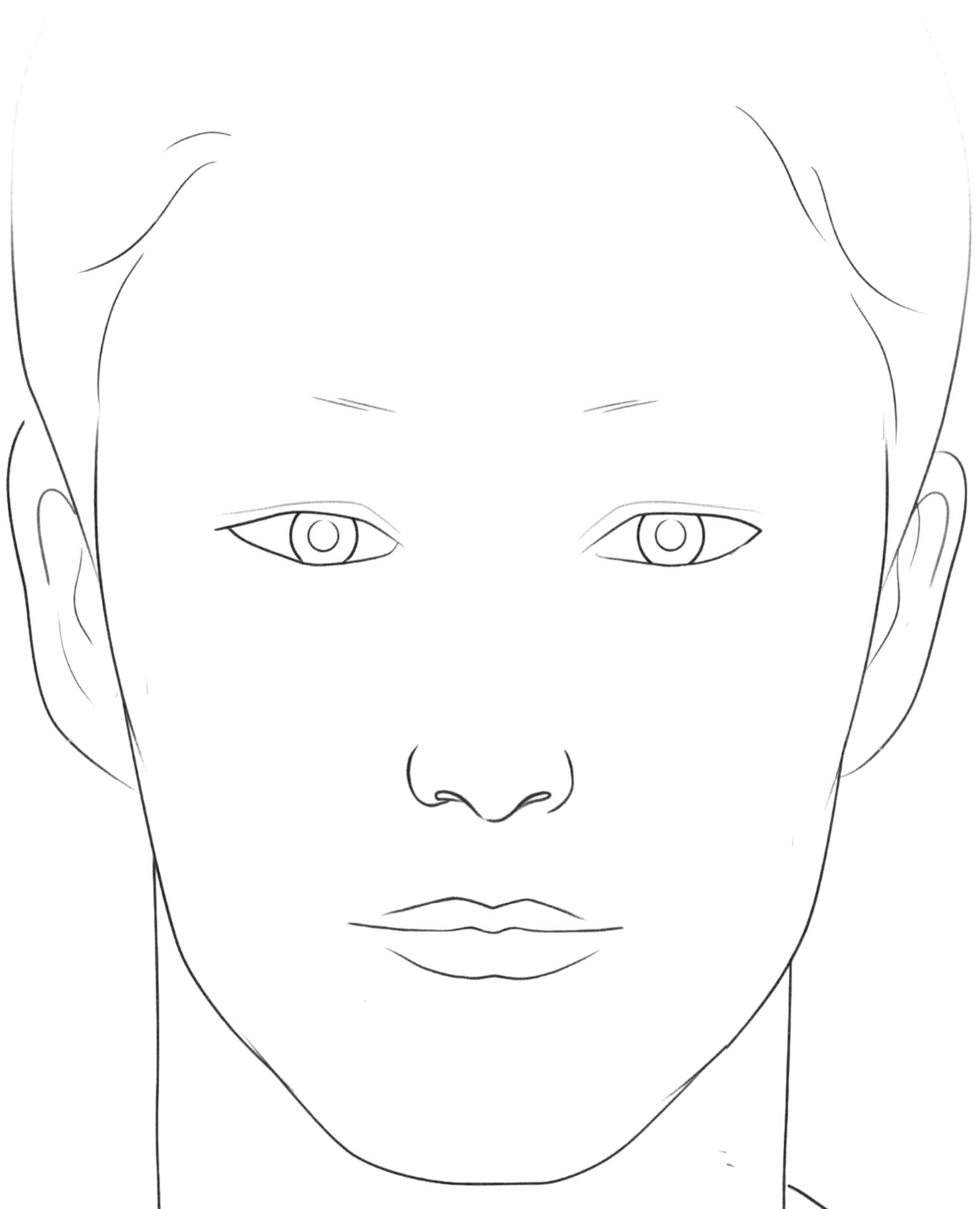

작품명		배역	
나이		성격	
막 / 씬		특징	

분장 과정 사진		
①	②	③

완성 사진	MEMO

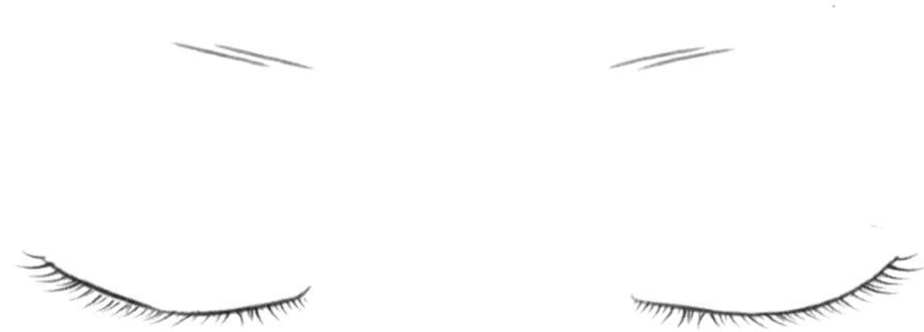

작품명		배역	
나이		성격	
막 / 씬		특징	

분장 과정 사진		
①	②	③

완성 사진	MEMO

작품명		배역	
나이		성격	
막 / 씬		특징	

분장 과정 사진		
①	②	③

완성 사진	MEMO

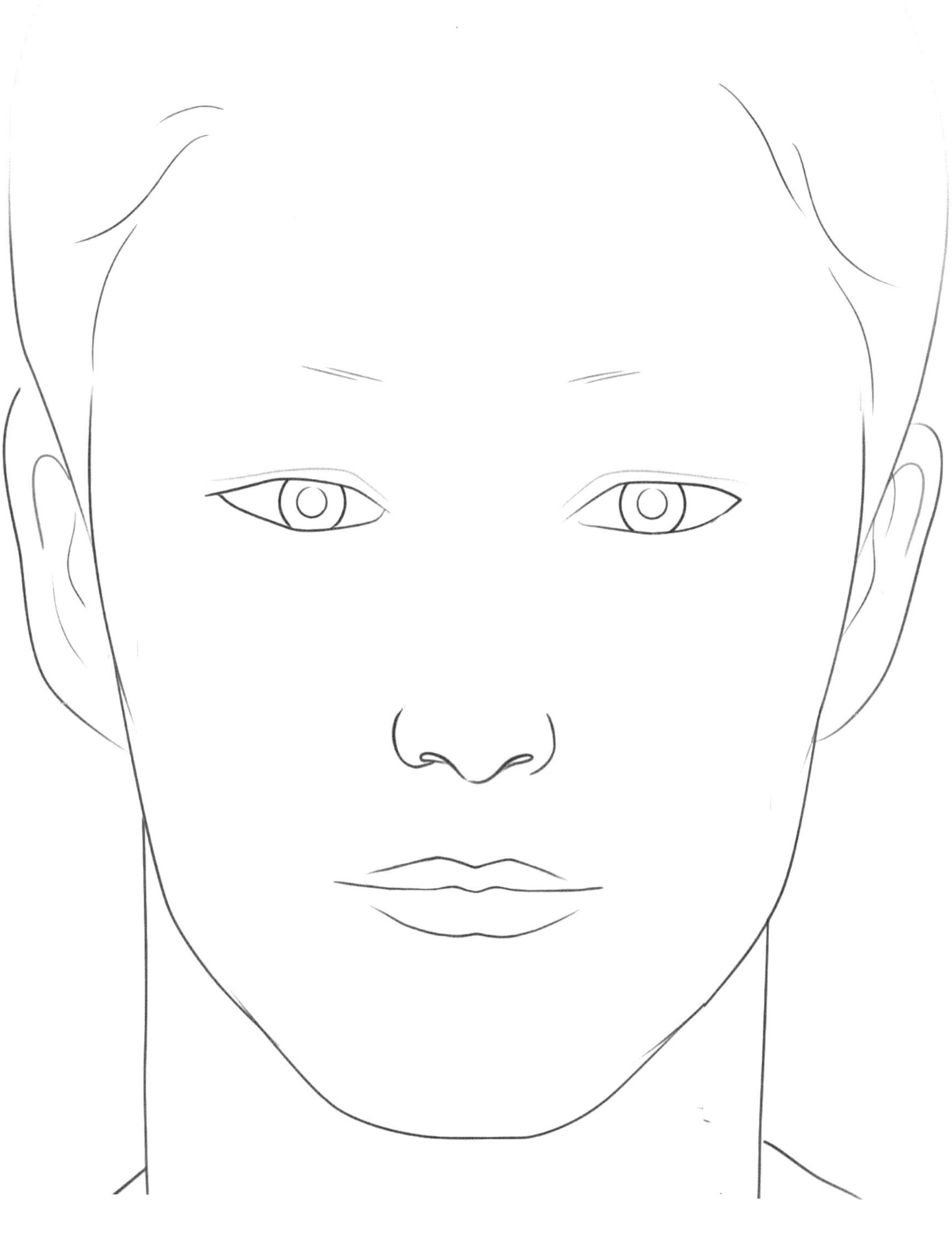

작품명		배역	
나이		성격	
막 / 씬		특징	

분장 과정 사진		
①	②	③

완성 사진	MEMO

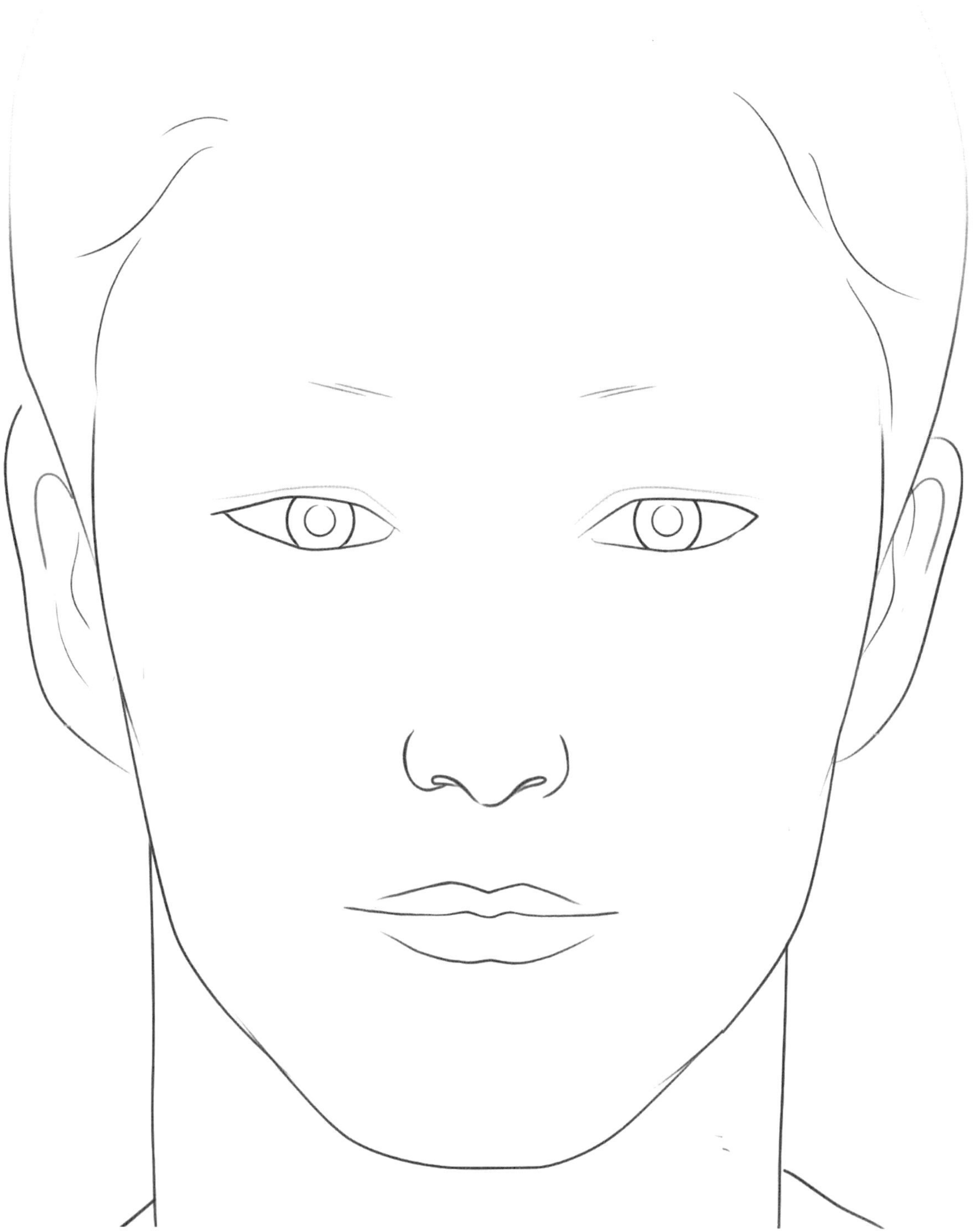

작품명		배역	
나이		성격	
막 / 씬		특징	

분장 과정 사진		
①	②	③

완성 사진	MEMO

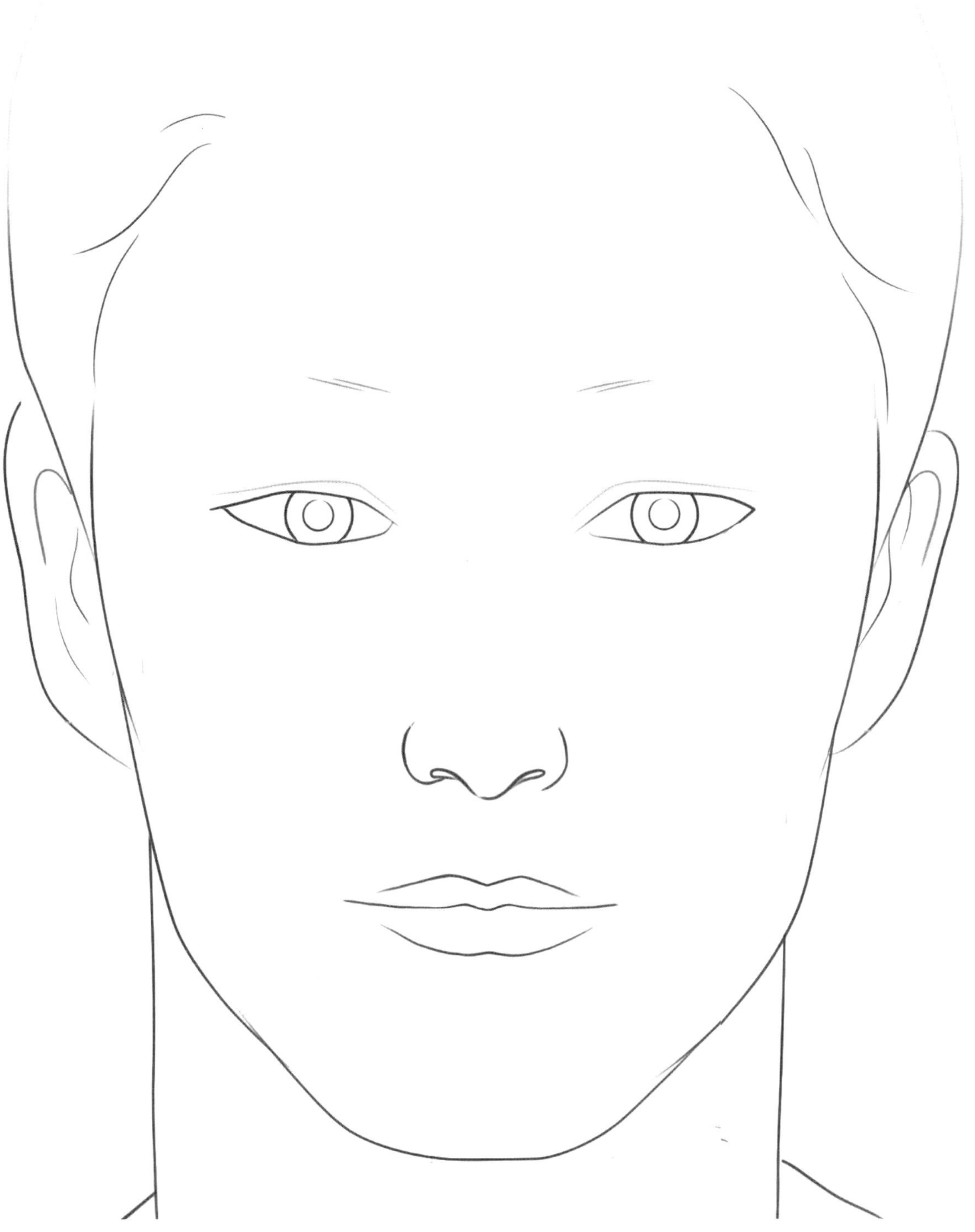

작품명		배역	
나이		성격	
막 / 씬		특징	

분장 과정 사진		
①	②	③

완성 사진	MEMO

작품명		배역	
나이		성격	
막 / 씬		특징	

분장 과정 사진

①	②	③

완성 사진	MEMO

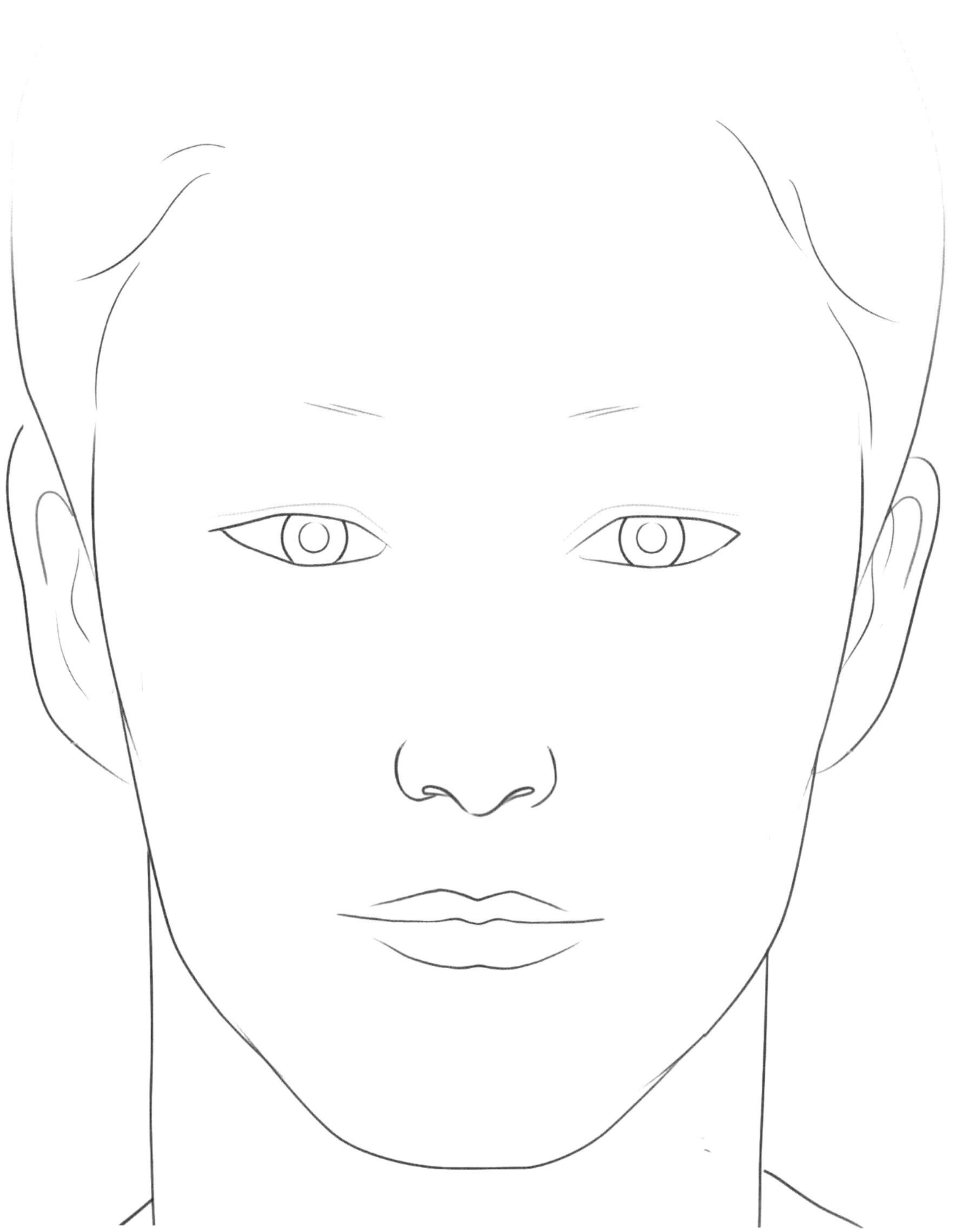

작품명		배역	
나이		성격	
막 / 씬		특징	

분장 과정 사진		
①	②	③

완성 사진	MEMO

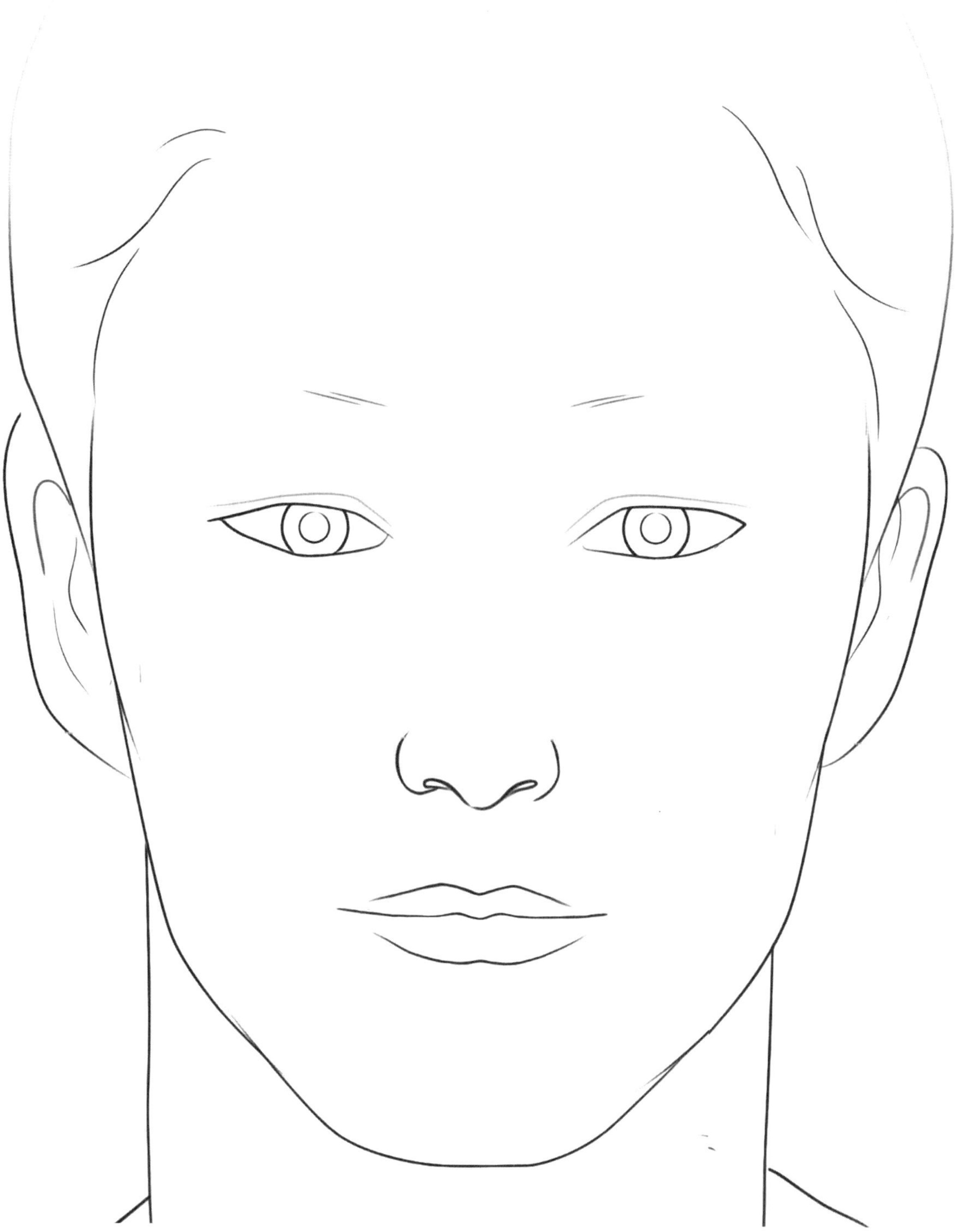

작품명		배역	
나이		성격	
막 / 씬		특징	

분장 과정 사진		
①	②	③

완성 사진	MEMO

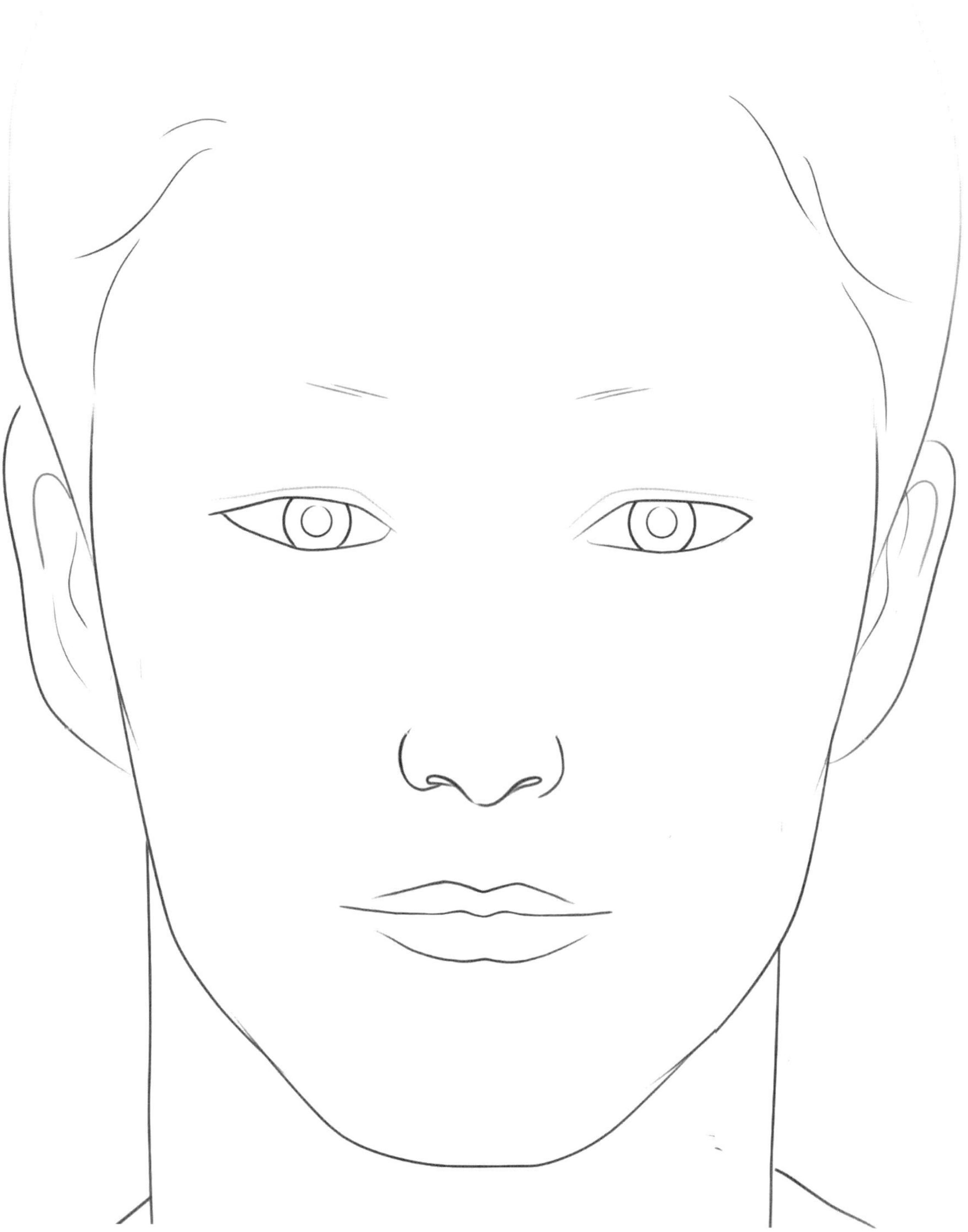

작품명		배역	
나이		성격	
막 / 씬		특징	

분장 과정 사진		
①	②	③

완성 사진	MEMO

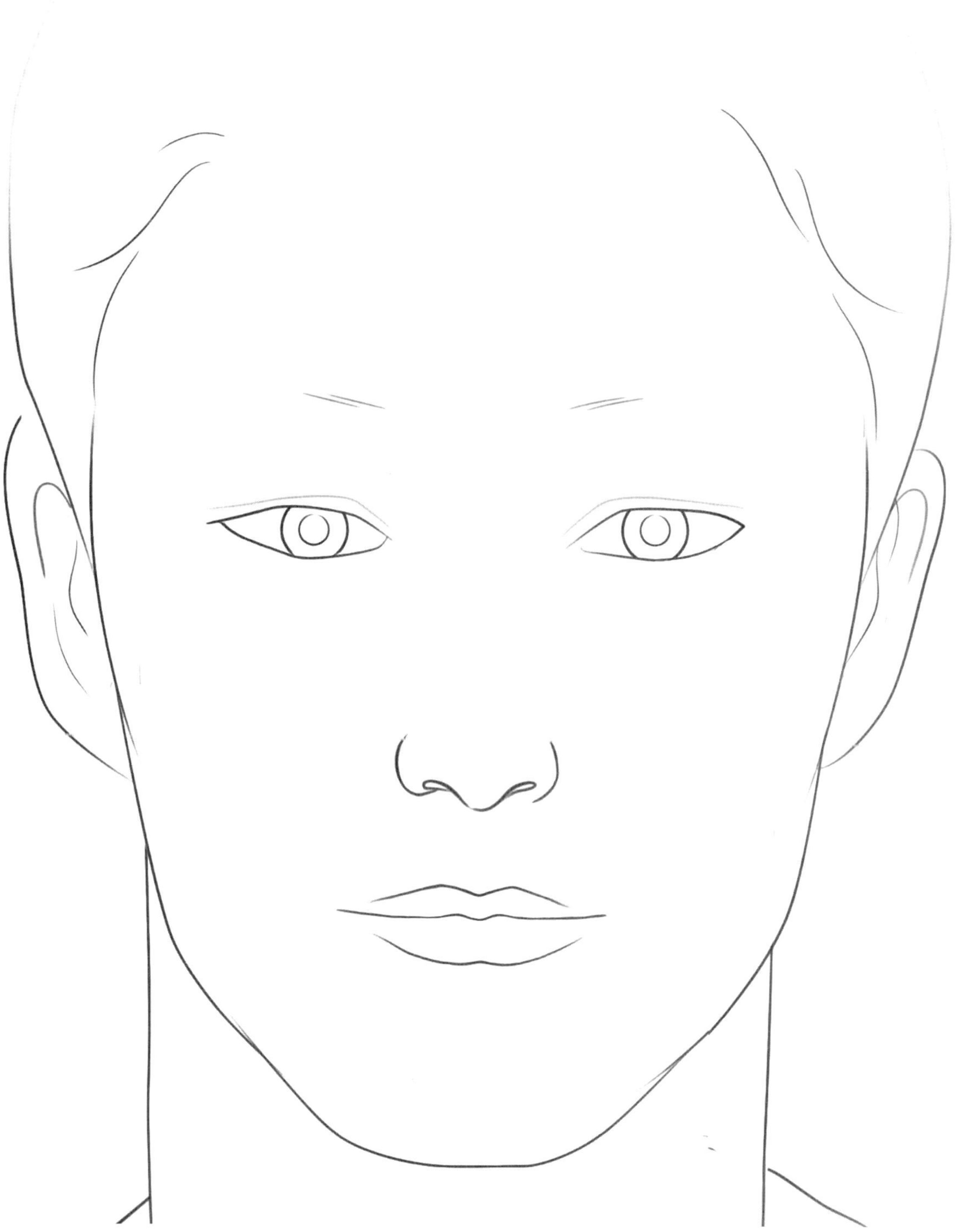

참고문헌

· 강대영(2013), 한국분장예술, 한국분장 프로덕션

· 고창균(2000), HDTV방송으로 인한 프로그램 제작환경 변화에 대한 연구, 경일대학교 산업대학원 석사학위 논문

· 김도은(2020), "립스틱 색채를 이용한 퍼스널 컬러 유형 분류 연구." 건국대학교 산업대학원 석사 학위논문

· 김문기(1999), 얼굴로 보는 평생 운명학, 서울; 가교 P. 27

· 김양은 외 3인(2009), ART MAKE-UP, 광문각

· 박소정 · 이운현(2008), 뷰티 코디네이션, 훈민사

· 박영옥(2003), TV매체의 발전에 따른 드라마 분장과 조명의 변화에 대한 연구, 한성대학교 예술대학원 석사 학위논문

· 백창원 외 2인(2011), Kobayashi 스케일과 I.R.I 를 사용한 LED 광색의 형용사 이미지 분석, 조명, 전기 설비 학회지 25(10).

· 설해심(2002), 서양 관상학, 그 긴 그림자, 서울, 한길사, P.29

· 소경미(2004), 인상학적 측면에서 본 얼굴 형태적 특성에 따른 메이크업 기법 연구, 한성대학교 예술대학원 석사학위 논문, P.5

· 신수현(2002), 얼굴형과 메이크업 컬러에 관한 연구, 동·서양의 관상학을 중심으로, 조선대학교 산업대학원 석사학위 논문

· 오인영(2004), 캐릭터 메이크업으로서의 수염분장의 역할과 유형별 기법 및 특징, 한국인체예술학회지 5(1), pp. 234~241

· 오인영, 임유경(2011),무대와 영상을 위한 캐릭터 메이크업 디자인, 훈민사

· 오인영(2019), 방송 영상 메이크업, 훈민사

· 오인영, 강근영, 류지원, 이숙연(2020), ALL About Makeup, 메디시언

· 오인영, 이수미, 안성준(2021), 메이크업 & 패션 스타일링을 위한 디자인 발상. 메디시언

· 이경희 · 이은경(2008), 패션 디자인 플러스 발상, 교문사

· 이미애(2003), 성격 분장의 유형별 이미지 연구, 한성대학교 대학원 석사학위 논문

· 이혜진(2006), 영화 장르에 따른 배우 캐릭터 이미지 분석, 서경대학교 미용예술대학원 석사학위 논문

· 영상 포럼(2000)

· 조미영(2008), 춘향전 등장인물의 성격 분석을 통한 분장 적용에 관한 연구, 한성대학교 예술대학원 석사학위 논문

· 조용진(1999), 얼굴, 한국인의 낯, 서울 사계절, p.49

· 황보선진(2001), 왕가위 작가 연구, 한양대학교 석사학위 논문

· 황순주(2006), HDTV 영상효과에 미치는 에어 브러시기법 연구, 서경대학교 대학원 석사 학위논문

· Gerald Prince(2003), "Dictionary og Narrato;ogy" 외국어대학교 출판부, P.5

· 네이버 검색, terms.naver.com, 고화질 TV, 손에 잡히는 IT 시사용어

· 네이버 검색, post.naver.com, 영화같은 드라마를 만드는 황금손, 채널 CJ

· Naver 지식백과 검색. OTT

- 강대영(1999). 한국분장예술. 서울: 지인당.
- 고희선 외(2007). 무대조명 III. 교보문고.
- 김영자(1995). 연극분장의 효과적 실행에 관한 연구. 언론 연구 논집, 20.
- 김진숙(2004). 패션쇼가 브랜드이미지에 미치는 영향에 관한 연구. 홍익대학교 광고홍보대학원 석사학위논문.
- 안진상(2012). 마당놀이의 역사적 전개와 문화산업적 성과. 중앙대학교 국악교육대학원.
- 오인영 임유경(2010). 무대분장에 나타난 그로테스크 연구. 한국미용학회지 16권 2호.
- 이규성(2005). 한국 악극의 수용과정과 공연활동에 관한 연구. 단국대학교 대중문화예술대학원.
- 이순영(2008). 캐릭터 표현이 이미지 형성에 미치는 영향에 관한 연구. 전북대학교 대학원 석사학위 논문.
- 이혜경(2002). 오페라 무대분장과 코디네이션에 관한 연구. 대구가톨릭대학교 대학원 석사학위논문.
- 임수빈(2017). 창작 창극을 통한 가·무·악 지도 방안 연구. 서울교육대학교 교육전문대학원.
- 임유경(2011). 무대분장을 위한 디자인 프로세스. 서경대학교 미용예술대학원 석사학위논문.
- 정운경(2005). 오페라 분장의 실제. 중부대학교 인문산업대학원 석사학위 논문.
- 조인상(2007). 공연학적 관점에서 바라본 패션쇼에 관한 연구. 중앙대학교 예술대학원 석사학위논문.
- 채성희(2010). 퍼포먼스(Performance) 예술의 매체별 특성에 관한 연구. 강원대학교 교육대학원 석사학위논문.
- 칼 알렌스워쓰(1994). 연극만들기. 방태수역. 학고방.
- 한국문화예술진흥원(1990). 공연예술총서 5. 분장, 예니.
- 한나라(2010). 무대의상에 나타난 블랙의 미적 특성. 중앙대학교 대학원 석사학위논문.
- 황윤정(2002). 무대분장의 캐릭터 표현기법에 관한 연구. 대구가톨릭대학교 디자인대학원 석사학위 논문.
- Berneice Prisk(1996). Stage Costume Hand-book, New York: Harper & Row Publisher.

저자 약력

오인영

- 현) 인덕대학교 방송 메이크업학과 교수
- 경희대학교 일반대학원 의상학과 석·박사 학위 취득
- 프랑스, 'Christian Chauveau Make Up School'졸업, 시데스코(CIDESCO : Committee International D'Esthétique Et De Cosmétologie) 자격증 취득
- KBS Art Vision 공채 1기 입사, 제작 2부 분장실 근무(1992~2000)
- 극단 '숲', 〈갈매기〉 분장 디자인, 2010 서울 연극 올림픽 공모 선정작
- 2010 〈연말 갈라 오페라 콘서트〉 등 다수 공연 분장 스텝 참여(2014~2017 예술의전당, 세종 문화회관)
- 극단 '해반드르', 〈아버지의 다락방〉 분장 디자인, 2020 대한민국 예술제 서울대회 출품작

임유경

- 전문분장팀 Face off 대표
- 정화예술대학교 미용예술학과 겸임교수
- 서경대학교, 추계예술대학교, 인천대학교 출강

〈작품경력〉

아이다, 투란도트, 가면무도회, 일 트리티코, 나비부인, 라 보엠, 토스카, 일 트로바토레, 오텔로, 춘향전, 심청전, 레 미제라블, 오페라의 유령, 그리스, 토지, 윤동주, 한네의 승천 등 국내공연 1,000여 작품

이탈리아 밀라노, 이탈리아 꼬모 오페라 페스티발, 이탈리아 몬짜, 오스트리아 빈, 체코 프라하, 일본 도쿄, 일본 나고야, 중국 북경, 중국 상해, 인도네시아 자카르타, 인도네시아 바탐 등 해외공연 수십 회

김유경

- 메이크업 아트웍 대표
- 정화예술대학교 미용예술학과 겸임교수
- 서경대학교 미용예술학 박사
- 채널A 드라마 〈쇼윈도〉 캐릭터 분장 미용 디렉터 및 진행
- OCN 추리활극 드라마 〈야차〉 캐릭터 분장 미용 디렉터 및 진행
- MBC 시트콤 〈크크섬의 비밀〉 캐릭터 분장 미용 디렉터 및 진행

도움 주신 분들

특수분장 : **박대현**

사극헤어 : **민은주**

무대헤어 : **조용선**

일러스트레이터 : **임경식, 임그린**

의상 : **양정임**

Character Makeup Design

무대분장

구민사

Contents — 무대분장

PART 1 무대분장의 이해

PART 2 무대분장의 실제

PART

무대분장의 이해

1. 무대분장의 개념과 특징 2. 무대공연과 극장의 분류

3. 무대분장의 유형 4. 무대조명 5. 무대 의상

1. 무대분장의 개념과 특징

분장은 극본이 요구하는 추상적인 이미지의 캐릭터를 시각적으로 표현하는 예술이다. 배우를 극 중 인물로 만들어냄으로써, 관객에게는 작품에 대한 이해를 돕고, 배우에게는 심리적인 효과와 안정감을 주어 배우의 내면 연기를 이끌어내는 데 중요한 역할을 한다.[1)]

분장은 표현 매체를 기준으로 크게 '무대분장'과 '영상 분장'으로 나뉘는데, 이 중 영상매체를 통하지 않고 무대공연에서 이루어지는 모든 분장을 '무대분장'이라고 한다.

무대공연은 배우와 관객 사이에 거리가 있어 배우의 표정을 구분하기가 힘들고, 따라서 감정 전달이 어렵다는 단점이 있다. 이 때문에 무대분장은 관객의 위치나 거리에 따라 분장의 강약을 조절하고, 명암에 의한 입체감의 정도를 계산해 멀리서 봐도 배우의 모습이 뚜렷하게 보일 수 있도록 과장되게 표현하는 것이 특징이다.[2)]

· 오페라 '나비부인' | 가야오페라단 ·

1) 무대공연의 분류

연극, 오페라, 뮤지컬, 악극, 창극, 마당놀이, 패션쇼, 무용, 연주회, 퍼포먼스 등

2) 무대 크기에 따른 극장의 분류

- 소극장 : 객석수가 약 500석 이하인 극장
- 중극장 : 객석수가 약 500석~1000석인 극장
- 대극장 : 객석수가 약 1000석 이상인 극장

· 오페라 '아이다' 리허설 장면 | 솔오페라단 ·

3. 무대분장의 유형

무대분장을 크게 '연극 분장', '오페라·뮤지컬 분장', '악극·창극·마당놀이 분장', '패션쇼·무용·퍼포먼스 분장'으로 나눠서 설명하면 다음과 같다.

1) 연극 분장

오스카 G. 브로케트(Oscar G. Brockett)는 '연극개론'에서 "분장은 배우가 무대에 오르기 바로 직전 반드시 그리고 마지막으로 행해야 할 준비과정이다. 배우는 분장이 끝남과 동시에 모든 공연의 완벽한 준비과정을 마쳤다고 할 수 있다."라고 했다.[3)]

배우는 무대에 서는 순간부터 배우 자신이 아닌 '극 중의 인물'로 관객과 만나게 된다. 이때, 배우의 연기력만으로는 온전히 극 중 인물로 탈바꿈하기가 쉽지 않기 때문에, 분장, 의상, 조명 등의 도움이 필요하다. 그중 무대분장은 관객들이 가장 쉽게 극 중 인물의 성격을 이해할 수 있도록 하는 핵심적인 시각 요소이다.

연극 무대는 대부분 소극장에서 이루어지기 때문에 배우와 관객 사이의 거리가 다른 공연에 비해 가까운 편이다. 따라서 배우의 얼굴이 과장되지 않고 사실적이어야 한다. 하지만 아무리 가까운 무대라도 배우와 관객과의 사이에는 어느 정도 거리가 있고, 거기에 강한 조명까지 더해지므로 얼굴의 입체감은 떨어질 수밖에 없다. 이는 강한 햇빛 아래서 찍은 사진이 평면적으로 나오는 것과 같은 원리로, 배우의 얼굴에 최소한의 명암은 만들어 입체감을 보완해 주어야만 얼굴이 평면처럼 보이는 것을 방지할 수 있다.

소극장 분장

- 배우의 분장한 얼굴이 거부감이 들지 않아야 한다.
- 극장이 작을수록 너무 인위적으로 보이지 않도록 자연스럽게 표현한다.

연극

준 대로 받은 대로 | 국립극단

음악극

우리 마을 (Our town) | 극단 어우름

연극

스바지바 (Свадьба) | 한국예술종합학교

2) 오페라, 뮤지컬 분장

오페라나 뮤지컬은 극의 내용이 노래로 전개되기 때문에 연극에 비해 대사의 전달력이 떨어져 관객이 작품의 내용을 정확하게 이해하지 못할 수 있다. 따라서 명확한 상황과 인물이 필요하고, 선과 악의 구분도 확실해야 하며 인물의 특징이 잘 드러나도록 시각적 효과에 중점을 두어야 한다.[4]

오페라나 뮤지컬은 대부분 대극장에서 공연되므로, 배우와 관객 사이에는 상당한 거리감이 있으며, 무대와 객석 사이에 있는 오케스트라 피트(orchestra pit)까지 고려하면 최소한 8~15m의 거리가 발생한다. 또한 오페라나 뮤지컬 공연이 주로 이루어지는 세종문화회관, 예술의 전당, 국립극장 등은 1,500~3,000석 정도의 거대한 객석 규모를 가지고 있다. 특히 예술의 전당 오페라 극장 같은 경우, 객석 구조가 4개 층으로 이루어져 있어 4층 맨 뒤에 앉아 관람하는 관객은 무대에서 무려 70~80m가량 떨어진 거리에서 45도의 시야 각도로 공연을 관람하게 된다.

따라서 오페라나 뮤지컬 분장은 이러한 거리감의 극복을 위해 음영과 하이라이트 등의 강약에 중점을 두고, 배우들의 표정이 관객들에게 잘 보이도록 윤곽을 크고 뚜렷하게 하는 과장된 분장이 필요하다. 또 헤어스타일이나 의상 또한 다소 과장되게 표현하는 경우가 많다. 단, 지나치게 강한 분장은 오히려 배우의 표정을 가릴 수 있으니 이 점에 유의한다.

오페라나 뮤지컬 배우들은 연기와 노래, 춤까지 소화해야 하는 공연의 특성상 땀을 많이 흘리게 되므로, 분장이 지워지지 않도록 각별히 신경을 쓰고 가급적 워터프루프(waterproof) 제품을 사용하는 것이 좋다. 가발이나 헤어 장식 또한 활동성이 많은 점을 고려해 공연 도중에 벗겨지는 일이 없도록 핀으로 단단히 고정시켜야 한다.

대극장 분장

- 명암대비로 윤곽을 뚜렷이 살리고 전체적으로 선을 확실히 표현해 멀리서도 이목구비가 잘 보일 수 있도록 한다.
- 섬세함보다는 인물의 특징을 부각시키고 성격을 명확히 표현한다.

오페라

투란도트 (Turandot) | 솔 오페라단

오페라

사랑의 묘약 | 솔 오페라단

뮤지컬

한네의 승천 | 경기도립국악단

3) 악극, 창극, 마당놀이 분장

초기 '악극'이란 음악과 연극을 합친 것을 뜻하는 말이었다. 가요가 중심이 된 음악극에 무용이 곁들여진 화려한 무대가 접목되면서 악극은 점차 대중의 인기를 얻게 되었으며, 1940년대부터는 레코드를 통해 판매까지 되면서 폭넓은 관객층을 형성했다. 이후 악극은 대중적인 음악극을 총칭하는 용어이자 완전한 하나의 장르로서 자리매김했다.[5)]

창극은 판소리에서 파생된 음악의 한 형태로, 19세기 후반에 발생하여 오늘날까지 공연되고 있는 우리나라의 극음악이다. 고수(鼓手) 한 명의 북 반주에 맞추어 한 명의 창자(唱者)가 노래를 부르는 1인극 형식의 판소리와는 달리, 창극은 다양한 악기의 음악 반주에 맞추어 여러 명이 각자의 배역을 맡아 소리를 하고, 여기에 의상이나 분장, 무대장치 등의 요소까지 더해진 연극적인 형태를 띤다.[6)]

오페라나 오페레타가 작곡가들의 대본에 의한 창작음악에 기본을 두고 있는 반면, 창극은 자연 발생적인 소리에 그 근간을 둔다. 또한, 오페라와 오페레타의 대본과 음악은 주로 바로크 시대에서 로코코시대에 이르는 동안 만들어졌으나, 창극의 본 형태인 판소리는 설화와 같은 자연발생적인 이야기가 주종을 이룬다. 이처럼 창극은 오페라나 오페레타와 비슷해 보이면서도, 창작성이 강하지 않고 민중 속에서 오랫동안 자연발생적으로 형성되어 왔다는 차이가 있다. 이 차이는 더욱 민속적이고, 동시에 민족적인 창극만의 독특성을 드러낸다. 창극의 음악적 수법이 판소리의 창법을 그대로 차용하고 있는 것만 보아도 그 뚜렷한 특징을 짐작할 수 있다.[7)]

마당놀이는 기본적으로 마당에서 하는 민속놀이를 의미하는 것이지만, 공연에서의 '마당놀이'는 마당이라는 공간의 개념을 놀이의 개념과 결합하여 현대의 공연으로 구성한 것을 말한다. 마당놀이는 관객에게 둘러싸인 채 배우와 관객이 교감하는 놀이적 특성이 강한 공연으로, 마당극과는 엄연히 다른 개념이다.

'마당극'은 마당이라는 장소를 바탕으로 시대가 요구하는 대중의 각성을 위한 계몽적 연극, 정치, 사회적인 현실의 문제에 대해 보다 적극적인 참여를 요구하고자 했던 진취적인 공연 양식으로, 보다 서구 연극적인 모습에 근접해 있다. 이와 달리, '마당놀이'는 전통문화 속에서 연극의 소재와 형식을 빌려와 전통을 계승하며 현대적으로 무대화하는 작업이다. 부조리한 현실을 풍자와 해학으로 풀어간 오락적이고 풍자적인, 민속적 공연 양식을 지닌다.[8)]

창극

김빈길 장군 | 무성국악진흥회

창극

나운규 아리랑 | 국립민속국악원

창극

현의 노래 | 국립국악원

4) 패션쇼, 무용, 퍼포먼스 분장

패션쇼는 무대 연출과 음악으로 시각과 청각 효과를 극대화하는 쇼를 통해 최신 유행 상품이나 패션 브랜드의 이미지를 효과적으로 전달하는 마케팅 커뮤니케이션(marketing communication) 수단이다.[9)]

이런 면에서 패션쇼는 일반 공연과는 다른 목적을 가지고 있지만, 그 형태와 진행에서는 공연의 속성을 지니고 있다. 모델들은 쇼에서 선보이는 의상과 액세서리가 돋보이도록 연기를 하고, 무대, 음향, 조명, 영상, 특수효과와 같은 요소들은 쇼 연출자에 의해서 보다 효과적으로 그 의도를 전달한다. 따라서 패션쇼는 대중의 공감을 끌어내고 유행을 창조하며, 준비된 계획에 따라 갖가지 효과를 동원하여 보여주는 하나의 공연이라고 할 수 있다. 특히 90년대 이후에는 많은 패션쇼가 공연예술과의 경계를 무너뜨리며 장르를 넘나드는 연출을 시도해 왔고, 퍼포먼스 성격을 띠는 '총체 예술'의 양상을 보이기도 했다. '존 갈리아노'와 '알렉산더 맥퀸', 그리고 '후세인 샬라얀'의 컬렉션 등이 그 대표적인 예이다.[10)]

무용은 신체의 움직임을 통해서 감정과 생각을 표현하는 예술로, 한국무용, 발레, 현대무용 등으로 나누어진다.

퍼포먼스(performance)는 시간이나 공간에 구애받지 않고 다양한 매체를 자유롭게 결합하는 열린 예술 형식이자 가장 포괄적인 매체로[11)], 기존의 예술 형식에서 탈피하여 미술, 연극, 무용, 음악 등 모든 장르의 행위 자체를 강조한다.

패션쇼나 무용, 퍼포먼스에서는 각각 가지고 있는 다양한 목적에 따라 그에 요구되는 분장도 달라진다. 예를 들어, 패션쇼는 디자이너의 특정 스타일을 제시하거나 계절의 신상품을 보여주는 것이 목적이기 때문에 그 의상을 부각하기 위한 분장이 필요하다. 퍼포먼스 또한 각 공연마다 가지고 있는 취지에 걸맞게 각기 다른 분장이 필요하다. 따라서 디자이너, 연출자, 각 파트 스태프(staff)들과의 충분한 협의를 거쳐 최종 분장 디자인을 결정하는 것이 바람직하다. 무용은 작품의 성격과 무대의 크기에 따른 분장 방법을 적용한다.

Makeup designer 임유경

패션쇼

프레타포르테 부산 | 이영희 컬렉션
(Prêts-à-porter Busan)

무용극

꽃은 피어 웃고 있고 | 김진환 한국 춤 예술원

사진

나비부인 | 작가 정연두
(Madame Butterfly)

4. 무대조명

1) 무대조명의 개념

'무대조명'이란, '빛의 밝기, 색상, 방향, 움직임' 등을 조절해 무대공연의 효과를 높이기 위한 장치이다.

무대조명은 배우의 연기와 무대장치 등 무대 위의 상황을 관객이 알아볼 수 있도록 가시도(可視度)를 높이고, 공연의 흐름을 시각적으로 뒷받침하여 관객이 공연을 이해하고 공감하도록 돕는다.

조명의 색상 및 밝기 조절을 통해 극의 분위기를 설정하고, 관객에게 시간의 경과, 날씨, 공간 전환 등의 정보를 전달한다. 또한, 어떤 장면이나 인물 또는 사물에 집중된 조명을 비추어 극적인 효과를 만들어내기도 한다.[12)]

2) 무대조명의 기능

· 가시성 : 조명의 가장 기본적인 기능으로, 무대 위에 빛을 제공함으로써 관객에게 어느 곳을 봐야 할지를 알려 준다.

· 시간성 : 아침, 저녁, 낮과 밤 등의 시간 변화, 혹은 계절의 변화를 나타낸다.

· 분위기 : 작품의 상황과 분위기를 표현한다. 비극적인 분위기는 일반적으로 어두운 조명을 설정해 무거운 느낌을 주고, 희극적 분위기는 밝은 조명으로 가벼운 느낌을 준다.

· 강 조 : 특정 장면이나 무대 위 특정 공간, 또는 출연자를 강조하거나 돋보이게 한다.

· 조 화 : 극적인 분위기나 장면 변화, 음악, 무대장치 등의 변화와 조화를 이룬다.

· 특수효과 : 비, 눈, 구름, 낙엽, 숲, 번개, 물결, 무지개, 불길 등을 연출할 수 있다.

3) 무대조명의 방향

· 프론트 라이트(front light) : 배우의 정면에서 오는 빛. 배우의 얼굴을 뚜렷이 보여주지만 평면적으로 보이게 한다.

· 백 라이트(back light) : 배우의 뒤에서 오는 빛. 얼굴은 전혀 볼 수 없고 실루엣만 보여준다. 배우를 무대 배경으로부터 분리한다.

· 사이드 라이트(side light) : 배우의 옆면을 비추는 빛. 배우를 기준으로 45도 위쪽에서 옆으로 들어오는 조명은, 배우를 가장 자연스럽고 입체감 있게 보이도록 한다.

· 탑 라이트(top light) : 배우의 머리 위에서 내리비추는 빛. 얼굴의 윤곽은 제대로 볼 수 없으나 배우를 공간적으로 독립시키고 키를 작아 보이게 한다.

· 풋 라이트(foot light) : 무대 앞쪽 바닥에서 배우의 얼굴을 향해 위쪽으로 비추는 빛, 부자연스러운 느낌을 주지만 극적인 효과를 줄 수 있다.

빛의 방향별 특성

빛의 방향	시각적 선명도 (Clarity)	극적효과 (Drama)	분위기 (Atmosphere)	태양광 키조명 (Sun key)
Front light	가장 유용	극적 효과를 내는데 약함	중성적	가능하지만 과도한 조명이 될 수 있음
Back light	단독 소명으로는 선명한 표현 불가능, 사실적 표현을 위해 추가되어 사용	다른 조명들과 같이 사용하여 극적인 효과를 표현	매우 무서운 분위기	가능하지만 너무 배우에게 집중될 수 있음
Cross light	일반적으로 가시성이 떨어짐	매우 효과적	매우 효과적이며, 질감을 잘 보여줌	높은 각도에서 비칠 때 적합
Side light	사실성이 떨어짐	매우 효과적	매우 효과적이며, 질감을 잘 보여줌	해가 뜨거나 지는 때를 표현할 때만 사용 가능
Top light	부적합, 그림자가 심하게 생김	배우를 비출 때 매우 강한 효과	공격적	적도의 정오 외에는 있을 수 없는 각도
Foot light	부적합, 이상한 그림자가 생김	효과적이나 부자연스러워 자주 사용되지 않음	공포스러움	부적합
Flat light	표현 가능	부적합하며 모든 것을 다 드러내 보여줌	부적합	부적합

출처 | 고희선 외(2007). 무대조명 II. 교보문고

· 무대조명의 예 음악극 '우리마을' | 극단 어우름 ·

뱀이 심장을 먹었어. - 김앤리프로덕션 | 작가 강진수

5. 무대 의상

'무대 의상'이란 등장인물의 역할이나 성격을 관객에게 전달하기 위해 몸에 걸치는 모든 것을 말하며, 배우가 착용하는 의상 외에도 신발, 머리 장식, 액세서리 등이 포함된다.[13)]

무대 의상은 매우 중요한 무대 미술 중 하나로, 분장, 조명 및 무대장치를 비롯한 무대 위의 시각적 요소들과 조화를 이루어 효과적인 무대를 창출해낸다. 또한 극의 무대효과를 높임으로써 표현하고자 하는 주제까지 관객에게 전달하는 시각 표현의 수단이자 창조적인 도구이다.[14)]

무대분장이 인물의 성격, 나이, 환경 등을 시각적으로 표현하여 작가가 의도하는 인물로 재탄생시키는 과정이라고 한다면, 무대 의상은 인물의 시대, 민족, 신분 등을 표현하고 장면 전환과 시간의 변화를 나타낸다. 무대 의상은 그 의상을 착용한 배우와 하나의 이미지로 동화되어 다양한 성격과 분위기를 나타내고, 분장, 헤어스타일, 인물의 체형과 조화를 이루면서 완벽한 하나의 인물을 창조해 낸다.[15)]

· 무대의상의 예 오페라 '신데렐라' | 안산문화예술재단 ·

· 오페라 '신데렐라' 의상 스케치 (Costume Designer 조문수) ·

PART

무대분장의 실제

1. 무대분장 디자인 2. 무대분장 과정과 방법 3. 무대헤어 과정과 방법 4. 실제 분장 사례

1. 무대분장 디자인

디자인(design)이란 어떤 구상이나 작업계획을 구체적으로 나타내는 과정이다. 분장 디자인 또한 작품에 대한 완벽한 이해와 분석을 통해 작품 속 등장인물들의 성격 이미지와 형태를 구체적으로 구상하는 분장 계획에 따라 이루어진다. 완벽한 분장 계획표는 경험과 경력의 유무에 관계없이 분장 디자이너에게 심리적 안정감을 주고, 배우와 연출자에게는 신뢰감을 주어 창조적인 분장 작업을 안정적으로 수행할 수 있게 한다.[16)]

분장 디자이너는 최종 분장 디자인이 나오기까지 연출자나 관련 스태프들과의 협의를 거쳐 꾸준한 수정 및 보완작업을 해야 하며, 작품의 높은 완성도를 위하여 분장 팀원들뿐 아니라 무대감독 및 제작 스태프들과의 원활한 협조도 요구된다.[17)]

무대분장 디자인을 하기 위해서는 무엇보다 먼저 작품을 여러 번 읽고 극 중 인물을 합리적으로 분석하는 작업이 필요하다. 성격, 나이, 건강, 환경, 시대, 인종 등 등장인물의 특성과 배우의 얼굴 특징을 파악하고 그 특징에 따라 적절하게 변형, 조화시켜 극 중 인물의 성격에 맞는 분장디자인을 구상해야 한다. 또한, 시대의 변화에 따른 자료를 수집하여 고증적인 면에서도 잘못된 부분이 없도록 하고, 표현되는 매체나 공연장 등의 특성을 정확하게 인식하고 있어야 한다. 아울러 연출자의 의도에 부합하는지, 무대, 조명, 의상, 소품 등과 전체적인 조화가 이루어졌는지 파악하고, 공연 전 충분한 연구와 연습을 통해 최선의 분장을 할 수 있도록 노력해야 한다.[18)]

1) 무대분장 디자인에 영향을 미치는 요소

(1) 극장의 크기

무대분장 디자인에 있어서 가장 중요한 요소는 '배우와 관객과의 거리'이다. 극장의 크기나 객석과의 거리에 따라 분장의 강약이 결정되고, 이 거리감의 해소는 무대분장의 가장 기본적인 목표가 된다.

(2) 무대조명

무대조명의 색과 방향은 분장, 의상, 무대장치에 큰 영향을 미친다. 조명의 색에 따라 분장, 의상, 무대의 색은 다른 색으로 바뀌어 보일 수 있으며, 조명이 비치는 방향에 따라 배우의 얼굴 형태 또는 의상과 무대가 달라 보일 수 있다.

분장에 사용되는 색은 '감법혼색'으로 빨강, 노랑, 파랑의 '3원색'이 합해져 검은색이 되는 혼색, 즉, 색을 혼합할수록 어둡고 탁해지는 혼색 원리이다. 하지만 조명의 색은 '가법혼색'으로, 빨강, 녹색, 파랑의 '빛의 3원색'이 합해져 흰색이 되는 혼색, 즉, 색을 혼합할수록 밝아지는 혼색 원리이다. 결국, 조명 아래 보이는 분장의 색은 근본적으로 배합의 원리가 서로 다른 두 가지 색 조합이 만나서 이루어지는 결과물이다.

따라서, 분장을 받은 배우가 무대 위에서 조명을 받으면, 분장 디자이너가 애초 계획했던 것과는 전혀 다른 결과물이 나올 수 있다. 이를 방지하기 위해 분장 디자이너는 반드시 리허설 등을 통해 분장의 결과를 사전에 확인한다. 또한, 조명의 각도에 따라 배우의 얼굴 윤곽이 달라져 보일 수 있으므로, 조명의 위치와 밝기에 따른 명암 처리에도 신경을 써야 한다.

조명색에 따른 분장 색상의 변화

조명색 / 분장색	Red	Organge	Yellow	Green	Blue	Vlolet
Brown	붉은 자주	어두운 주황	맑은 주황	어두운 초록	탁한 파랑	밝은 보라
Red	밝은 빨강	맑고 붉은 주황	노란 주황	어두운 초록	어두운 빨강	붉은 보라
Organge	맑은 주황	밝은 주황	밝은 노랑	갈색	갈색	어두운 보라
Yellow	노란 빨강	노란 주황	밝은 노랑	초록	녹색	주황
Green	어두운 초록	갈색	밝은 노랑	밝은 초록	짙은 초록	어두운 초록
Blue	어두운 파랑	갈색	초록	짙은 초록	밝은 파랑	탁한 파랑
Violet	붉은 보라	어두운 주황	어두운 보라	어두운 초록	탁한 파랑	밝은 보라

출처 | 장우식(2001). 분장예술세미나. 한성대학교 예술대학원 교재

(3) 무대 의상

무대공연에는 극 중 인물을 완벽히 재현해 내기 위한 중요한 시각 요소들이 있는데, 그중 배우와 가장 밀접한 관계를 지닌 시각 요소가 바로 분장과 의상이다. 무대분장과 무대 의상은 상호 불가분의 관계로, 의상의 색상과 의상 디자인은 분장 색상과 분장 디자인에 직접적인 영향을 미친다. 따라서 분장 디자이너는 의상 디자이너와의 긴밀한 협조를 통해서 완벽한 작품 속 인물이 탄생한다는 것을 늘 염두에 두고 분장을 디자인해야 한다.

2) 무대분장 디자인 단계[19]

(1) 작품 분석

- 모든 분장은 작품 분석에서부터 시작된다. 무대분장을 하기 위해서는 먼저 작품에 대한 충분한 이해가 필요하며, 작품의 내용은 물론 작품에 등장하는 인물의 성격 분석 및 시대적 상황에 관한 연구 등이 이루어져야 한다.

- 인물 분석은 분장의 기본이므로 대본을 여러 번 읽으면서 등장인물의 민족, 시대, 나이, 성격, 건강 상태, 사회적 환경, 유전적 특징, 직업 등을 세심하게 파악하고 분석한다.

  – 특히 분장에 관련된 내용은 꼼꼼하게 점검하고 필요한 사항들을 메모한다.

(2) 막(장)별 구성표 작성

- 막(장)별로 등장하는 모든 배역과 소요 시간, 극의 내용, 음악의 특징 등을 정리한 후 필요한 내용을 기록한다.

  – 분장 전환에 따른 내용도 기록한다.

(3) 1차 스태프 회의 (콘셉트 회의)

· 연출자, 음악감독, 무대감독, 안무가, 무대, 조명, 음향, 의상, 분장, 소품 등 각 분야의 디자이너들이 모여 작품의 분석 내용을 바탕으로 자기 생각과 디자인에 대한 의견을 토론하고 작품의 콘셉트를 결정하는 회의이다.

- 연출자의 작품에 대한 의도를 파악한다.
- 의상 디자이너와 의상 색상 및 디자인을 의논하고, 모자 및 헤어 장식에 대한 유무를 파악한다.
- 조명 담당자와 조명의 밝기 및 조명 색상의 변화에 대해 논의한다.
- 무대 디자이너와 세트 배경 및 소도구의 색상과 전체 분위기를 상의한다.
- 소품 담당과 극 중 사용하는 소품을 점검한다.

(4) 자료 조사

· 작품이 시대극인지, 현대극인지 또는 현실적인지, 비현실적인지 등을 파악하여 관련 문헌이나 자료를 조사, 수집하고 분장의 표현 방법과 방향을 결정한다.

18세기 로코코(Rococo) 시대			
사회 · 문화적 배경	• 프랑스의 문화 · 예술 · 패션 등이 각지에 전파됨 • 새로운 부르주아 계급의 성장으로 귀족사회는 서서히 몰락해가고, 감성적이며 쾌락적인 생활을 추구하게 됨		
메이크업	• 피부 – 하얗고 창백한 피부 선호 • 붉은 연지의 선풍적 인기 • 뷰티 패치(Beauty patch)와 향수 유행 • 남자도 두꺼운 화장을 함	헤어 스타일	• 18세기 중반까지는 비교적 단순했으나 점차 거대해짐 • 남자 – 피그테일 위그, 백위그, 카도간 등 가발 사용 • 백색의 파우더를 가발과 머리 전체에 뿌림

복식	• 여성복은 관능미를 강조하여 가슴은 깊게 파고, 허리는 극도로 조여 가는 허리를 강조했으며, 스커트는 거대하게 부풀려 화려함의 극치를 이룸 • 남성복은 쥐스토코르, 베스트, 퀼로트가 그대로 지속되었으나 꽃 자수 등 우아한 장식을 선호함

글 출처 | 이화순 외(2009). 미용문화와 시대 메이크업을 참고로 연구자가 재구성함

그림출처 | http://arts.search.naver.com

헤어스타일 리서치

연극 스바지바(Свадьба)	한국예술종합학교 실험 무대
헤어스타일 콘셉트	각 배역의 성격 특성을 살린 독특하면서 과장된 헤어스타일

배역 즈메유끼나

헤어스타일 리서치

- 가수 출신
- 화려하면서 강렬한 헤어스타일 리서치

배역 다쉔까

헤어스타일 리서치

- 백치미의 신부
- 청순한 이미지를 살리면서 평범하지 않은 헤어스타일 리서치

사진출처 | https://www.pinterest.co.kr

(5) 연습 참관

· 연습 기간 중 2~3번 정도 참관하며, 추상적이었던 작품의 이미지를 구체적으로 정리하고 분장디자인을 진행한다.

- 연습 참관 시에는 출연자의 얼굴 형태와 피부 색상, 피부 상태 및 인상과 골상을 파악한다.
- 헤어스타일을 미리 체크하고, 공연 직전에 헤어스타일을 갑자기 바꾸지 않도록 사전에 주의시킨다. 필요할 경우 배우에게 염색이나 커트 등 헤어스타일의 변화를 권유하기도 한다.
- 출연자의 연기 패턴과 체형 등을 파악한다.

· 오페라 '투란도트' 연습 장면 | 인천 오페라단 ·

(6) 분장 디자인 구상

· 분석, 연구, 조사된 자료를 바탕으로 극 중 인물의 성격에 맞는 분장 디자인을 구상한다.

(7) 분장 스케치

· 분장 디자인을 확정하고 배역별로 스케치한다.

- 스케치는 디자인 과정에서 구상한 추상적 이미지를 구체적으로 시각화, 실체화하는 것으로, 모든 디자인 분야 프로세스의 필수적인 과정이다.
- 분장 스케치는 배우들이 분장을 받았을 때의 최종 결과물을 예측해 보는 과정이다. 작품 제작 후 소멸하는 분장 디자인의 특성을 고려할 때, 스케치는 작품의 사진과 더불어 중요한 자료가 되며 그 자체만으로도 작품으로서의 의미가 있을 수 있다.
- 분장 스케치는 디자인 회의에 지참하며, 다른 디자이너들과의 통일된 디자인 콘셉트를 위해 토론할 때 시각 자료로 활용한다.

(8) 2차 스태프 회의 (디자인 회의)

· 각 파트별 1차 디자인을 확인하고 작품 이미지에 맞도록 서로 조율한다.

(9) 분장 계획표 작성

· 실제 분장을 위한 구체적인 사항들을 분장 계획표에 꼼꼼히 기록한다.

· 분장 전환이 필요할 때 준비해야 할 재료와 도구, 그리고 전환에 필요한 시간을 점검한다.

(10) 재료 구입 및 제작

· 필요한 재료를 구입한다.

· 분장에 필요한 프로스테틱(Prosthetic-보철물)과 가발, 소품 및 헤어 장식 등을 제작한다.

(11) 분장 리허설

· 드레스 리허설을 통해 분장이 전체적으로 조화를 이루는지 검토하고, 최종적으로 분장을 수정한다.

· 공연 장소, 분장실의 환경, 객석과 무대와의 거리, 분장실에서 무대까지의 동선과 거리 등을 파악하여 공연이 차질 없이 진행될 수 있도록 한다.

(12) 공연

· 공연장에는 항상 미리 도착한다. 사전에 모든 준비를 마치고 빠짐없이 점검하여 실수가 없도록 하며, 모든 사람에게 예의를 지키고 상대방을 배려한다.

· 시간적 여유를 가지고 차분하게 분장에 몰입하여, 최고의 결과물을 만들 수 있도록 최선을 다한다.

· 분장을 끝낸 후에는, 공연이 끝나는 시간까지 처음의 분장 상태가 유지될 수 있도록 수시로 점검, 수정하고 필요한 시간과 장소에서 대기한다. 전환에 따른 분장 변화에도 실수가 없도록 한다.

· 공연이 무난하게 진행될 수 있도록 수시로 점검하고 모니터 한다. 만약 돌발 상황이 발생했을 시에는 책임자와 상의하여 침착하고 신속하게 문제를 해결한다.

(13) 평가

· 공연이 끝나면 디자인의 계획 단계부터 최종 분장 단계까지 디자인의 모든 과정을 평가한다. 또한, 분장 과정에서 수정, 보완해야 할 부분이나 문제점을 파악하고, 공연에 참여한 팀원들의 의견이나 아이디어를 종합하여 정리한다.

· 공연 기간 동안 수집하고 정리한 모든 자료와 결과물은 알아보기 쉽게 정리하여 다음 공연에 참고할 수 있도록 한다.

3) 무대분장 디자이너가 되려면

(1) 성실함과 책임감, 그리고 대인관계가 가장 중요하다.

- 책임감을 가지고 항상 최선을 다한다.
- 팀원들끼리 서로 배려하고 존중하며, 상대방의 의견을 적극적으로 수용하는 자세를 가진다.
- 작가와 연출 및 스태프들과의 조화를 생각한다.
- 출연자를 배려하며 모두에게 예의를 지키고 친절하게 대한다.
- 바르고 고운 말을 쓴다.

(2) 신뢰감을 줄 수 있는 전문 지식을 쌓는다.

- 이론 또한 실기만큼 중요하다.

(3) 관찰력과 창의적인 사고가 필요하다.

- 고정관념을 버려라.

(4) 실력 발전을 위해 항상 연구하고 노력한다.

2. 무대분장 과정과 방법

'착시'란 시각에 생기는 착각을 의미한다. 무대분장은 이 착시를 통해 배우를 극 중 캐릭터로 만들어내는 작업이다.

눈은 빛, 형태, 크기, 색채, 명암, 원근 등의 감각을 인지할 수 있는데, 이에 따라 여러 가지 착시 현상들이 발생한다. 밝은 색은 나와 보이고 어두운색은 들어가 보이는 명암의 착시, 선의 강약과 굵기로 인한 착시, 색채와 색의 이미지에 의한 착시 등이 그 예이다. 착시로 인한 시각적인 오류는 얼굴의 형태를 달라 보이게 하는 효과를 준다. 무대분장은 이 효과를 이용해 내가 원하는 골격과 근육, 이목구비를 가진 인물로 배우를 새롭게 탄생시킨다.

1) 무대분장 기초

(1) 피부 표현

무대분장에서 기본 파운데이션(foundation)의 선택은 성격 설정을 위한 가장 기초적인 작업으로, 색상과 명도, 표현 방법 등에 따라 배우의 성격뿐만 아니라 인종, 나이, 신분과 환경, 사회·경제적 지위와 건강 상태까지도 표현할 수 있다.

무대에서 사용하는 파운데이션은 영상매체보다 커버력이 있어야 하며, 조명의 영향을 고려해서 베이지 계열이 아닌 붉은 계열의 색상을 선택하는 것이 좋다.

(2) 혈색 표현

혈색이란 얼굴에 도는 핏기를 말한다.
배우가 무대에서 강한 조명을 받으면 얼굴색이 창백해 보이게 되는데, 볼에 전체적으로 붉은색을 넣어 주면 훨씬 더 젊고 건강한 느낌을 줄 수 있다. 이 때문에 노인이나 병자 역할에는 혈색을 넣지 않는다. 혈색을 코 선 아래까지 넣으면 볼 전체가 통통해 보이기 때문에, 일반적인 경우 코 선을 기준으로 위쪽으로만 넣어 주는 것이 좋다.

(3) 윤곽 교정

혈색을 표현한 다음에는 음영(shadow)과 하이라이트(highlight)를 이용하여 평면적인 얼굴을 입체적으로 만들어야 하는데, 이 작업 과정을 통해 극 중 인물의 성격에 맞는 골격과 원하는 근육의 형태를 만들어낼 수 있다. 특히 선과 악의 성격적 특성, 인종에 따른 골상학적 특성 표현이 가능하다.

(4) 코

얼굴의 중심인 코는 객석에서 보았을 때 인물의 골격과 이목구비를 뚜렷하게 부각시키는 역할을 한다. 노즈 섀도(nose shadow)는 코 벽에 주는 음영을 말하며, 배역의 성격에 따라 모양과 길이, 넓이, 색조의 강약이 달라진다.

일반적으로 노즈 섀도는 코 길이의 3분의 2 정도까지 넣어 주고, 아래로 내려올수록 점점 모아 주면서 그라데이션(gradation)한다. 이때, 노즈 섀도 사이에 최소한 손가락 하나가 들어갈 정도의 너비를 두고 그려야 하며, 너비는 배우의 얼굴 크기에 따라 조정한다.

(5) 눈썹

눈썹은 배우의 성격과 기질 등 내면적 요소를 표현하기에 가장 적합하고 중요한 부분이다. 인상학적 특징에 따라서 눈썹 형태와 숱, 두께의 변화를 통해 성격을 설정할 수 있으며, 이때 눈썹의 형태적 요소, 즉, 위치와 각도, 방향, 크기 등에 변화를 주어 착시효과를 줄 수 있다.

(6) 눈

내면의 감정과 표정을 전달하는 눈은 눈썹과 더불어 다양한 분위기의 성격을 연출한다. 아이라인의 형태와 두께, 아이섀도의 색상에 따라 표현되는 성격이 달라진다.

(7) 수염

남자의 경우, 수염 또한 성격 표현에 중요한 역할을 한다. 따라서 분장 디자인을 할 때는 수염의 형태, 숱, 길이, 컬러, 질감 등 다양한 요소를 고려해 신중히 설정해야 한다.

(8) 헤어

헤어스타일과 가발 역시 배우의 성격을 구분 짓는 주요 표현 수단 중 하나이다. 헤어의 길이, 볼륨, 웨이브, 컬러, 질감 등의 설정은 극 중 인물의 이미지를 표현하는데 큰 역할을 한다.

2) 무대분장 -기본

(1) 여자

대극장

중극장

소극장

01

· 분장 전

· 파운데이션을 바른다.

- 배우의 피부색과 비슷한 톤으로 바른다.
- 커버력이 좋은 스틱 파운데이션이나 크림 파운데이션을 사용한다.

사용제품

· 파운데이션 : Kryolan/TV Paint stick/1W, 3W, 7W
  Mehron/Cream blend stick/Pink
· 파우더 : Ben Nye/Face Powder/Neutral set
· 펜슬 : Mitsuyoshi/Pencil/Combination
· 아이섀도 : Make up for ever/Artist color shadow/
  M-720/I-220/M-126
· 아이라인 : Tonymoly/backgel/Black
· 립 : Mac/matt lipstick/Please me

02

· 윤곽을 수정하고 입체감을 주기 위해 얼굴 가장자리와 코 벽 부분에 음영을 넣고, 티존 부위에 하이라이트를 넣는다.

- 음영은 기본 파운데이션보다 두 톤 정도 어두운색, 하이라이트는 두 톤 정도 밝은 색으로 넣는다.
- 헤어라인이나 목의 경계선에 얼룩이 생기지 않도록 주의한다.

· 볼 전체에 은은하게 혈색을 만든다.

- 핑크나 코랄 계열의 크림 파운데이션이나 크림블러셔를 엷게 펴 바른다.
- 치크 메이크업을 하기 전에 약간의 혈색을 넣어주는 작업이다.

· 파우더를 충분히 바른다.

- 가루 파우더를 사용한다.
- 파우더 양을 넉넉히 해야 분장이 지워지지 않고 오래 지속된다.

03

- 눈썹은 본래 눈썹보다 조금 더 길게 그린다.
  - 아이섀도, 에보니 펜슬, 아이브로 펜슬을 사용한다.
- 아이라인은 눈을 뜨고 정면을 보았을 때 눈 위로 2~3mm 정도 보이게 그리고, 길이는 눈보다 조금 길게 그린다.
  - 땀에 지워지지 않게 되도록 젤 라이너를 사용한다.
- 언더 아이라인은 눈에서 약간 띄워서 그린다.
  - 멀리서 보았을 때 눈이 커 보이는 효과가 있다.
  - 언더라인과 눈 사이를 흰색 펜슬이나 흰색 라이닝컬러로 채워 눈의 흰자위 같은 효과를 주기도한다.

04

- 노즈 섀도를 넣어 준다.
  - 오렌지 브라운 컬러의 아이섀도를 사용한다.
  - 길이는 코 길이의 3분의 2 정도로, 너비는 검지가 하나 들어갈 정도로 잡는다. 단, 너비는 배우의 얼굴 크기에 따라 조정한다.
- 아이홀을 따라서 펜슬로 선을 그리고, 위쪽으로 그라데이션 한다.
  - 그린 선 위에 아이섀도로 보충한다.
  - 아이홀에 선을 그리면 쌍꺼풀처럼 보여 눈이 뚜렷하고 커 보이는 효과가 있다.
  - 아이홀과 아이라인 사이를 흰색 아이섀도로 채워주면 아이 홀이 선명해 보인다.
  - 아이홀에 선을 그리지 않고 아이섀도로 음영만 주기도 한다.

05

· 아이라인 위쪽과 언더 아이라인에 의상 컬러에 맞추어 포인트 컬러를 넣는다.

· 블러셔는 광대뼈를 중심으로 부드럽게 넣어 준다.

- 블러셔의 형태나 색상은 배역의 성격에 따라서 달라질 수 있다.

06

· 속눈썹은 눈에서 약간 띄워서 붙인다.

- 대극장용 속눈썹은 길고 숱이 많으므로, 눈 가까이 붙이게 되면 배우의 시야를 가리거나 오히려 눈이 작아 보일 수 있다.

· 입술은 립 펜슬로 라인을 그린 후 배역 이미지에 맞춰 컬러를 선택한다.

· 배역에 맞는 헤어스타일을 연출하고 헤어 장식으로 마무리한다.

- 반가발이나 부분 가발 혹은 전체 가발을 착용하기도 한다.

Makeup designer 임유경

오페라 | 라 보엠

오페라 | 사랑의 묘약

국악오페라 | 이도 세종

Makeup designer 임유경

오페라 | 피가로의 결혼

오페라 | 코지 판 투테

오페라 | 허 왕후

(2) 남자

대극장

중극장

소극장

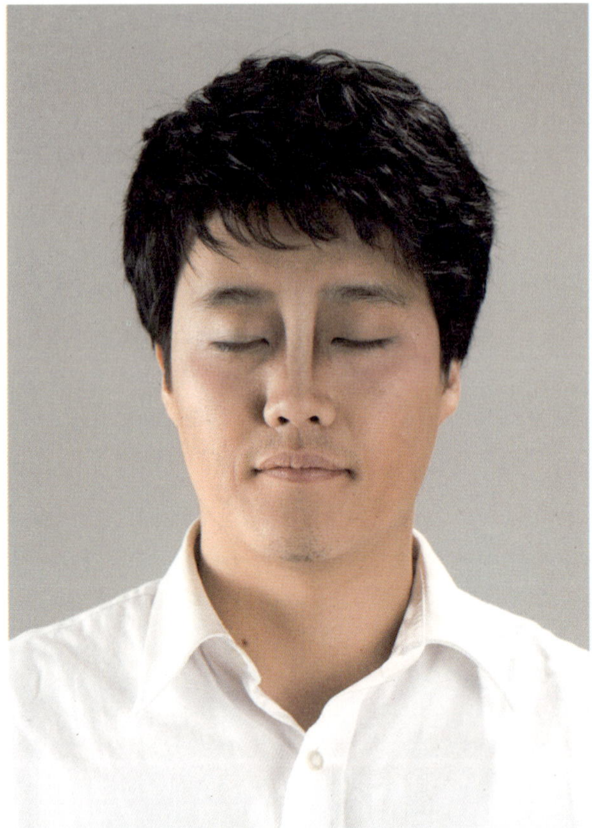

01

· 분장 전

· 남자 분장의 목적은 평면적인 얼굴에 입체감을 살리는 것이다. 따라서, 객석에서 봤을 때 인위적으로 화장을 하고 있다는 느낌이 들면 잘못된 분장이다.

사용제품

· 파운데이션 : Kryolan/TV Paint stick/1W, 3W, FS38, 7W
· 파우더 : Ben Nye/Face Powder/Neutral set
La femme/ Pressed powder/Bronze ton
· 라이닝 컬러 : Ben Nye/Cream color liner/CL-29, CL-11, CL-131
· 펜슬 : Mitsuyoshi/ Pencil/Combination
· 아이섀도 : Make up for ever/Artist color shadow/ I-648/M-126
· 아이라인 : Tonymoly/backgel/Black

02

· 파운데이션을 바른다.
- 배우의 피부색과 비슷한 톤으로 바른다.

· 윤곽을 수정하고 입체감을 주기 위해 얼굴 가장자리에 음영을 넣고, 티존 부위에 하이라이트를 넣는다.
- 음영은 기본 파운데이션보다 두 톤 정도 어두운색, 하이라이트는 두 톤 정도 밝은 색으로 넣는다.

· 볼 전체에 혈색을 만든다.
- 붉은색 라이닝 컬러를 엷게 펴 바른다.
- 젊고 건강함을 표현하기 위한 작업이다.

· 노즈 섀도를 넣어 준다.
- 레드 브라운 라이닝 컬러를 사용한다.
- 길이는 코 길이의 3분의 2 정도로, 너비는 검지가 하나 들어갈 정도로 잡는다. 단, 너비는 배우의 얼굴 크기에 따라 조정한다.
- 파우더를 바른 후 아이섀도로 보충한다.

· 파우더를 충분히 바른다.

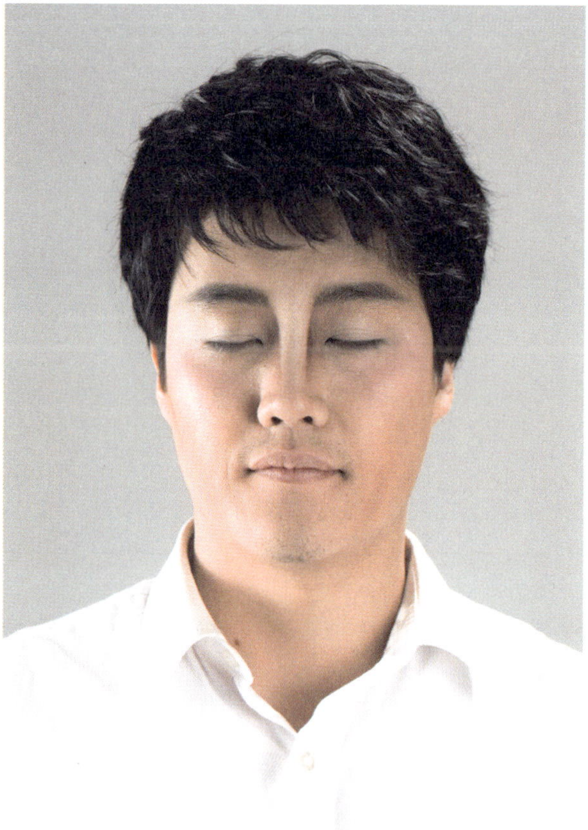

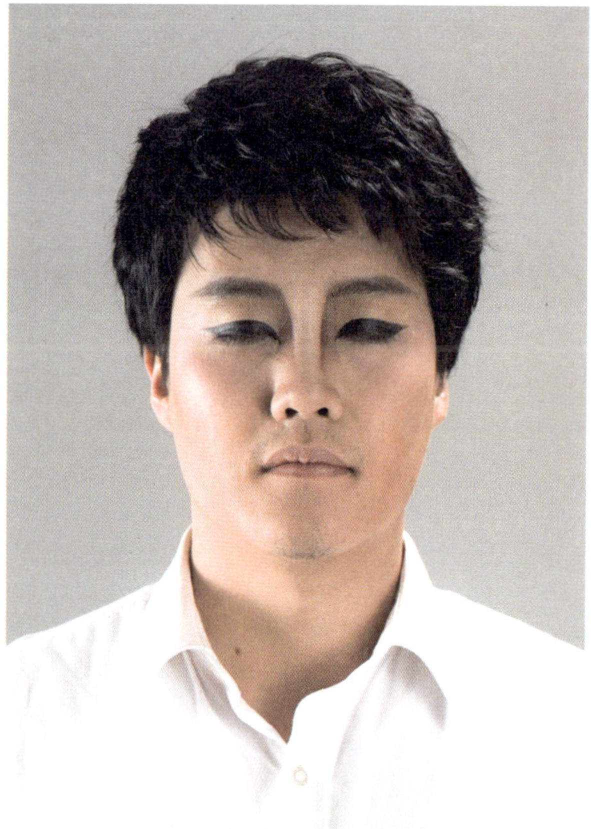

03

· 눈썹은 한 가닥씩 심듯이 자연스럽게 그려 준다.
- 아이브로 펜슬이나 라이닝 컬러를 사용한다.
- 배우의 눈썹이 진한 경우 끝부분만 그리거나 빗어 주기만 해도 된다.
- 여자 눈썹을 그릴 때처럼 인위적인 모양이 되지 않도록 주의한다.

04

· 아이라인은 눈을 뜨고 정면을 보았을 때 눈 위로 2~3mm 정도 보이게 그리고, 길이는 눈보다 조금 길게 그린다.
- 땀에 지워지지 않게 되도록 젤 라이너를 사용한다.

· 언더 아이라인은 눈에서 약간 띄워서 그린다.
- 멀리서 보았을 때 눈이 커 보이는 효과가 있다.
- 언더라인과 눈 사이를 흰색 펜슬이나 흰색 라이닝컬러로 채워 눈의 흰자위 같은 효과를 주기도 한다.

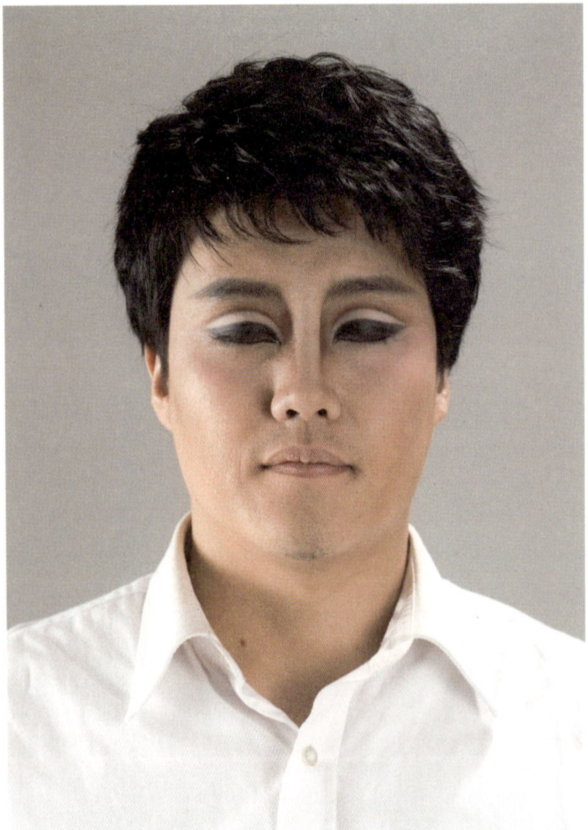

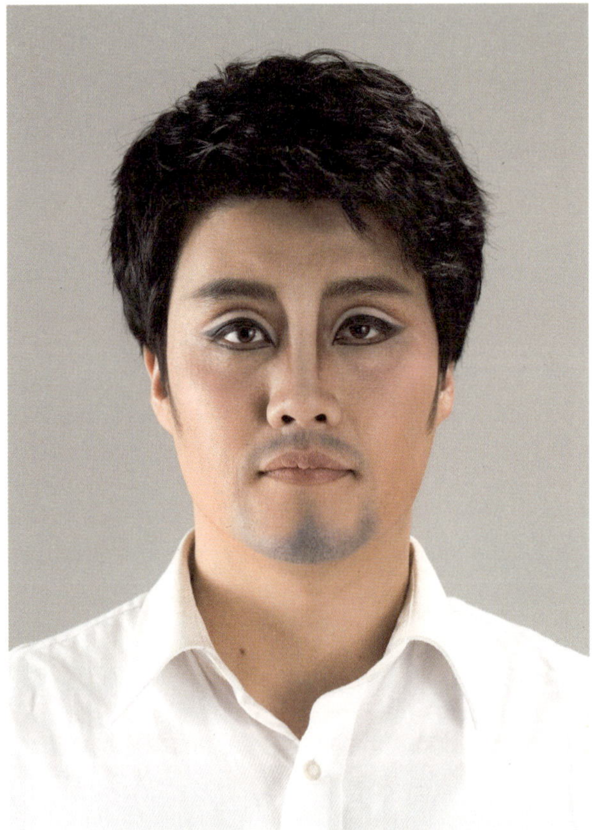

05

· 아이홀을 따라서 브라운 펜슬로 선을 그리고, 위쪽으로 그라데이션 한다.
  - 그린 선 위에 아이섀도로 보충한다.
  - 아이홀에 선을 그리면 쌍꺼풀처럼 보여 눈이 뚜렷하고 커 보이는 효과가 있다.

· 아이홀과 아이라인 사이를 흰색이나 아이보리색 아이섀도로 채워 주면 아이홀이 선명해 보인다.

· 아이홀에 선을 그리지 않고 브라운 아이섀도로 음영만 주기도 한다.

06

· 입술은 립 펜슬로 연하게 라인을 그린 후 자연스러운 색으로 칠해 준다.
  - 너무 붉거나 칙칙한 갈색은 피하고, 번들거리지 않도록 주의한다.
  - 남자의 입술 분장은 색을 칠한다는 느낌보다 본래의 입술 색을 찾아 준다는 느낌으로 표현한다.

· 배역에 따라서 수염이나 구레나룻을 그려 준다.
  - 수염이나 구레나룻은 더 강인해 보이는 효과를 준다.

· 배역에 맞는 헤어스타일을 연출한다.
  - 부분 가발 혹은 전체 가발을 착용하기도 한다.

Makeup designer 임유경

오페라 | 돈 죠반니

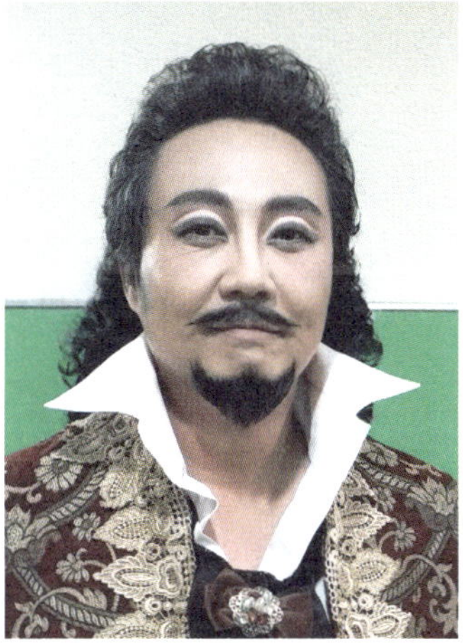

오페라 | 라 트라비아타

오페라 | 세비야의 이발사

공연사진(무대분장 남자)

Makeup designer 임유경

오페라 | 돈 파스콸레

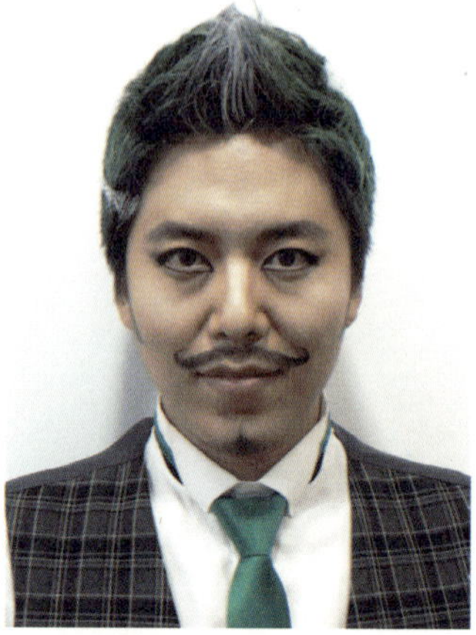

오페레타 | 박쥐

오페라 | 카르멘

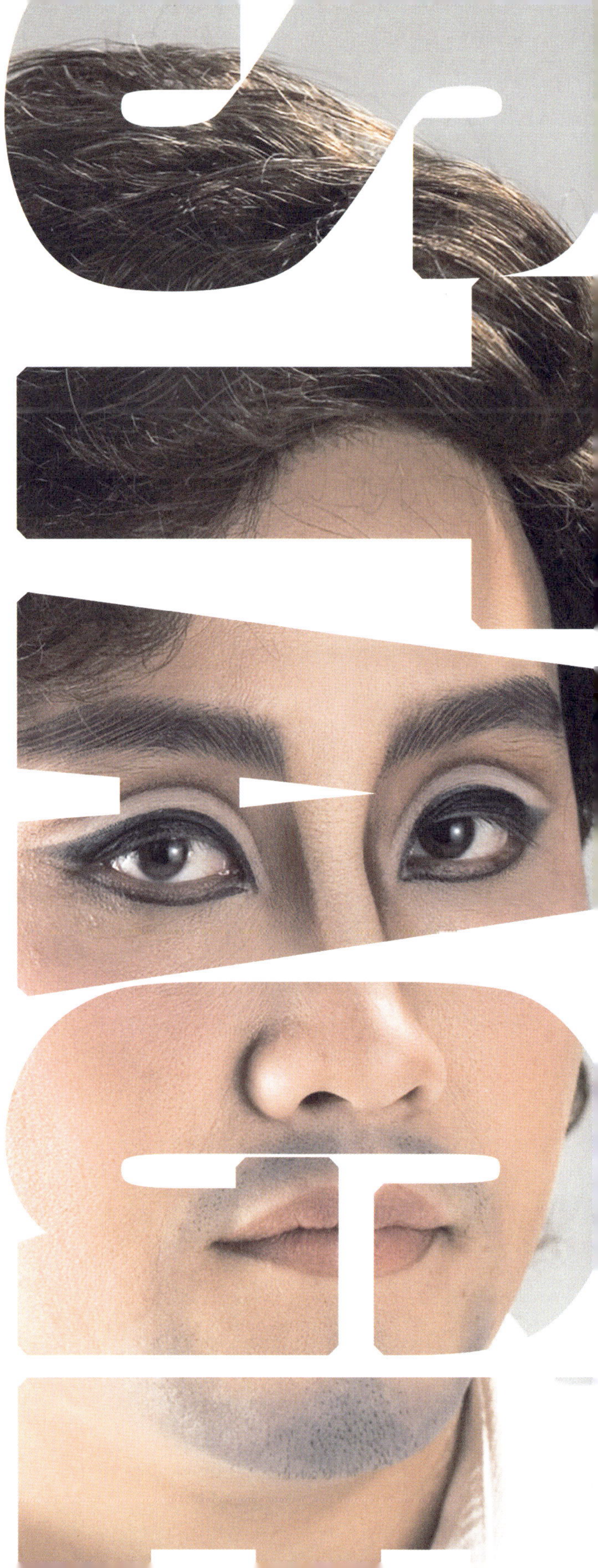

3) 무대분장 - 성격

사람의 얼굴은 성별, 지역, 민족, 시대에 따라 다양하게 분류되며, 역사적 상황과 사회·경제적인 여건, 살아온 환경과 건강 상태에 따라 그 모습과 형태가 후천적으로 만들어지는 그 사람만의 상징이다. 사람이나 동물은 모두 자신을 나타내거나 상징하는 인상을 가지고 있다.[20)] 일반적으로 사람들은 그 사람의 인상을 보면서 성격을 판단하는데, 겉모습을 통해 그 사람의 성격이나 습관 등을 알아내는 학문이 바로 '인상학'이다.

무대분장은 극본이 요구하는 인물을 만들어내기 위해 인상학을 기초로 성격을 형성한다. 좋은 무대분장을 위해서는 우선 작품을 충분히 읽고 연구하여 극 중 인물을 분석해야 하며, 분석한 인물의 인상을 시각적으로 표현해 관객에게는 극을 쉽게 이해하고 몰입할 수 있도록, 배우에게는 심리적인 효과를 주어 내면 연기를 최대한 이끌어 낼 수 있도록 해야 한다.

영화나 TV 등의 영상매체와는 달리, 무대에서 이루어지는 공연은 제한된 시간과 공간 안에서 관객에게 함축적이고 효율적으로 주제를 전달해야 한다. 따라서 등장인물 간의 대립구조와 갈등이 두드러지고, 속도와 긴박감이 있는 구성이 특징이다.[21)]

특히 성격 분장(Character Make-up)은 등장인물의 성격을 더욱 상징적이고 효율적으로 드러나게 하고, 배우의 대사나 연기력만으로는 나타내기 어려운 시대 상황이나 유전적 특징, 인물의 개성 등 디테일한 정보까지도 관객들에게 전달할 수 있는 시각적 메시지가 될 수 있다.

성격 분장에서 기본적으로 익혀야 할 이미지는 선과 악이다. 선한 캐릭터의 긍정적 이미지를 형성할 때는 일반적으로 온순해 보이는 얼굴을 표현하며, 때로는 약해 보이는 외형을 표현하여 보는 이로 하여금 동정심을 유발하기도 한다. 이와 반대로, 악한 캐릭터의 부정적 이미지를 형성할 때는 사람들의 고정관념 속에 좋지 않게 자리 잡은 이미지들을 이용하여 부정적인 반응을 유도한다.[22)]

인상학에 나타나는 성격 이미지

눈썹	• 미간이 넓은 눈썹 : 인자하고 뜻이 깊음, 바보스러움 • 처진 눈썹 : 우울함, 이기심, 인색함, 염세적	• 두꺼운 눈썹 : 음흉하고 비밀스러움, 정력적 • 올라간 눈썹 : 교활함, 날카로움, 용맹함, 동정심 없음 • 위쪽으로 각진 눈썹 : 동정심이 없고 교활함 • 짧은 눈썹 : 횡포, 잔인함
눈	• 미간이 넓은 눈 : 온화함, 원만함, 낙천적, 사교적, 소극적, 무책임 • 처진눈 : 온순함, 순진함, 비굴함, 우둔함, 모자람	• 미간이 좁은 눈 : 질투심, 신경질적, 섬세함, 소극적 • 올라간 눈 : 날카로움, 고집스러움, 주관적, 적극적 • 가는 눈 : 잔인함, 냉정함, 섬세함, 예리함, 관찰력이 좋음
코	• 짧은 코 : 명랑하고 낙천적	• 콧등이 튀어나온 코 : 공격적, 논쟁적 • 좁은 코 : 동정심이 없음, 섬세함, 세련미 • 매부리 코 : 단호함, 귀족적
입	• 처진 입 : 비관적, 진지함, 약함	• 얇은 입 : 냉정함, 정확성, 규칙적 • 작은 입 : 이기심, 냉정함

출처 | 전인미(2006). 성격유형별 무대분장 디자인 모형 구축에 관한 연구. 중앙대학교 예술대학원 석사학위논문

인상학에 나타나는 성격 이미지를 기준으로 종합해 본 결과, 선한 이미지와 악한 이미지는 다음과 같다.

선한 이미지와 악한 이미지

선한(어수룩한) 이미지 – 하향형	악한 이미지 – 상승형
• 미간이 넓고 처진 눈썹 • 미간이 넓고 처진 눈 • 짧은 코 • 처진 입	• 위쪽으로 올라가거나 위쪽으로 각이 진 눈썹 • 미간이 좁고 올라간 눈 • 좁고 콧등이 튀어나온 코 • 얇거나 작은 입

일반적으로 바보 분장은 인상학에서 나타나는 선한 이미지를 기준으로 근육 및 선의 방향을 하향형으로 디자인하고, 악역 분장은 악한 이미지를 기준으로 상승형으로 디자인한다.

(1) 바보

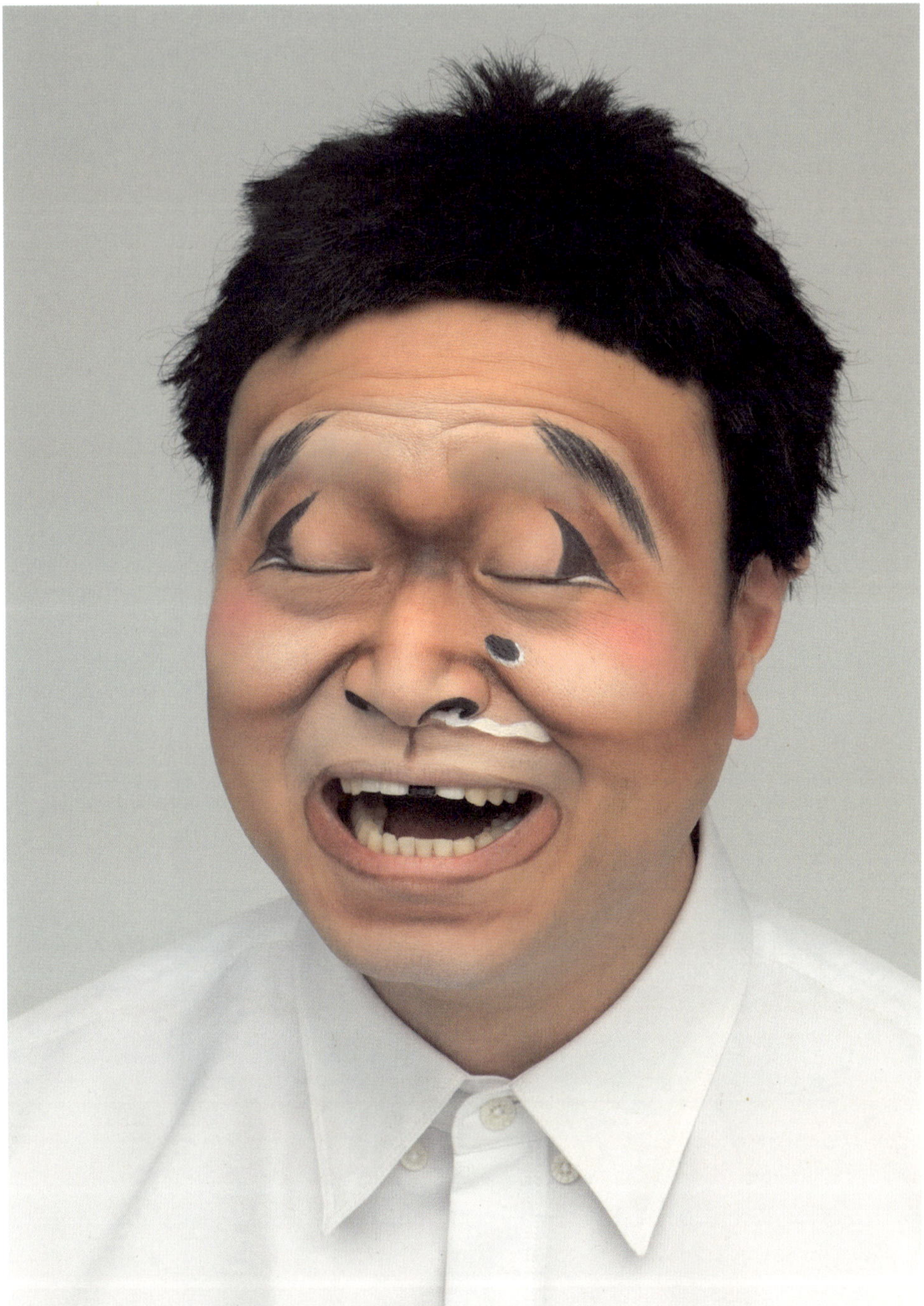

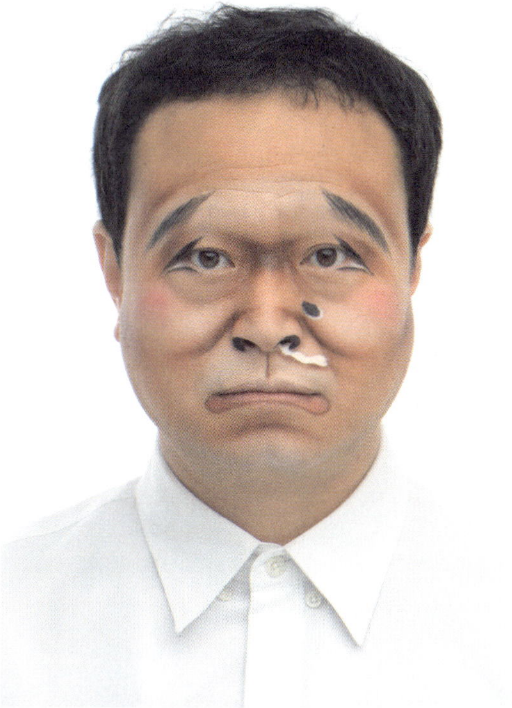

바보 이미지 (하향형)

악한 이미지 (상승형)

01

· 분장 전

사용제품

· 파운데이션 : Kryolan/TV Paint stick/FS-27, 1W
· 파우더 : Ben Nye/Face Powder/Neutral set
La femme/Pressed powder/Bronze ton
· 라이닝 컬러 : Ben Nye/Cream color liner/CL-29, CL-11, CL-131
· 펜슬 : Mitsuyoshi/Pencil/Combination
· 아이라인 : Tonymoly/backgel/Black

02

· 눈썹 지우기

눈썹이 진하거나 숱이 많은 경우

- 눈썹에 스피릿 검을 바르고 약간 마를 때까지 3~4분 정도 기다린다.
- 스패츌러(spatula)를 사용해 눈썹 끝부터 결 방향대로 차근차근 눌러 접착시킨다.
- 물기를 꼭 짜낸 거즈 수건이나 물티슈로 눌러준 뒤, 눈썹 왁스(eyebrow wax)나 플라스토(plasto)로 얇게 덮는다.
- 그 위에 실러(sealer)를 바른다. 실러가 마르면 사람의 피부와 비슷한 질감으로 코팅이 된다.
- 실러가 다 마르면 파운데이션으로 덮는다.
- 제거 시에는 알코올(alcohol)을 사용한다.
- 스피릿 검 대신 문구용 딱풀을 사용할 수도 있다.

눈썹이 진하지 않고 숱이 없는 경우

- 눈썹 위에 파운데이션을 발라 색을 연하게 만든다.

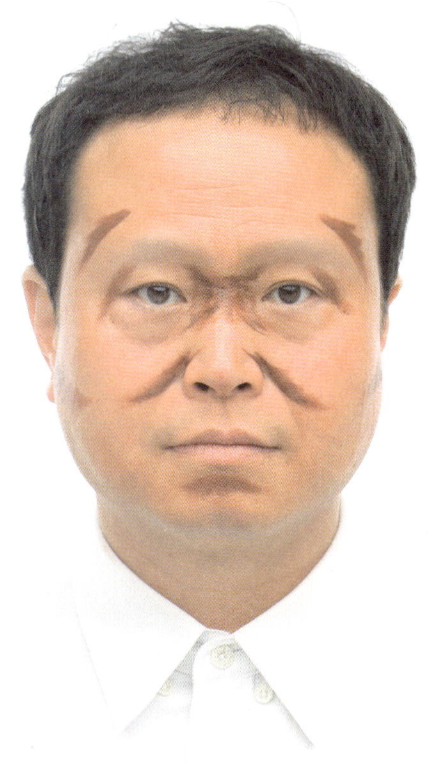

03

· 파운데이션을 얇게 펴 바른다.

- 파운데이션의 양은 적게 하고, 배우의 피부색보다 두 톤 정도 어두운색으로 바른다.
- 너무 곱게 펴 바르는 것보다 피부 결이 지저분해보이도록 거칠게 펴 주는 것이 오히려 바보의 느낌을 효과적으로 전달할 수 있다.

04

· 얼굴 윤곽을 수정하기 위해 브라운 라이닝 길러로 음영을 넣는다.

- 음영은 눈썹 뼈 윗부분, 아이홀, 콧등, 코 옆, 턱 윗부분에 넣어 준다.
- 콧날이 오뚝하면 어수룩한 느낌이 덜하므로, 콧등에 넓고 어둡게 음영을 넣어 코가 납작해 보이도록 한다.

05

· 하이라이트를 넣는다.

- 하이라이트는 미간 사이, 눈썹 뼈, 눈두덩, 광대뼈, 입술 윗부분, 턱에 넣어 준다.
- 눈썹 앞부분에도 하이라이트를 충분히 넣어 미간이 넓어 보이도록 한다.

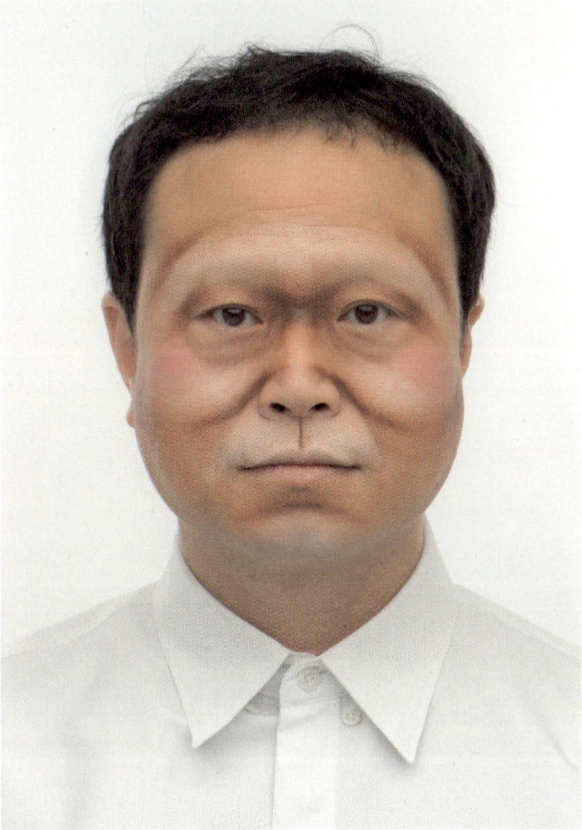

06

· 음영과 하이라이트를 넣은 부위를 그라데이션하고, 붉은색 라이닝 컬러로 볼 가장자리에 혈색을 넣는다.

· 파우더를 충분히 바른다.

- 파우더 양을 넉넉히 해야 분장이 지워지지 않고 오래 지속된다.

· 인중이 길어 보이게 그려 준다.

· 색조가 약한 부분을 보충한다.

- 음영은 브라운 컬러의 아이섀도, 라이닝 컬러, 펜슬 등을 사용한다.
- 하이라이트는 밝은 색 파운데이션이나 아이섀도 등을 사용하여 더 돌출되어 보이고 싶은 부위를 강조한다.

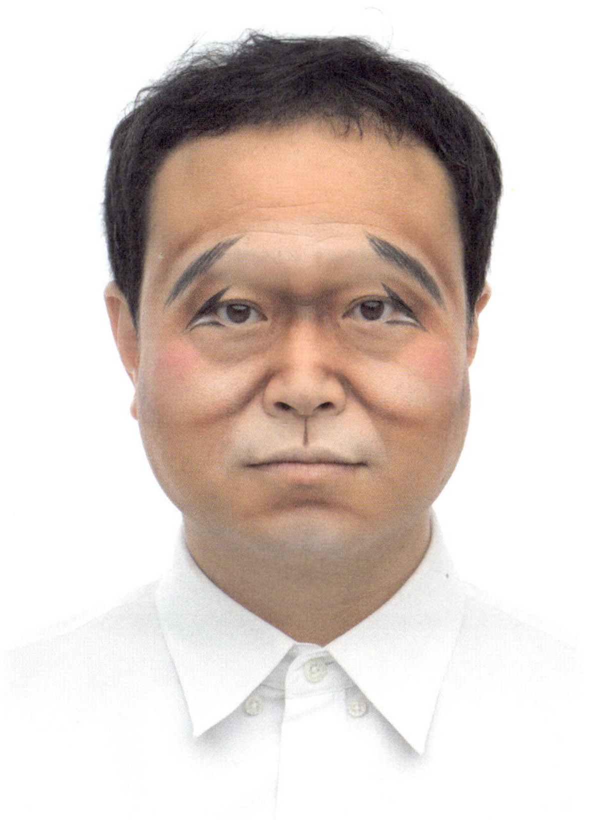

07

· 눈썹과 아이라인은 아래로 처지게 그려 준다.
  - 젤 라이너, 라이닝 컬러, 아이브로 펜슬 등을 사용한다.
  - 아이라인과 언더라인 사이에는 연한 흰색을 넣어 흰자위를 표현한다.
  - 미간을 넓게 하면 어수룩하고 바보스러운 이미지를 만들 수 있다.

08

· 팁 펜슬로 아랫입술 끝이 처지게 라인을 그린 후, 본래 입술 색과 비슷한 색으로 안을 채워 준다.

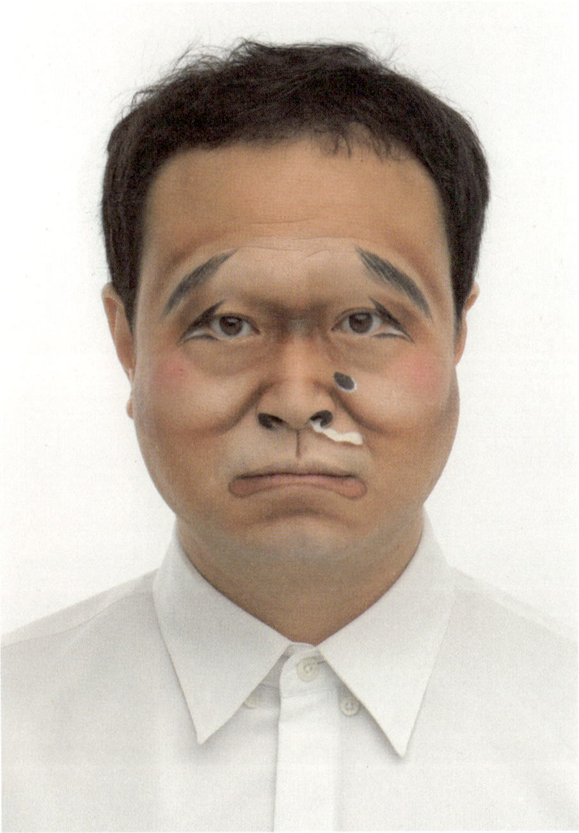

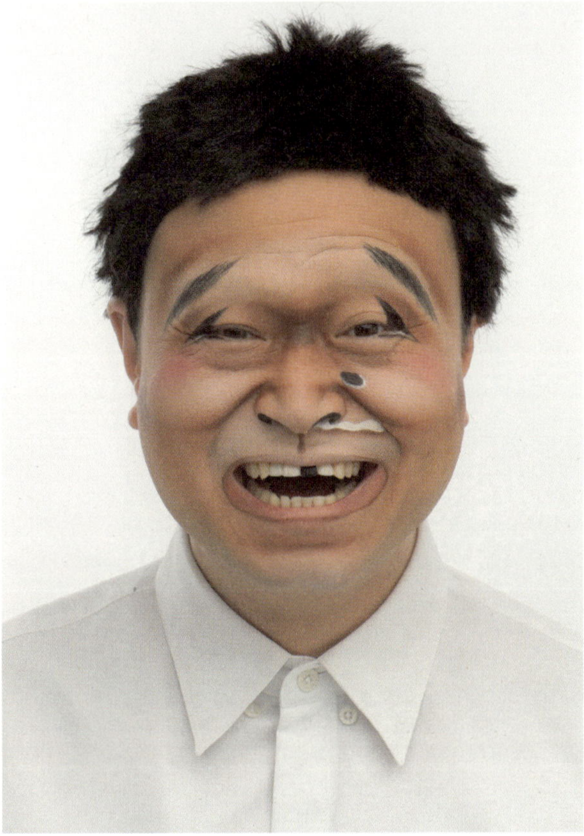

09

· 콧구멍을 넓히거나 주근깨, 점, 콧물 등을 그려 넣으면 바보스러운 느낌이 훨씬 더 강해진다.

10

· 이가 빠진 것 같은 효과를 내려면 먼저 이에 묻은 침을 잘 닦아낸 후, 투쓰 왁스(tooth wax)나 투쓰 에나멜(tooth enamel), 또는 검은색 유성 펜슬을 사용해 색을 입힌다.

· 배역에 맞는 헤어스타일을 연출한다.
  - 부분 가발 혹은 전체 가발을 착용하기도 한다.

Makeup designer 임유경

뮤지컬 | 한네의 승천

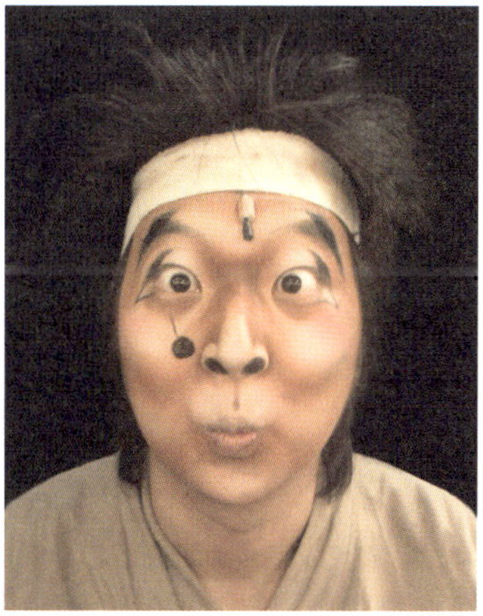

오페라 | 며느리 방귀 복 방귀

오페라 | 신데렐라

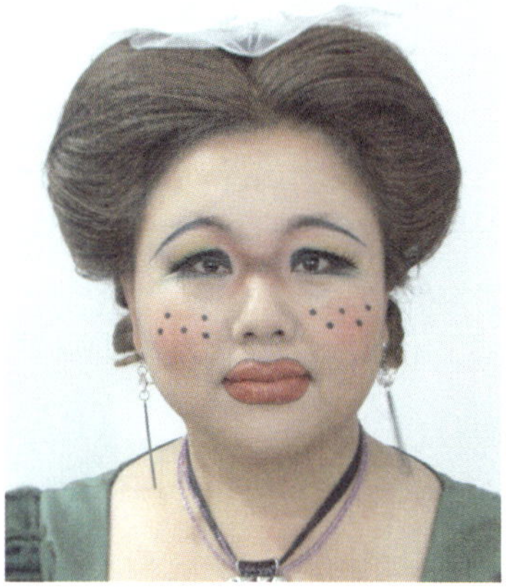

Makeup designer 임유경

뮤지컬 | 한네의 승천

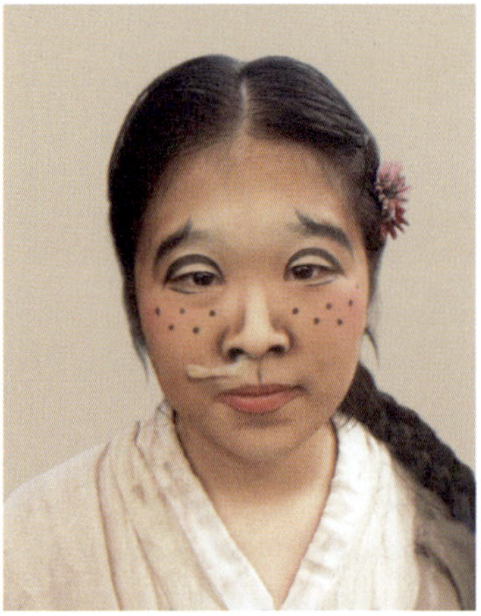

오페라 | 며느리 방귀 복 방귀

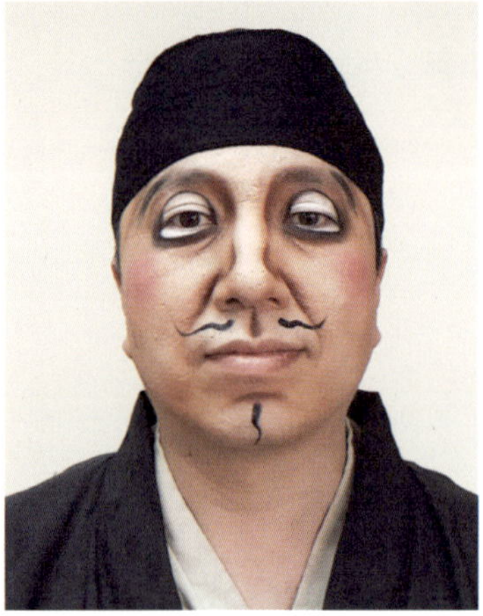

연극 | 검찰관

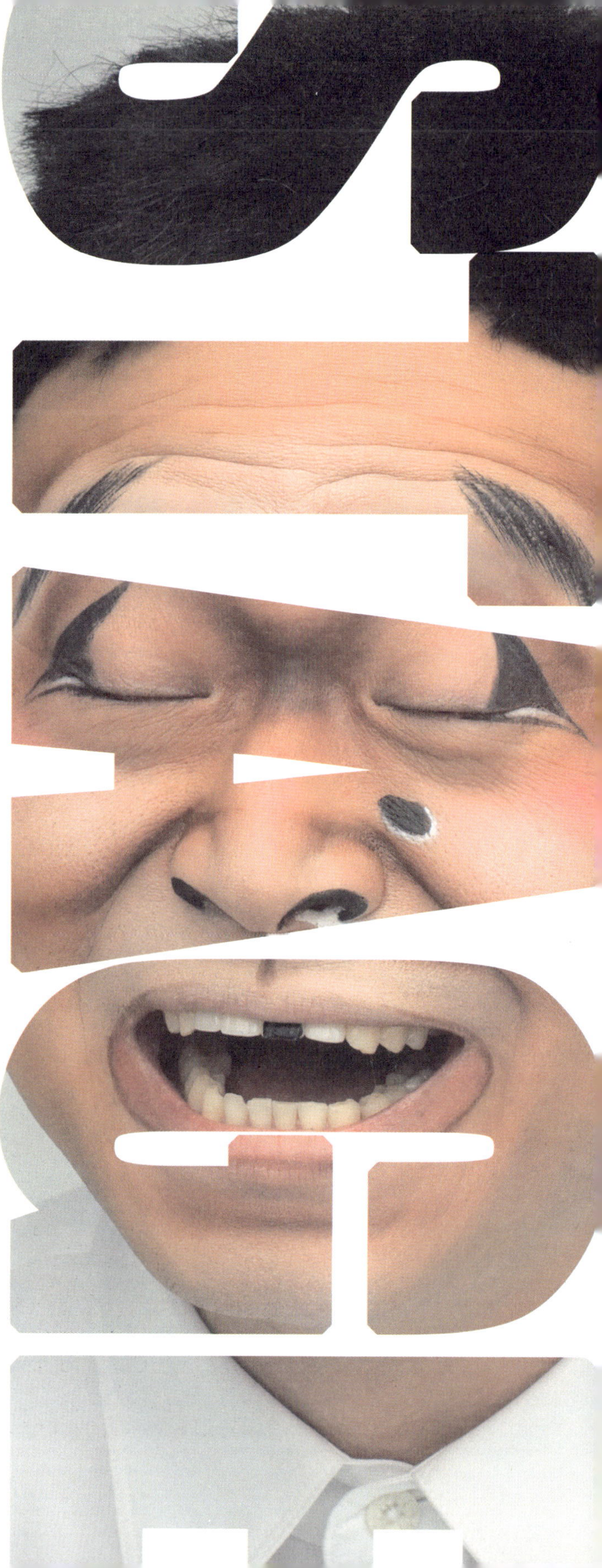

(2) 악역

악한 이미지 (상승형)

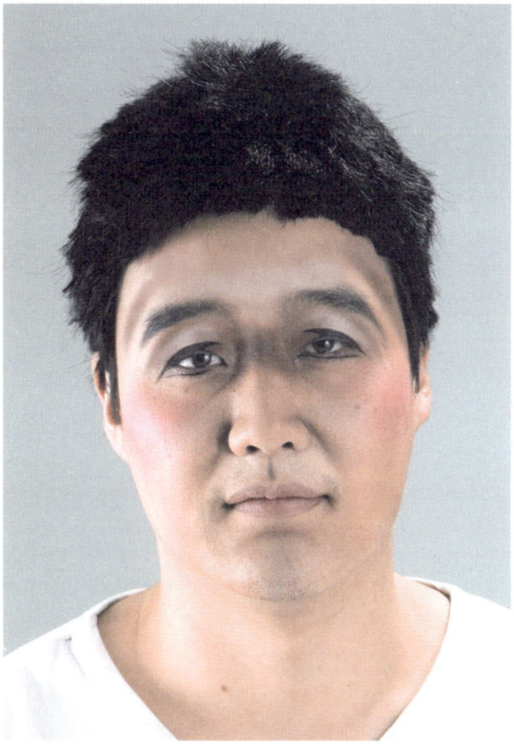

어수룩한 이미지 (하향형)

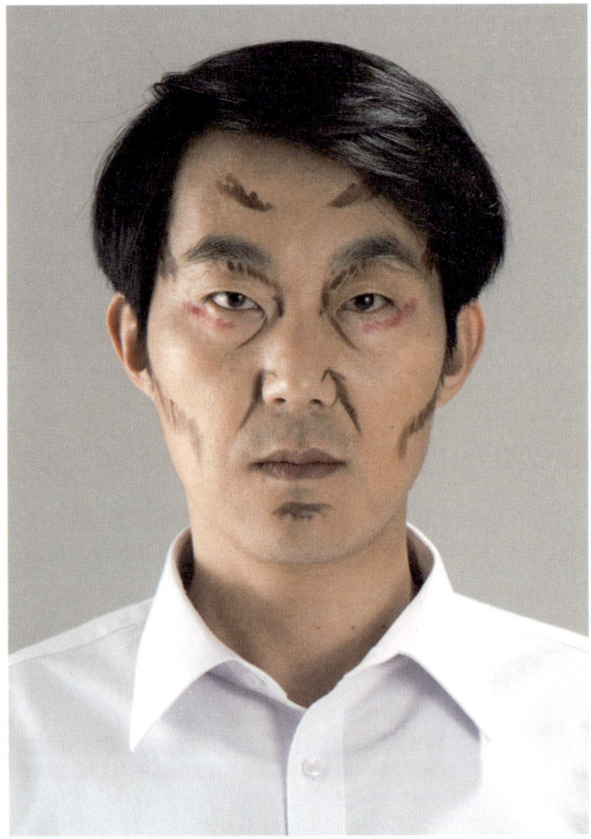

01

· 분장 전

사용제품

- 파운데이션 : Kryolan/TV Paint stick/FS-27, 1W
- 파우더 : Ben Nye/Face Powder/Neutral set
  La femme/Pressed powder/Bronze ton
- 라이닝 컬러 : Ben Nye/Cream color liner/CL-29, CL-11, CL-131
- 펜슬 : Mitsuyoshi/Pencil/Combination
- 아이라인 : Tonymoly/backgel/Black

02

· **파운데이션을 얇게 펴 바른다.**

- 파운데이션의 양은 적게 하고, 배우의 피부색보다 두 톤 정도 어두운색으로 바른다.

· **얼굴 윤곽을 수정하기 위해 브라운 라이닝 컬러로 음영을 넣는다.**

- 음영은 눈썹 뼈 윗부분, 아이홀, 관자놀이, 광대뼈 아랫부분, 턱 윗부분에 넣어 준다.
- 위와 같은 부분에 음영을 넣으면 볼살이 없고 인상이 날카로워 보이는 효과가 있다.
- 눈 밑과 코 옆에 브라운 라이닝 컬러로 음영을 넣으면 강한 이미지를 더할 수 있다.

· **눈 바로 밑과 눈꼬리 부분에 붉은색 라이닝 컬러를 상승형으로 넣는다.**

- 눈이 충혈되어 보이는 착시 효과를 주어 살기 띤 눈을 표현한다.

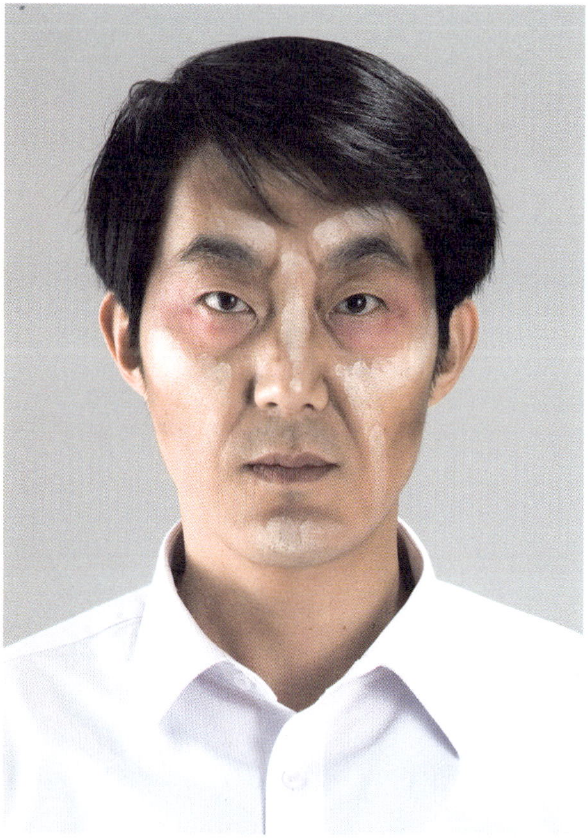

03

· 노즈 섀도는 매부리코의 형태로 넣어서 날카로운 이미지를 만든다.

· 하이라이트를 넣는다.

- 하이라이트는 눈썹 뼈, 콧등, 광대뼈, 턱에 넣어준다.
- 콧등 가운데 부분을 더 밝게 하여 매부리코의 느낌을 강조한다.

· 음영과 하이라이트를 넣은 부위를 그라데이션한다.

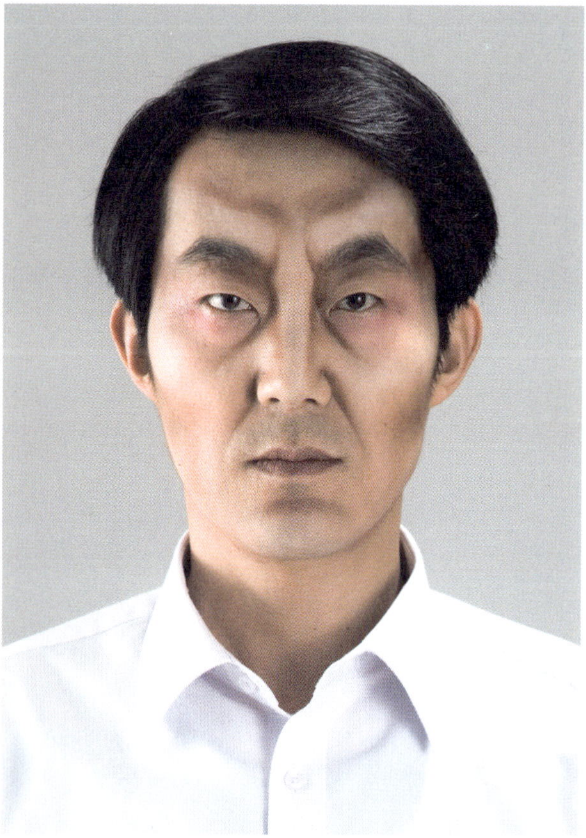

04

· 파우더를 충분히 바른다.

- 파우더 양을 넉넉히 해야 분장이 지워지지 않고 오래 지속된다.

· 색조가 약한 부분을 보충한다.

- 음영은 브라운 컬러의 아이섀도, 라이닝 컬러, 펜슬 등을 사용한다.
- 하이라이트는 밝은 색 파운데이션이나 아이섀도 등을 사용하여 더 돌출되어 보이고 싶은 부위를 강조한다.

05

· 눈썹과 아이라인은 상승형으로 그려준다.
 - 젤 라이너, 라이닝 컬러, 아이브로 펜슬 등을 사용한다.
 - 미간을 좁게 하면 예민하고 신경질적인 이미지를 만들 수 있다.

06

· 립 펜슬로 입술 라인을 각이 지게 그린 후, 붉고 어두운 색으로 안쪽을 연하게 채워준다.

· 배역에 따라서 수염이나 구레나룻을 그려 준다.

· 배역에 맞는 헤어스타일을 연출한다.
 - 부분 가발 혹은 전체 가발을 착용하기도 한다.

Makeup designer 임유경

오페라 | 리골레토

오페라 | 신데렐라

뮤지컬 | 진주성

Makeup designer 임유경

뮤지컬 | 피노키오

뮤지컬 | 레 미제라블

국악오페라 | 한울춤

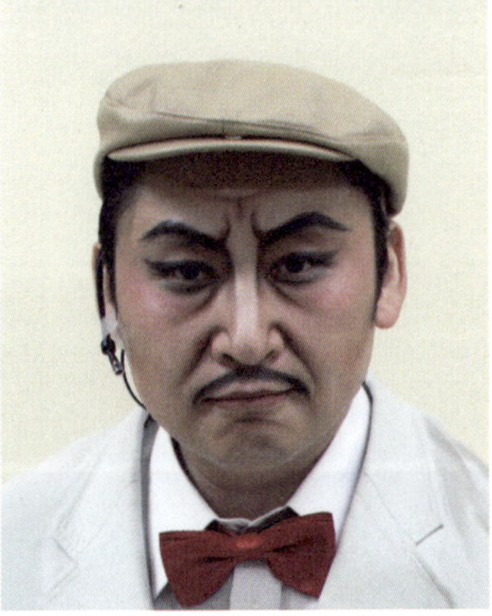

(3) 중년 욕심쟁이

중년 욕심쟁이 분장은 먼저 중년이라는 나이를 표현해야 하고, 욕심쟁이라는 성격까지 추가로 표현해야 하므로 까다로운 분장에 속하지만, 한 번 익혀 두면 다양하게 응용할 수 있는 분장이기도 하다.

중년 욕심쟁이 분장에서 가장 포인트가 되는 부분은 '심술보'로, 의학용어로는 자울(Jowl-턱 아래 늘어진 살)이라고 한다. 나이가 들면서 위쪽 볼의 탄력이 떨어져 팔자 주름이 생기는 것처럼, 심술보(Jowl) 역시 피부가 얇아지고 팔자 주름 옆쪽의 탄력이 떨어져 살이 아래로 늘어지면서 생기게 된다.

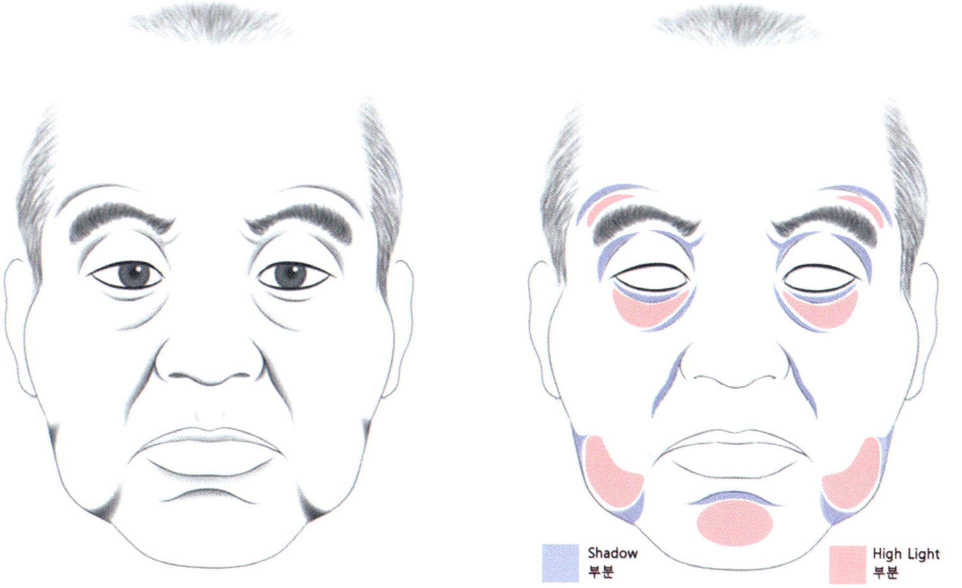

무대분장에서 나타내고자 하는 성격을 효과적으로 표현하려면 먼저 얼굴 골격과 근육을 원하는 형태로 수정해야 한다. 이를 위해 음영과 하이라이트를 이용하여 얼굴의 골격을 변형시키고, 필요에 따라 주름이나 색조를 이용하여 원하는 인물의 성격 특성을 나타낸다. 성격분장은 주변 사람들을 관찰함으로써 많은 아이디어를 얻을 수 있다.

중년 욕심쟁이

01

· 분장 전

사용제품

· 파운데이션 : Kryolan/TV Paint stick/FS-27, 1W
· 파우더 : Ben Nye/Face Powder/Neutral set
La femme/Pressed powder/Bronze ton
· 라이닝 컬러 : Ben Nye/Cream color liner/CL-29, CL-11, CL-131
· 펜슬 : Mitsuyoshi/Pencil/Combination
· 아이라인 : Tonymoly/backgel/Black

02

· **파운데이션을 얇게 펴 바른다.**
- 파운데이션의 양은 적게 하고, 배우의 피부색보다 두 톤 정도 어두운색으로 바른다.

· **얼굴 윤곽을 수정하기 위해 브라운 라이닝 컬러로 음영을 넣는다.**
- 음영은 눈썹 뼈 윗부분, 콧등, 턱 윗부분에 넣어준다.
- 미간 주름, 눈 밑 주름, 팔자 주름을 넣고 심술보를 만들어 준다.

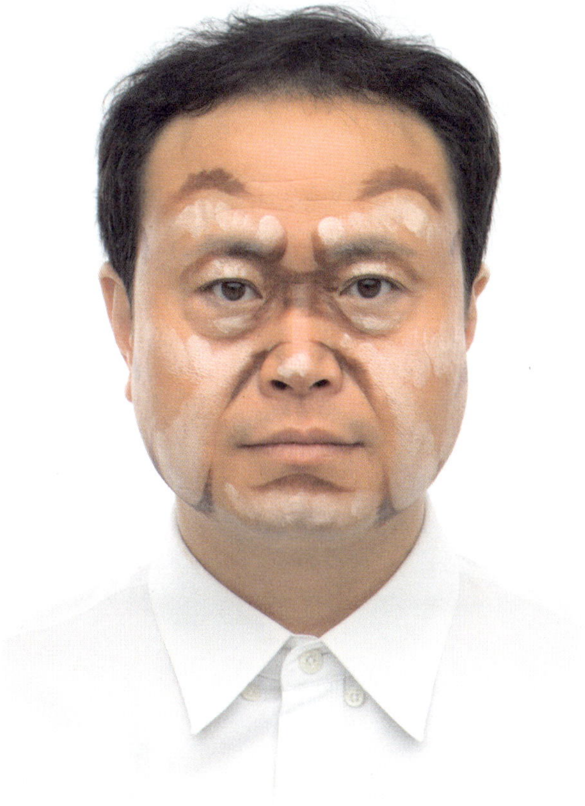

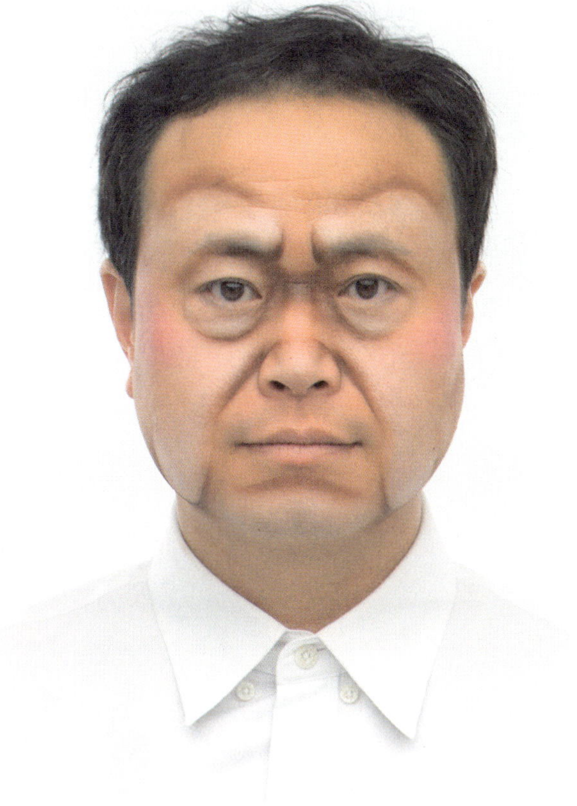

03

· 눈썹 뼈, 눈 밑, 광대뼈, 심술보, 턱에 하이라이트를 넣는다.

04

· 음영과 하이라이트를 넣은 부위를 그라데이션하고, 붉은색 라이닝 컬러로 볼 가장자리에 혈색을 넣는다.

· 파우더를 충분히 바른다.

- 파우더 양을 넉넉히 해야 분장이 지워지지 않고 오래 지속된다.

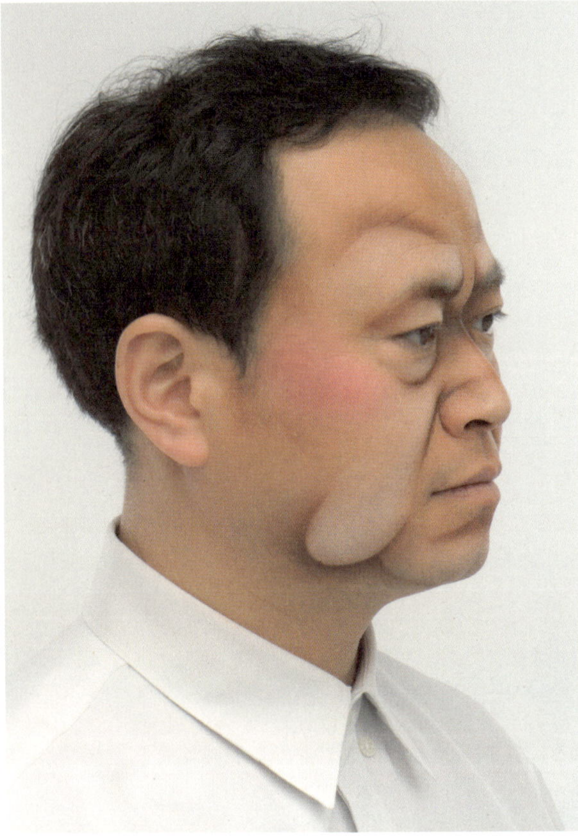

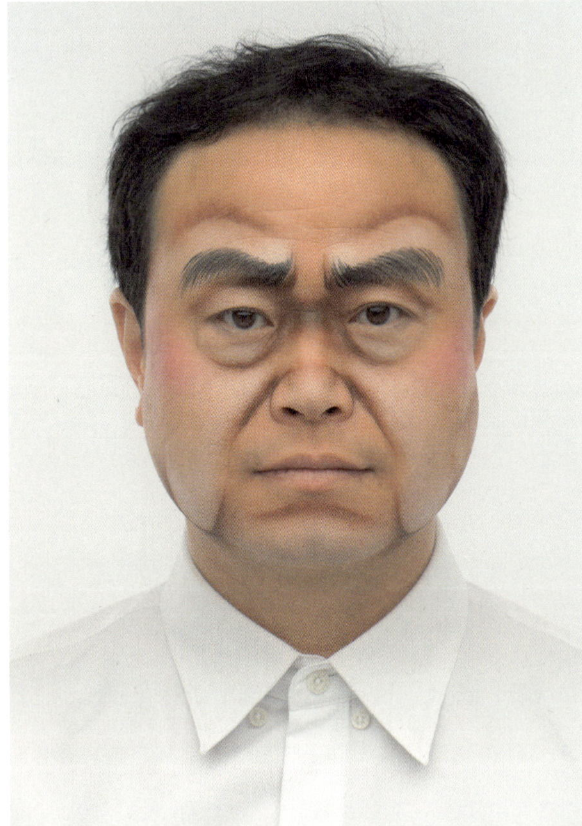

05

· 색조가 약한 부분을 보충한다.

- 음영은 브라운 컬러의 아이섀도, 라이닝 컬러, 펜슬 등을 사용한다.
- 하이라이트는 밝은 색 파운데이션이나 아이섀도 등을 사용하여 더 돌출되어 보이고 싶은 부위를 강조한다.

06

· 눈썹은 옆으로 누운 S자 형태로 한 가닥씩 그려 준다.

- 젤 라이너, 라이닝 컬러, 아이브로 펜슬 등을 사용한다.
- 미간의 간격을 좁게 하면 심술궂은 이미지를 만들 수 있다.

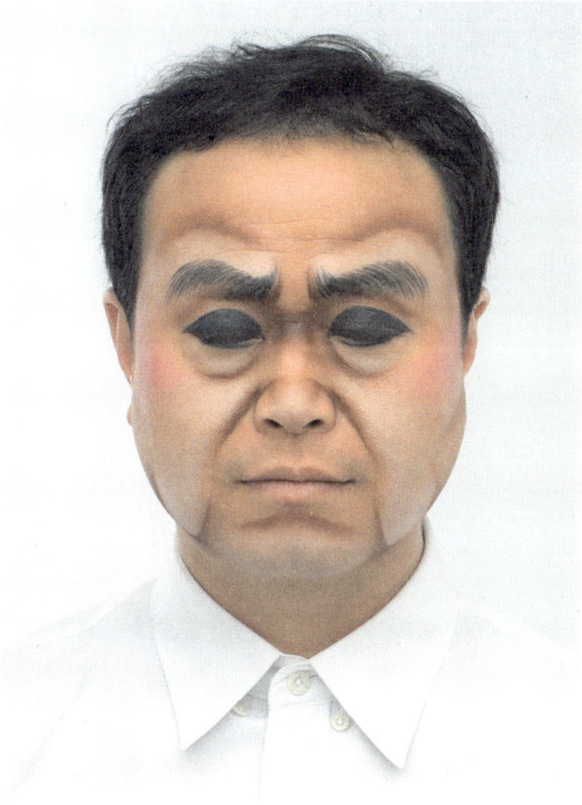

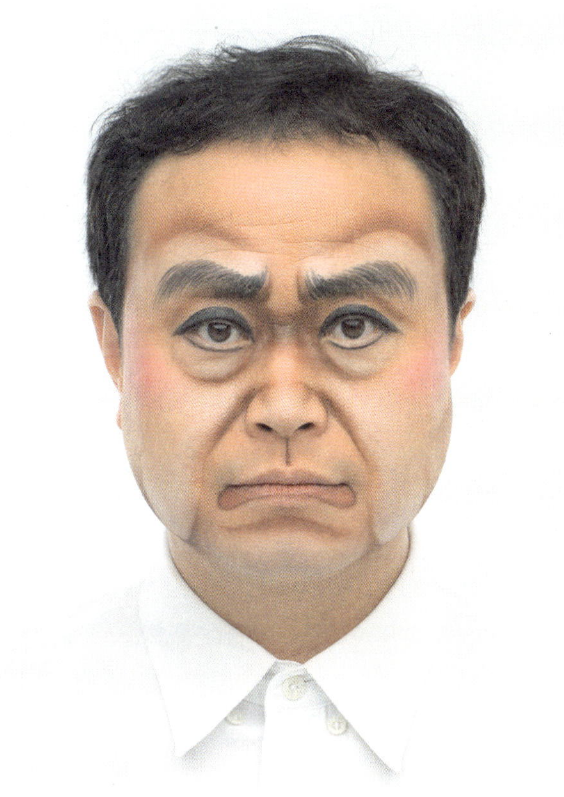

07

· 아이라인은 부릅뜬 눈을 표현하기 위해 가운데를 높고 둥글게 그려 준다.

– 아이라인은 땀에 지워지지 않게 젤 라이너를 사용한다.

08

· 립 펜슬로 아랫입술 끝이 처지게 라인을 그린 후, 본래 입술 색과 비슷한 색으로 안을 채워 준다.

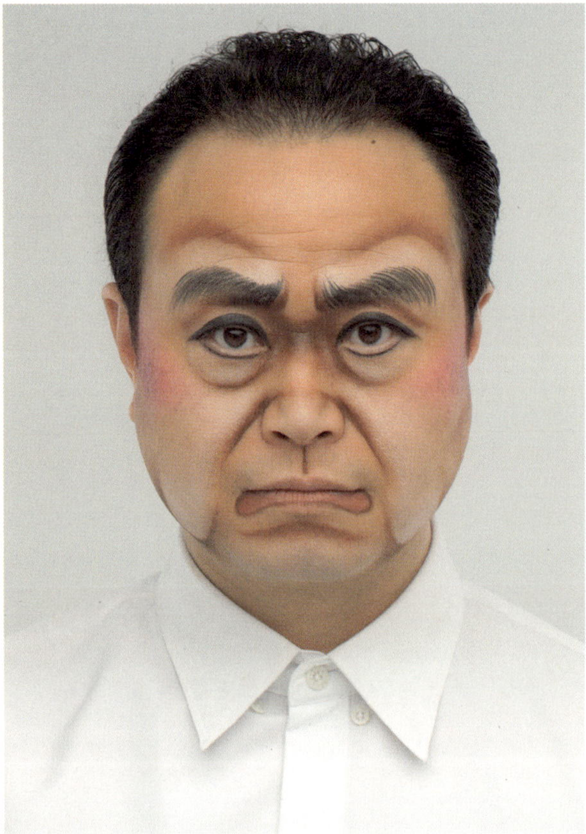

09

· 붉은색과 다크브라운 라이닝 컬러를 조금 섞어 블랙 스펀지에 묻힌 뒤, 혈색을 넣었던 부위에 가볍게 찍어 주면 얼굴에 실핏줄이 보이는 듯한 효과를 줄 수 있다.

10

· 배역에 맞는 헤어스타일을 연출한다.
- 부분 가발 혹은 전체 가발을 착용하기도 한다.

Makeup designer 임유경

오페라 | 리골레토

뮤지컬 | 레 미제라블

오페라 | 봄 봄

Makeup designer 임유경

오페라 | 사랑의 묘약

오페라 | 비밀결혼

오페라 | 피가로의 결혼

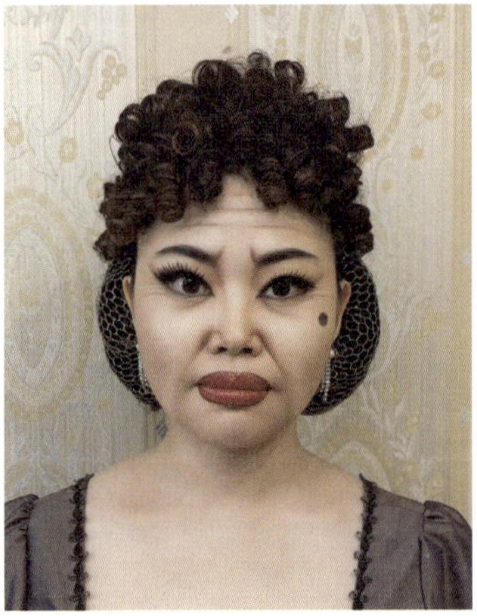

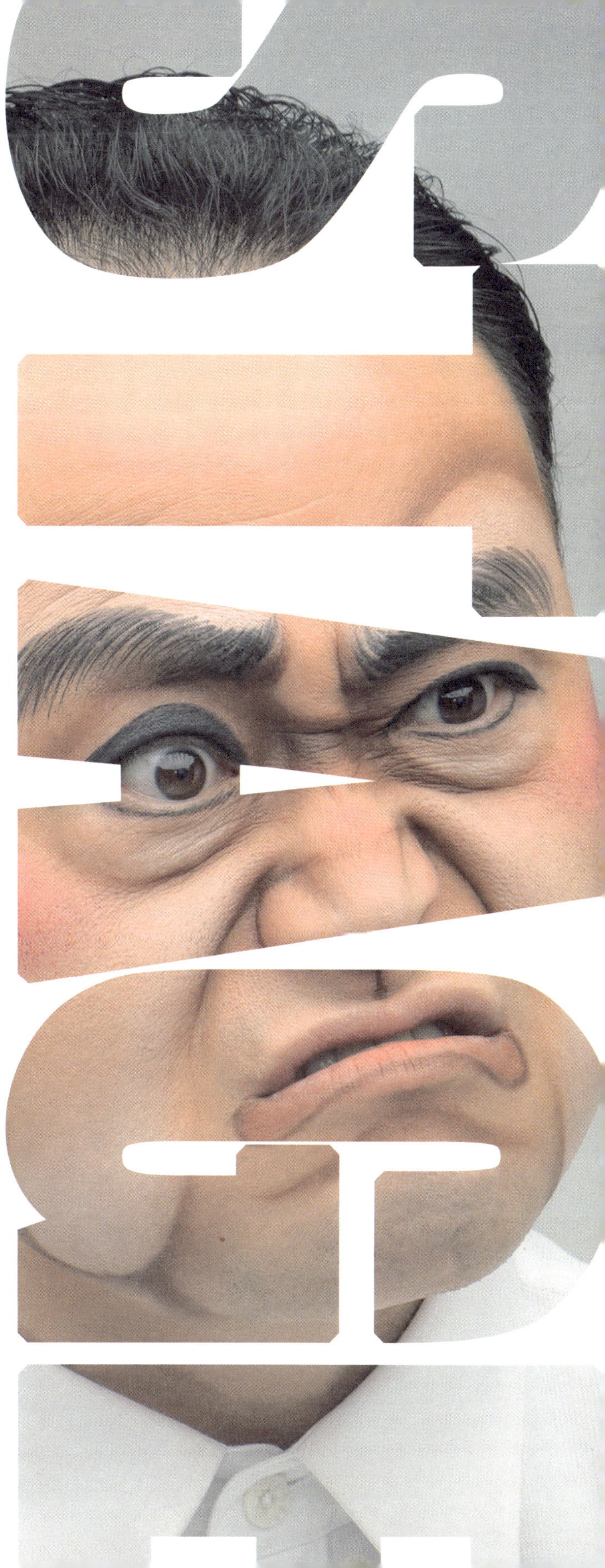

4) 무대분장 - 노역

노역 분장은 무대분장에서 굉장히 중요한 비중을 차지한다. 거의 모든 작품에 빠지지 않고 등장하는 역할이 바로 노인이기 때문이다. 노역 분장은 배우의 나이보다 극 중 인물의 나이가 더 많을 때 하는 분장으로, 노역 분장을 할 때는 극 중 인물의 나이와 성격, 건강 상태, 환경 등을 고려해야 한다.

사람은 나이를 먹으면 누구나 피부에 탄력이 없어지고, 주름살이 생기며, 살아오면서 겪었던 수많은 흔적이 얼굴에 드러나게 된다. 또한, 극 중 인물이 도시 사람인지 시골 사람인지, 사무직인지 노동직인지, 성격이 긍정적인지 부정적인지, 살아왔던 삶이 순탄했는지 힘들었는지에 따라 같은 나이라도 노화의 정도와 이미지가 달라진다.

따라서 노역 분장을 할 때는, 작품 속에 나와 있는 극 중 인물의 모든 상황을 정확히 분석해 그 배역에 맞는 노인을 만들어 주어야만 한다. 또한, 두개골과 근육 구조에 대한 기본 지식은 노화를 이해하는데 필수 조건이므로 반드시 익혀둔다.

요즘은 옛날과 달리 겉모습만으로 노인의 나이를 판단하기가 점점 어려워지고 있다. 하지만, 뚜렷한 나이 제시가 없으면 관객들이 혼란을 느낄 수 있으므로 무대분장에서의 나이는 일반적으로 생각하는 노화의 기준에 맞춰서 설정한다. 특히 무대공연에서는 영상매체보다 더 늙고 과장되게 표현하는데, 이는 옅은 주름이 객석에서는 잘 보이지 않아 분장사가 의도했던 나이보다 배우가 더 젊어 보일 수 있기 때문이다.

나이별 특징

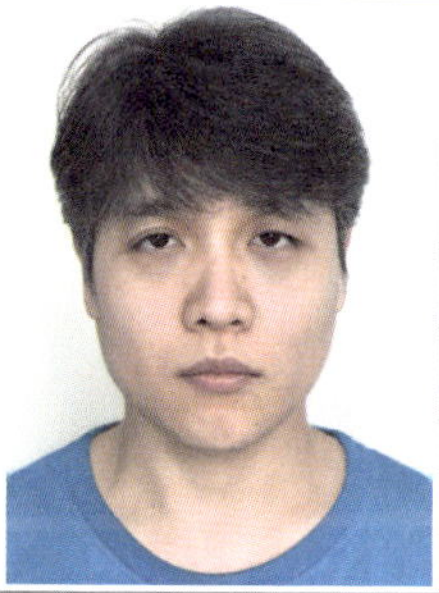	**청년기**	20대	· 노화되기 전
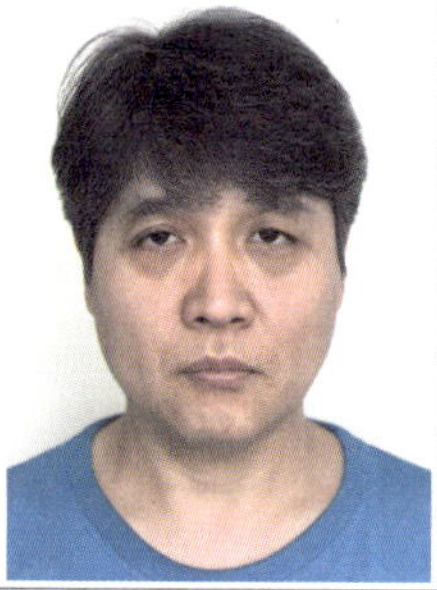	**장년기**	30대 ~ 40대초	· 피부가 건조해지고 피부색이 탁해진다. · 눈가와 미간, 입가에 주름이 생기며 코 옆 팔자 주름이 깊어진다.
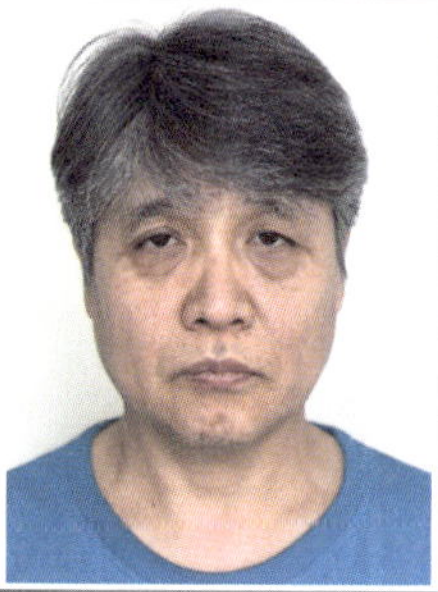	**중년기**	40대중 ~ 50대	· 노화현상이 두드러진다. · 피부의 탄력이 없어지고 건조가 심해져 각질층이 두꺼워지며 기미, 주근깨 등 색소 침착이 나타난다. · 주름과 굴곡이 자라를 잡으며 흰머리가 생기기 시작한다.
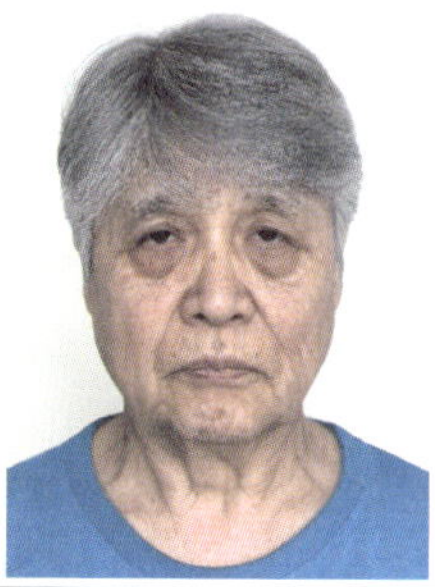	**노년기**	60대 ~ 70대	· 근육이 처져 얼굴의 윤곽이 달라지고 피부 탄력과 수분이 급격히 감소한다. · 얼굴에 혈색이 없어지며 검버섯이 생기기 시작한다. · 눈썹 숱이 적어지고 목주름이 깊어지며 뼈의 부피가 줄어든다. · 머리카락은 빠지고 가늘어지며 반백이 된다.
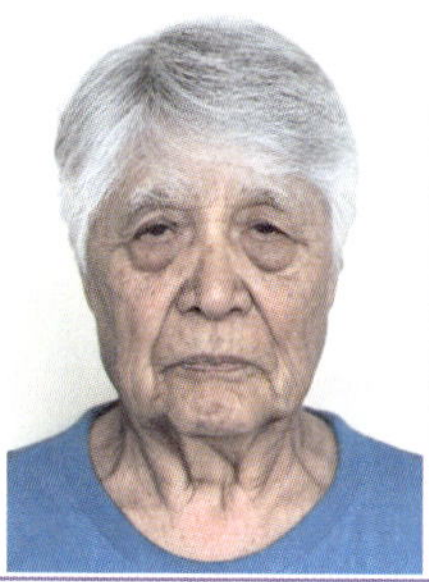	**고령기**	80대 이상	· 퇴행이 진행되어 세포재생이 둔해지고 인체 모든 조직의 유연성이 감소한다. · 주름, 피부 등이 전체적으로 늘어지고 푸석해진다. · 몸이 쇠약해져 기운이 없어지고 머리카락은 숱이 없어지며 거의 흰색이 된다.

노화에 따른 근육의 변화

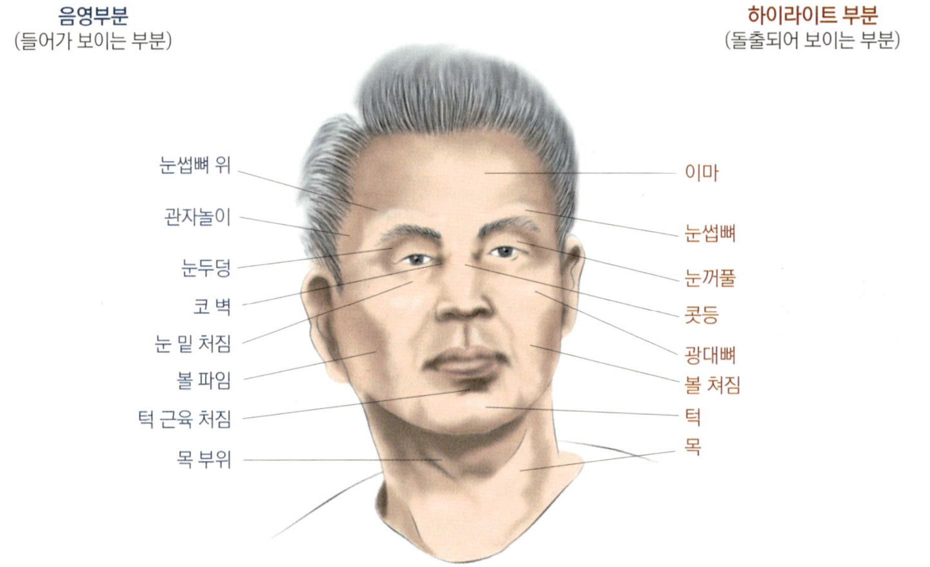

노화에 따른 주름의 위치

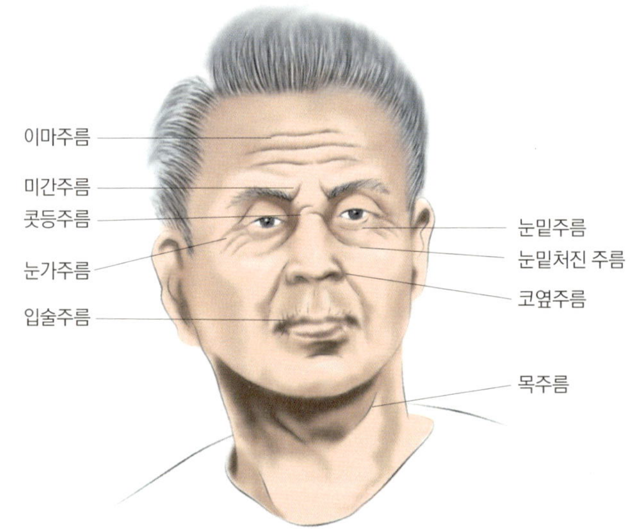

노인얼굴(근육의 변화와 주름이 합쳐진 모습)

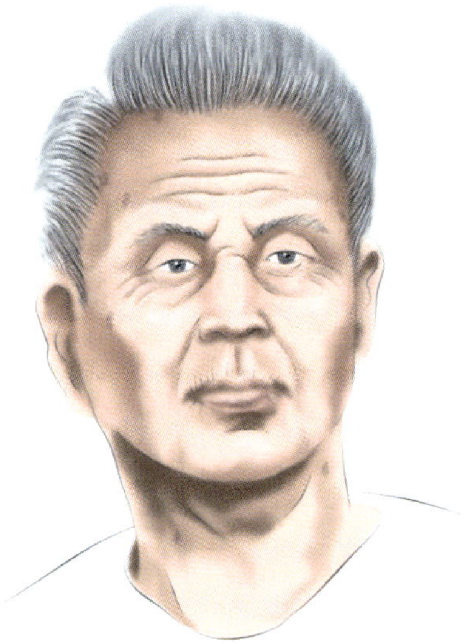

Illustrated by 임경식

주름의 위치는 실제 주름의 위치와 같아야 한다.

- 주름의 위치가 배우의 실제 주름 위치와 다르면 표정 연기를 할 때 이중 주름이 만들어져 어색해 보인다.
- 주름의 위치를 파악하기 어려울 때는 배우에게 얼굴을 찡그려 달라고 하면 쉽게 위치를 파악할 수 있다.

이마 주름

- 이마 주름의 경우 남자는 직선이 많고, 여자는 구불구불하거나 중간 중간 끊기는 경우가 많다.
- 주름의 개수는 배우의 이마 넓이에 따라 달라진다. 이마가 좁으면 1~2개, 넓으면 4~5개를 그려도 된다.
- 주름의 길이가 다 똑같으면 어색하므로 일반적으로 가운데와 그 아래 주름을 가장 길고 굵게 그리며, 맨 위의 주름을 가장 짧고 가늘게 그린다.

노역

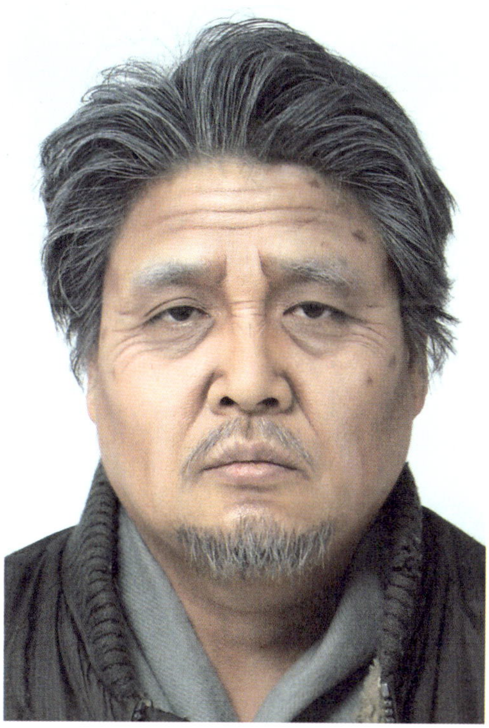

대극장

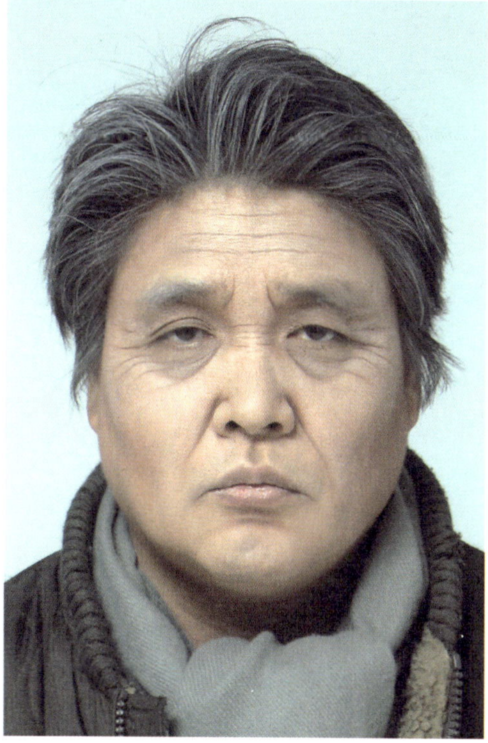

소극장

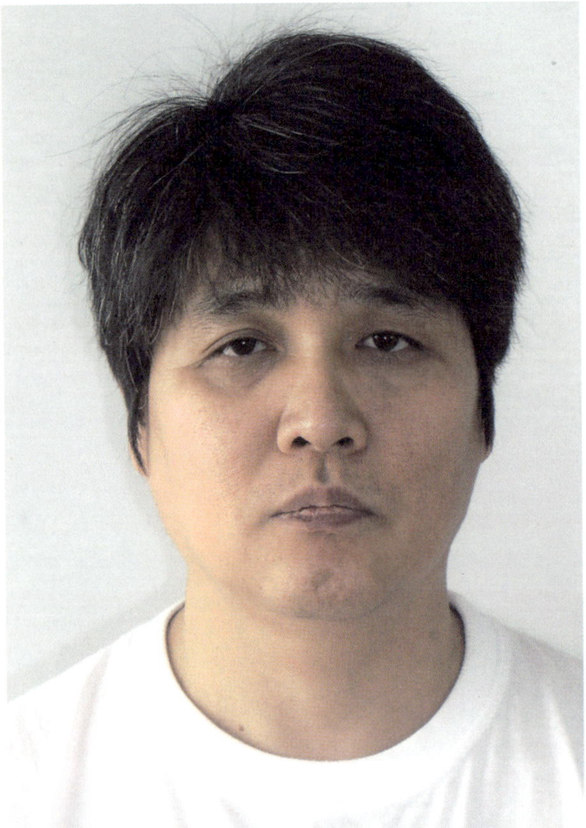

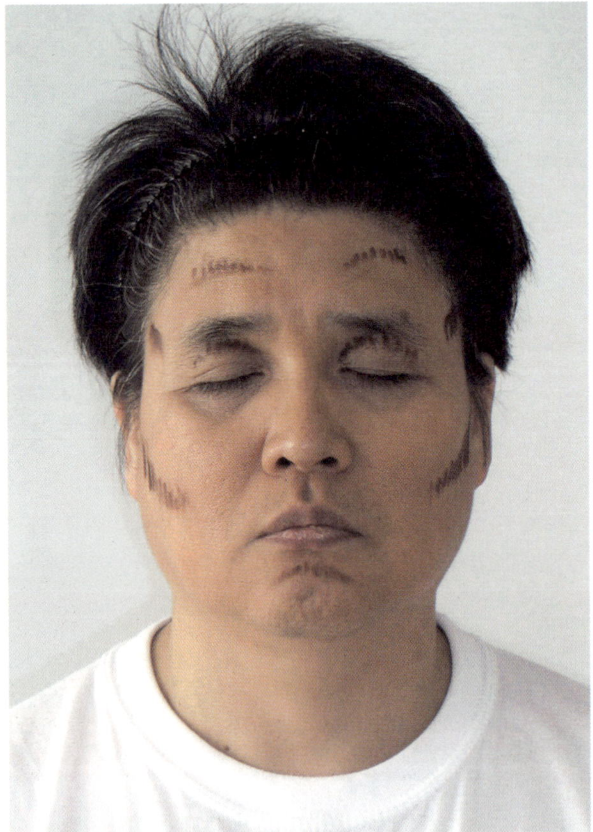

01

· 분장 전

· 노역 분장은 골상학을 기초로 하여 밝은 색은 튀어나와 보이고 어두운색은 움푹 들어가 보이는 착시현상을 이용한다. 선과 면의 방향과 강약을 조절해 주름의 길이와 모양을 만들고, 최대한 자연스럽게 그라데이션한다.

· 노역 분장에서 기본 파운데이션은 살아온 환경적 요인을 고려해서 선택한다.

사용제품

· 파운데이션 : Kryolan/TV Paint stick/FS-27, 1W

· 파우더 : Ben Nye/Face Powder/Neutral set
La femme/Pressed powder/Bronze ton

· 라이닝 컬러 : Ben Nye/Cream color liner/CL-29,
CL-11, CL-131

· 펜슬 : Mitsuyoshi/Pencil/Combination

02

· 파운데이션을 얇게 펴 바른다.

- 파운데이션의 양은 적게 하고, 배우의 피부색보다 두 톤 정도 어두운색으로 바른다.
- 사람은 나이가 들면 피부가 칙칙해지고 잡티가 많아지므로, 파운데이션을 거칠고 고르지 않게 펴 준다. 파운데이션을 너무 곱게 펴 바르면 오히려 젊어 보일 수 있다.
- 입술 위에도 파운데이션을 살짝 발라 혈색을 없앤다. 입술이나 얼굴에 혈색이 돌면 젊고 건강해 보이기 때문에, 노역 분장에서는 오히려 붉은색을 없애는 작업을 해야 한다.

· 얼굴 윤곽을 수정하기 위해 브라운 라이닝 컬러로 음영을 넣는다.

- 음영은 눈썹 뼈 윗부분, 관자놀이, 아이홀, 광대뼈 아랫부분, 턱 윗부분에 넣어 준다.

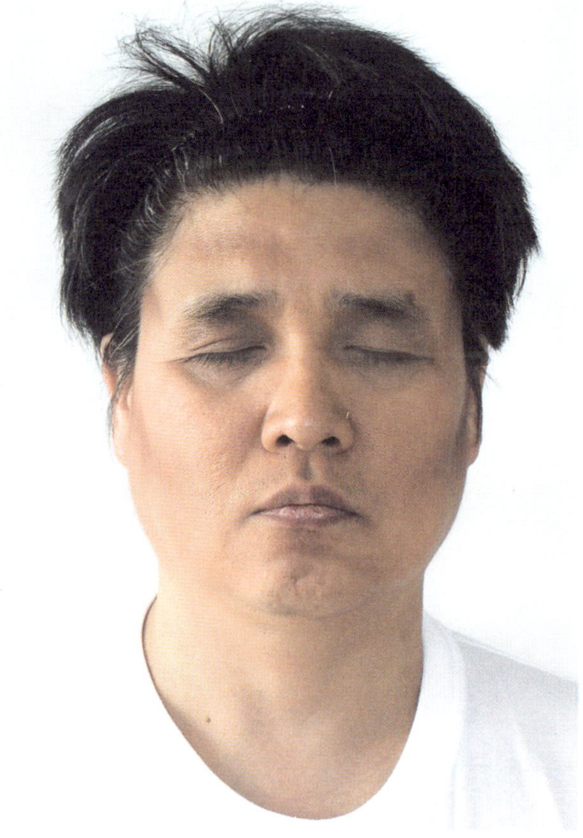

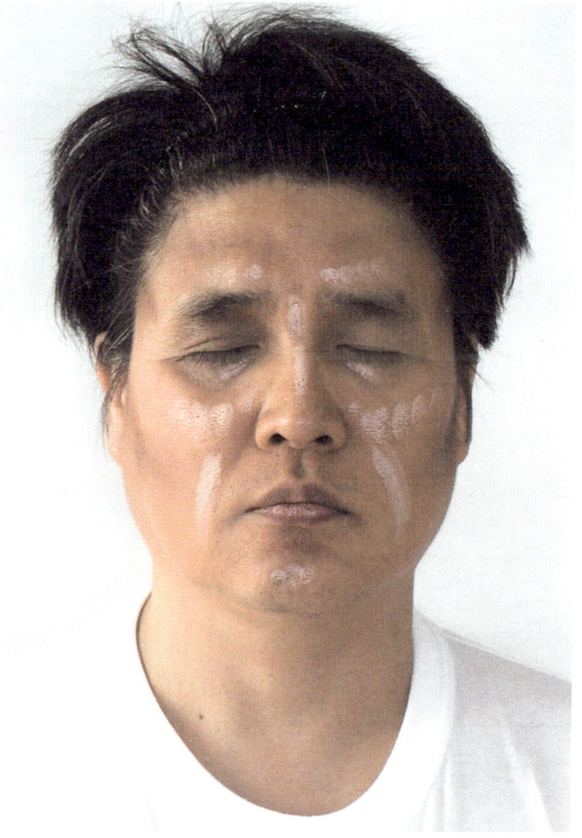

03

· 스펀지나 손을 사용하여 자연스럽게 그라데이션한다.

04

· 눈썹 뼈, 콧등, 눈 밑, 광대뼈, 딕에 하이라이트를 넣고
그라데이션한다.

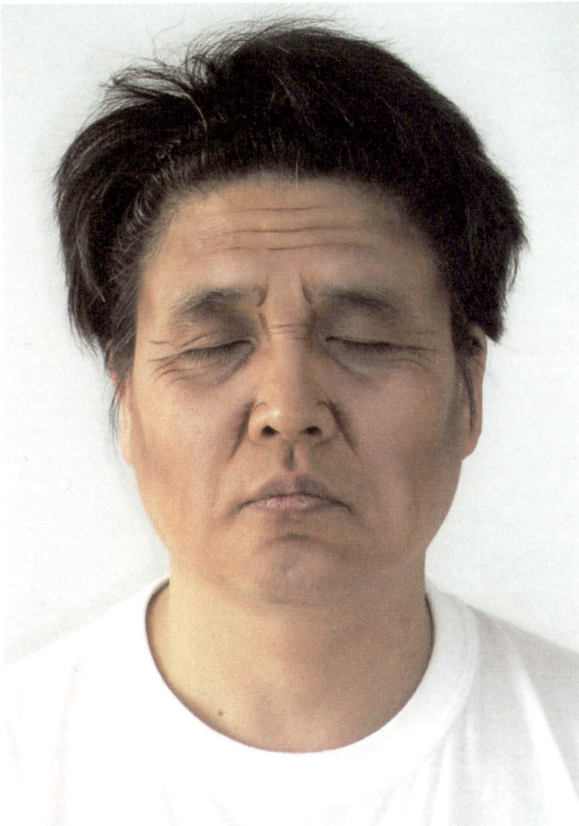

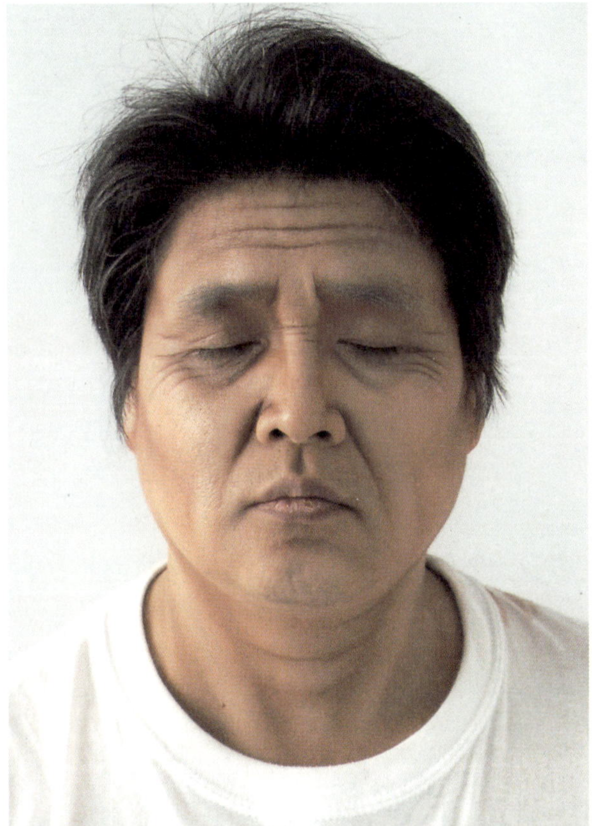

05

- 브라운 라이닝 컬러나 브라운 펜슬로 주름을 그린다.
  - 주름은 이마, 미간, 눈 밑, 눈가, 콧등, 코 옆, 입술 옆에 그려 준다.
  - 주름 중 가장 깊은 주름은 팔자 주름과 이마 주름으로, 굵고 진하게 표현한다.
  - 그다음으로 깊은 주름은 눈 밑 주름, 미간 주름, 입술 옆 주름으로, 깊은 주름보다 조금 더 가늘고 연하게 표현한다.
  - 옅은 주름은 눈가 주름, 콧등 주름으로, 가장 가늘고 제일 연하게 표현한다.

06

- 주름이 시작되는 곳은 굵고 진하게, 끝나는 곳은 점점 가늘고 연하게 그라데이션한다.
  - 주름은 대부분 끝이 아래로 처져있다.
- 주름 사이사이에도 하이라이트를 넣고 그라데이션 한다.
  - 하이라이트는 항상 음영 옆에 위치하므로, 경계부분이 자연스럽게 그라데이션 될 수 있도록 주의한다.
- 목과 손에도 노역 분장을 한다.
  - 얼굴만 늙고 목이나 손이 젊으면 부자연스러워 관객의 몰입을 방해한다.
  - 극장이 작을수록 배우의 피부가 드러나는 곳은 모두 빠짐없이 노역 분장을 해 줘야 한다.

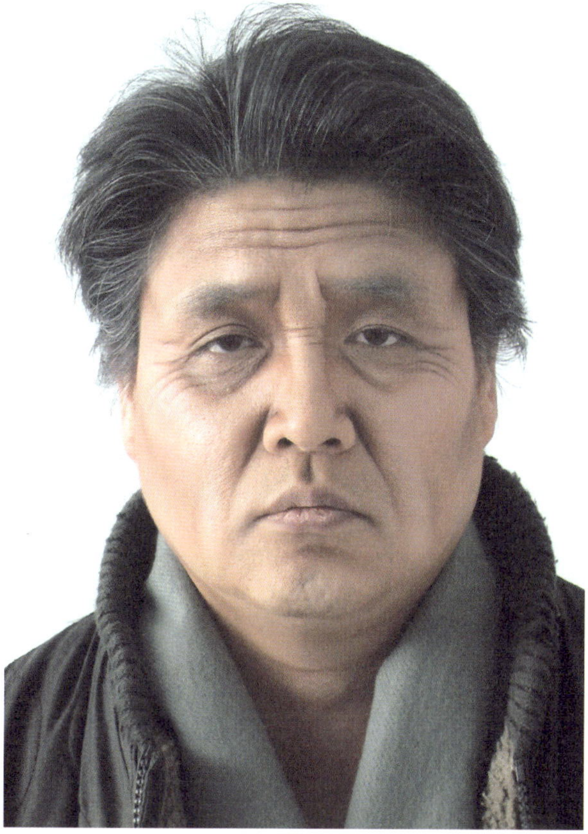

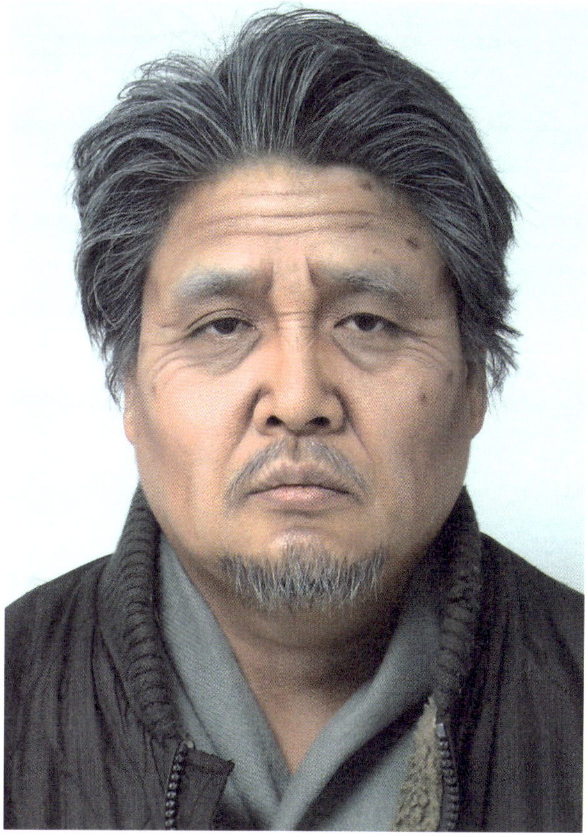

07

· 파우더를 충분히 바른다.

- 피부가 건조해 보일수록 노인의 피부 같은 효과를 낼 수 있다.

· 주름이 약한 부분을 보충한다.

- 브라운 라이닝 컬러나 펜슬, 아이섀도 등을 사용한다.
- 인중도 이때 그려 주는 것이 좋다. 파우더를 하기 전에 그리게 되면 색이 번져서 쉽게 지저분해질 수 있다.

· 눈썹과 헤어는 칫솔을 사용하여 한 가닥씩 칠해 준다.

- 액상 헤어컬러나 라이닝 컬러를 사용한다.
- 순수한 흰색은 푸른빛을 띠기 때문에 아이보리 컬러가 살짝 섞인 흰색을 사용하는 것이 자연스럽다.
- 칠할 부위가 넓을 때는 흰색 컬러 스프레이로 뿌려 준다.

08

· 나이가 더 많은 노인을 표현하고 싶을 때는 눈가, 곳등, 입술 주변 등에 가는 주름을 더 그려 넣고, 검버섯을 만들어 준다.

· 검버섯은 모양과 크기를 다양하게 표현한다.

- 브라운 라이닝 컬러나 펜슬을 사용한다.

· 배역에 따라서 수염을 붙이기도 한다.

· 배역에 맞는 헤어스타일을 연출한다.

- 부분 가발 혹은 전체 가발을 착용하기도 한다.

Makeup designer 임유경

오페라 | 신데렐라

오페라 | 라 트라비아타

오페라 | 치즈를 사랑한 할아버지

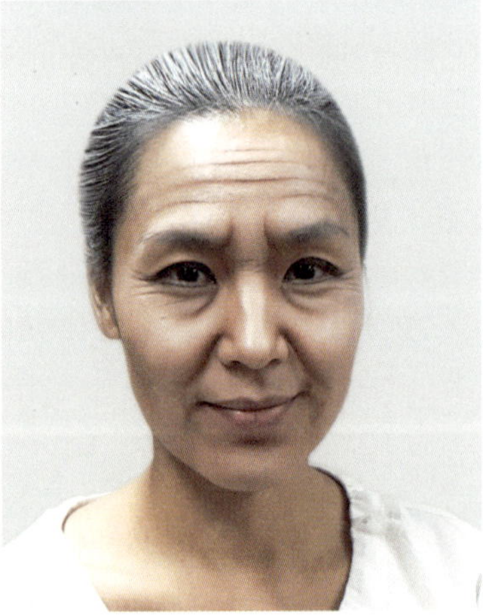

Makeup designer 임유경

연극 | 바냐 아저씨

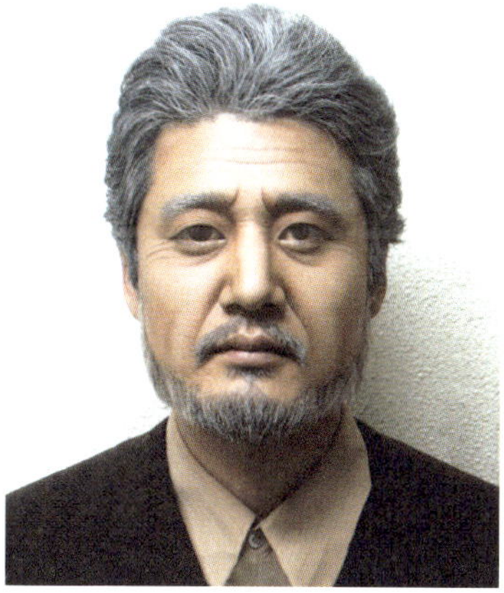

오페라 | 이중섭

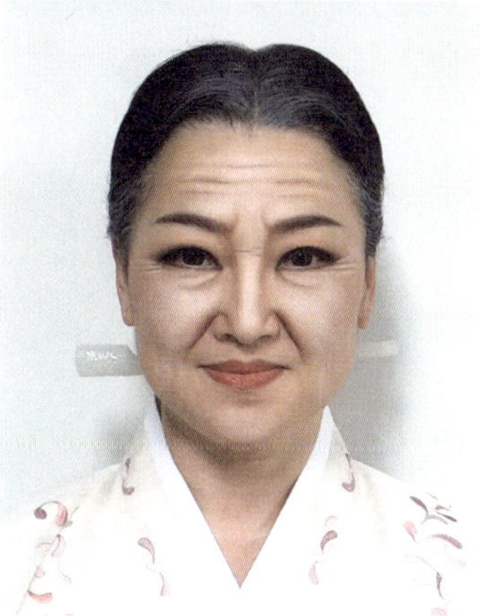

오페라 | 피가로의 결혼

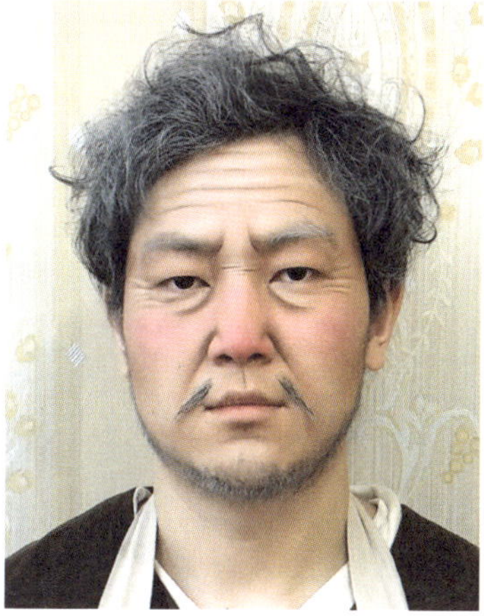

그 외 분장사진들

Makeup designer 임유경

오페라

헨젤과 그레텔

쇼페라

인형의 집

분장쇼

좌) Cybog

우) Robot man

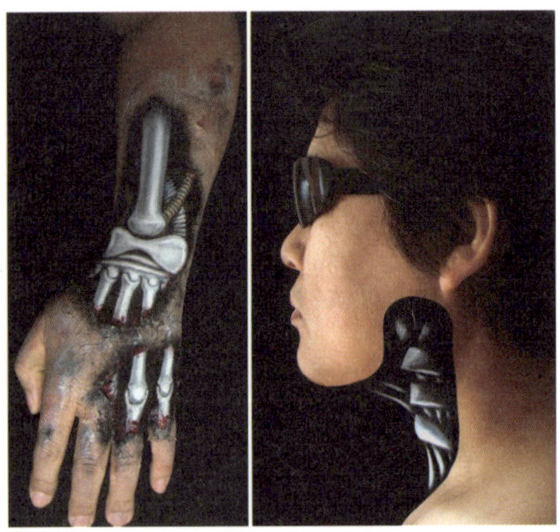

Makeup designer 임유경

쇼페라

인형의 집

분장쇼

드라큐라

퍼포먼스

혹성탈출

저자 임유경의 작품을 포함한 Group작품

Makeup designer 임유경

오페라

검은 리코더

오페라

호프만 이야기

연극

결혼 피로연

Makeup designer 임유경

마당극

우리사랑 아무도 못말려

오페라

정조대왕의 꿈

뮤지컬

헨젤과 그레텔

3. 무대헤어 과정과 방법

헤어스타일과 분장은 불가분의 관계로 헤어스타일의 완성도는 결국 분장의 완성도로 이어진다.

헤어스타일은 극중 인물의 성격을 나타내는 중요한 수단으로 개성이 강한 인물을 효과적으로 표현할 수 있다. 만약 배우의 헤어스타일을 바꾸는 것만으로 성격 묘사와 전달이 어려울 때는 가발을 사용하기도 한다. 가발은 극중 인물의 직업과 사회적 지위, 건강 상태와 연령, 시대적 배경 등을 분석한 다음 그 역할에 맞게 형태와 질감, 색상 등을 디자인하고 제작해서 사용한다. 가발은 전체 가발인 통 가발과 반 가발, 부분 가발 등으로 나뉘며, 짧은 시간 내에 헤어스타일의 변화를 줄 때도 효과적이다.

· 무대 공연 가발 ·

1) 반가발

Hair designer. 조용선

01

· 반가발 착용 전

02

· 두상 윗부분(Hair Top)에서 귀(Ear point)까지 섹션(Section)을 나누고 헤어 집게로 고정한다.

03

· 가발을 고정하기 위한 지지대를 만든디.

- 탑 포인트(Top Point)의 헤어를 조금 잡아서 땋은 다음 동그랗게 말아서 실핀을 X자로 교차시켜 고정한다.
- 땋는 헤어의 양을 너무 많이 잡으면 지지대가 두꺼워져 가발이 위로 뜨게 되므로 양 조절에 주의한다.

04

· 양쪽 귀 옆에도 지지대를 민든다.

- 지지대는 정확한 위치를 잡고 뿌리 쪽을 단단하게 땋아주어야 가발을 고정할 때 뒤로 밀리지 않는다.
- 지지대는 탑 포인트와 양쪽 귀 옆을 합쳐서 최소한 3개 이상 만든다.

05

· 지지대를 만들고 남은 헤어는 양갈래로 땋는다.

06

· 양 갈래로 땋은 헤어는 위로 둥글게 말아 올려 핀으로 고정한다.

07

· 뒤통수가 울퉁불퉁하지 않고 예뻐 보이도록 전세적으로 균일하게 말아 올린다.

08

· 가발에 달려 있는 빗핀을, 탑 포인트에 만들어놓은 지지대에 걸어서 가발을 씌운다.

09

- 지지대 부분은 U핀으로 고정하고, 가발 아래쪽은 대핀으로 고정한다.
  - 핀은 겉에서 보이지 않도록 잘 숨겨서 고정한다.
  - 출연자가 공연 중에 움직임이 많은 경우에는 핀을 더 많이 사용해서 가발이 벗겨지지 않도록 튼튼하게 고정한다.
- 분장 팀원들끼리 핀 꽂는 위치를 미리 정해두면, 짧은 시간 내에 가발 전환이 필요한 경우나 핀을 제거할 때 신속히 처리할 수 있다.

10

- 가발과 본인 헤어가 만나는 경계선을 가려준다.
  - 경계선에서 1cm 정도 앞쪽까지의 헤어를 잡아서 백콤(Backcomb)을 넣은 후 뒤쪽으로 덮어서 가린다.

11

· 앞머리에 웨이브를 넣는다.

12

· 백콤을 넣어 볼륨을 실린다.

13

· 디자인에 따라 스타일링한다.

14

· 헤어스프레이를 뿌려 고정한다.

15

· 반가발을 이용한 헤어스타일 완성

2) 통가발

(1) 앞머리 연결

Hair designer. 조용선 | Makeup designer 임유경

01

· 헤어라인에서 전세적으로 1~2cm정도 넘겨놓고 빈가발과 동일한 방법으로 지지대를 만든다.

02

· 가발을 씌운다.
  - 가발은 원하는 디자인으로 미리 스타일링 해놓는다.

· 올림머리 통가발일 경우 뒤쪽의 본인 헤어가 빠져 나오지 않도록 신경 써서 핀으로 고정한다.

03

· 빼놓은 헤어는 디자인에 따라 가발과 어울리는 형태로 스타일링한다.

04

· 백콤을 넣고 가발과 자연스럽게 연결이 되도록 주의하며 핀으로 고정한다.

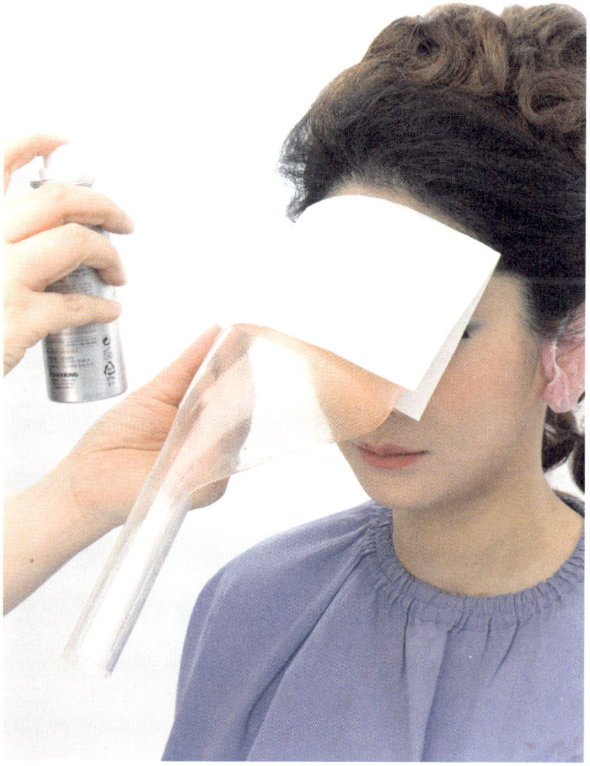

05

· 본인의 헤어와 가발의 색이 다를 경우에는 컬러 스프레이를 사용해서 색을 맞춰 준다.

06

· 앞머리를 언걸한 동가발 헤어스타일 완성

(2) 긴머리

Hair designer. 조용선 | Makeup designer 임유경

01

· 헤어라인 중앙에 지지대를 만든다.

02

· 양쪽 귀 옆에 지지대를 만든다.

03

· 목 양쪽 옆에 지지대를 만든다.

– 지지대는 탑 포인트와 양쪽 귀 옆, 목 양쪽 옆을 합쳐서 최소 5개 이상 만든다.

04

· 지지대를 만들고 남은 헤어는 양 갈래로 땋아서 뒤통수가 동그랗게 되도록 말아 올려 핀으로 고정한다.

05

· 가발망을 씌우고 난 후 지지대 부분은 실핀을 X자로 교차시켜 다시 한번 고정한다.

06

· 가발망 끝 부분은 살짝 묶거나 실핀으로 고정한다.

07

· **통가발 헤어스타일 완성**

- 가발은 디자인에 맞춰 제작하거나 원하는 형태로 미리 스타일링 해놓는다.
- 중앙을 헤어라인에 잘 맞춘 다음 비뚤어지지 않도록 주의하며 두상을 감싸듯이 씌운다.
- 가발이 눌리지 않도록 주의하며 지지대에 U핀으로 고정한다.
- 헤어장식을 부착한다.

(3) 단발머리

01

· 헤어라인 중앙과 양쪽 귀 옆에 지지대를 만든다.

02

· 지지대를 만들고 남은 헤어는 양 갈래로 땋는다.
 - 아래쪽 목 부분이 들뜨지 않도록 두피에 바짝 붙여서 땋는다.

03

· 땋아놓은 양 갈래의 아래쪽 끝부분을 지지대로 사용한다.

- 고무줄로 묶은 바로 위쪽을 말한다.

04

· 가발망을 씌우고 난 후 지지대 부분은 실핀을 X자로 교차시켜 다시 한번 고정한다.

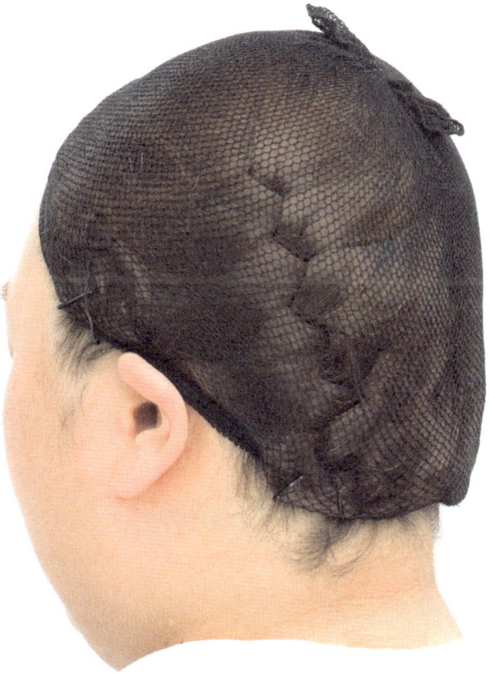

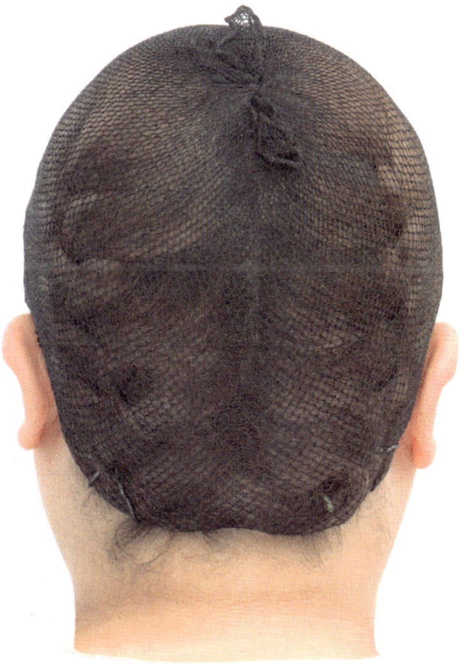

05

· 본인 헤어가 짧으므로 아래쪽으로 빠져나오지 않도록 주의하며 단단히 고정한다.

06

· 가발망 끝 부분은 살짝 묶거나 실핀으로 고정한다.

(4) 짧은머리

Hair designer. 조용선 | Makeup designer 임유경

01

· 통가발(전체 가발) 착용 전

02

· 앞머리를 뒤로 넘긴 후 가발망을 이마에 대고, 누상을 전체적으로 감싸듯이 씌운다.

- 앞머리가 긴 경우에는 출연자의 도움을 받아 앞머리를 뒤로 넘겨서 잡아달라고 부탁한 뒤 가발망을 씌운다.

03

· 가발망 밖으로 빠져나온 잔머리는 꼬리빗을 이용해 망 안으로 넣어주고, 헤어 결을 고르게 정리한다.

- 헤어 결이 고르지 않으면 가발을 고정할 때 머리카락이 당겨져서 출연자가 불편해할 수 있다.

04

· 짧은 헤어는 지지대를 만들기 어려우므로, 가발용 똑딱핀으로 가발망과 헤어를 한꺼번에 잡아서 고정해 준다.

- 가발용 똑딱핀의 위치는 헤어라인 중앙, 양쪽 관자놀이, 양쪽 목덜미 라인이다.

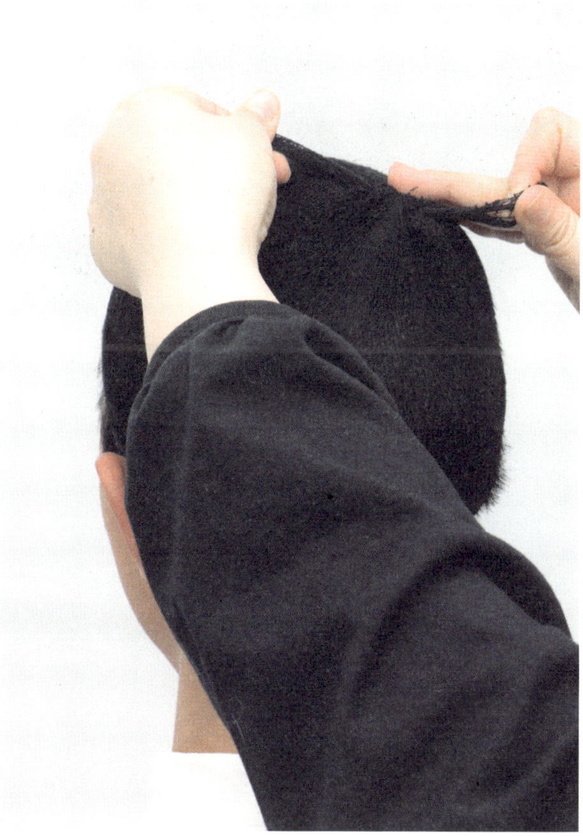

05

· 가발망의 끝 부분은 살짝 묶거나 실핀으로 늘어지지 않게 고정한다.

06

· 가발이 비뚤어지지 않도록 중앙을 헤어라인에 잘 맞춘 다음 두상을 감싸듯이 씌운다.

07

· 거울을 보며 좌우 균형이 잘 맞는지 반드시 확인한다.

08

· 가발이 들뜨지 않도록 대핀으로 헤어에 단단히 고정한다.

- 두상이 작으면 실핀이나 중핀을 사용한다.

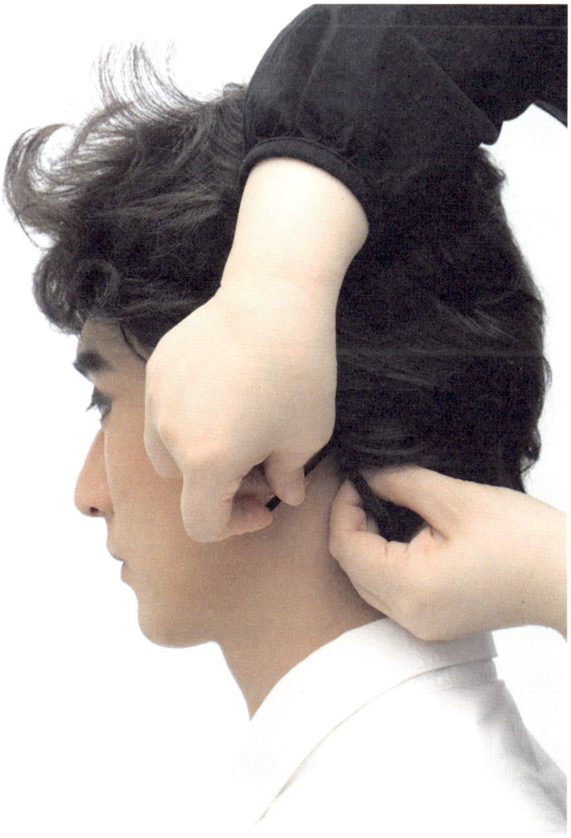

09

· 대핀은 가발망을 고정한 똑딱핀을 피해서 양쪽 귀 옆과 양쪽 목 옆 등 4군데 이상 고정한다.

- 가발의 모발이 핀에 눌리지 않도록 주의한다.
- 출연자가 공연 중에 움직임이 많은 경우에는 핀을 더 많이 사용해서 가발이 벗겨지지 않도록 튼튼하게 고정한다.

10

· 가발의 모양을 본인 헤어처럼 자연스럽게 스타일링 해주고 헤어스프레이로 고정한다.

· 짧은 머리 통가발 헤어스타일 완성

11

· 앞머리를 올리는 스타일을 연출하거나 가발이 두상보다 약간 작은 경우에는 가발망을 씌운 상태에서 앞머리만 꼬리빗으로 1cm 정도 빼낸 다음 가발과 연결해 준다.

12

· 앞머리를 가발과 연결한 후 헤어스프레이로 고정한다.

13

· 앞머리가 뒤로 안 넘어가면 고데기로 열을 가한 후 백콤을 넣어서 넘긴다.

- 가발이 인모가 아닐 경우에는 고데기 열에 의해 손상될 수 있으니 주의한다.

4. 실제 분장 사례

| 오페라 리골레토

1) 작품 분석

대본	
피아베(Piave, F.M.), 이탈리아어	
원작	
빅토르 위고(Victor Hugo)의 희곡 〈환락의 왕〉에 의한 3막의 비극	
때와 장소	
16세기경 이탈리아의 만토바와 그 근교(近郊)	
등장인물	
리골레토(Br)	만토바 공작의 신하, 어릿광대 꼽추
질다(S)	리골레토의 딸
만토바 공작(T)	지역의 영주, 바람둥이
스파라푸칠레(B)	살인청부업자
막달레나(A)	스파라푸칠레의 여동생, 매춘부

줄거리

추악한 외모에 갖은 악행으로 주위의 미움을 받는 '리골레토'는 권력자이자 바람둥이인 '만토바' 공작의 지시에 따라 많은 여자를 수단과 방법을 가리지 않고 공급하는 심부름꾼이자 궁정의 광대이다.

리골레토를 미워하는 부하들은 '리골레토'가 주위 사람들 몰래 길러 온 순진하고 착한 딸 '질다'를 납치해서 '만토바' 공작에게 상납한다. '만토바' 공작은 자신의 신분을 숨긴 채 '질다'를 겁탈하고, 결국 순진한 '질다'의 마음마저 빼앗고 만다.

그 사실을 알게 된 리골레토는 '만토바' 공작의 악행들을 딸에게 보여주지만, '질다'의 마음은 돌릴 수가 없다. 결국 '리골레토'는 '만토바'를 죽이겠다 결심하고, 살인청부업자인 '스파라푸칠레'를 고용한다.

'스파라푸칠레'는 자신의 술집에서 여동생이자 매춘부인 '막달레나'를 통해 '만토바' 공작을 유혹해서 죽이려 하지만, 오히려 '만토바'의 매력에 빠져 버린 '막달레나'는 다른 사람을 대신 죽여 '리골레토'를 속이자고 제안한다.

한편, 아버지의 살해 계획을 알게 된 '질다'는 사랑하는 '만토바' 대신 죽기로 작정하고 '스파라푸칠레'의 술집으로 남장을 하고 찾아가 죽음을 맞는다. 복수를 이룬 줄 알고 기뻐하던 '리골레토'는 그 시체가 자신이 가장 사랑하는 딸 '질다'임을 알고 딸의 주검을 끌어안고 절규한다.

2) 등장인물 분석

등장인물	성별	연령	사회적 지위	성격	특징	극 중의 심리상태
리골레토	남	50대 후반	궁정의 어릿광대	열등감 증오심 불안함 부성애	꼽추. 기형인 외모에 추악한 내면, 하지만 그 속에 감춰진 강한 사랑	세상과 지배계층에 대한 증오, 공격적이고 불안함, 강한 부성애
질다	여	20대 초반	리골레토의 딸	순수함 순결함	너무 맑고 투명해 오히려 깨지기 쉬운 유리구슬 같은 존재	때 묻지 않은 순수함, 무조건적인 사랑
만토바	남	30대 초반	공작	호색한 비도덕적 비열함 폭력적 집착증	아름다운 외모에 추악한 내면	권력 남용, 비정상적으로 여자를 밝힘, 비도덕적 폭군
스파라푸칠레	남	30대 중반	살인청부업자	잔인함 냉정함	음지의 독버섯 같은 존재	음울함, 돈을 위해 살인을 일삼는 잔인함
막달레나	여	20대 중반	매춘부	천박함 색정적 잔인함	철저히 자신의 욕망만을 추구하는 존재	색욕이 흐르고 천박함, 맘에 드는 남자를 취하고 싶은 욕망

3) 분장 계획표

작품명	리골레토	막/장	1막
배역명	리골레토	시대/국적	16세기 / 이탈리아
나이/성별	50대 후반 / 남	성격	열등감, 세상과 지배계층에 대한 증오, 추악함, 강한 부성애
역할	궁정의 어릿광대	특징	꼽추, 기형인 얼굴

재료 및 준비물

파운데이션
파우더
라이닝 컬러 (Brown/Red)
아이섀도 또는 블러셔 (Brown)
젤 라이너 (Black)
립 펜슬
립스틱
블랙 스펀지
반백수염
스피릿 검
수염 가위/수염 빗/핀셋
스피릿 검 리무버
어깨 보
헤어 스프레이
흰색 컬러 스프레이

분류	분장 계획
Base	피부색보다 1~2톤 어두운 파운데이션
Shadow	브라운 라이닝 컬러로 얼굴 근육을 기형화시키고 주름을 넣음
highlight	눈썹 뼈, 콧등, 광대뼈, 볼살 늘어진 부위, 턱, 주름 사이사이
눈썹	반백 수염 재료 부착
눈	오른쪽 : 라인을 크게 그려 부리부리한 눈 표현 / 왼쪽 : 늘어진 눈 표현
입술	삐뚤어진 입술 표현 / 립 라인을 그린 뒤 약간 어두운 립 컬러 선택
볼	블랙 스펀지에 붉은색과 브라운 라이닝 컬러를 묻혀 점각
수염	반백수염 / 한쪽으로 삐뚤어진 모양
헤어	정리되지 않은 헤어스타일 / 흰색 컬러 스프레이 사용
기타	목, 손 등 피부가 드러나는 부위도 분장

4) 분장스케치와 실제 작품

사전작업계획서

(Ⅰ) 분장 스케치

· **나이** : 50대 후반
· **성격 및 특징** : 열등감, 증오심, 강한 부성애, 꼽추, 기형인 얼굴
· **배역** : 궁정의 어릿광대

Illustrated by 임경식

배역명 | 리골레토

/ Designed by 임유경

(Ⅱ) 실제 작품

· **재료** :
파운데이션, 파우더, 라이닝컬러, 아이섀도, 블러셔, 젤 라이너, 블랙 스펀지, 수염, 스피릿 검, 수염 도구

· **방법 및 과정** :
음영과 하이라이트를 이용하여 얼굴의 뒤틀림을 표현하고 주름을 그려 넣는다. 블랙 스펀지로 점각하여 거칠고 고르지 않은 피부를 강조하고, 눈썹과 수염을 부착한다. 정리되지 않은 듯한 헤어스타일로 마무리한다.

사전작업계획서

(I) 분장 스케치

- **나이** : 20대 초반
- **성격 및 특징** : 순수함, 순결함
- **배역** : 리골레토의 딸

Illustrated by 임경식

배역명 | **질다**

/ Designed by 임유경

(II) 실제 작품

· **재료** :

파운데이션, 파우더, 아이섀도, 블러셔, 젤 라이너, 아이브로펜슬, 립펜슬, 립스틱

· **방법 및 과정** :

밝은 피부색으로 깨끗한 이미지를 만들고 아이홀을 강조하여 크고 깊은 눈매를 표현한다. 헤어스타일은 반묶음의 차분한 디자인으로 하고, 라이트 브라운 컬러 스프레이를 사용하여 부드러운 느낌을 준다.

사전작업계획서

(I) 분장 스케치

- **나이** : 30대 초반
- **성격 및 특징** : 호색한, 비도덕적, 잘생긴 외모
- **배역** : 공작

Illustrated by 임경식

배역명 | 만토바

/ Designed by 임유경

(II) 실제 작품

- **재료** :

파운데이션, 파우더, 라이닝컬러, 아이섀도, 젤 라이너, 아이브로펜슬, 립펜슬, 립스틱

- **방법 및 과정** :

노즈 섀도와 아이홀을 강조하여 부리부리한 눈매와 오뚝한 콧날의 잘생긴 외모를 표현한다. 가는 콧수염과 구레나룻을 그려 넣어 호색한의 느낌을 강조하고, 헤어스타일은 자신감 넘치고 훤칠한 느낌을 주는 올백 스타일로 마무리한다.

사전작업계획서

(Ⅰ) 분장 스케치

· **나이** : 30대 중반
· **성격 및 특징** : 잔인함, 냉정함
· **배역** : 살인청부업자

Illustrated by 임경식

배역명 ǀ 스파라푸칠레

/ Designed by 임유경

(Ⅱ) 실제 작품

· **재료** :
파운데이션, 파우더, 라이닝컬러, 아이섀도, 블러셔, 젤 라이너, 수염, 스피릿검, 수염도구

· **방법 및 과정** :
음영과 하이라이트를 강하게 넣어 얼굴윤곽을 만든 뒤, 칼에 베인 자국을 그려 섬뜩한 느낌을 준다. 눈썹과 아이라인은 상승형으로 그리고, 강한 이미지를 강조할 수 있는 수염과 부분 가발을 부착한다.

사전작업계획서

(Ⅰ) 분장 스케치

· **나이** : 20대 중반
· **성격 및 특징** : 색정적, 천박함, 잔인함
· **배역** : 매춘부

Illustrated by 임경식

배역명 | 막달레나

/ Designed by 임유경

(Ⅱ) 실제 작품

· **재료** :
파운데이션, 파우더, 아이섀도, 블러셔, 젤 라이너, 아이브로펜슬, 립펜슬, 립스틱

· **방법 및 과정** :
눈썹과 아이라인을 상승형으로 그려 강한 성격을 표현하고, 붉은 립스틱을 바른 뒤 얼굴에 점을 그려 넣어 색정적 이미지를 강조한다. 강한 웨이브의 부풀린 헤어스타일로 정숙하지 않은 느낌을 표현한다.

미주

1) 한국문화예술진흥원(1990). 공연예술총서 5. 분장, 서울: 예니, p.13.

2) 이혜경(2002). 오페라 무대분장과 코디네이션에 관한 연구. 대구가톨릭대학교 대학원 석사학위논문, p.5.

3) Oscar G. Brockett: 세계 연극학계의 대부, 미국 텍사스 대학교(오스틴) 교수

4) 정운경(2005). 오페라 분장의 실제. 중부대학교 인문산업대학원 석사학위 논문. P.7

5) 이규성(2005). 한국 악극의 수용과정과 공연활동에 관한 연구. 단국대학교 대중문화예술대학원. p.7.

6) 임수빈(2017). 창작 창극을 통한 가·무·악 지도 방안 연구. 서울교육대학교 교육전문대학원. p.8.

7) 네이버 지식백과. 창극. 한국민족문화대백과, 한국학중앙연구원.

8) 안진상(2012). 마당놀이의 역사적 전개와 문화산업적 성과. 중앙대학교 국악교육대학원. p.40.

9) 김진숙(2004). 패션쇼가 브랜드이미지에 미치는 영향에 관한 연구. 홍익대학교 광고홍보대학원 석사학위논문. p.28.

10) 조인상(2007). 공연학적 관점에서 바라본 패션쇼에 관한 연구. 중앙대학교 예술대학원 석사학위논문. pp. 27-28.

11) 채성희(2010). 퍼포먼스(Performance) 예술의 매체별 특성에 관한 연구. 강원대학교 교육대학원 석사학위논문. p.13.

12) 칼 알렌스워쓰(1994). 연극만들기. 방태수역. 학고방, p.323.

13) Berneice Prisk(1996). Stage Costume Hand-book, New York: Harper & Row Publisher. P.1.

14) 한나라(2010). 무대의상에 나타난 블랙의 미적 특성. 중앙대학교 대학원 석사학위논문. pp.8-9.

15) 이혜경(2002). 앞의 논문. p.12.

16) 강대영(1999). 한국분장예술. 서울: 지인당, p.23.

17) 김영자(1995). 연극분장의 효과적 실행에 관한 연구. 언론 연구 논집, 20, p.326.

18) 강대영(1999). 앞의 책. p.30.

19) 임유경(2011). 무대분장을 위한 디자인 프로세스. 서경대학교 미용예술대학원 석사학위논문. pp.43-68

20) 황윤정(2002). 무대분장의 캐릭터 표현기법에 관한 연구. 대구가톨릭대학교 디자인대학원 석사학위 논문. p.23.

21) 임유경 오인영(2010). 무대분장에 나타난 그로테스크 연구. 한국미용학회지 16권 2호. P.432

22) 이순영(2008). 캐릭터 표현이 이미지 형성에 미치는 영향에 관한 연구. 전북대학교 대학원 석사학위 논문. pp.37-38.

저자 약력

오인영

· 현) 인덕대학교 방송 메이크업학과 교수
· 경희대학교 일반대학원 의상학과 석·박사 학위 취득
· 프랑스, 'Christian Chauveau Make Up School'졸업, 시데스코(CIDESCO : Committee International D'Esthétique Et De Cosmétologie) 자격증 취득
· KBS Art Vision 공채 1기 입사, 제작 2부 분장실 근무(1992~2000)
· 극단 '숲', 〈갈매기〉 분장 디자인, 2010 서울 연극 올림픽 공모 선정작
· 2010 〈연말 갈라 오페라 콘서트〉 등 다수 공연 분장 스텝 참여(2014~2017 예술의전당, 세종 문화회관)
· 극단 '해반드르', 〈아버지의 다락방〉 분장 디자인, 2020 대한민국 예술제 서울대회 출품작

임유경

· 전문분장팀 Face off 대표
· 정화예술대학교 미용예술학과 겸임교수
· 서경대학교, 추계예술대학교, 인천대학교 출강

〈작품경력〉

아이다, 투란도트, 가면무도회, 일 트리티코, 나비부인, 라 보엠, 토스카, 일 트로바토레, 오텔로, 춘향전, 심청전, 레 미제라블, 오페라의 유령, 그리스, 토지, 윤동주, 한네의 승천 등 국내공연 1,000여 작품

이탈리아 밀라노, 이탈리아 꼬모 오페라 페스티발, 이탈리아 몬짜, 오스트리아 빈, 체코 프라하, 일본 도쿄, 일본 나고야, 중국 북경, 중국 상해, 인도네시아 자카르타, 인도네시아 바탐 등 해외공연 수십 회

김유경

· 메이크업 아트웍 대표
· 정화예술대학교 미용예술학과 겸임교수
· 서경대학교 미용예술학 박사
· 채널A 드라마 〈쇼윈도〉 캐릭터 분장 미용 디렉터 및 진행
· OCN 추리활극 드라마 〈야차〉 캐릭터 분장 미용 디렉터 및 진행
· MBC 시트콤 〈크크섬의 비밀〉 캐릭터 분장 미용 디렉터 및 진행

도움 주신 분들

특수분장 : **박대현**

사극헤어 : **민은주**

무대헤어 : **조용선**

일러스트레이터 : **임경식, 임그린**

의상 : **양정임**